ENCYCLOPÉDIE

DES

TRAVAUX PUBLICS

Fondée par **M.-C. LECHALAS**, Insp* gén* des Ponts et Chaussées

Médaille d'or à l'Exposition universelle de 1889

TRAVAUX MARITIMES

PHÉNOMÈNES MARINS — ACCÈS DES PORTS

PAR

F. LAROCHE

INGÉNIEUR EN CHEF
PROFESSEUR DU COURS DE TRAVAUX MARITIMES
A L'ÉCOLE NATIONALE DES PONTS ET CHAUSSÉES

TEXTE

PARIS

LIBRAIRIE POLYTECHNIQUE

BAUDRY ET C⁰, LIBRAIRES-ÉDITEURS

15, RUE DES SAINTS-PÈRES
MÊME MAISON A LIÈGE

—

1891

ENCYCLOPÉDIE DES TRAVAUX PUBLICS

———

TRAVAUX MARITIMES

PHÉNOMÈNES MARINS — ACCÈS DES PORTS

ERRATA

―

Pages	Lignes	au lieu de :	lire :
8	18	celle	celles
17	19	supppsons	supposons
28	10	ou utilisa	on utilisa
61	15	au dessus	au dessous
61	16	au dessous	au dessus
104	17	le volume qui	outre le volume c'bb'c' celui qui
109	33	ne diffère	ne diffèrent
152	1	sur un so	sur un sol
185	29 et 33	page 185	page 186
245	35	e talus des jetées	le talus des jetées
302	30	8+9500=7600k.	$8 \times 9500 = 76000$ k
302	31	88,125 F<7600	28,125 F <76000
310	titre	atterrgae,	atterrage
335	31	K'9	k9
338	Nos	140	139
à	des	à	à
352	paragraphes	145	141
393	26	année 1885	novembre 1884
470	28	annales ; 183	annales : 1839
473	26	Constolle	Coustolle

ENCYCLOPÉDIE

DES

TRAVAUX PUBLICS

Fondée par M.-C. LECHALAS, Insp' gén¹ des Ponts et Chaussées

Médaille d'or à l'Exposition universelle de 1889

TRAVAUX MARITIMES

PHÉNOMÈNES MARINS — ACCÈS DES PORTS

PAR

F. LAROCHE

INGÉNIEUR EN CHEF
PROFESSEUR DU COURS DE TRAVAUX MARITIMES
A L'ÉCOLE NATIONALE DES PONTS ET CHAUSSÉES

TEXTE

PARIS

LIBRAIRIE POLYTECHNIQUE

BAUDRY ET Cⁱᵉ, LIBRAIRES-ÉDITEURS

15, RUE DES SAINTS-PÈRES

MÊME MAISON A LIÈGE

1891

Tous droits réservés.

TABLE DES MATIERES

PREMIÈRE PARTIE

PHÉNOMÈNES MARINS. ACCÈS DES PORTS

PRÉLIMINAIRES

CHAPITRE PREMIER

MOUVEMENTS DE LA MER

§ 1. — Marées

§ 2. — Étude pratique des marées

CHAPITRE II

RÉGIME DES CÔTES

§ 1. — Plages de galets

§ 2. — Plages de sable

CHAPITRE IV

ATTERRAGE. ENTRÉE DES PORTS. JETÉES

SECTION I. — ATTERRAGE

SECTION II. — JETÉES DESTINÉES A FIXER L'ENTRÉE D'UN PORT A MARÉE DÉBOUCHANT SUR UNE PLAGE MEUBLE

§ 1. — Le chenal

PAGES

A. — JETÉES EN ENROCHEMENTS SURMONTÉS PAR UN COURONNEMENT EN MAÇONNERIE

B. — JETÉES SOUS-MARINES MONOLITHES

C. — JETÉES SOUS-MARINES EN MAÇONNERIE

D. — BRISE-LAMES FLOTTANTS

OBSERVATIONS FINALES

§ 3. — Exécution des grandes jetées

PIÈCES ANNEXES

ANNEXE N° 1

TITAN DE LEIXOÈS

Note descriptive et calculs justificatifs de la Compagnie de Fives-Lille

Calculs justificatifs

ANNEXE N° 2

NOTE SUR LE TYPE DE LA JETÉE DU PORT DE LEIXOÈS

ANNEXE N° 3

BIBLIOGRAPHIE

PREMIÈRE PARTIE

EFFETS DE LA MER

DEUXIÈME PARTIE

PORTS ET TRAVAUX MARITIMES

TRAVAUX MARITIMES

———

PHÉNOMENES MARINS

ACCÈS DES PORTS

———

———

PRÉLIMINAIRES

1. Particularités caractéristiques des Travaux maritimes. — Les travaux maritimes s'exécutent dans des conditions et au milieu de circonstances qui diffèrent essentiellement de celles qu'on rencontre dans les autres travaux hydrauliques.

Le fait seul de la salure des eaux de mer entraîne des conséquences spéciales. Pour n'en citer qu'une : dans l'eau douce presque tous les mortiers hydrauliques se conservent, dans l'eau de mer il n'y en a qu'un petit nombre qui ne s'altèrent pas.

Sur la vaste étendue des océans, certaines forces naturelles produisent des effets d'une grandeur saisissante, tandis qu'elles n'exercent qu'une action négligeable partout ailleurs.

Ainsi l'attraction du soleil et de la lune engendre le phénomène des marées. Or, dans la baie de Saint-Malo, sur l'Atlantique, la marée peut faire varier le niveau de l'eau de 14 mètres en 6 heures environ, tandis que les plus grands lacs et même les petites mers n'ont pas de marée sensible.

Les vents produisent des vagues énormes, les *lames*, qui, en déferlant sur un rivage accore s'élèvent quelquefois à plus de 30 mètres de hauteur.

Les lames sont les grands ennemis des travaux à la mer ; les vagues, au contraire, sont presque inoffensives dans les travaux en rivière.

Dans les cours d'eau, l'on n'observe que les courants de

pente, dus à la gravité propre de l'eau, force interne, pour ainsi dire.

A la mer, des forces extérieures mettent l'eau en mouvement.

Les marées, les vents, la chaleur solaire, déterminent des courants, mais ces courants offrent des caractères particuliers dont voici quelques exemples :

L'immense masse d'eau en mouvement connue sous le nom de Gulf Stream n'a pas de pente. Les courants de marées changent à chaque instant de vitesse et de direction. Le vent peut incliner la surface ordinairement horizontale des eaux et forcer les particules liquides superficielles à remonter ce plan incliné.

Le courant au niveau de la mer à quelquefois une direction diamétralement opposée à celle du courant au fond, notamment au détroit de Gibraltar.

Ces grands phénomènes, marées, lames, courants, se modifient non seulement d'une mer à l'autre, mais encore d'un point à l'autre d'une même mer.

Les circonstances qu'on rencontre dans l'exécution des travaux maritimes sont donc d'une nature spéciale et, de plus, extrêmement variables et complexes.

Les questions théoriques que soulèvent certaines études, par exemple celles des marées et des lames, ont exercé le génie des savants les plus illustres, Newton, Laplace, etc., mais elles sont si ardues qu'elles n'ont pas été complètement élucidées.

Les questions d'ordre pratique n'offrent pas moins de difficultés. Les dispositions et le mode d'exécution des principaux ouvrages ont changé et changent encore avec les époques, les lieux, les progrès de la science, de la navigation, de l'industrie, etc.

On peut même dire qu'ils ont changé aussi avec les idées préconisées par les Ingénieurs, en nombre assez restreint d'ailleurs, qui ont conçu et exécuté avec succès de grands travaux maritimes. Ces travaux sont en effet toujours si dispendieux qu'ils n'ont été entrepris d'abord que dans un nombre limité de ports importants, en sorte que chaque ensemble d'ouvrages a pris, comme précédent, une importance que n'ont ailleurs que des masses de faits accumulés.

On ne doit donc chercher aujourd'hui dans un cours de travaux maritimes que des enseignements tirés de faits pratiques, et n'appliquer les préceptes qui y sont formulés qu'après une discussion attentive des conditions spéciales où l'on se trouve placé, dans chaque cas particulier.

CHAPITRE PREMIER

MOUVEMENTS DE LA MER

§ 1

LES MARÉES

De tous les phénomènes qu'on observe à la mer, celui qui fixe d'abord l'attention par sa généralité, sa régularité et sa grandeur est le phénomène des marées.

Voici comment il se manifeste dans nos petits ports de l'Océan :

Si l'on visite un jour un de ces ports, à midi, par exemple, il pourra arriver ce jour là, à cette heure, que ce port soit rempli par la mer ; on assiste alors au mouvement des navires qui entrent ou sortent, l'animation règne partout. Si l'on revient sur le port vers 6 heures et demi du soir, le spectacle a complètement changé, l'eau s'est retirée et l'on ne voit plus qu'un fond vaseux, quelquefois mal odorant, où des bateaux, échoués sur le flanc, paraissent abandonnés, au pied des hautes murailles des quais. Le contraste est saisissant, surtout pour ceux qui ne connaissent que la Méditerranée, où les marées sont tellement faibles qu'elles passent généralement inaperçues.

La marée joue un si grand rôle dans l'existence des ports où elle se fait sentir, qu'on a cherché de tout temps à découvrir les causes qui la produisent et les lois qui la régissent.

On avait bien observé qu'il y a certainement une corrélation entre le jeu des marées, les phases de la lune et la position du soleil ; mais ce que l'on savait se bornait à peu près à cela, lorsque Newton donna enfin la véritable explication du phénomène.

9. Théorie de Newton. — Quand Newton eut posé le principe de la gravitation universelle, il remarqua que l'attraction des astres sur les océans de la terre devait avoir pour effet de déformer la surface des eaux.

En effet, grâce à leur mobilité, les particules liquides les plus rapprochées de la Lune, par exemple, doivent tendre vers cet astre plus que celle qui en sont le plus éloignées.

Pour apprécier en quoi pouvait consister cette déformation, il dut adopter quelques hypothèses absolument théoriques[1].

Première hypothèse. — Il considère, au lieu et place de la terre, une sphère solide homogène recouverte sur toute sa surface d'une mince couche d'eau d'épaisseur uniforme.

Deuxième hypothèse. — Il admet que les particules liquides prennent *instantanément* la position d'équilibre qui leur convient sous l'action des forces auxquelles elles sont soumises.

---

1. Philosophiæ naturalis Principia mathematica. Auctore Isaaco Newtono. (Lib. III, Pars I, Prop. XXIV : Fluxum ac refluxum maris ab actionibus Solis ac Lunæ oriri).

A l'aide de ces deux suppositions le problème devient assez facile à résoudre, si l'on admet d'ailleurs que le rayon terrestre est très petit par rapport à la distance du centre de la terre au centre de l'astre attirant.

Ces conditions étant posées, le problème consiste à exprimer que la surface d'équilibre de la couche liquide est, en chaque point, normale à la direction de la résultante des forces qui agissent en ce point.

La surface liquide de la terre hypothétique imaginée par Newton est nécessairement sphérique, tant que l'eau est soumise à la seule attraction du noyau solide homogène ou composé de couches sphériques homogènes.

Mais si l'on suppose que ce globe vient à subir l'influence d'un astre, on démontre [1] que la surface liquide change

---

(1) Soit M la masse de la terre T,

L la masse de l'astre A,

d la distance TA,

m une molécule liquide de masse m et de coordonnées x et y,

r sa distance au centre de la terre T.

L'action mutuelle de l'astre et de la terre sera $\dfrac{LM}{d^2}$ et l'accélération du centre de gravité de la terre $\dfrac{L}{d^2}$.

Imprimons à tout le système de l'astre A, du centre T de la terre et de la molécule m une accélération égale et contraire à $\dfrac{L}{d^2}$; le centre T sera ainsi ramené au repos, et la molécule m se trouvera définitivement soumise aux aux deux accélérations suivantes :

Suivant Tx $-\dfrac{L}{d^2}$.

Suivant mA $\dfrac{L}{\overline{mA}^2}$.

Les composantes de l'accélération résultante, suivant les axes, seront donc :

Suivant Tx $X, = -\dfrac{L}{d^2} + \dfrac{L(d-x)}{\overline{mA}^3}$.

de forme et prend celle d'un ellipsoïde de révolution, dont le grand axe passe par le centre de la terre (T) et par le centre de l'astre attirant (A).

Suivant Ty $\qquad Y_1 = -\dfrac{Ly}{\overline{mA}^3}$.

Or, on a $\overline{mA}^2 = d^2 + r^2 - 2dx = d^2\left(1 - \dfrac{2x}{d} + \dfrac{r^2}{d^2}\right)$.

Ou, en négligeant $\dfrac{r^2}{d^2}$

$$mA = d\left(1 - \dfrac{2x}{d}\right)^{\frac{1}{2}}$$

$$\overline{mA}^{-3} = d^{-3}\left(1 - \dfrac{2x}{d}\right)^{-\frac{3}{2}} = d^{-3}\left(1 + \dfrac{3x}{d}\right) \text{ en négligeant les puissances}$$

supérieures de $\dfrac{x}{d}$.

Négligeant également $\dfrac{xy}{d^2}$ et $\dfrac{y^2}{d^2}$, on a :

$$X_1 = -\dfrac{L}{d^2} + \dfrac{L}{d^2}\left(1 + \dfrac{3x}{d}\right)\left(1 - \dfrac{x}{d}\right) = \dfrac{2Lx}{d^2}$$

$$Y_1 = -\dfrac{Ly}{d^3}.$$

Cherchons maintenant quelle forme d'équilibre prendrait la surface liquide sous l'action de l'astre et de la pesanteur.

Les composantes de la pesanteur suivant les axes étant :

$$X_2 = -g\dfrac{x}{r}$$

$$Y_2 = -g\dfrac{y}{r}$$

Les composantes suivant les axes de la résultante de toutes les accélérations qui agissent sur m sont donc :

$$X = X_1 + X_2 = \dfrac{2Lx}{d^3} - \dfrac{gx}{r}$$

$$Y = Y_1 + Y_2 = -\dfrac{Ly}{d^3} - \dfrac{gy}{r}$$

et la condition d'équilibre $X\,dx + Y\,dy = 0$, donne :

$$\dfrac{2Lx\,dx}{d^3} - \dfrac{Ly\,dy}{d^3} - g\dfrac{(x\,dx + y\,dy)}{r} = 0.$$

Cet ellipsoïde a d'ailleurs pour centre le centre même de la terre.

La déformation consiste donc dans la production de deux protubérances qui atteignent sur la ligne des centres (TA) leur maximum de saillie au delà de la sphère primitive. Par suite, il se forme une dépression sur le grand cercle terrestre perpendiculaire à la ligne des centres, puisque le volume total de l'enveloppe liquide n'a pas changé.

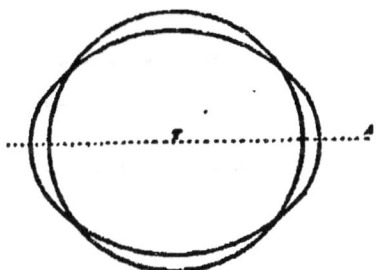

En remplaçant $x\,dx + y\,dy$ par $r\,dr$, et ensuite dr par $d\sqrt{x^2+y^2}$, il vient :

$$\frac{2\,Lx\,dx - Ly\,dy}{d^3} - g\,d\sqrt{x^2+y^2} = 0.$$

Équation différentielle dont l'intégrale est :

$$\frac{L\,x^2 - L\dfrac{y^2}{2}}{d^3} - g\sqrt{x^2+y^2} = C.$$

Élevant au carré, il vient :

$$g^2\,(x^2+y^2) = C^2\left[1 - \frac{L\left(x^2 - \dfrac{y^2}{2}\right)}{Cd^3}\right]^2$$

$$= C^2\left[1 - \frac{2L\left(x^2 - \dfrac{y^2}{2}\right)}{Cd^3}\right].$$

Ou bien, finalement :

$$x^2\left(g^2 + \frac{2LC}{d^3}\right) + y^2\left(g^2 - \frac{LC}{d^3}\right) = C^2$$

équation d'une ellipse.

Quand on tient compte de la rotation de la terre, la surface de la sphère liquide subit deux modifications, toutes deux très petites, et qui se superposent. La rotation de la terre engendre, comme on le sait, une surface ellipsoïdale dont le petit axe est la ligne des pôles.

Ce fait des deux protubérances est capital dans la théorie des marées.

Le second point, par ordre d'importance, est le suivant.

Si l'on considère l'action du soleil seul, on peut se rendre compte de la déformation de la surface liquide de la façon suivante :

Le mouvement de translation de la terre autour du soleil est sensiblement circulaire ; il peut se décomposer à chaque instant en deux mouvements élémentaires : l'un suivant la tangente TT' à l'orbite au point T que la terre occupe actuellement ; l'autre perpendiculairement à cette direction.

Ainsi, pour venir du point T au point voisin a de son orbite, la terre sera considérée comme ayant suivi d'abord l'élément TT', puis l'élément T'a du rayon T'S joignant la terre au soleil.

Dans ce dernier mouvement on peut dire que la terre est tombée vers le soleil de T en a. Cette chute est causée par l'attraction du soleil sur la terre.

C'est dans cette chute que va se produire la déformation de la couche liquide. En effet, l'attraction n'est pas exactement la même sur tous les points de la terre.

La résultante de l'attraction exercée sur toutes les molécules du noyau solide est appliquée au centre, l'accélération qui en résulte pour toute la masse solide sera proportionnelle à la masse S du soleil et à l'inverse du carré de la distance d du centre de la terre au centre du soleil.

Elle sera donc proportionnelle à $\dfrac{S}{d^2}$, soit $K\dfrac{S}{d^2}$.

C'est la loi de Newton.

La particule liquide la plus rapprochée du soleil sera soumise à une attraction plus grande, et son accélération sera $\dfrac{KS}{(d-r)^2}$, r étant le rayon de la sphère liquide.

Cette particule marchera donc plus vite vers le soleil que le centre du noyau solide, et, par suite, elle tendra aussi à s'éloigner de ce centre.

La particule liquide la plus éloignée du soleil sera soumise à une attraction plus petite que celle qui agit sur le centre ; son accélération sera $\dfrac{KS}{(d+r)^2}$; elle marchera donc vers le Soleil moins vite que le centre du noyau solide, et, par suite, elle tendra aussi à s'éloigner de ce centre.

On voit ainsi qu'il tendra à se former deux protubérances à la surface liquide, l'une vers le soleil, l'autre en sens contraire.

« La hauteur maxima des protubérances ellipsoïdales
« au dessus de la surface sphérique primitive est directe-
« ment proportionnelle à la masse (L) de l'astre attirant
« et inversement proportionnelle au cube de la distance
« (d) du centre de l'astre au centre de la terre. »

Son expression est de la forme $K \dfrac{L}{d^3}$.

Ce second principe entraîne immédiatement quelques
conséquences pratiques intéressantes et qui peuvent servir de contrôle à la théorie de Newton.

Si cette théorie est vraie, l'astre qui aura la plus grande
influence sur le phénomène des marées sera celui pour
lequel le rapport $\dfrac{L}{d^3}$ sera le plus considérable.

Comparons, à ce point de vue, le soleil et la lune. La
masse du soleil est 26 millions de fois plus grande que celle
de la lune, mais sa distance moyenne à la terre est 400
fois environ plus grande que la distance moyenne de la
lune à la terre.

Mais il y a plus, ces deux intumescences doivent être sensiblement égales.
En effet, la différence entre l'accélération à la surface vers le soleil et

l'accélération au centre est $KS \left[\dfrac{1}{(d-r)^2} - \dfrac{1}{d^2} \right]$.

. Mais r, le rayon de la terre, est très petit par rapport à d, distance de
la terre au soleil.

Par suite, cette différence peut se réduire à

$$2KS \frac{r}{d^3}$$

La différence entre l'accélération au centre et l'accélération à la surface
vers l'opposite du soleil, se réduit également à

$$2KS \frac{r}{d^3}$$

Les différences d'accélération par rapport au centre étant égales et de
sens contraire, les particules liquides situées à l'extrémité du diamètre terrestre passant par le soleil tendront à s'éloigner également du centre, et, par
suite, à former deux protubérances égales, l'une vers le soleil, l'autre en
sens contraire.

Or, le cube de 400 est égal à 64 millions. Il en résulte que l'action de la lune doit être 2 à 3 fois plus considérable que celle du soleil. L'observation avait fait reconnaître en effet que la lune a une influence prépondérante sur le phénomène des marées dans nos parages.

Ce fut là une première vérification très remarquable de la théorie de Newton.

On s'est demandé alors si d'autres astres de notre système planétaire ne pourraient pas avoir aussi une influence sur le phénomène des marées. Ce ne pouvaient être que des planètes ou ayant une grande masse, ou situées à une faible distance de la terre.

Or, la planète qui a la masse la plus considérable est Jupiter, mais sa moindre distance à la terre est 4 fois plus grande que celle du soleil, et sa masse n'est que $\frac{1}{1000}$ de la masse du soleil.

La planète qui se rapproche le plus de la terre est Vénus. Mais sa moindre distance à la terre est encore le quart de la distance du soleil et sa masse n'est que $\frac{1}{330.000}$ de la masse du soleil.

Il n'y aurait donc pas d'astres autres que le soleil et la lune ayant une influence sur le phénomène des marées ; et, en effet, on n'a jamais observé que les planètes eussent, à ce point de vue, une action quelconque.

8. Effets résultant de la rotation de la Terre. — Considérons d'abord le soleil comme astre attirant, et admettons qu'il est dans le plan de l'équateur. On sait qu'il s'écoule 24 heures entre deux passages successifs du soleil au même méridien terrestre.

Or, si l'on suppose une tige verticale, implantée à l'équateur sur le noyau solide, et d'une hauteur suffisante pour que son sommet émerge toujours hors de l'eau, un

observateur placé près de cette tige y verra le niveau de
l'eau varier à chaque instant.

En effet, l'ellipsoïde que forme la surface liquide, sous
l'action du soleil, a toujours son grand axe dirigé vers le
soleil ; l'observateur verra donc les eaux atteindre leur niveau le plus élevé à midi, puis baisser jusqu'à 6 heures du

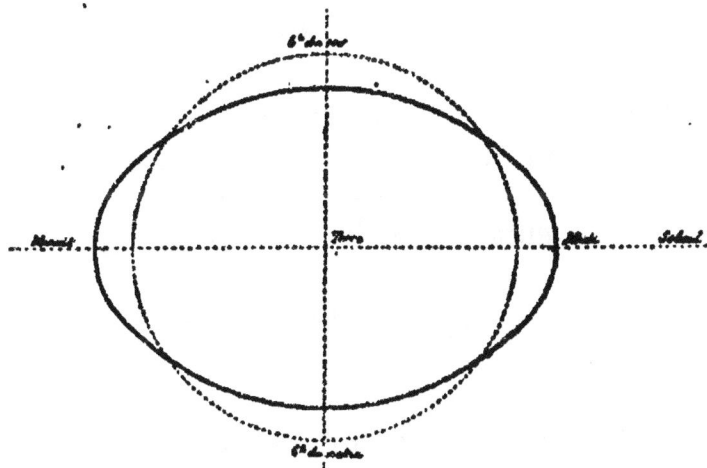

soir, heure à laquelle elles seront à leur plus bas niveau ;
il les verra ensuite se relever jusqu'à minuit, moment du
second maximum ; enfin les eaux baisseront de minuit à
6 heures du matin, où elles atteindront le second minimum.

On a là une série de variations du niveau de la mer
offrant une analogie frappante avec celles qu'on observe
dans les marées sur nos côtes.

Considérons maintenant l'action de la lune, et admettons encore que notre satellite est aussi dans le plan de
l'équateur. On sait qu'il s'écoule environ 24 h. 50 m. entre deux passages successifs de la lune au même méridien terrestre, soit presque une heure de plus qu'entre
deux passages du soleil. Donc, dans le cas de la marée
lunaire, il y aura un intervalle de 12 h. 25 m. environ,

entre les deux moments où les eaux atteindront leur plus grande hauteur.

Or, sur nos côtes, c'est bien là en effet l'intervalle moyen qu'on observe entre deux hautes mers, ce qui prouve que la lune a une influence prépondérante dans la production du phénomène des marées, et ce qui confirme encore la théorie de Newton.

Dans le langage maritime on dit qu'il y a haute mer ou *pleine mer* quand les eaux sont à la hauteur maxima, et qu'il y a *basse mer* quand elles sont à la hauteur minima.

La période d'ascension des eaux, d'une basse mer à la haute mer suivante, s'appelle *flux, flot,* ou *montant*; la période de descente: *reflux, jusant, èbe* ou *perdant*.

4. Action combinée de la lune et du soleil. — Pour se rendre compte de l'effet que peuvent produire la lune et le soleil agissant ensemble, il faut remarquer d'abord que les forces dues à l'influence de ces deux astres, et qu'il y a lieu de considérer dans le phénomène des

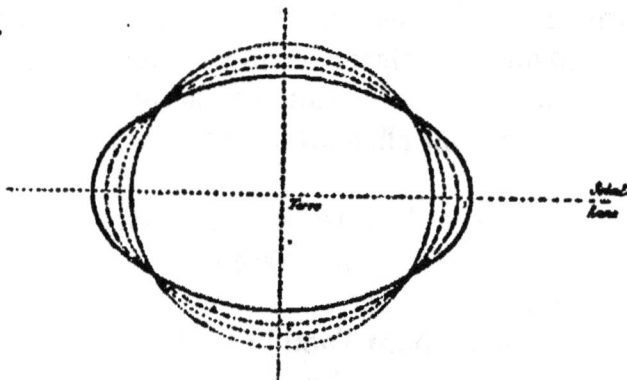

marées, sont extrêmement petites par rapport à l'attraction propre de la terre sur les molécules d'eau qui l'enveloppent. Or, cette attraction donnerait normalement une forme sphérique à la surface du liquide.

L'effet des forces perturbatrices ne se traduira donc

que par une très légère modification de cette forme sphérique.

Dans ces conditions, on peut admettre que la déformation produite par l'action combinée de la lune et du soleil sera représentée, avec une approximation suffisante, par la superposition des déformations élémentaires qui seraient dues à chacun de ces deux astres agissant isolément.

Ceci posé, supposons toujours, pour simplifier, que le soleil et la lune soient dans l'équateur et sur un même diamètre terrestre. Sous l'influence de la lune, si elle agissait seule, les eaux s'élèveraient, à chaque extrémité de ce diamètre, d'une certaine hauteur au dessus de la sphère primitive ; le soleil élèverait également les eaux, aux mêmes points, mais d'une hauteur moindre.

Ces deux effets s'ajoutant, la hauteur totale de la pleine mer au dessus de la surface sphérique sera égale à la somme des hauteurs des pleines mers lunaire et solaire.

Supppsons maintenant que, les deux astres restant toujours dans le plan de l'équateur, la lune se trouve à angle droit sur la direction de la terre au soleil.

La haute mer lunaire aura lieu en un point où existe la basse mer solaire, et réciproquement. Donc, dans ce cas, la hauteur de la marée sera la différence entre la haute mer lunaire et la basse mer solaire. Comme le soleil et la lune ne s'écartent jamais beaucoup de l'équateur, on peut admettre que les choses se passeront à peu près comme on vient de le dire, lorsque les deux astres seront dans le même méridien terrestre ou dans deux méridiens perpendiculaires entre eux.

Or, lorsque le soleil et la lune sont dans le même méridien, la lune est pleine ou nouvelle ; on dit aussi qu'elle est en syzygie, ou qu'il y a syzygie. On doit donc s'attendre, d'après la théorie de Newton, à voir vers ces époques les marées les plus hautes. C'est en effet ce que l'observation confirme.

Les grandes marées qui ont lieu vers l'époque de la pleine lune ou de la nouvelle lune sont appelées : *Marées de syzygie* ou *marées de vive eau.*

Quand le soleil et la lune sont dans des méridiens perpendiculaires entre eux, la lune est dans ses quartiers, ou, autrement dit, en quadrature. Par suite, en quadrature, on devra avoir des marées de petite amplitude; c'est encore ce que l'observation vérifie.

Les petites marées qui ont lieu vers le premier et le dernier quartier de la lune sont appelées *marées de quadrature* ou de *morte eau.*

5. Influence de la déclinaison des astres. — Nous avons supposé jusqu'ici que la lune et le soleil s'écartent peu de l'équateur; cependant cet écart n'est pas toujours négligeable, et il joue un rôle dans le phénomène des marées.

Rappelons d'abord que cet écart s'appelle la déclinaison de l'astre.

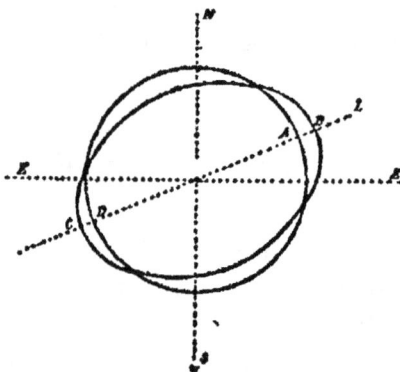

La déclinaison d'un astre est la latitude du point de la Terre où un rayon terrestre dirigé vers le centre de l'astre vient rencontrer la surface de notre globe.

Nous nous bornerons à examiner l'influence de la déclinaison de la lune, qui peut atteindre au maximum 29° environ, soit dans le Nord, soit dans le Sud.

Supposons la lune en déclinaison boréale ; la forme ellipsoïdale que doit prendre la surface de l'eau sous l'action de cet astre aura toujours son grand axe dirigé vers

la lune. Au point A de la Terre qui a la lune L à son zé-
nith, on observe donc un exhaussement des eaux représenté par AB, et cette hauteur sera plus grande que celle
qu'on eût observée au même point A, si la lune eût été
dans l'équateur et surtout si elle eût été au sud de l'équateur, c'est-à-dire en déclinaison australe. L'observation
confirme également cette induction.

6. Des Marées d'Équinoxe. — Aux équinoxes, le soleil
est dans l'équateur, et la déclinaison de la lune ne dépasse
jamais alors 5° 9'.

Donc, dans les syzygies qui se présentent vers l'époque
des équinoxes, l'intumescence de la marée atteint son
maximum de hauteur tout près de l'équateur. Mais, par
le fait même de la formation de cette intumescence, qui
éloigne les eaux du centre de la terre, la force centrifuge
due à la rotation de notre globe agit avec plus d'énergie
sur cette saillie liquide et tend à l'augmenter. Cet effet
doit être d'autant plus sensible dans ce cas que la force
centrifuge atteint son maximum à l'équateur.

Il en résulte que les marées de vive eau d'équinoxe doivent avoir une plus grande hauteur que les autres.

L'observation justifie encore cette prévision de la
théorie.

Les plus grandes marées de l'année ont lieu vers les
équinoxes de printemps et d'automne, en mars et en
septembre.

7. Influence de la parallaxe. — L'expression qui représente l'influence d'un astre sur le phénomène des marées contient le facteur $\frac{1}{d^3}$.

d est la distance, de centre en centre, de l'astre à la
terre.

En astronomie, ce n'est pas cette distance elle-même

qu'on envisage le plus souvent, mais un angle qui est en raison inverse de cette distance. On suppose un observateur placé au centre de l'astre et mesurant l'angle sous lequel il verrait de là le rayon moyen r de la terre. Cet angle, toujours petit, est représenté par $\frac{r}{d}$. On l'appelle la parallaxe de l'astre.

Les parallaxes de la lune et du soleil varient incessamment, mais les variations de celle de la lune ont beaucoup plus d'amplitude que les variations de la parallaxe solaire.

Ainsi, pour la lune, le rapport des valeurs extrêmes atteint $\frac{7}{8}$, tandis que, pour le soleil, il n'est que de $\frac{29}{30}$ environ.

De plus, ces variations sont beaucoup plus fréquentes pour la lune que pour le soleil.

En effet, la terre décrit son orbite autour du soleil en un an, tandis que la lune parcourt le sien, autour de la terre, en moins d'un mois.

Si donc la théorie de Newton est exacte, on doit reconnaître, dans les marées, l'influence des parallaxes de la lune et du soleil, et c'est en effet ce que l'observation révèle. Certaines marées de morte eau acquièrent une assez grande amplitude en hiver, c'est-à-dire lorsque les parallaxes du soleil et de la lune sont à leur maximum.

Il y a, entre les faits qu'on peut prévoir à l'aide de la théorie de Newton et ceux qu'on observe réellement, bien d'autres analogies frappantes, mais il serait sans intérêt de les signaler ici. Les exemples qui précèdent ont eu seulement pour but de rappeler les circonstances les plus habituelles et les plus importantes du phénomène des marées, ainsi que les noms sous lesquels on les désigne ordinairement en France dans le langage technique ou scientifique.

Toutefois cet exposé sommaire doit suffire, semble-t-il, pour faire comprendre qu'à partir du jour où Newton eut présenté ces remarquables déductions du principe de la gravitation, on ne douta pas qu'il n'eût posé les bases de la véritable théorie des marées.

Mais, quelque admiration qu'on éprouve pour cette œuvre de génie, il faut bien reconnaître qu'elle ne donne qu'une médiocre satisfaction au point de vue positif et pratique.

Ce qu'on prévoit, grâce à elle, a bien dans son ensemble un certain degré d'analogie avec ce qu'on voit, mais en diffère profondément dans les détails.

Il n'y a rien là qui approche des conclusions si précises des théories astronomiques.

D'ailleurs il n'en pouvait être autrement; les hypothèses sur lesquelles on a raisonné sont trop éloignées de la réalité pour que les conclusions ne le soient pas elles-mêmes, et Newton ne se faisait pas d'illusions à cet égard.

8. Critique de la théorie de Newton. — Nous allons signaler maintenant les points principaux sur lesquels la théorie est en désaccord avec les faits.

1° D'après cette théorie, c'est vers l'équateur que devraient se produire les plus hautes marées; et si l'on calcule d'après la forme de l'ellipsoïde leur amplitude maxima, c'est-à-dire la hauteur entre la basse mer et la haute mer, on trouve que cette amplitude maxima ne devrait pas dépasser une soixantaine de centimètres.

Or, dans les ports situés aux latitudes élevées, sur nos côtes par exemple, là où par conséquent l'ellipsoïde ne saurait jamais avoir son maximum de saillie ou de dépression au dessus ou au dessous de la sphère primitive d'équilibre, on constate des marées de 5 m., de 10 m., et même de 15 m. d'amplitude.

2° La haute mer de vive eau devrait avoir lieu au moment du passage de la lune et du soleil au méridien du lieu d'observation.

Il n'en est rien ; la pleine mer maxima se produit partout et toujours un assez longtemps après la syzygie ; sur nos côtes, le retard est d'environ un jour et demi.

Newton a bien fait observer, il est vrai, que ces retards pouvaient provenir de ce que, par suite de l'inertie des eaux, l'effet de l'attraction des astres ne se produisait pas instantanément, comme il l'avait admis par pure hypothèse ; mais cette restriction elle-même n'est pas suffisante.

En effet, s'il ne s'agissait que d'un simple retard, ce retard devrait être sensiblement le même sur une partie peu étendue de la surface de la terre, soit par exemple autour des îles Britanniques.

Or on constate des différences de 1, 2, 3, 4, 5 et 6 heures, et même de 12 heures, entre les moments des pleines mers dans deux ports anglais.

3° Si la surface liquide prenait réellement, sous l'influence des astres, la forme d'un ellipsoïde ou même seulement celle d'une surface géométrique analogue, l'amplitude de la marée devrait être sensiblement la même en deux points voisins.

Or, dans la mer d'Irlande, c'est-à-dire dans un très petit bras de mer, il existe deux points sans marée, et entre ces deux points on observe des marées de 10 mètres de hauteur.

Il y a encore bien d'autres discordances entre les indications de la théorie de Newton et les résultats pratiques de l'observation, mais il est inutile d'y insister. On pourrait en arriver à penser qu'il ne reste plus rien de cette belle conception, et ce serait une grave erreur.

Il en reste la conviction que le phénomène des marées est bien réellement dû à l'action du soleil et de la lune, ainsi qu'on l'avait d'ailleurs toujours soupçonné ; que l'heure et la hauteur de la pleine mer dépendent des heures où les astres passent au méridien du lieu d'observation ; qu'elles dépendent également de leurs déclinaisons et de leurs parallaxes ; enfin, que le genre d'influence attribuable à chacun de ces éléments divers sur les grands caractères généraux du phénomène des marées est clairement révélé par la théorie de Newton.

Par contre, les variations de détail qu'on constate dans les effets observés démontrent l'insuffisance des hypothèses admises et la nécessité de tenir compte des circonstances spéciales à chaque mer et à chaque point de chaque mer.

En ce qui concerne les influences locales, Newton avait fait observer notamment que, lorsque la marée pénètre dans l'estuaire d'un fleuve, il se produit là une complication de mouvements dont sa théorie ne pouvait rendre compte.

Au point de vue théorique, Bernouilli [1] introduisit une nouvelle hypothèse consistant à admettre la répartition de la masse de la terre en couches sphériques de densité croissante de la surface au centre, ce qui lui permettait d'assigner aux marées une amplitude plus grande que celle indiquée par Newton ; mais ce résultat n'a plus aujourd'hui d'intérêt pratique.

Il n'en est pas de même des formules que Bernouilli a déduites de la théorie de Newton pour déterminer l'influence de la parallaxe et de la déclinaison sur la hauteur des marées ; ces formules servent encore aujourd'hui, en Angleterre, de base aux calculs pour la prédiction des marées.

9. Théorie de Laplace. — Une des hypothèses de

---

1. Traité sur le flux et le reflux de la mer, par Daniel Bernouilli ; 1740.

Newton consiste à admettre que la surface liquide prend instantanément la forme d'équilibre compatible avec la grandeur et la direction des forces auxquelles elle est soumise.

Mais, pour que cette forme se réalise, il faut qu'il vienne de l'eau vers les points où doivent se produire les intumescences ; et comme le lieu des intumescences se déplace à chaque instant à la surface de la terre, l'eau est en réalité constamment en mouvement.

L'eau ne prend donc jamais une position d'équilibre stable et, de plus, son mouvement est dérangé à chaque instant par les forces qui agissent sur elle.

C'était là une objection capitale et de principe à la théorie de Newton, désignée souvent sous le nom de théorie de l'équilibre.

Laplace appliqua son génie mathématique à résoudre cette difficulté [1].

Il étudia les mouvements que les eaux de la terre peuvent prendre sous l'action de la pesanteur, de la force centrifuge et de l'attraction des astres.

Il conserva dans ses calculs l'hypothèse du corps théorique de Newton, c'est-à-dire d'un noyau solide enveloppé d'une couche liquide, mais il admit que l'épaisseur de la couche liquide, c'est-à-dire la profondeur des eaux, pouvait varier d'un point à l'autre. Il fit donc abstraction de la forme des mers et des dispositions particulières des rivages, bien que l'influence de ces circonstances sur les marées fût parfaitement démontrée, dès cette époque, par l'observation.

On ne voit pas, du reste, comment il aurait pu avoir égard, dans des calculs de cette espèce, aux formes et aux gisements si variables des côtes.

---

1. Œuvres complètes de Laplace (Livre IV : Des oscillations de la mer et de l'atmosphère). Paris. Gauthier-Villars; 1878.

L'introduction du mouvement de rotation de la masse liquide et de la considération des profondeurs variables de l'eau conduisait déjà à des difficultés analytiques très ardues.

Quant aux conséquences que Laplace a tirées de ses travaux, il suffira d'en citer deux. La première, d'un caractère pour ainsi dire négatif, peut se résumer ainsi : quand Laplace voulut aborder le côté pratique de la question, c'est-à-dire la prédiction des marées, il dut laisser de côté tous ces premiers calculs et adopter une méthode absolument différente, dont nous parlerons bientôt.

La seconde conséquence a, au contraire, une signification positive et d'une très grande portée.

Elle consiste en ce que le mouvement des eaux se traduit par la formation et la propagation d'ondulations liquides.

L'observation avait du reste confirmé d'avance cette conclusion, car c'est bien sous la forme d'une ondulation en mouvement que la marée se manifeste sur nos côtes.

D'ailleurs, il ressort. d'expériences journalières que tout dérangement dans l'équilibre ou dans le mouvement d'une masse d'eau se manifeste par des ondulations.

Ces observations sont si familières qu'elles équivalent à une démonstration, et imposent pour ainsi dire l'évidence du principe.

Or ce principe a reçu depuis, d'une façon toute pratique, un développement très intéressant par l'étude expérimentale directe des mouvements ondulatoires.

10. Des mouvements ondulatoires. — L'étude mathématique des petits mouvements ondulatoires a donné lieu à beaucoup de travaux scientifiques.

Lagrange a démontré qu'une très petite onde se propage à la surface de l'eau tranquille avec une vitesse V telle que $V = \sqrt{gh}$ [1].

g est la vitesse qu'acquiert au bout d'une seconde un corps tombant à la surface de la terre, soit dans nos latitudes 9 m. 8088.

h est la profondeur de l'eau, supposée uniforme.

On peut écrire $V = \sqrt{2g \cdot \frac{h}{2}}$ et l'on dira que la vitesse de propagation est égale à la vitesse qu'acquerrait un corps tombant d'une hauteur égale à la moitié de la profondeur de l'eau.

Mais c'est depuis une époque toute récente qu'on a étudié pratiquement les mouvements ondulatoires.

Un savant ingénieur anglais, M. Scott Russel [2], fut un jour témoin d'un phénomène qui frappa vivement son attention.

Un bateau était hâlé par des chevaux avec une assez grande vitesse sur un canal à section régulière et de dimensions modérées. Le bateau avait à son avant une intumescence liquide qui marchait avec lui. Le bateau étant venu à s'arrêter, l'intumescence sembla se détacher de l'avant du bateau et continua sa route à la surface du canal, en prenant la forme d'une ondulation à contours réguliers occupant toute la largeur du canal, et située toute entière en saillie au dessus de la surface de l'eau en repos ; elle conserva cette forme, en s'avançant avec une vitesse uniforme, aussi loin que M. Scott Russel put la suivre, à cheval, de la berge du canal.

---

1. Sur la manière de rectifier deux endroits des principes de Newton relatifs à la propagation du son ou au mouvement des ondes. Académie de Berlin, 1786. (OEuvres complètes. Paris, Gauthier-Villars. Tome V, 1870).

2. Annales des ponts et chaussées. 1837 ; 2e semestre. Expériences sur les lois de certains phénomènes hydrodynamiques qui accompagnent le mouvement des corps flottants (Mémoire traduit par MM. Emmery et Mary).

M. Scott Russel essaya de reproduire sur un petit canal en planches le fait dont il avait été témoin, et il y réussit de plusieurs manières différentes. Ces expériences ne laissent pas que d'être assez délicates.

Il constata que la vitesse de propagation de l'onde était donnée par la formule $V = \sqrt{g(H+h)}$, où H est la profondeur uniforme de l'eau en repos dans le canal, et h la hauteur maxima de l'onde au dessus du niveau général de l'eau dans le canal.

Cette formule peut s'écrire $V = \sqrt{g H \left(1 + \frac{h}{H}\right)}$ et se réduit à celle de Lagrange quand $\frac{h}{H}$ est négligeable, c'est-à-dire dans le cas des très petites ondulations.

Postérieurement, M. Bazin, Inspecteur général des Ponts et Chaussées, a repris ces expériences sur une rigole en terre de grandes dimensions, et a vérifié l'exactitude de cette formule [1].

L'espèce d'onde sur laquelle ont été faites ces observations a reçu un nom : on l'appelle l'onde solitaire.

Comme la marée se manifeste sous la forme d'une onde qui se propage, il était intéressant de rechercher quelle était sa vitesse de propagation, et si cette vitesse avait un rapport quelconque avec celle de l'onde solitaire.

Or on avait des données assez exactes sur les profondeurs de la mer dans la Manche et le Pas-de-Calais, et l'on savait le temps que la marée met à se propager depuis l'entrée de la Manche, vers Cherbourg, jusqu'au détroit du Pas-de-Calais, aussi bien sur la côte anglaise que sur la côte française.

1. Recherches hydrauliques entreprises par M. H. Darcy, inspecteur général des ponts et chaussées, continuées par M. H. Bazin, ingénieur des ponts et chaussées (Deuxième partie : Recherches expérimentales sur la propagation des ondes. Paris; Dunod, 1866.)

On constata que la marée se propageait entre ces deux points avec une vitesse très sensiblement égale à $\sqrt{g\,H}$, H étant la profondeur moyenne de la mer sur le parcours de l'onde marée. Ainsi l'onde marée se propage avec la même vitesse que l'onde solitaire, bien que ces deux ondes n'aient pas la même forme.

L'onde marée est en effet tantôt au-dessus, tantôt au-dessous du niveau d'équilibre, tandis que l'onde solitaire est toujours toute entière au-dessus de ce niveau.

Encouragé par ce résultat, on utilisa d'autres données, moins exactes à la vérité que les précédentes, pour se faire une idée de la profondeur que pouvait avoir l'océan Atlantique entre les côtes occidentales de l'Europe et de l'Afrique et les côtes orientales de l'Amérique.

On savait, en effet, que l'onde marée que nous percevons sur nos côtes s'est fait sentir auparavant sur les côtes de l'Espagne, et qu'avant d'atteindre l'Espagne elle a balayé la côte Ouest d'Afrique (Pl. 1, fig. 1).

On savait en outre, par des observations faites dans diverses îles de l'Atlantique et sur la côte Est de l'Amérique, que la marée s'y propageait aussi du sud au nord.

On avait donc là une immense ondulation qui se propageait dans le sens de la longueur de l'Océan Atlantique, du sud au nord.

On calcula la vitesse de sa propagation et l'on trouva qu'elle correspondait, d'après la formule $V = \sqrt{g\,h}$, à une profondeur moyenne de l'Océan d'environ 7.000 à 8.000 m.

C'est la première indication qu'on ait eue de la profondeur probable de l'Atlantique. Depuis lors, les sondages exécutés à l'occasion de la pose des câbles sous-marins des télégraphes transatlantiques ont prouvé que cette donnée théorique offrait une approximation remarquable.

Ainsi l'onde marée, malgré sa grandeur énorme, puisqu'elle met 12 heures 1/2 environ à parcourir sa propre longueur, a, au point de vue de sa vitesse de propagation, une analogie certaine avec ces petites ondes solitaires que l'on réalise dans les expériences, et qui ne mettent qu'une fraction de seconde à exécuter le parcours de leur longueur.

Dans l'Atlantique la longueur de l'ondulation de la marée est si grande que lorsqu'un sommet atteint l'angle saillant de la côte nord d'Espagne, le sommet suivant, vers le sud, est dans les parages de Ste-Hélène.

Il était intéressant de poursuivre ce rapprochement et de voir jusqu'où l'analogie pouvait s'étendre. On connaissait le mouvement des ondulations qui se forment à la surface de l'eau d'un bassin, qui sont d'expérience familière et dont les lois, pour ce motif, paraissent évidentes. On connaissait aussi les ondulations auxquelles sont dûs les phénomènes du son et de la lumière, et qui ont été étudiées mathématiquement.

Première loi. — Or, on sait que dans toutes ces ondulations, chaque point ébranlé devient un nouveau centre d'ébranlement.

Si, par exemple, on jette une pierre dans un bassin d'eau tranquille, il se forme autour du point ébranlé des ondulations circulaires ayant ce point pour centre.

Si, perpendiculairement à la direction d'un des rayons suivant lesquels l'ondulation semble marcher, on présente un plan qui en arrête la propagation, on voit les ondes se reformer derrière cet obstacle, comme si chacune des extrémités du plan était elle-même un centre d'ébranlement, tandis que le reste de l'ondulation, non arrêté par l'obstacle, continue son chemin.

Les marées offrent un phénomène analogue ; l'observation a appris que l'onde Atlantique suit la côte Ouest d'Espagne du sud au nord. Si cette onde obéit à la loi que nous venons d'indiquer, le cap extrême N de cette côte, c'est-à-dire le cap Finisterre, doit devenir un nouveau centre d'ondulation.

Une ondulation dérivée devra longer la côte nord d'Espagne et se faire sentir successivement depuis la Corogne jusqu'au fond du golfe de Gascogne.

Les choses se passent bien en effet ainsi. La haute mer a lieu successivement de la Corogne à St-Jean de Luz, à Biarritz, puis à l'embouchure de l'Adour. Mais en même temps la grande onde Atlantique principale a dû continuer directement son chemin, et on est porté à admettre que c'est elle qui vient, après un certain temps, rencontrer normalement et presque simultanément les côtes Sud de la Bretagne, de l'Angleterre et de l'Irlande. Il y a en effet pleine mer à peu près à la même heure depuis l'embouchure de la Loire jusqu'au sud de l'Irlande.

Nous parlons bien entendu de la même heure physique, c'est-à-dire rapportée à un même méridien, et non de la même heure locale, car, lorsqu'il est midi à l'embouchure de la Loire, il n'est pas encore midi aux îles Scilly.

Deuxième loi. — Un autre fait que les expériences de M. Scott Russel et de M. Bazin ont mis en évidence est celui-ci :

Quand une ondulation se propage dans un canal dont la section n'est pas constante, la longueur et la hauteur de l'ondulation ne sont pas non plus constantes.

Soit un canal de largeur uniforme, mais où la profondeur de l'eau diminue progressivement ; supposons une onde solitaire se propageant de la partie la plus profonde vers celle qui l'est le moins. A l'origine elle aura une certaine longueur et une certaine hauteur. Au fur et à mesure qu'elle avance par des profondeurs moins grandes, on voit sa longueur diminuer et sa hauteur augmenter. Elle se raccourcit, mais elle se gonfle.

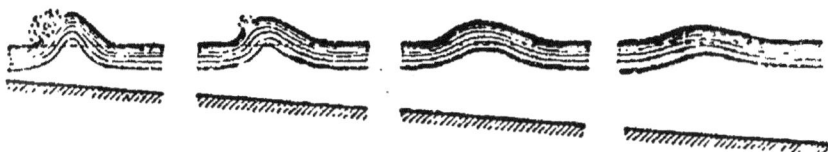

Il semble que la masse des eaux comprise dans l'ondulation forme un tout, que l'avant étant retardé et l'arrière continuant à s'avancer plus vite, la masse se trouve pour ainsi dire comprimée, et gagne en hauteur une partie de ce qu'elle a perdu en longueur.

On peut encore voir dans ce fait une sorte de confirmation de la formule de la vitesse de propagation des ondulations, en admettant que la tête de l'onde s'avance avec une vitesse $V = \sqrt{gh}$, h étant la profondeur de l'eau à l'avant, et que l'arrière de l'onde s'avance avec une vitesse plus grande $V' = \sqrt{gH}$, H, la profondeur à l'arrière, étant plus grande que h.

Mais ceci n'est qu'une image destinée à rappeler le fait et n'est nullement une explication scientifique du phénomène.

Admettons le fait comme un principe, et voyons s'il s'applique aussi à l'onde marée.

Il en résulterait que si l'onde marée a une certaine hauteur dans les grandes profondeurs de l'océan, cette hauteur doit augmenter au fur et à mesure que l'onde se propagera dans des eaux moins profondes.

Or c'est ce qu'on observe. La mer est très profonde le long de la côte Nord d'Espagne, et les marées y ont peu de hauteur; mais, à partir de cette côte, le fond sous-marin se relève par une pente insensible jusqu'aux côtes de Bretagne et d'Angleterre, et le long de ces côtes la marée a beaucoup plus d'amplitude que dans le golfe de Gascogne, par exemple.

On conçoit même que si l'onde marée s'engouffre dans une baie en forme d'entonnoir, le gonflement des eaux pourra atteindre au fond de cette baie des proportions exceptionnelles.

On pourra s'expliquer ainsi les marées si hautes du fond de la baie de St-Michel en France, de la baie de Bristol en Angleterre, de la baie de Fundy en Amérique.

Les considérations tirées des mouvements ondulatoires donnent donc une explication plausible des faits qui semblaient contradictoires dans la théorie de l'ellipsoïde de Newton.

Troisième loi. — Voici un troisième fait d'expérience et d'observation familière. Les ondulations de l'eau dans un bassin oscillent au dessus et au dessous du niveau d'équilibre, et de la même hauteur dans les deux sens. Il y a là quelque chose d'analogue aux oscillations d'une corde tendue et qu'on pince en son milieu : elle oscille de quan-

tités égales de part et d'autre de sa position d'équilibre.
Or, l'observation enseigne que les oscillations de la marée
se font aussi au dessus et au dessous d'un niveau à peu
près fixe en chaque point. De sorte que plus la marée
s'élève au dessus, plus elle s'abaisse au dessous de ce niveau qu'on appelle niveau moyen de la mer, au point
considéré.

Quatrième loi. — On sait aussi que des mouvements
ondulatoires différents peuvent coexister dans la même
masse liquide. Si l'on jette une pierre dans un bassin, on
voit des ondulations circulaires se former autour du point
de chute ; si l'on jette une seconde pierre à quelque distance de la première, il se formera autour de ce second
centre des ondulations circulaires, et l'on voit sans peine les
deux systèmes d'ondulations se propager indépendamment
l'un de l'autre, sans se confondre. Or, considérons l'arrivée d'une onde en un point de la surface liquide supposée en repos et au niveau moyen. La propagation de
l'onde se manifeste pour nous de la manière suivante.
L'eau commence à s'élever en ce point et continue son
mouvement d'ascension pendant un certain temps. Elle
atteint un maximum de hauteur, puis elle commence à
baisser. Supposons qu'une autre onde arrive en sens contraire de la première, mais en même temps qu'elle, au
même point. La propagation de cette deuxième onde, si
elle était seule, se manifesterait par des phénomènes analogues dans l'élévation de l'eau.

Les deux effets coexisteront et se produiront simultanément.

La surélévation totale de l'eau sera donc la somme des
deux surélévations que chaque onde, prise isolément, lui
eût imprimée.

Ce que nous venons de dire pour la saillie de l'onde serait à répéter, mot pour mot, en ce qui concerne la dépression.

Or, l'observation a appris qu'il arrive simultanément vers le détroit du Pas-de-Calais deux ondes marées, l'une par la Manche, l'autre par la mer du Nord. On doit donc s'attendre à trouver dans ces parages des marées d'une amplitude plus grande que dans les régions voisines de ces deux mers. C'est ainsi qu'on peut expliquer l'amplitude relativement considérable des marées à Boulogne, qui atteint 9 m., tandis qu'elle n'est guère que de 6 m. dans la baie de Somme et à Calais.

On a supposé, dans l'exemple précédent, que les deux effets d'ascension avaient lieu simultanément au même point; mais il peut se faire que la deuxième onde soit en retard par rapport à la première, c'est-à-dire qu'elle ne produise son maximum d'intumescence au point d'observation qu'un certain temps après que la première y a déjà atteint sa plus grande hauteur et a commencé à baisser. Dans ce cas, l'ondulation résultante aura une forme différente de celle de chacune des deux ondulations composantes; certaines formes particulières de courbes de marée peuvent s'expliquer ainsi.

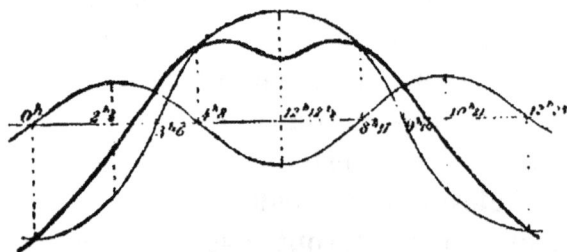

Jusqu'ici nous avons admis implicitement que les deux ondulations composantes opèrent leur oscillation complète dans le même temps. Mais il peut se faire que les durées de leurs oscillations soient différentes, et, dans ce cas, la combinaison des deux ondulations composantes produit dans la forme de l'ondulation résultante des déformations spéciales.

La marée dans la baie de Seine montre deux maxima successifs et voisins séparés par un minimum intermédiaire. Cette singularité s'explique en admettant la combinaison d'une ondulation qui fait son oscillation en 12 h. 25 m. avec une autre dont l'oscillation ne dure que les deux tiers de ce temps.

Mais il peut se présenter un cas différent. Une des ondes aura, par exemple, pour effet d'élever le niveau de l'eau, et l'autre de l'abaisser au même moment. Ceci arrivera notamment quand la saillie de la première et le creux de la seconde se présenteront en même temps sur le même point.

Dans ce cas, la variation du niveau de l'eau sera la différence entre la hauteur de la saillie et la profondeur du creux.

Si le creux est égal à la saillie, le niveau de l'eau ne changera pas. Ce sera un phénomène analogue à celui des interférences lumineuses, ou à celui des nœuds dans les cordes vibrantes et les tuyaux sonores. Nous n'avons pas sur nos côtes d'exemple de ce cas bizarre, mais on en trouve en Angleterre.

Il existe, sur la côte Irlandaise, près de chacune des deux entrées de la mer d'Irlande, une région très restreinte où il n'y a pas de marées sensibles [1], tandis que, dans cette mer elle-même, on trouve des marées d'une grande amplitude, à Liverpool notamment.

On a là l'exemple de trois points situés dans une très petite mer, très rapprochés les uns des autres, et où, cependant, la marée diffère du tout au tout; ce qui paraissait inadmissible dans la théorie de Newton, et ce que les phénomènes ondulatoires permettent de comprendre.

1. Mémoire de M. Whewell. *Philosophical transactions*, 1833.

On pourrait citer encore d'autres particularités des marées et en donner une explication plausible à l'aide de combinaisons diverses de mouvements ondulatoires. Mais ce qui précède doit suffire pour donner la conviction que la marée est une grande ondulation qui se propage et se manifeste à la façon des autres ondulations dont nous avons un sentiment plus net ou une connaissance moins imparfaite.

D'un autre côté, quand on a vu l'accord saisissant entre les grands traits généraux du phénomène des marées et les conséquences de la théorie de l'équilibre de l'ellipsoïde liquide de Newton, on est conduit à admettre que les ondulations sont précisément la manifestation des mouvements que doivent prendre les eaux en tendant vers cet équilibre théorique qu'elles n'atteignent jamais.

Le mouvement de la marée obéit trop évidemment à des lois astronomiques pour qu'on doute qu'il n'y ait là une relation de cause à effet ; et la propagation des ondulations fait comprendre qu'il puisse y avoir un intervalle de temps très notable entre le moment où la cause agit et le moment où l'on en perçoit les effets dans un lieu donné. Mais comment reconnaitra-t-on l'époque de l'action antérieure des astres à laquelle correspond la marée d'aujourd'hui ?

Pour répondre à cette question on a fait une hypothèse très plausible.

L'observation enseigne que les marées de vive eau ont lieu sur nos côtes, par exemple, 36 à 40 heures après les syzygies.

D'un autre côté, la théorie de Newton porte à penser que si l'attraction des astres produisait librement et instantanément ses effets, les grandes marées devraient avoir lieu au moment même des syzygies.

On a donc admis que le retard des marées de vive eau

sur les syzygies représentait l'intervalle de temps qui s'écoule entre l'action des astres et la perception que nous avons de ses effets.

Ce retard serait attribuable à l'inertie des eaux de la terre, ainsi qu'aux entraves que la forme des mers et des continents oppose au développement et à la propagation des mouvements ondulatoires.

Cette hypothèse une fois admise, et sachant, d'ailleurs, que le retard de la marée n'était pas le même partout, des esprits curieux ont trouvé intéressant de chercher s'il n'y avait pas une région de la terre où ce retard serait sensiblement nul. On aurait eu là, pour ainsi dire, le foyer ou le centre originel des ondulations que nous percevons tardivement.

Deux savants anglais, Lubbock et Whewell, se sont livrés à cette étude ; ils ont recueilli une masse énorme de documents sur le régime de la marée dans un très grand nombre de points du globe ; ils les ont coordonnés et ont essayé d'en tirer des conclusions. Voici, en quelques mots, le procédé auquel ils ont eu recours.

Ils ont ramené les heures des marées de vive eau d'équinoxe de tous les points d'observation à l'heure d'un méridien déterminé, celui de Greenwich.

Ils ont su ainsi à quel moment physique avaient lieu en chaque point les marées de vive eau par rapport aux syzygies.

Naturellement, leurs données ne se rapportaient qu'aux ports des continents et des îles. Car, jusqu'à présent, on n'a absolument aucune espèce de renseignement sur les marées au milieu des océans. On ne sait même rien du régime des marées dans le Pas-de-Calais, mer étroite, peu profonde, et sur les bords de laquelle vivent des nations intéressées à tous les progrès de la science.

Quand il s'agissait d'une mer relativement petite, comme la Manche, et où les observations sur les côtes offraient de sérieuses garanties d'exactitude, on a pu, sans grandes chances d'erreurs, réunir par une ligne droite deux points des côtés opposées où la marée se produisait simultanément ; on a eu ainsi ce que Lubbock et Whewell ont appelé des lignes cotidales (lignes où la haute mer se produit au même moment ; Pl. 1, fig. 1 et 2).

On a même pu donner à ces lignes la forme de courbes, en se basant sur ce que, d'après la formule $V = \sqrt{g\,h}$, l'onde marée devait se propager plus vite par les grandes profondeurs que près du rivage.

Mais est-il possible d'étendre, sans ajouter immédiatement une foule de réserves, le même procédé à la jonction, à travers toute la largeur de l'Océan Atlantique, de deux points pris, l'un sur la côte est de l'Amérique, et l'autre sur la côte ouest d'Afrique ? Évidemment non.

Quoi qu'il en soit, c'est ce qu'ont fait, après de longues et attentives discussions, Lubbock et Whewell, et il est ressorti de leur travail l'impression que l'onde marée que nous percevons sur nos côtes est due, au moins en grande partie, à une ondulation qui se propage du sud au nord suivant la longueur de l'Atlantique. Mais, même près du cap Horn, on constatait encore un retard considérable.

On chercha donc au delà, et l'on crut trouver dans l'Océan Pacifique, près de l'équateur, non loin des côtes Ouest de l'Amérique, une région où les marées de vive eau se produisaient au moment même des syzygies.

L'Océan Pacifique offre l'étendue d'eau la plus vaste, sur la zone terrestre comprise entre les déclinaisons extrêmes du soleil et de la lune. Il semblait donc admissible que les astres y dussent agir plus promptement et plus efficacement qu'ailleurs, et pussent produire en quelque point la haute mer au moment même de leur passage par le méridien de ce point.

Cependant, postérieurement aux travaux de Lubbock

et Whewell, d'autres observateurs, absolument dignes de foi, ont constaté dans la région où ces auteurs plaçaient leur centre primitif d'oscillation, des marées ayant jusqu'à trente-six heures de retard.

On peut même se demander aujourd'hui s'il existe réellement un centre unique d'oscillation.

On a le droit d'en douter.

En effet, puisque le soleil et la lune agissent tous deux, chacun de ces astres devrait donner naissance à un centre d'oscillation.

Or, la lune peut se trouver dans l'hémisphère nord et le soleil dans l'hémisphère sud.

Les deux astres agissant à des distances aussi considérables et dans des positions aussi dissemblables, on ne conçoit guère qu'ils puissent engendrer un centre unique d'oscillation.

Rien ne prouve même que l'ondulation lunaire suive dans les océans, et surtout dans l'Océan Pacifique, exactement partout et toujours la même route que l'ondulation solaire, et avec la même vitesse.

Il est résulté, toutefois, des travaux de Lubbock et Whewell, un document très intéressant sur la marche de la marée le long des côtes du Nord de l'Europe.

Là, les données sont assez multipliées et assez précises pour inspirer toute confiance dans les conséquences qu'on en peut logiquement déduire.

En ce qui concerne plus particulièrement nos côtes, nous avons déjà mentionné la marche générale du phénomène des marées depuis le fond du golfe de Gascogne, au sud, jusqu'à Brest, au nord.

A partir de Brest, une onde dérivée de la grande onde. Atlantique pénètre dans la Manche et parcourt toute la longueur de ce bras de mer en se propageant successivement sur nos côtes, de Brest à Dunkerque (Pl. I, fig. 2).

Mais, pendant qu'elle fait ce parcours, une autre grande onde directe de l'Atlantique a remonté toute la côte Ouest des îles Britanniques, puis est redescendue, le long de la côte Est de ces îles, sur la mer du Nord.

Ces deux ondes se rencontrent vers le Pas-de-Calais, où leur superposition peut expliquer, comme nous l'avons déjà dit, les grandes marées de Boulogne-sur-Mer.

Ces considérations, tirées de l'observation pratique des mouvements ondulatoires, peuvent captiver l'esprit et donner une explication satisfaisante des principaux détails du phénomène des marées que la théorie de Newton ne permettait pas de comprendre, mais elles laissent dans le vague et dans l'indécision les questions pratiques les plus intéressantes.

On veut savoir, par exemple, à quelle heure aura lieu la haute mer, tel jour, dans tel port, et à quelle hauteur s'y élèvera la marée.

Toutes les théories précédentes, il faut bien l'avouer, sont absolument impuissantes à fournir une réponse à ces questions.

Si, mettant le doigt sur un point quelconque du rivage des mers, on demandait seulement s'il y aura là une marée notable, on devrait répondre qu'on n'en sait rien, quand bien même ce point serait compris entre deux autres points, non très éloignés, où l'on saurait qu'il existe des marées de grande amplitude.

A plus forte raison ne saurions-nous dire ce qu'y sera le régime des marées.

La seule chose que l'on puisse affirmer, instruits comme nous le sommes par les observations de tous les temps et de tous les lieux, c'est que, s'il y existe des marées, ces marées sont soumises à des lois aussi régulières que les lois astronomiques.

Nous allons examiner maintenant comment on peut tirer parti, à un point de vue pratique, d'un principe aussi vague en apparence.

§ 2.

ÉTUDE PRATIQUE DES MARÉES

11. Formules de Laplace. — Laplace, après avoir abordé sa grande théorie générale des mouvements de la mer sous l'influence des astres, avait reconnu l'impossibilité d'en tirer des conclusions pratiques.

Il fut alors conduit à chercher la solution du problème des marées dans un ordre d'idées tout différent. D'une part, l'action des astres engendrait évidemment des forces périodiques, et la loi de la périodicité de ces forces était relativement facile à calculer.

D'autre part, l'observation révélait que les variations du niveau de la mer étaient également périodiques, et que les périodes de ces variations avaient, au moins sur nos côtes, une grande analogie avec celles des forces, malgré les entraves apportées aux effets de ces forces par la configuration des mers et des continents. Laplace posa alors ce principe *à priori* :

« Dans un système de corps soumis à des forces « périodiques, mais où les conditions primitives du mou- « vement ont disparu, les mouvements sont périodiques « comme les forces. »

Mais il faut remarquer qu'il peut y avoir un assez long intervalle de temps entre le moment où l'action atteint par exemple son maximum d'intensité en un point déterminé, et celui où l'on en constate l'effet maximum en ce même point. De plus, si l'on a deux forces à considérer, comme dans le cas qui nous occupe, l'une due à la lune et l'autre au soleil, il pourra arriver que le rapport de la grandeur des deux effets constatés ne soit pas égal au rapport de l'intensité des deux forces.

Pour préciser ce que ces énoncés peuvent avoir de vague, supposons que les forces produites en un point par un des astres varient comme les ordonnées d'une sinusoïde dont les abscisses sont les temps,

$$f = a \sin \frac{\pi t}{T}$$

Sous l'action de ces forces, le niveau de la mer en ce point variera également suivant une sinusoïde dont l'équation sera

$$h = \alpha \sin \frac{\pi (t + \theta)}{T}$$

l'amplitude α et le retard θ étant à déterminer par l'observation.

Si les forces produites par le second astre sont représentées par la sinusoïde

$$f' = a' \sin \frac{\pi (t + t')}{T'}$$

elles engendreront dans le niveau de la mer des variations représentées par la sinusoïde

$$h' = \alpha' \sin \frac{\pi (t + t' + \theta')}{T'}$$

α' et θ' sont également à déterminer par l'observation.

T et T' dépendent de la durée de la rotation apparente des astres autour de la terre, t' dépend de la position relative des deux astres par rapport à la terre, c'est-à-dire de l'angle que forment les deux méridiens terrestres où ils se trouvent. ou, autrement dit, de leur angle horaire à l'époque t. Enfin, le rapport $\frac{\alpha}{\alpha'}$ ne sera pas nécessairement égal à $\frac{a}{a'}$.

On ne donnera pas ici les formules de Laplace ; elles sont assez compliquées, bien qu'il les ait simplifiées par la suppression de quelques termes qui lui paraissaient négligeables. Elles ne présentent d'ailleurs à l'esprit un sens clair qu'autant qu'on a suivi la marche adoptée pour les établir, les discuter et les simplifier.

Ces formules une fois arrêtées comportaient un certain nombre de coefficients tels que $\alpha, \alpha', \theta, \theta'$, etc., à déterminer par l'observation.

Or, à l'époque de Laplace, on avait déjà au port de Brest des observations de marées assez nombreuses et assez exactes pour permettre la détermination de ces coëfficients avec une approximation suffisante.

Les observations ultérieures ont prouvé que les formules de Laplace, dont les coëfficients ont été d'ailleurs successivement améliorés, permettaient de prédire avec une grande exactitude les marées du port de Brest. Ce sont ces formules dont on se sert encore exclusivement aujourd'hui en France.

Les formules de Laplace ont introduit dans l'étude pratique des marées un certain nombre de dénominations dont on se sert en France et dont il est bon de connaître le sens.

12. Etablissement d'un port. — Pour comprendre comment Laplace a été amené à adopter ce terme spécial, il faut faire quelques remarques préliminaires. Prenons la formule qui fournit, en un lieu donné, l'heure de la haute mer. Cette formule contient notamment :

1° les sinus ou cosinus des déclinaisons des astres à l'époque considérée ;

2° le sinus ou le cosinus de l'angle horaire de ces deux astres ;

3° les distances des astres à la terre, ou, ce qui revient au même, le rapport de chacune de ces distances, pour l'époque considérée, à la distance moyenne de l'astre correspondant, rapport qui varie lui-même suivant certaines périodes exprimées en sinus et cosinus d'angles.

Or, si nous supposons les deux astres dans l'équateur, c'est-à-dire avec une déclinaison nulle, les sinus ou cosinus de ces déclinaisons deviendront nuls ou seront égaux à l'unité. Si, de plus, nous supposons les astres en syzygie, c'est-à-dire passant en même temps au méridien du lieu considéré, l'angle horaire sera nul ou égal à 180°, et alors le sinus ou le cosinus de l'angle horaire deviendra aussi nul ou égal à l'unité. Enfin, si nous supposons qu'à une certaine époque les deux astres remplissent, en outre des deux conditions ci-dessus, celle d'être en même temps à leur distance moyenne de la terre, le rapport de chaque distance à la distance moyenne correspondante devient égal à l'unité. Dans ces conditions hypothétiques, la formule qui donne l'heure de la haute mer ne contient plus que les coefficients constants qu'on y a introduits, tels que $\alpha, \alpha', \theta, \theta'$, etc., ou des quantités numériques déterminées. Cette heure est donc une heure constante pour un port donné, une sorte de caractéristique de la marée dans ce port. C'est ce qu'on appelle l'établissement du port.

Les conditions hypothétiques que nous avons admises dans ce qui précède ne se réalisent pas toutes effectivement. Car pour que la déclinaison du soleil soit nulle, il faut que le soleil soit dans l'équateur, ce qui n'a lieu, dans une année, qu'aux deux équinoxes de printemps et d'automne. Pour que les deux astres passent en même temps au méridien, il faut qu'ils soient en syzygie. Les deux conditions précédentes ne seront donc satisfaites que dans les syzygies équinoxiales.

Pour que la déclinaison de la lune soit nulle, il faudra choisir en outre, parmi les syzygies équinoxiales, celles où la lune est dans l'équateur terrestre.

En ce qui concerne les distances, le soleil se trouve précisément à sa distance moyenne de la terre à l'époque des équinoxes. Mais, quand la lune est en syzygie équinoxiale et a une déclinaison nulle, elle peut ne pas remplir la condition d'être en même temps à sa distance moyenne de la terre, et, en fait, cela n'a presque jamais lieu.

On tourne cette difficulté en calculant à quelle distance Δ de la terre la lune se trouve, en moyenne, dans les syzygies équinoxiales où sa déclinaison est nulle.

Cette distance Δ n'est pas égale à la vraie distance moyenne D de la lune à la terre, mais le rapport $\frac{\Delta}{D}$ est une quantité constante, et c'est cette quantité qu'on introduit dans les formules.

L'établissement d'un port est donc une donnée essentiellement théorique et sans grand intérêt pratique.

Quoi qu'il en soit, nous en résumons la définition: L'établissement d'un port est l'heure de la plus haute mer qui aurait lieu un jour et demi après une syzygie où le soleil et la lune, ayant tous deux une déclinaison nulle, auraient en même temps tous deux leur parallaxe moyenne.

Pratiquement et en fait, du moins sur nos côtes, l'heure de la plus haute marée qui suit une syzygie est une heure à peu près constante dans chaque port, et cette plus haute marée a lieu très approximativement un jour et demi après le phénomène astronomique de la conjonction ou de l'opposition du soleil et de la lune.

13. Unité de hauteur. Coefficients de la marée. — On appelle hauteur totale de la marée la moyenne des hauteurs de deux hautes mers consécutives au dessus de la basse mer intermédiaire.

Or, il résulte des formules de Laplace que lorsque les astres ont leurs déclinaisons nulles et sont à leur moyenne distance de la terre, la hauteur totale maxima qui suit la syzygie doit être constante dans chaque port.

La moitié de cette hauteur totale, telle que nous venons de la définir, est appelée l'unité de hauteur du port.

Mais, tandis que les heures des marées de syzygies varient peu, ici l'on ne peut plus dire, même approximativement, que les hauteurs des marées de syzygies sont à peu près constantes ; elles peuvent varier au contraire presque du simple au double. Mais une formule de Laplace montre que les hauteurs variables des marées de syzygies peuvent se déduire de l'unité de hauteur en multipliant simplement cette unité par certains coefficients qu'on appelle coefficients de la marée.

Cette formule étant de beaucoup la plus simple, nous la citerons à titre d'exemple :

La hauteur, au dessus du niveau moyen de la mer, des grandes marées de Brest qui suivent chaque syzygie de 1 jour,50724 est donnée par la formule

$$y = 0^m,78122 \ (i^3 \ \text{Cos}^3 \ V + 3 \ i'^3 \ \text{Cos}^3 \ V')$$

où l'on représente par :

y — la hauteur,

i — le rapport de la distance moyenne du soleil à la terre à sa distance actuelle, c'est-à-dire à l'époque considérée,

i' — le même rapport en ce qui concerne la lune.

V — la déclinaison du soleil à un instant qui précède de 1 j,50724 la grande marée de vive eau, c'est-à-dire au moment de la syzygie,

V' — la déclinaison de la lune au même instant.

Or, aux syzygies équinoxiales, $V = o$, donc Cos $V = 1$, et i est égal à l'unité.

Si l'on suppose également $V' = o$, c'est-à-dire si l'on considère les syzygies équinoxiales où la lune se trouve dans l'équateur, on aura Cos $V' = 1$.

Quant à i', sa détermination résulte de ce fait d'observation astronomique, à savoir que : aux syzygies équinoxiales, et quand la déclinaison de la lune est nulle ou presque nulle, la distance de la lune à la terre est, en moyenne, les $\frac{41}{40}$ de sa distance moyenne.

On a donc
$$i'' = \frac{41}{40}$$

et, par suite, l'unité de hauteur à Brest est

$$y = 0^m,78122 \left(1 + 3 \left(\frac{41}{40}\right)^3\right)$$

Donc, le rapport de la hauteur d'une marée de syzygie à cette unité sera :

$$Y = \frac{i^3 \cos^2 V + 3i''^3 \cos^2 V'}{\left[1 + 3 \left(\frac{41}{40}\right)^3\right]}$$

ou, approximativement :

$$Y = \frac{40}{169} \left(i^3 \cos^2 V + 3i''^3 \cos^2 V'\right)$$

Y est donc un coëfficient qu'on peut calculer, puisque les tables astronomiques permettent de connaître i, i'', V et V' pour les époques correspondant aux marées de syzygies. C'est ce qu'on appelle le coefficient de la marée.

Ce coefficient peut varier de 0.68 à 1.19.

Le port de Brest est le seul port de France pour lequel on fasse les calculs en vue de la prédiction des marées.

Ces calculs sont établis d'avance, pour l'année qui va commencer, par des ingénieurs hydrographes spécialement chargés de ce service.

Quant aux marées des autres ports de France, on les déduit des marées de Brest à l'aide de tableaux de correspondance dont nous allons parler.

Pour justifier ce système, on fait remarquer que l'ensemble de tous nos ports occupe sur les côtes de l'Océan une longueur relativement petite, quand il s'agit d'un phénomène ayant autant de grandeur, de généralité et de régularité que celui des marées sur nos rivages.

On observe, en outre, que toutes ces marées dérivent de la grande onde atlantique qui vient aborder nos côtes, et de cette onde là seulement, mais plus ou moins modifiée dans ses manifestations par des influences locales qu'on peut admettre comme constantes.

Si donc on compare, pendant un certain nombre d'années, les marées d'un port de France aux marées correspondantes de Brest, on pourra en déduire des tableaux au moyen desquels on saura, étant données l'heure et la hauteur d'une marée à Brest, que, dans cet autre port, il y aura, à telle heure, une haute mer de telle hauteur.

Les résultats de ces supputations sont consignés dans un petit livre intitulé « *Annuaire des marées* », publié par le Ministère de la Marine.

Son usage a été rendu aussi facile que possible, même aux personnes n'ayant qu'une instruction élémentaire.

A certaines dates, l'annuaire n'indique qu'une seule haute mer ; on ne s'en étonnera pas si l'on se rappelle que c'est la lune qui a l'influence prépondérante dans le phénomène des marées.

Deux marées consécutives sont séparées par un temps à peu près égal à celui qui s'écoule entre deux passages successifs de la lune au méridien, c'est-à-dire entre le passage de la lune au méridien supérieur et son passage au méridien inférieur.

Or, ce temps est de 12 h. 25 m. environ (temps solaire). Si donc la haute mer a lieu aujourd'hui à minuit moins 5 minutes, la haute mer prochaine n'aura plus lieu que dans l'après-midi de demain, vers midi 20 m. Et il n'y en aura pas d'autre dans cette journée de demain, car la marée suivante n'aura lieu que vers minuit 45 m. du surlendemain.

Par le nombre de coefficients que les formules de Laplace laissent à l'observation le soin de déterminer, elles se prêtent à une étude rationnelle de l'heure et de la hauteur de la marée dans un port quelconque, et c'est là certainement un résultat pratique très important.

Mais, quand on aborde d'autres questions, celle de la forme des courbes de marée par exemple, les formules de Laplace deviennent insuffisantes ; nous le verrons par la suite.

Il peut être utile d'observer ici que le phénomène des marées se présente sur nos côtes avec une simplicité relative qu'il n'affecte pas ailleurs. Aussi l'on ne peut s'empêcher de penser qu'il est très heureux que Newton et Laplace aient eu à appliquer leurs conceptions à ces cas relativement simples. On se demande ce qu'ils auraient pu imaginer, malgré tout leur génie, pour expliquer les marées, s'ils n'avaient connu que ces régions de la terre où ce phénomène prend une physionomie si bizarre.

Ainsi, dans certains points, il n'y a qu'une marée par jour ; dans d'autres, les deux marées d'un même jour présentent des différences relativement énormes en hauteur ; deux hautes mers successives sont séparées par des intervalles de temps inégaux, etc., etc.

Et tous ces accidents se modifient ou s'intervertissent à des époques et à des périodes de temps variables.

Le problème de la prédiction des marées est donc très difficile, et il convient de ne pas le compliquer en s'exagérant les besoins de la pratique.

Les marins sont les plus intéressés à connaître le régime des marées ; ils veulent savoir surtout quel jour et à quelle heure ils trouveront une hauteur d'eau suffisante à l'entrée d'un port. Une incertitude de quelques minutes, en temps, est sans importance pour eux ; une incertitude de plusieurs centimètres dans les hauteurs d'eau calculées disparaît devant les variations possibles de niveau produites par des causes accidentelles auxquelles les marins doivent avoir égard, et dont nous parlerons bientôt.

14. Méthode anglaise. — Les Anglais, s'inspirant de

ce côté pratique de la question, ont résolu le problème de la prédiction des marées d'une façon différente de celle adoptée en France.

Ils ne s'occupent que de l'heure et de la hauteur de la haute mer.

Ils admettent que les marées dépendent de l'action du soleil et de la lune, que cette action varie avec les parallaxes et les déclinaisons de ces astres, en un mot avec la position relative de ces astres par rapport à la terre. Ils admettent encore que les lois de ces variations sont suffisamment indiquées par les formules de Bernouilli, et que les circonstances locales, tant qu'elles ne changent pas, agissent toujours de la même façon.

Mais ils ajoutent la remarque suivante qui est très importante.

Les positions relatives de la terre, du soleil et de la lune varient bien à chaque instant ; toutefois, l'astronomie enseigne que, à la fin d'une période d'environ 19 ans, ces trois astres reviennent à peu près exactement à la même position relative qu'ils occupaient à l'origine de cette période.

Dans l'intervalle de ces 19 ans, les astres ont pris l'un par rapport à l'autre les diverses positions qu'ils prendront pendant l'intervalle suivant de 19 nouvelles années.

Si donc on a observé les marées dans un port pendant 19 ans, et si, pour chaque marée, on connaît la position relative des astres, on doit pouvoir prédire ce que sera la marée dans ce port, pour un jour donné quelconque où la position des astres est connue.

Or l'astronomie permet de savoir exactement la position relative des trois astres à un jour quelconque. Si donc l'observation a donné, de son côté, la marée correspondant à cette position, le problème sera résolu.

La question revient ainsi à observer la marée dans un

port pendant 19 ans au moins, et à voir comment les heures et les hauteurs varient avec les parallaxes, les déclinaisons et les angles horaires du soleil et de la lune.

C'est ce qu'on fait en Angleterre, au moyen d'une méthode assez simple, dont l'exposition ne saurait trouver sa place ici.

15. Observation pratique des marées. — On voit, en résumé, que, quelle que soit la méthode employée pour calculer les marées d'un port, il faut avoir beaucoup d'observations exactes dans ce port.

Pour observer la marée, il suffit, à la rigueur, d'avoir une règle graduée fixe et de noter à des intervalles de temps connus la division de l'échelle que le niveau de l'eau a atteint.

Ce procédé élémentaire est trop souvent le seul dont on dispose et on ne doit pas le négliger. Mais il est très imparfait. Les divisions de l'échelle, pour peu qu'elles soient rapprochées, ne sont pas faciles à distinguer ; elles s'effacent ou s'atténuent avec le temps ; les herbes marines, les coquillages s'y attachent ; les observations de nuit deviennent presque impossibles, etc.

La mer n'est jamais calme, de là la nécessité d'apprécier la division de l'échelle autour de laquelle elle oscille en moyenne.

Quand la mer est un peu forte, cette appréciation est des plus difficiles et des plus incertaines.

Aux approches du moment de la haute mer ou de la basse mer, le niveau de l'eau varie très peu pendant un temps quelquefois assez long. Ce moment si important à connaître ne peut donc être déterminé avec exactitude, et l'incertitude est encore augmentée parce que l'amplitude des oscillations accidentelles de l'eau est comparable aux variations normales du niveau de la mer.

Il est donc nécessaire d'avoir un enregistrement automatique des marées dans le plus grand nombre possible de ports.

Cet enregistrement s'obtient à l'aide d'instruments appelés marégraphes.

Un marégraphe se compose essentiellement d'un flotteur attaché à un fil métallique très flexible, qui passe sur une poulie et est tendu par un contrepoids. Un crayon fixé au fil laisse sa trace sur une feuille de papier. Le papier est enroulé autour d'un cylindre tournant sur son axe par l'action d'un mouvement d'horlogerie qui lui fait faire un tour en 12 heures, de sorte que les courbes successives ne se superposent pas, leur développement se faisant en 12 h. 25 m. environ. Le crayon se meut suivant les génératrices du cylindre qu'on peut d'ailleurs placer soit verticalement, soit horizontalement, en faisant passer le fil du flotteur sur des poulies de renvoi convenablement disposées.

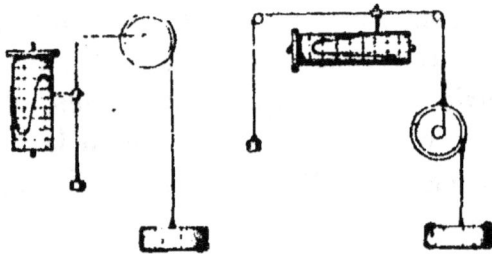

On réduit dans une certaine proportion l'amplitude des mouvements du crayon par rapport à ceux du flotteur. A cet effet le fil du flotteur s'enroule dans la gorge d'une poulie assez grande. L'axe de cette poulie porte une autre poulie plus petite, ayant, par exemple, un diamètre 10 fois moindre que la première. Un fil enroulé sur cette seconde poulie ne se déroulera donc que d'un décimètre quand le fil du flotteur se sera déroulé de 1 mètre. Il suffit par suite de relier le crayon à ce second fil pour que les hauteurs de la courbe tracée soient le dixième des hauteurs réelles de l'eau.

Le flotteur se meut dans un puits ; il y est guidé verticalement par des galets et des glissières.

Ce puits doit être assez profond pour que le flotteur puisse suivre la mer jusqu'à son plus bas niveau ; dans ces conditions, le puits s'envase souvent. Il faut donc se ménager la possibilité de le nettoyer par des chasses d'eau claire ou par des curages périodiques.

Cet envasement est d'autant plus à craindre que l'on doit, autant que possible, établir le puits dans un endroit où l'eau soit calme ; si ce calme n'est pas assuré, il faudra que la communication entre la mer et le puits se fasse par une ouverture étroite, afin d'atténuer les oscillations de l'eau dans le puits ; car si les oscillations dans le puits étaient trop fortes, elles auraient deux inconvénients.

D'une part, la courbe tracée par le crayon offrirait des dentelures au milieu desquelles on aurait de la peine à reconnaître la véritable forme de la courbe de la marée.

D'autre part, l'ondulation, en baissant, découvre en partie le volume immergé du flotteur, qui ne peut pas, à cause de son inertie, suivre instantanément ce mouvement rapide. Par suite, le fil du flotteur est soumis à une succession d'excès brusques de tension, équivalant à une série de chocs, et peut être rompu.

On pourrait atténuer cet effet en diminuant la masse du flotteur ; mais alors il serait trop sensible aux moindres oscillations de l'eau.

Il vaut donc mieux chercher à réduire l'amplitude de ces oscillations en réduisant l'orifice de communication entre le puits et la mer, mais en prenant des précautions pour l'empêcher d'être obstrué par des végétations et des coquilles marines.

Le projet d'un puits de marégraphe, si insignifiant que soit en apparence un pareil travail, soulève donc bien des questions de détail que l'Ingénieur doit étudier sur les lieux et auxquelles il est impossible de donner, à priori, une réponse précise et générale.

Les marégraphes, comportant des mouvements d'horlogerie, sont des appareils de précision, établis par des constructeurs spéciaux. Il est regrettable qu'on n'ait pas encore inventé un instrument permettant de connaître les variations de la marée à une certaine distance des côtes, car rien ne prouve que le régime soit le même près de terre et par des fonds de 30 à 50 mètres, par exemple.

16. Causes accidentelles de variation du niveau de la mer. — Le marégraphe le plus parfait ne donnera jamais que les faits bruts qu'il aura enregistrés. Si l'eau monte à un moment donné, le marégraphe dira bien à quelle heure elle a atteint telle hauteur, mais il sera incapable de faire connaître à quelle cause est due cette ascension de l'eau. Or, le niveau de la mer peut changer, par suite de causes accidentelles, de quantités très notables ; il faut donc de longues séries d'observations de marées, non seulement pour obtenir des données numériques moyennes aussi exactes que possible, mais encore pour parvenir à faire dans chacune d'elles la part probable des effets dus à ces circonstances perturbatrices exceptionnelles.

Parmi les causes accidentelles qui font varier le niveau de la mer, nous citerons d'abord la pression atmosphérique.

17. Pression atmosphérique. — D'une manière générale on peut dire que si le baromètre baisse, la mer monte, et si le baromètre monte, la mer baisse. Les exemples de ce fait sont nombreux et divers. Dans la mer Baltique, où les marées sont insensibles, les pêcheurs prévoient le temps probable d'après la hauteur de la mer le long du rivage.

Dans l'hiver 1879-1880, de hautes pressions exceptionnelles s'étant longtemps maintenues sur nos côtes de
la Méditerranée, où les marées sont aussi à peine sensibles, on a vu à sec, pendant tout ce temps, des parties
de plages sous-marines qui n'avaient jamais découvert
auparavant. Quelques personnes ont été jusqu'à croire,
en présence de ce phénomène anormal, que le fond de la
mer s'était relevé. Le fait est donc incontestable, et il a
pour cause la pression de l'atmosphère. Mais quel rapport
y a-t-il entre la variation de cette pression et la variation
du niveau de la mer?

Encore une question à laquelle on ne peut faire de réponse générale et précise.

Une expédition anglaise dans les mers arctiques a pu
constater cependant que, dans ces mers, où il n'y a pas
de marées, quand le mercure du baromètre baisse de un
centimètre, par exemple, le niveau de la mer s'y élève de
13 centimètres environ.

Or le rapport de 1 à 13 est précisément celui de la
densité de l'eau de mer à la densité du mercure.

La mer serait donc une espèce de baromètre à eau.

Les choses se passent comme si, à une certaine profondeur au dessous du niveau de la mer, la pression était
constante, et se composait, d'une part, de la pression atmosphérique et, d'autre part, de la pression due à l'eau
qui se trouve au dessus de cette profondeur.

Quand la pression atmosphérique diminue, il faut que
la pression due à l'eau augmente d'autant et, par suite,
que la hauteur d'eau augmente elle-même.

Mais pour que le niveau s'élève dans une région de la
mer, il faut qu'il y ait un afflux d'eau venant vers cette
région. Un raisonnement identique démontre que là où
le baromètre monte, c'est-à-dire où la pression de l'atmosphère augmente, il doit y avoir un reflux des eaux.

Mais on comprend que cet afflux ou ce reflux puisse

être entravé par la configuration des chenaux que l'eau doit suivre, par les courants qui y règnent, etc.

Dans certains cas l'intumescence des eaux ne se formera donc pas complètement; elle aura seulement une tendance à se former et, alors, pour un centimètre d'abaissement du mercure dans le baromètre, on n'aura qu'une surélévation de l'eau inférieure à 13 centimètres.

Ainsi, d'après des travaux faits en Angleterre, elle ne serait que de 7 centimètres à Londres, et de 11 centimètres à Liverpool.

Mais le problème à résoudre comporte tant de données incertaines, qu'il est difficile d'attacher à ces chiffres un grand caractère d'exactitude.

Dans nos ports situés sur l'océan Atlantique, on admet généralement que le niveau de la mer baisse d'environ 13 centimètres quand le baromètre monte de 1 centimètre, et comme le baromètre à mercure peut varier de 2 à 3 centimètres dans un temps assez court, en 12 heures par exemple, il peut y avoir, pour ce motif, dans le niveau de la mer, des variations de 25 à 40 centimètres environ.

L'incertitude des données relatives à l'influence de la pression atmosphérique tient, entre autres causes, à ce que les grandes variations barométriques sont généralement accompagnées de vents violents.

Or les vents font aussi varier le niveau de l'eau.

18. Les vents. —Quand un vent fort, venant du large, souffle en pleine côte pendant assez longtemps, il pousse les eaux vers le rivage et y produit un exhaussement du niveau de la mer. Des surélévations de 0 m. 70 à 0 m. 80 ne sont pas rares. Par des tempêtes exceptionnelles, on a vu des surélévations de 1 m. 50 à 1 m. 60. C'est ce qui a lieu par les vents de la région Ouest sur la plupart de nos côtes de l'Océan.

Or, par les vents de S.-O., le baromètre baisse, les eaux doivent donc aussi monter pour cette cause.

Mais il est difficile de distinguer la part de la montée totale qu'on doit attribuer à la baisse du baromètre et celle qui revient à l'action du vent.

Sur la côte est de l'Angleterre le baromètre est généralement haut par les vents de N.-E., par suite le niveau de la mer devrait baisser. Mais le vent souffle en côte, et, par contre, la mer devrait y monter. On ne peut donc dire, à priori, quel sera le résultat.

On voit, par ce qui précède, que les observations de marées doivent être complétées par des observations météorologiques simultanées.

Mais la pression atmosphérique et le vent ne sont pas les seules causes qui modifient le niveau de l'eau. Il y a encore un autre ordre de phénomènes beaucoup plus exceptionnels sur nos côtes et qu'on appelle des raz de marées.

19. Les raz de marée. — Quelquefois, par un temps absolument calme et avec une pression moyenne de l'atmosphère, on voit la marée s'élever beaucoup plus vite qu'elle ne le fait ordinairement, atteindre un maximum de hauteur, descendre au-dessous de son niveau primitif, puis remonter pour reprendre sa marche ascensionnelle normale.

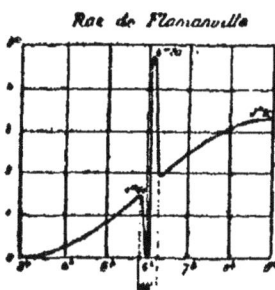

Raz de Flamanville

On cite des exemples extrêmement divers de raz de marée, soit par leur durée, soit par leur amplitude, soit par leur forme.

Ils ne semblent soumis à aucune loi fixe et la cause en est encore très obscure.

Toutefois, on a remarqué la coïncidence de certains raz de marée avec des tremblements de terre lointains. L'éruption du Krakatoa, les 26, 27 et 28 août 1883, en a fourni des preuves convaincantes.

Quand un tremblement de terre a lieu dans le voisinage d'un port, son influence sur la formation des raz de marée devient évidente, comme on peut le constater sur la fig. 3 de la planche I (Port de Colon).

Dans une de nos possessions de la mer des Indes, à l'Ile de la Réunion, les raz de marée sont très fréquents à l'époque où les cyclones sévissent dans cette mer, et on est d'accord pour les attribuer au passage des cyclones dans les parages de cette île.

Cette explication paraît très plausible.

Au centre des cyclones le baromètre s'abaisse à un niveau inconnu sur nos côtes. La mer y est donc attirée comme nous l'avons expliqué, et, de plus, soumise à une agitation effrayante, causée par des vents d'une violence inouïe.

Le centre du cyclone se déplace avec une certaine vitesse sur une trajectoire, dont on connaît maintenant assez bien la loi. Il se forme donc, ou du moins il tend à se former une intumescence par appel des eaux vers cette trajectoire.

Mais, après le passage du cyclone, les eaux doivent s'écarter de la trajectoire où rien ne les retient plus au dessus de leur niveau normal. Elles opéreront leur mouvement de retraite par grandes ondulations qui viendront frapper les rivages des îles voisines.

Le déferlement des raz de marée à la Réunion est souvent la cause de désastres et sur terre et sur mer.

Il s'est produit dans les bassins de nos ports des phénomènes très analogues au raz de marée.

A Birkenhead, près de l'embouchure de la Mersey, en face de Liverpool, on a créé un bassin où des écluses retiennent les eaux au niveau de la haute mer. On voulait utiliser une partie des eaux de cette retenue pour balayer la vase qui encombrait l'entrée des écluses. On avait ménagé, à cet effet, des pertuis communiquant d'un côté avec le bassin, débouchant de l'autre devant l'entrée. Ces pertuis étaient munis de vannes qu'on ouvrait à mer basse.

Quand on voulut lancer l'eau pour faire une chasse, il se forma des ondulations considérables à la surface de la retenue, les navires amarrés à quai rompirent leurs amarres, allèrent en dérive et subirent de nombreuses avaries par suite des chocs qu'ils éprouvèrent.

On dut renoncer à se servir de cette installation créée à grands frais et sur laquelle on avait fondé un espoir qui paraissait bien motivé *à priori*.

Un accident peut-être encore plus bizarre a eu lieu à Cherbourg.

Les darses du port militaire communiquent librement avec la mer ; sur le bord d'une de ces darses on a creusé des bassins où l'on peut mettre les navires à sec pour les réparer, et qu'on appelle des formes de radoub. Une de ces formes était vide et fermée par une porte en forme de bateau, pouvant flotter quand la forme est pleine.

On voulait remplir la forme, ce qu'on fit en y introduisant l'eau de la mer par des aqueducs ménagés à cet effet. La porte ne devait se soulever et flotter que lorsque l'eau serait au même niveau dans la forme et dans le bassin.

Par un concours de circonstances inutiles à rappeler ici, la porte se souleva avant que la forme ne fût tout à fait pleine. Il s'introduisit donc brusquement un volume d'eau dans le vide qu'offrait encore la forme.

Ce volume d'eau était insignifiant relativement à celui que contenait la darse. Car si la darse n'avait pas communiqué directement avec la mer, l'eau nécessaire pour achever de remplir la forme eût fait baisser le niveau de la darse de quelques centimètres tout au plus.

Cependant de gros navires de guerre amarrés à quai
autour de la darse, à quelque distance de la forme, main-
tenus par des câbles de plus de dix centimètres de diamètre, subirent un déplacement si brusque qu'ils rompirent leurs amarres. Un plongeur qui travaillait près de
l'entrée du port, à plusieurs centaines de mètres de la
forme, fut bousculé dans son scaphandre.

On ne peut guère s'expliquer de pareils faits qu'en les
attribuant à la rapide propagation d'ondulations dues
au remplissage subit de la forme, c'est-à-dire au
brusque dérangement causé dans l'équilibre des eaux du
bassin.

En résumé, la cause probable des raz de marée est
dans un dérangement brusque et accidentel de l'équilibre des eaux. Mais cette cause a pu agir à une grande
distance du point où l'on en observe les effets, et à une
époque de longtemps antérieure à celle où on les
constate.

80. Forme des courbes des marées. — La courbe
donnée par un marégraphe n'a pas la simplicité d'une
courbe géométrique; elle offre, au contraire, de nombreuses irrégularités, qui sont dues certainement à des causes accidentelles, et l'on conçoit que pour chercher à distinguer la part qu'il convient de faire dans ces irrégularités à chacune des causes perturbatrices qui ont pu agir,
il faut disposer d'un nombre considérable d'observations,
faites dans des conditions aussi analogues que possible
quant à la position relative des astres.

Quand une courbe de marée est ainsi corrigée et régu-
larisée, on reconnaît qu'elle ne présente jamais la forme
d'une sinusoïde, comme l'indiqueraient les formules de
Laplace, telles qu'il les avait simplifiées. La déformation
la plus habituelle sur nos côtes consiste en ce que la
haute mer n'a pas lieu au milieu de l'intervalle de temps

qui sépare les deux basses mers voisines, et que la mer
monte plus vite qu'elle ne descend. Ainsi, à Port-en-
Bessin, la mer monte pendant 5 h. 50 m. et descend pendant 6 h. 35 m. (Pl. I. fig. 4).

Chazallon, ingénieur hydrographe, chargé pendant de
longues années de la publication de l'annuaire des
marées, mit à profit le nombre considérable de courbes
dont il disposait pour en faire l'analyse méthodique [1].

On peut résumer comme suit ses conclusions en ce qui
concerne la forme des courbes : si l'on compare une courbe
de marée à la sinusoïde qui s'en rapproche le plus, en
les appliquant l'une sur l'autre, ces deux courbes ne
coïncident jamais.

Il arrive, par exemple, que la sinusoïde coupe la courbe
observée vers le sommet ; elle est au dessus à gauche
du point d'intersection, et au dessous à droite.

Si l'on construit la courbe des différences des ordonnées
correspondant à chaque abscisse, cette courbe des écarts
aura, par exemple, la forme
approchée d'une sinusoïde
dont la longueur sera la moitié de la longueur des courbes
primitives. On peut dire
alors que l'onde marée observée est le résultat de la
combinaison de deux ondes
sinusoïdales, la première, la plus importante, ayant pour
période la longueur d'un demi jour lunaire à peu près,
soit 12 h. 25 m., et la seconde, d'une hauteur beaucoup
moindre, ayant pour période la longueur d'un quart de
jour lunaire, ou 6 h. 12 m. 30 s.

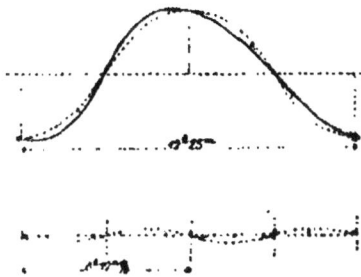

Mais il arrive, le plus souvent, que cette courbe des

1. Détermination des diverses ondes dont l'ensemble constitue la marée,
par R. Chazallon (Annales hydrographiques de 1852).

écarts n'a pas elle-même une forme sinusoïdale régulière ; on la compare alors à la sinusoïde qui s'en rapproche le plus et l'on constate, par exemple, que la courbe des différences est une sinusoïde ayant pour période un huitième de jour lunaire.

Du reste, Laplace avait remarqué que les termes qu'il avait négligés dans ses formules auraient introduit des ondulations d'un quart et d'un sixième de jour.

Par la méthode de Chazallon on parvient à identifier graphiquement une courbe de marée quelconque à la combinaison d'une série de sinusoïdes régulières ayant pour périodes 1/2, 1/4, 1/6, &c., de jour lunaire (Pl. I, fig. 5).

On observe souvent une différence de hauteur entre la pleine mer du matin et la pleine mer du soir d'un même jour ; ce fait peut s'expliquer par l'existence d'une sinusoïde ayant pour période un jour entier.

De sorte que, au point de vue graphique, une courbe de marée pourrait être considérée comme le résultat de la combinaison d'un certain nombre d'ondes ayant des longueurs et des hauteurs différentes. Il y aurait des ondes diurnes, semi-diurnes, quart-diurnes, etc.

Sur nos côtes de France, l'onde semi-diurne a de beaucoup l'amplitude la plus considérable, mais il n'en est pas partout de même.

Ainsi, dans notre colonie de Cochinchine, à la baie des Cocotiers, près du cap Saint-Jacques, l'onde diurne a autant d'importance que l'onde semi-diurne ; et, dans certains ports du golfe du Tonkin, elle se manifeste seule[1].

Nous verrons plus loin que la forme des courbes de marée en mer peut également s'expliquer par d'autres considérations tirées de ce qu'on observe dans les marées fluviales

1 Mémoire sur les marées de la Basse-Cochinchine ; G. Héraud, Ingénieur hydrographe. 1873; Challamel, éditeur.

L'idée de considérer les courbes de marée comme le résultat de la combinaison d'un certain nombre de sinusoïdes a donné lieu, en Angleterre, à l'étude d'une nouvelle méthode pour la prédiction des marées [1].

Cette méthode aurait, prétend-on, l'avantage de donner non seulement l'heure et la hauteur de la pleine mer, mais encore la forme même de la courbe de la marée.

De plus, ce résultat serait atteint presque sans calcul et par un procédé mécanique. Nous nous bornerons à indiquer le principe de cette méthode.

La première opération consiste à analyser la forme des courbes observées en un lieu donné, pendant un certain nombre d'années, de façon à découvrir le nombre et la forme des sinusoïdes dont la combinaison peut être pratiquement considérée comme donnant les courbes observées.

La seconde opération consiste à combiner ces sinusoïdes.

Cette combinaison peut se faire mécaniquement au moyen d'appareils spéciaux dont voici le principe :

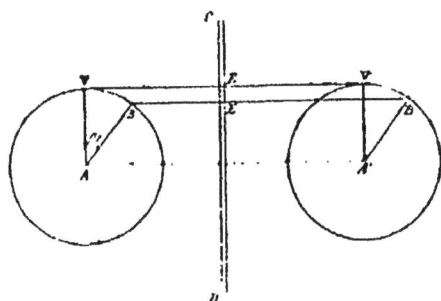

Soient deux cercles égaux A et A', de rayon R. Deux rayons, AB, A'B', se meuvent uniformément dans le même sens avec la même vitesse angulaire θ par seconde.

Une droite BB' réunit les deux extrémités mobiles B, B' des rayons.

Une règle graduée CD est fixée perpendiculairement à la ligne des centres.

1. Voir « the tide gauge, tidal harmonic analyser, and tide predicter » par Sir W. Thomson, dans les Proceedings of the Institution of Civil Engineers. London. Vol. LXV. Session 1880-81, Part. III.

On compte le temps à partir du moment où les rayons mobiles sont en AV et en A'V'. La droite de jonction VV' est alors sur la division E de la règle graduée.

Au bout du temps t, l'angle décrit VAB sera égal à θt, et la ligne droite BB' sera sur la division E'; soit $EE' = y$, $y = R - R \cos \theta t = R (1 - \cos \theta t)$.

Si le rayon mobile parcourt la circonférence en un temps T, $\theta = \dfrac{2\pi}{T}$, et l'on a :

$$y = R \left(1 - \cos \frac{2\pi t}{T}\right)$$

Cette formule est précisément celle donnée par Laplace pour la loi du mouvement ascensionnel de la marée sous l'influence d'un astre, de la Lune par exemple. R représente la demi-amplitude de la marée, T l'intervalle de temps entre deux hautes mers successives.

Un instrument réalisant les conditions admises dans la figure pourrait donc reproduire mécaniquement la courbe d'une marée sinusoïdale, si un style dirigé par un curseur suivant CD inscrivait sa trace sur le cylindre tournant d'un marégraphe.

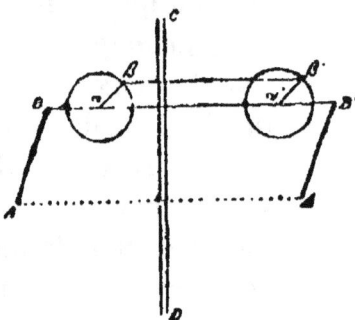

Supposons maintenant que sur la base BB' on fixe deux cercles égaux α, α' de rayon R'; si les rayons mobiles $\alpha\beta$, $\alpha'\beta'$, parcourent la circonférence entière en un temps T', la loi du mouvement de la barre $\beta\beta'$ sur la règle graduée sera donnée par la formule

$$y = R \left(1 - \cos 2\pi \frac{t}{T}\right) + R' \left(1 - \cos 2\pi \frac{t + t'}{T'}\right)$$

$\dfrac{2\pi t'}{T'}$ représentant l'avance angulaire du rayon $\alpha\beta$ sur le rayon AB.

Le mouvement de ββ' permettra donc de reproduire mécaniquement la courbe résultant de la combinaison de ces deux sinusoïdes.

Un instrument construit d'après les indications qui précèdent pourrait évidemment combiner un plus grand nombre de mouvements élémentaires.

81. Intérêt de quelques données pratiques résultant de l'observation des marées. — Les courbes de marée fournissent un certain nombre de données intéressantes pour l'ingénieur de travaux maritimes, savoir:

1° Le niveau des plus hautes mers exceptionnelles.

Ce niveau sert à fixer celui du couronnement des ouvrages qui ne doivent jamais être couverts par les eaux, par exemple des murs de quai, des écluses, etc. Toutefois on n'est jamais absolument certain de connaître cette hauteur maxima, qui dépend d'un concours de circonstances anormales ayant pu ne pas se produire toutes simultanément.

2° Le niveau des plus basses mers exceptionnelles ; ce niveau détermine la position du seuil ou de la fondation de certains ouvrages.

En France, sur les cartes hydrographiques, les cotes de profondeur de la mer sont rapportées au niveau des plus basses mers connues.

Il n'en est pas de même en Angleterre, où le plan de comparaison est celui des basses mers de vive eau ordinaire.

3° Le temps pendant lequel le niveau de la haute mer reste sensiblement constant ; c'est ce qu'on appelle la durée de l'étale de haute mer.

Suivant que l'étale de haute mer est plus ou moins longue, la disposition des écluses peut être très différente

4° La vitesse avec laquelle l'eau monte ou descend quand la mer est à peu près à son niveau moyen.

5

Ces données sont nécessaires pour le calcul des débouchés des aqueducs de remplissage ou de vidange des écluses, etc.

22. Niveau moyen de la mer. — L'étude des courbes de marée révèle ce fait que les oscillations de la marée ont lieu au dessus et au dessous d'un niveau à peu près fixe en chaque point.

On l'appelle le niveau moyen de la mer en ce point.

Sur nos côtes, on détermine ce niveau en prenant la moitié de la moyenne des hauteurs de deux hautes mers consécutives au dessus du niveau de la basse mer intermédiaire.

Cependant quelques personnes pensent que le niveau moyen doit être défini ainsi : Le volume d'eau amené par la marée au dessus du niveau moyen doit être égal au volume d'eau qu'elle emmène au dessous de ce niveau, sur une surface donnée.

Dans ce cas, on partage en deux parties égales la superficie de la courbe des marées par une ligne horizontale parallèle à l'axe des heures, considérées comme abscisses, les hauteurs étant considérées comme des ordonnées. Cette horizontale donne le niveau moyen.

Quelle que soit la méthode adoptée pour déterminer le niveau moyen de la mer, ce niveau n'est pas tout à fait constant.

Chazallon a constaté à Goury, près le cap de la Hague, une variation de $0^m,70$ entre les niveaux moyens extrèmes.

Le niveau moyen ne peut donc résulter que d'une longue série d'observations continuées pendant un grand nombre d'années.

Le niveau moyen de la mer joue un rôle important dans les questions relatives à l'étude du relief des continents.

Si les eaux des océans n'étaient soumises qu'à l'attraction de la terre et à la force centrifuge résultant de la rotation de notre globe, elles prendraient dans cette hypothèse théorique une surface d'équilibre déterminée. Or, tous les phénomènes connus qui agissent pour faire varier le niveau de la mer apparaissent comme devant avoir, en fin de compte, autant d'effet, en moyenne, pour relever ce niveau que pour l'abaisser. Le niveau au dessus et au dessous duquel oscillent les eaux en un point donné, c'est-à-dire le niveau moyen de la mer en ce point, doit donc correspondre à la surface d'équilibre théorique en ce même point. D'un autre côté, on est porté à admettre que la surface d'équilibre de la mer n'est pas susceptible d'être sensiblement modifiée par les phénomènes géologiques qui se produisent de nos jours.

Le bassin des océans est en effet si vaste, que l'on comprend très bien que le niveau n'en puisse pas être modifié par l'avancement des deltas des fleuves, par exemple, et même par l'apparition ou la disparition de quelques îles, phénomènes dont l'homme a été plusieurs fois témoin, à une époque relativement récente de son histoire, et même de nos jours.

Or, les procédés de nivellement qu'on emploie pour mesurer la différence de hauteur de deux points donnent la différence de hauteur de ces deux points au dessus de la surface d'équilibre qu'aurait la mer en chacun de ces deux points.

Et comme cette surface d'équilibre est précisément, ainsi qu'on vient de le voir, le lieu des niveaux moyens de la mer, il en résulte que le niveau moyen de la mer devrait être partout le même.

Cependant l'expédition d'Egypte avait cru constater une différence de plusieurs mètres entre le niveau moyen de la mer Rouge et celui de la Méditerranée aux deux extrémités de l'Isthme de Suez, mais c'était là une erreur matérielle que des nivellements ultérieurs ont clairement démontrée (Pl. III, fig. 2, 3, 11 et 12).

S'il y a une différence entre le niveau moyen de la mer Rouge à Suez et celui de la Méditerranée à Port-Saïd, cette différence, très minime en tous cas, est certainement de l'ordre des erreurs que comportent des opérations de nivellement à grande distance, accomplies dans des conditions climatériques très défavorables, sur des repères dont la fixité n'est pas absolue, et entre deux niveaux moyens dont la détermination comporte toujours quelque incertitude. On peut donc dire que, pratiquement, cette différence n'existe pas.

Les nivellements exécutés dans l'Isthme de Panama entre Colon, sur l'Atlantique, et Panama, sur le Pacifique, ont montré également que le niveau moyen de ces deux océans y est aussi, pratiquement, le même. A Colon, les marées de l'Atlantique ont peu d'amplitude (0^m30 à 0^m40 en moyenne) et sont comparables à celles de la Méditerranée. A Panama, les marées du Pacifique ont jusqu'à 6m. d'amplitude, soit à peu près le double des marées à Suez.

Cependant, il semblerait résulter du nivellement général de la France que le niveau moyen de la mer ne serait pas le même, sur nos côtes, dans la Méditerranée et dans l'Océan.

Il paraîtrait de plus que le niveau moyen ne serait pas le même dans tous nos ports de la Méditerranée, et qu'il y aurait également des écarts entre nos ports de l'Océan.

Ce fait semble si extraordinaire qu'il est prudent d'en attendre la confirmation basée sur de nouvelles et plus concluantes observations.

§ 3.

COURANTS.

28. Courants généraux et constants. — Celui qui joue le plus grand rôle sur nos côtes de l'Atlantique est le Gulf-Stream (Pl. II, fig. 1). Suivant l'expression de Humboldt, ce courant traverse l'Océan comme un fleuve dont le lit serait formé par des eaux en repos.

On attribue à une branche du Gulf-Stream le courant demi circulaire dont les navigateurs ont signalé l'existence probable dans le golfe de Gascogne, et qu'on appelle le courant de Rennel.

Le courant de Rennel marcherait dans un sens contraire à celui des aiguilles d'une montre.

Les courants giratoires offrant cette particularité sont dits courants inverses, par opposition à ceux qui marchent comme les aiguilles d'une montre et qu'on appelle directs.

Certaines personnes sont portées à admettre qu'une branche du courant de Rennel pénétrerait dans la Manche ; elles expliquent ainsi la prédominance des courants allant de l'Atlantique vers la mer du Nord, à travers la Manche, sur les courants de sens contraire.

Quelle qu'en soit l'explication, cette prédominance est d'ailleurs un fait d'observation parfaitement certain.

Il semble exister également un courant général dans la Méditerranée ; sa direction est telle qu'un observateur placé sur le rivage, en un point quelconque, et regardant la mer, voit le courant marcher de sa gauche à sa droite.

Ces grands courants généraux, presque toujours faibles, sont extrêmement difficiles à constater et surtout à mesurer. Les causes qui les engendrent sont elles-mêmes encore très obscures.

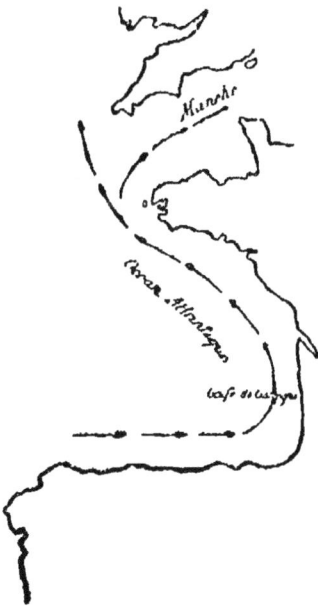

Ces courants offrent d'ailleurs quelquefois une particularité remarquable par le fait de leur direction variable à diverses profondeurs.

Ainsi, l'entrée de la Méditerranée, au détroit de Gibraltar, présente dans la partie centrale du détroit deux courants généraux et constants qui sont superposés (Pl. II, fig. 2). Le courant supérieur entre dans la Méditerranée et le courant inférieur en sort. Ce dernier serait d'ailleurs un peu plus salé que l'autre.

On a constaté des courants généraux superposés et de sens contraire dans un grand nombre d'autres points des mers.

21. Courants de marée. — Les marées engendrent forcément des courants, car la mer ne peut monter, en un lieu donné, sans qu'il y arrive une certaine quantité d'eau, et la mer n'y peut descendre sans que l'eau en excès s'en aille ailleurs. Aussi le régime des marées n'est-il défini que lorsqu'on connaît les courants correspondants.

On avait remarqué de tout temps que les courants variaient avec la hauteur de la marée. Mais quelle loi relie la variation des courants à la variation du niveau de la mer ?

Il pourrait sembler, à première vue, que les courants les plus forts doivent avoir lieu au moment où la mer monte le plus rapidement, c'est-à-dire quand elle est près de son niveau moyen.

Or il arrive au contraire, le plus souvent, en mer libre, au large, que c'est à ce moment qu'il n'y a pas de courants du tout, et qu'il se produit alors ce qu'on appelle une étale de courant.

De même, quand la mer est à son maximum ou à son minimum de hauteur, c'est-à-dire aux moments qu'on appelle les étales de niveau ou de hauteur, il semble que l'onde n'ayant plus besoin d'aucun afflux ou reflux d'eau, il ne doit pas y avoir de courants. Or, en mer libre, c'est presque toujours aux moments des étales de hauteur que les courants de flot ou de jusant atteignent leur maximum de vitesse.

Enfin les courants de marée offrent une particularité qui les différencie des courants des rivières ordinaires.

Dans les cours d'eau, la vitesse au fond est plus petite qu'à la surface ; à la mer, au contraire, les courants de marée ont sensiblement la même vitesse au fond et à la surface.

Toutes ces particularités s'expliquent pourtant, sans trop de difficulté, à l'aide des faits constatés dans les expériences sur la propagation des ondes.

Nous parlerons d'abord de l'égalité de vitesse à toute hauteur.

Soit un petit canal, en planches, à section rectangulaire et régulière, à fond horizontal, et contenant une hauteur uniforme d'eau. On y introduit brusquement une assez petite quantité d'eau près d'une de ses extrémités; on voit bientôt se former une onde solitaire, comme celles qui se produisent dans les expériences de MM. Scott Russel et Bazin ; cette onde se propage suivant la longueur du canal.

Si, dans une section de ce canal, on a disposé des corps flottants ayant la même densité que l'eau, là où ils sont plongés, et si, par des ouvertures vitrées ménagées dans ce but, on observe ces corps flottants, voici ce qu'on remarque : Au moment où l'onde passe dans cette section, tous les corps flottants s'avancent uniformément d'une même quantité dans le sens de la propagation de l'onde.

Cet avancement est le même à la surface, à mi-hauteur et au fond de l'eau.

La vitesse imprimée à toutes les particules est donc la même à toute profondeur.

Le même fait se produisant dans les courants de marée, on peut admettre que l'onde marée agit de la même façon que l'onde solitaire sur l'eau où elle se propage. La propagation de la marée se fait donc par une série d'impulsions imprimées d'une façon égale à chaque tranche verticale de l'onde, dans le sens de la propagation. Cette explication paraît conforme à la nature des choses.

En effet, les astres sont si éloignés de la terre que leur action doit être exactement la même sur toute la profondeur des mers et sur de très grands arcs de la sphère liquide.

On caractérise les courants de marée en disant que ce sont des courants de masse, par opposition aux courants par filets liquides des cours d'eau ordinaires.

Quant à la variation de la vitesse du courant avec la hauteur de la marée, elle peut trouver son explication dans le fait suivant :

Si dans le canal d'expérience, dont nous avons parlé tout à l'heure, où l'eau est supposée en repos, on introduit à l'une de ses extrémités, non plus brusquement et en une seule fois, un volume limité d'eau, mais un flux continu d'eau d'un débit très faible, voici ce qu'on observe :

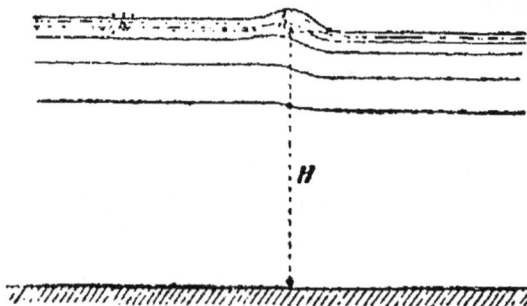

Il se forme bien toujours une petite onde qui se propage suivant toute la longueur du canal, mais en outre il se produit en arrière de l'onde un relèvement presque uniforme de la surface liquide ; enfin il règne dans tout le canal, en arrière de l'onde, une certaine vitesse d'écoulement.

Or, on a constaté par l'observation que la petite onde de tête, bien qu'elle n'ait plus exactement la forme de l'onde solitaire, se propage encore avec une vitesse V donnée par la formule $V = \sqrt{g(H + h)}$, H étant la profondeur du canal, et h la hauteur maxima de l'onde au dessus de la surface liquide primitive.

Dans tout ce qui va suivre nous admettrons que h est toujours négligeable par rapport à H, c'est-à-dire que nous n'envisagerons que des ondes d'une hauteur très petite par rapport à la profondeur des mers.

V sera donc considéré comme constant et égal à $\sqrt{gH}$.

On a constaté de plus, toujours par expérience, le fait suivant : soit h' la petite hauteur dont le niveau de l'eau s'est relevé en arrière de l'onde de tête, soit u la vitesse d'écoulement qui existe dans le canal en arrière de cette onde, on a :

$$u = \frac{h'}{H} V = \frac{h'}{H} \sqrt{gH}$$

Ce fait d'observation est d'ailleurs presque évident.

En effet, l'augmentation du volume d'eau contenu dans le canal est représentée par l'avancement de la couche d'épaisseur h' avec la vitesse V. Soit, par seconde, $V h'$, la largeur du canal étant supposée égale à l'unité. Il faut donc que le débit du canal soit égal à ce volume, or le débit est $(H + h')\, u$.

Mais h', toujours plus petit que h, est négligeable par rapport à H, on doit donc avoir $uH = h'V$, ou $u = \frac{h'}{H} V$.

Si, après avoir introduit le premier flux, on en introduit un second quelques instants après, il se produira un phénomène analogue au précédent : une nouvelle onde se formera à l'avant, et en arrière de cette onde il se produira un nouvel exhaussement $h^\bullet$ de l'eau.

Mais, lors de l'introduction du second flux, l'eau du canal n'était plus en repos, elle avait une vitesse u.

Il paraît évident, à priori, que la vitesse de propagation de la deuxième onde sera augmentée de u, et d'ailleurs l'expérience a confirmé cette présomption.

D'une manière générale, la vitesse de propagation d'une onde dans un courant est $V = \sqrt{g(H + h)} \pm u$; u étant la vitesse de l'eau où l'onde se propage, et le signe moins s'appliquant au cas où la direction de cette vitesse est en sens contraire de la propagation de l'onde. On aura donc $V' = V + u$; $u' = u + \dfrac{h''(V + u)}{H}$. Mais u est négligeable à côté de V.

$$\text{Donc } u' = u + \frac{V \cdot h''}{H} = \frac{V}{H}(h' + h'').$$

Si l'on ajoute de nouveaux flux, on voit que les vitesses croîtront comme la hauteur de l'eau dans le canal.

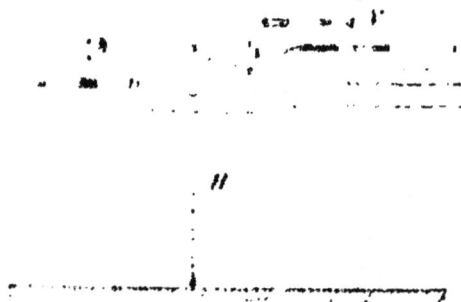

Mais si, au lieu d'introduire un flux d'eau dans un canal, on évacue au contraire une partie de son contenu en ouvrant un orifice à l'origine du canal et en laissant un faible écoulement se produire, on voit se former une ondulation isolée en creux qui se propage tout le long du canal vers son extrémité.

En arrière de l'ondulation creuse, le niveau de l'eau s'est abaissé d'une manière sensiblement uniforme, et il existe un courant vers l'origine par laquelle se fait l'évacuation.

Dans le premier cas, celui de l'introduction d'un certain débit d'eau, l'ondulation était au dessus du niveau primitif du canal, dans le second elle est au dessous.

Dans le premier cas, le courant se dirigeait de l'origine vers l'extrémité du canal, c'est-à-dire dans le sens de la propagation de l'onde ; dans le second, il se dirige en sens contraire.

On peut donc exprimer ces différences en disant que, dans le premier cas, le flux et l'onde étaient positifs, et que, dans le second, ils sont négatifs.

Il résulte des expériences de M. Bazin que les formules applicables aux ondes positives et aux flux positifs le sont également aux ondes négatives et aux flux négatifs, en changeant h en $-h$.

Ainsi la vitesse de propagation de l'onde négative sera $V = \sqrt{g(H - h)}$, et la vitesse du courant sera : $u = -\dfrac{h}{H} V$.

Toutefois, M. Bazin fait observer que ces formules ne représentent pas les observations faites sur des ondes et des flux négatifs avec le même degré d'approximation que dans le cas des ondes et des flux positifs.

Sous ces réserves, et étant entendu que $h + h' + h'' +$ etc. est toujours très petit par rapport à H, si l'on assimile la production du phénomène de la marée en un lieu donné à l'arrivée successive de flux élémentaires positifs, puis au retrait successif de flux élémentaires négatifs ; si, d'ailleurs, on admet qu'il n'y a pas de courant quand la mer est à son niveau moyen, on obtient des résultats qui concordent d'une manière satisfaisante avec les faits observés dans l'étude des courants de marée, étude très difficile d'ailleurs.

Quant à l'hypothèse de l'absence de courant au moment de la mer moyenne, hypothèse confirmée par les faits *en mer libre*, elle semble très rationnelle. En effet, si le sphéroïde liquide n'était soumis qu'à l'attraction et à la

rotation de la terre, il serait en repos et il ... .. chaque point à son niveau moyen.

En fait et en pratique, on observe souvent, en mer libre, une similitude frappante entre la forme de la courbe
des marées et celle de la courbe des vitesses des courants
quand on rapporte ces courbes à la mer moyenne. Le courant de flot atteint son maximum de vitesse vers le moment de la haute mer, le courant de jusant vers le moment
de la basse mer, et il y a étale de courant, c'est-à-dire
absence de courant, à peu près au moment où la mer est
à son niveau moyen.

En se basant sur ce fait d'observation que la vitesse
est constante dans une tranche verticale, mais diffère
d'une tranche à l'autre, on peut, dans une certaine limite,
expliquer la propagation de la marée par une succession
d'impulsions que se transmettent les tranches liquides
verticales immédiatement voisines [1].

On peut assimiler ainsi ce phénomène à un autre dont
on a peut-être une impression plus claire.

Soit une file de wagons au repos et presque au contact
sur une voie ferrée. On lance contre ce train un wagon
animé d'une vitesse modérée.

Le mouvement se transmettra à chacun des wagons

---

[1]. Voici comment on peut déduire la vitesse de propagation d'une onde,
et la loi de la variation des courants qu'elle engendre, de ce fait d'observation que la vitesse est sensiblement la même, de la surface au fond, dans une
tranche verticale.

Soit une onde de hauteur h, de forme constante, se propageant dans un
canal de profondeur invariable H,
avec une vitesse uniforme V.

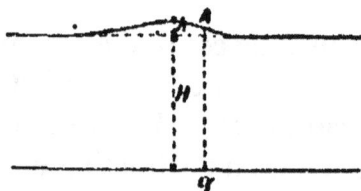

On suppose h très petit par rapport à H. On admet que sur la verticale $A\alpha$ toutes les particules d'eau
ont la même vitesse horizontale u.

Considérons la tranche d'eau
comprise entre deux ordonnées
$A\alpha$, $B\beta$, distantes d'une quantité
infiniment petite dx.

avec une grande célérité, qu'on appréciera par la rapidité des chocs successifs qu'on entendra entre les tampons voisins.

Et en même temps chaque wagon se sera avancé, avec une faible vitesse, de l'espace nécessaire pour bander ses

---

La vitesse de l'eau en Bβ sera :

$$u + \frac{du}{dx}\, dx = u'.$$

Au bout d'un temps infiniment petit dt, l'ordonnée Aα se sera avancée de $u\,dt$ et sera venue en A'α'. L'ordonnée Bβ se sera avancée de $u'\,dt$ et sera venue en B'β'.

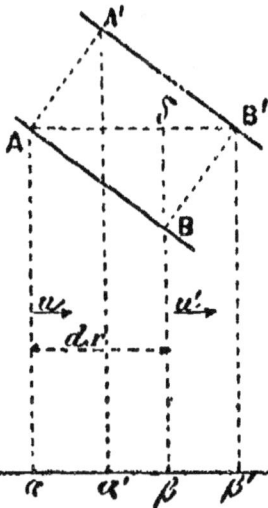

Si u' est plus petit que u, la distance entre A'α' et B'β' sera plus petite que dx, et comme le volume Aα Bβ (pris sur un mètre de longueur de la crête de l'onde) n'a pas changé, l'ordonnée A'α' doit être devenue plus grande que Aα, et B'β' plus grande que Bβ.

Le point B se relève donc verticalement en même temps qu'il s'avance horizontalement avec la vitesse u'.

Il arrivera bientôt un moment où le point B' sera à la hauteur du point A ; admettons que c'est après le temps dt.

La forme de la surface de l'onde qui était d'abord en AB se sera transportée en A'B', et comme on admet que l'onde se propage horizontalement en conservant identiquement la même forme, la distance AB' représentera l'avancement de l'onde, car, pour l'observateur, le point B' de la nouvelle position de l'onde, après le temps dt, correspondra identiquement au point A de la courbe primitive AB.

Donc

$$\text{AB}' = V\,dt,$$

or

$$\text{AB}' = \text{A}\delta + \delta\text{B}' \qquad \text{A}\delta = dx \qquad \delta\text{B}' = u'\,dt$$

donc

$$V\,dt = dx + \left(u + \frac{du}{dx}\,dx\right)dt$$

ou bien

$$(1)\quad V\,dt = dx + u\,dt$$

en négligeant les infiniments petits du second ordre.

Exprimons, en second lieu, que le volume compris entre les ordonnées Aα et Bβ n'a pas changé, c'est-à-dire que l'on a :

$$\text{Surf. A}\alpha\,\text{B}\beta = \text{Surf. A}'\alpha'\,\text{B}'\beta'$$

ou

$$\text{B}\beta \times dx = \text{B}'\beta'\left[dx + (u' - u)\,dt\right]$$

or

$$\text{B}\beta = y + \frac{dy}{dx}\,dx \qquad \text{B}'\beta' = \text{A}\alpha = y$$

ressorts jusqu'à ce qu'ils puissent transmettre l'impulsion au wagon suivant.

25. Combinaison des courants de marée. — Il arrive presque toujours que le courant de marée est la résultante de plusieurs courants qui viennent se combiner vers le point d'observation. De même que la hauteur, à un moment donné, est la résultante des hauteurs composantes, de même le courant sera la résultante des courants composants.

Donc
$$\left(y + \frac{dy}{dx}\, dx\right) dx = y\left(dx + \frac{du}{dx}\, dx\, dt\right)$$

ou
$$\frac{dy}{dx}\, dx = y\, \frac{du}{dx}\, dt$$

or, d'après (1),
$$dx = (V - u)\, dt$$

Donc $\qquad$ (2) $\qquad y\, \dfrac{du}{dx} = \dfrac{dy}{dx}\, (V - u).$

Cette équation peut s'écrire :
$$y\, \frac{du}{dx} + \frac{dy}{dx}\, u = \frac{dy}{dx}\, V$$

et, comme V est constant par hypothèse,
$$yu = Vy + C.$$

Quand $y = H$, u est nul, l'eau étant supposée en repos aux deux extrémités de l'onde.

Donc
$$yu = V\,(y - H)$$

Or, on a admis que h, valeur maxima de $y - H$, est très petit par rapport à H.

Donc $\qquad$ (3) $\qquad u = V \times \dfrac{y - H}{H}$

de sorte que u est toujours très petit par rapport à $\quad$.

En troisième lieu, pour que la vitesse de translation de l'onde soit constante, il faut nécessairement que la vitesse de la tranche B′β′ soit la même que celle de la tranche Aα dont elle occupe la place dans la nouvelle position de l'onde.

Exprimons cette condition :
$$u = u' + \frac{du'}{dt}\, dt$$

c'est-à-dire
$$u = u + \frac{du}{dx}\, dx + \frac{d\left(u + \frac{du}{dx}\, dx\right)}{dt}$$

Mais la résultante de deux courants n'est pas toujours, comme celle de deux hauteurs, leur somme ou leur différence.

Cela n'est vrai que dans le cas où les deux courants sont de même sens ou directement opposés ; il y a de nombreux exemples où les courants composants présentent cette particularité.

Ainsi nous avons dit que l'on expliquait les grandes marées des parages de Boulogne par l'arrivée simultanée de deux ondes venant l'une de la Manche, l'autre de la mer du Nord.

_____

ou bien

$$o = \frac{du}{dx} dx + \frac{du}{dt} dt$$

En négligeant toujours les infiniments petits du second ordre.

Cette dernière équation donne

$$\frac{du}{dt} = - \frac{du}{dx} \frac{dx}{dt}$$

c'est-à-dire, d'après (1),

$$\frac{du}{dt} = - \frac{du}{dx}(V - u)$$

et enfin, d'après (2),

$$(4) \quad \frac{du}{dt} = - \frac{dy}{dx}(V - u)^2 \frac{1}{y}$$

Enfin, appliquons le théorème des quantités de mouvement à la tranche Aα Bβ.

Pour calculer la force qui agit sur cette tranche, nous supposerons que les pressions exercées sur les faces Aα et Bβ de la tranche sont données par la loi hydrostatique, c'est-à-dire que le mouvement réel de l'eau dans l'onde est extrêmement faible.

On a alors, sur Aα :

$$\frac{y^2}{2}$$

et, sur Bβ :

$$- \frac{\left(y + \frac{dy}{dx} dx\right)^2}{2}$$

La différence entre les hauteurs Aα et Bβ étant infiniment petite, on peut

L'une tend à imprimer aux eaux une vitesse vers l'Est, l'autre vers l'Ouest.

La vitesse résultante est donc la différence des deux, de sorte qu'elle est moindre que celle qu'imprimerait une onde unique ayant pour hauteur totale la somme des hauteurs des deux ondes composantes.

Non seulement ces deux ondes sont opposées, mais elles sont directement opposées dans toutes leurs phases ; il résulte de cette particularité qu'à Boulogne le courant a presque toujours lieu suivant une même ligne droite, tantôt dans un sens et tantôt dans l'autre [1].

Mais ceci n'est pas le cas ordinaire ; il arrive en effet le plus souvent que la direction d'un courant fait un angle

---

supposer que les résultantes des pressions sur les faces Aα et Bβ soient au même niveau, et ont par suite pour résultante leur différence,

$$ - y \frac{dy}{dx} \, dx. $$

La masse de la tranche liquide étant $\dfrac{y dx}{g}$, le théorème des quantités de mouvement donne :

$$ - y \frac{dy}{dx} \, dx \, dt = \frac{y dx}{g} \left(\frac{du}{dt} \, dt \right) $$

c'est-à-dire :

$$ - \frac{dy}{dx} = \frac{1}{g} \frac{du}{dt} $$

En remplaçant, dans cette équation, $\dfrac{du}{dt}$ par sa valeur tirée de (4), il vient :

$$ \frac{dy}{dx} = \frac{1}{g} \frac{dy}{dx} (V - u)^2 \frac{1}{y} $$

ou enfin :

$$ (V - u)^2 = gy $$

et, comme $u = o$ pour $y = H$, on a finalement la formule connue :

$$ V^2 = gH. $$

1. Recherches hydrographiques sur le régime des côtes. Septième cahier. Rapport sur la reconnaissance de Boulogne, par M. Edmond Ploix, ingénieur hydrographe, 1876, Paris, imprimerie nationale.

notable avec celle de l'autre, il arrive même que cette direction varie progressivement pour un même courant.

Nous avons déjà cité le cas singulier qu'on observe en deux points de la mer d'Irlande où il n'y a pas de marée sensible, bien que, non loin de là, le niveau de la mer subisse de grandes variations.

Or, en ces deux points, bien qu'il n'y ait pas de marée, il existe de forts courants de marée, et on l'explique de la manière suivante :

Soit xx le niveau d'un canal ; au point A arrive de gauche à droite un flux positif aa', qui tend à relever le niveau de l'eau en A ; du même point A part en même temps un flux négatif bb' de même hauteur que aa', qui tend à abaisser le niveau de l'eau autant que le flux positif tendait à le relever, de sorte que le niveau ne changera pas en A.

Mais le flux positif imprime à l'eau en A une vitesse dans le sens de la propagation, c'est-à-dire de gauche à droite, et le flux négatif imprime à cette eau une vitesse en sens contraire de sa propagation, et, par suite, encore de gauche à droite.

Donc, au point A, il y aura addition de courants et soustraction de hauteur.

Le courant pourra donc avoir une grande vitesse, bien qu'il n'y ait pas de variations dans le niveau de l'eau.

On voit, par cet exemple, qu'on ne connaît le régime de la marée que quand on connaît celui de ses courants.

En général, les courants composants ont des directions divergentes.

Pour donner un exemple de la variation des courants, en pareil cas, nous supposerons que, au moment de la basse mer, il règne, le long d'un rivage AB, un courant CD marchant de droite à gauche ; soit EF la vitesse de ce courant au point F, soit OO la tête d'un flux positif

6

arrivant en F et se propageant suivant FG. Supposons
que ce flux soit capable d'imprimer à l'eau en repos une
vitesse FG dans le sens de sa propagation.

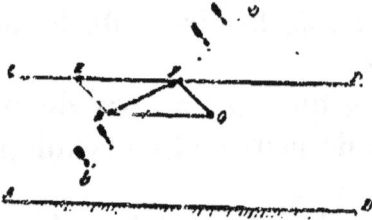

L'eau aura désormais en
F une vitesse FH dirigée
suivant la diagonale du parallélogramme construit sur
EF et FG.

Si un navire, par temps
calme, était mouillé sur son
ancre en F, il aurait d'abord été dirigé suivant FE, et
maintenant il serait orienté suivant FH; il aurait tourné
sur son ancre de l'angle EFH. La figure représente FG
dirigée vers le rivage, et il faut en effet qu'il en soit ainsi,
puisque, dans l'hypothèse où nous nous sommes placés, la
mer était basse tout à l'heure, et qu'elle commence à monter. La vitesse de la propagation du flux, au large, par les
grandes profondeurs, est nécessairement plus grande
que près du rivage ; donc la tête du flux doit bien avoir
une direction oblique telle que OO, et FG doit avoir une
inclinaison vers le rivage. C'est ce qu'on exprime en disant que le premier flot porte à terre. C'est comme si de
l'eau devait venir du large pour subvenir à l'exhaussement du niveau le long du rivage.

Supposons maintenant qu'il survienne un second flux,
il se propagera plus facilement que le premier, puisque
la hauteur de l'eau a augmenté ; sa tête sera moins inclinée que OO sur le rivage ; la direction de sa propagation
sera plus rapprochée de CD ; la nouvelle vitesse résultante sera plus écartée de EF que FH. C'est ce qu'on exprime en disant que le courant aura tourné d'un nouvel
angle dans le même sens.

Enfin, quand la mer sera pleine, le courant de flot sera
dirigé suivant FD.

Puis, la marée commençant à baisser, le premier jusant portera au large, et le courant continuera à tourner, toujours dans le même sens, pour revenir enfin à sa première direction à la basse mer suivante, après avoir fait ainsi une rotation complète.

Le fait est rendu évident par les mouvements d'un navire mouillé au large, en temps calme. Ces courants variables qu'on observe presque partout sur nos côtes ont reçu un nom spécial, on les appelle « courants giratoires. »

On dit qu'ils sont directs quand ils tournent comme les aiguilles d'une montre ; et inverses, dans le cas contraire.

Sur nos côtes de la Manche, les courants giratoires sont inverses ; ils sont directs sur les côtes opposées de l'Angleterre.

Les courants de marée considérés en divers points d'une même mer, de la Manche, par exemple, ont, à un moment donné, des directions et des vitesses différentes. Ce fait a de l'intérêt pour les navigateurs.

26. Modifications des courants. — Quelles que soient les causes qui engendrent les courants de la mer, ces courants, une fois formés, subissent dans leur vitesse et dans leur direction toutes les modifications que les irrégularités du lit ou des rives impriment aux courants ordinaires.

Il se produit alors des remous, des tourbillons, des contre-courants qui rentrent dans les phénomènes attribués par Venturi à la communication latérale du mouvement des fluides.

Si un courant rase l'entrée d'une baie, il détermine, dans cette baie, un courant de sens contraire (Pl. I, fig. 3).

Les caps et les ouvrages en saillie sur la direction générale du rivage renforcent les courants qui les rasent et déterminent des remous derrière eux, comme les épis dans une rivière (Pl. II, fig. 4).

Derrière les îles se forment des contre-courants, comme derrière les piles d'un pont (Pl. II, fig. 5 et 6).

Enfin, on conçoit que le régime des courants doit avoir à son tour une influence sur le régime des marées.

Nous devons mentionner une dernière circonstance, d'un ordre très général, qui certainement agit sur la formation des courants et sur la propagation des flux partiels de l'onde marée.

La terre tourne autour du diamètre des pôles.

La vitesse de rotation d'une molécule liquide à la surface diminue de l'équateur au pôle.

Une molécule liquide ne peut rester en équilibre sur le parallèle où elle se trouve qu'à la condition d'avoir la vitesse correspondante à ce parallèle.

Si, par une cause quelconque, la vitesse de cette particule d'eau vient à augmenter, elle ira, pour retrouver son équilibre, rejoindre les particules du parallèle ayant une vitesse égale à la vitesse ainsi augmentée. Elle se rapprochera donc de l'équateur.

Or, l'attraction des astres a précisément pour effet d'augmenter la vitesse de certaines molécules autour de la terre (celles qui se trouvent à l'ouest du méridien de l'astre). Ces molécules iront donc vers l'équateur.

Par contre, elle retarde d'autres molécules (à l'est du méridien de l'astre). Celles-ci iront donc vers les pôles.

27. Observation des courants. — La mesure des courants, à la mer, offre des difficultés particulières, aussi n'a-t-on encore que des données assez peu certaines sur leur régime.

Nous nous bornerons à donner ici une notion sommaire des moyens et des instruments le plus habituellement et le plus généralement employés dans ces observations.

Pour mesurer la vitesse de marche des navires en pleine mer, on se sert du Loch (Pl. II, fig. 7). Il se compose de : 1° Le bateau : planchette taillée en secteur circulaire et lestée sur l'arc pour flotter verticalement; 2° la ligne : petite corde qui réunit, à 0ᵐ50 ou 0ᵐ60 du bateau, les 3 attaches partant des angles de ce bateau; 3° la manivelle, dite encore tour de loch, bobine très mobile sur laquelle la ligne est enroulée.

Un sablier de 30 secondes fixe la durée des observations.

On jette à la mer le bateau de loch qui, par sa disposition, reste stationnaire dans une eau tranquille. Et afin d'éviter l'influence du sillage, on laisse dérouler d'abord une certaine longueur de la ligne.

Cette longueur de ligne doit être égale à une fois, une fois et demie et même deux fois la longueur du navire, suivant la vitesse de marche.

L'extrémité de cette première partie de la ligne est indiquée par un morceau d'étoffe qu'on appelle la houache.

C'est au moment du passage de la houache que commence l'observation.

A partir de la houache la ligne est partagée en longueurs égales par des nœuds.

Si l'on connait la distance entre deux nœuds et le nombre de nœuds qui ont passé en 30 secondes, on peut calculer la vitesse du navire.

Cette vitesse s'estime en milles marins par heure. Le mille marin est la longueur d'une minute d'arc du méridien terrestre, soit, en mètres, $\frac{10.000.000^{m}}{60 \times 90} = 1851^{m}85$, ou, en nombre rond, 1852^{m}.

Le mille marin ainsi défini est une mesure internationale, il est le même pour tous les peuples.

Il ne faut pas le confondre avec le mille terrestre qui varie d'un peuple à l'autre.

Une vitesse de 1852ᵐ à l'heure correspond à une vitesse de $\frac{1852}{60 \times 2}$ en 30 secondes, soit de 15ᵐ43.

Si donc les nœuds de la ligne sont distants de 15ᵐ43 et si, en 30 secondes, il est passé dix nœuds, on dit que le navire file dix nœuds. Cela veut dire que le navire parcourt en une heure autant de milles qu'il a filé de nœuds en 30 secondes entre les doigts de l'observateur.

La vitesse d'un mille à l'heure correspond à 0ᵐ5144 par seconde, soit, en nombre rond, 0ᵐ50. Un courant de trois nœuds est donc un courant de 1ᵐ50 environ par seconde.

On va comprendre maintenant comment, à l'aide de la connaissance qu'on acquiert ainsi de la vitesse d'un navire, on peut arriver à reconnaître l'existence de courants généraux dans la mer, et même à apprécier leur direction et leur vitesse. Supposons qu'un navire marche pendant un temps assez long, 24 heures, par exemple, soit de midi à midi, avec une vitesse très sensiblement constante, et dans la même direction.

On a jeté le loch à des intervalles de temps réguliers, et peu espacés, de façon à connaître la vitesse du navire.

On pourra donc en conclure la position que doit occuper le navire sur sa trajectoire par rapport au point de départ.

Or, cette position peut être déterminée d'une autre façon ; c'est ce qu'on appelle faire le point.

Le point se détermine généralement chaque jour à midi, au moyen d'observations astronomiques. Admettons que l'opération du point et celle du loch aient été faites avec une exactitude suffisante ; on devra trouver par les deux procédés la même position pour le navire. S'il n'en est pas ainsi, et surtout si un grand nombre de navires signalent tous une différence de même sens, pour les mêmes parages de la mer, on en conclut qu'il doit régner dans ces parages un courant général dont on détermine par suite la direction et la vitesse.

Il arrive quelquefois que certaines circonstances spéciales révèlent ces courants.

Ainsi, l'éruption du Krakatoa a lancé dans la mer de grandes quantités de pierre-ponce, et l'on a vu de ces bancs de pierre-ponce aborder certaines côtes lointaines; quelques-uns ont été rencontrés en mer par des navires; connaissant la date de l'éruption et celle de l'arrivée ou de la rencontre des bancs, on a pu en conclure approximativement la direction et la vitesse du courant général qui les avait apportés.

Ces grands courants généraux n'ont presque toujours qu'une très faible vitesse, d'un demi-nœud, par exemple, soit de 0ᵐ25 par seconde, et quelquefois moins encore.

88. Courants littoraux. — Là où la profondeur de l'eau n'est pas trop grande, on mouille un canot où se tiennent les observateurs; puis on jette le loch que le courant entraîne. Quand on est dans le voisinage des côtes, on peut employer des flotteurs dont on relève les positions successives à des moments déterminés; on obtient ainsi, non seulement la vitesse, mais encore la trajectoire du courant (Pl. II, fig. 8).

Le relèvement se fait soit de terre, au moyen de graphomètres installés dans deux stations, au moins, dont les positions sont connues; soit de la mer, au moyen du sextant (ou cercle) qui permet de rattacher la position du flotteur à celles de trois signaux, au moins, connus de position [1].

1. Voir, pour les détails de toutes ces opérations, le *Traité d'hydrographie. Levé et construction des cartes marines*, par A. Germain, ingénieur-hydrographe de la marine. Paris, imprimerie nationale, 1882.

Malheureusement, tous ces procédés ne sont d'un usage pratique que lorsque la mer est calme ou, tout au moins, peu agitée ; or, ce serait surtout par les gros temps qu'il y aurait souvent le plus d'intérêt à connaître les courants.

39. Courants sous-marins. — Ce qui précède s'applique à la mesure des courants de surface ; l'observation des courants sous-marins est encore plus difficile.

On peut dire qu'aujourd'hui on n'a pas encore d'instrument un peu précis réellement pratique pour faire ces observations.

Voici le moyen le plus ordinairement employé par les ingénieurs hydrographes.

On immerge, à la profondeur où l'on veut observer le courant, le centre d'un flotteur à peu près sphérique, d'une très grande surface, de 0^m50 à 1^m00, par exemple, de diamètre ; ce flotteur est lesté ; il est relié à l'aide d'une corde très mince à un flotteur de superficie aussi petit que possible.

C'est ce flotteur de superficie dont on relève les positions successives, ou qu'on attache à la ligne de loch.

Vu l'énorme surface du flotteur sous-marin comparée à celle de la corde de suspension et du flotteur de surface, on admet que tout le système est entraîné avec une vitesse moyenne, sensiblement égale à celle des eaux, vers le centre du grand flotteur.

On réalise un flotteur sous-marin suffisant en clouant des voliges sur deux faces perpendiculaire d'un chevron à section carrée.

Les plans des voliges sont découpés en cercle[1].

Quand on veut, non plus mesurer, mais simplement constater l'existence de courants de vitesses différentes à diverses profondeurs, une ligne de sonde suffit.

1. Voir page 80.

La ligne de sonde est essentiellement une corde, à l'extrémité de laquelle est suspendu un lest ou *plomb*.

La ligne de sonde qu'on laisse descendre d'un canot, flottant librement, descend verticalement tant que la couche d'eau, qu'elle traverse, a la même vitesse que le canot, c'est-à-dire que l'eau à la surface ; mais elle prend brusquement une inclinaison sensible aussitôt qu'elle pénètre dans une couche d'une autre vitesse.

Flotteur sous-marin.

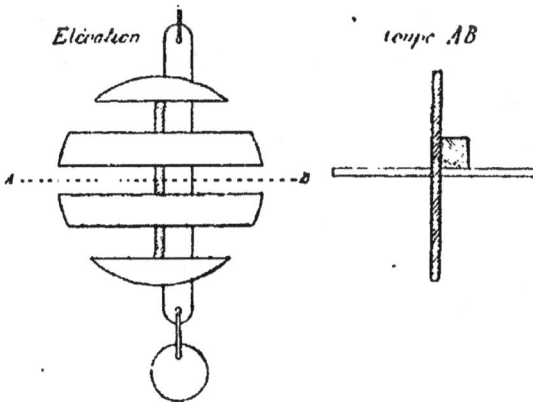

Ce procédé de constatation est d'une sensibilité remarquable ; il permet aux pêcheurs, qui placent des lignes en mer, de reconnaître certains symptômes de mauvais temps par l'observation de renverses de courants de la surface au fond.

Avec la sonde on s'assure facilement que les courants de marée sont des courants de masse, c'est-à-dire qu'ils ont sensiblement la même vitesse à toute profondeur.

La sonde a permis de constater l'existence en mer de courants généraux superposés de directions différentes, celui de la surface ayant une vitesse presque constante sur une profondeur considérable, par exemple de soixante à cent mètres, et même plus.

20. Données pratiques sur les vitesses des courants.
— Des vitesses de 1 à 2 nœuds ne sont pas rares dans
les courants maritimes ; mais ils n'ont d'action que sur
les parties ténues des matériaux du rivage ou du fond de
la mer.

Des courants de 3 nœuds sont quelquefois gênants pour
les navires à l'entrée de certains ports. Il existe dans le
Pas-de-Calais des courants qui atteignent souvent cette
vitesse de 1ᵐ50 par seconde ; ils ont assez de force pour
balayer sur de grandes surfaces le sable du fond. C'est ce
qui a permis de reconnaître la disposition des couches
calcaires dans lesquelles on a projeté de percer le tunnel
sous-marin entre la France et l'Angleterre.

On a constaté par les gros temps des vitesses de 8 et
10 nœuds dans quelques parages de nos côtes, par exemple près des îles anglaises et sur le littoral de la Bretagne, près de Brest. De pareils courants, qu'on appelle des
courants de foudre, sont très dangereux, non seulement
pour les navires, mais aussi pour les ouvrages à la mer.

Nous devons faire remarquer que les vitesses qu'on
mesure par les procédés mentionnés ci-dessus sont des
vitesses moyennes, tandis qu'il importerait surtout de
connaître les vitesses maxima.

Ce sont en effet les maxima de vitesse qui sont les ré-
gulateurs des effets des courants. Or, nous verrons plus
loin que le mouvement de l'eau dans les lames contribue
pour sa part à faire varier, à de courtes périodes, la vitesse moyenne des courants.

Il en résulte qu'un courant de faible vitesse moyenne,
vitesse constatée dans une observation ayant duré dix
minutes par exemple, aura pu, à certains instants, acquérir, dans cet intervalle de temps, une vitesse notablement plus grande que la vitesse moyenne. Si cette vitesse
moyenne n'est capable que de mettre en mouvement des
alluvions ténues, la vitesse réelle à certains instants aura

pu entraîner du sable ou du gravier ; et comme ces effets accidentels se répètent indéfiniment, le résultat final est le même que si le courant avait en réalité son maximum de vitesse.

§ 4.

MARÉES DANS LES FLEUVES

31. Généralités. — L'embouchure d'un fleuve à marée diffère essentiellement de celle d'un fleuve sans marée ; on peut dire, d'une manière générale, que la première est un golfe et que la seconde est un cap. L'embouchure d'un fleuve à marée est presque toujours libre et celle d'un fleuve sans marée est presque toujours barrée pour la navigation maritime.

Dans les mers où les marées ont une amplitude notable, les ports recherchent les fleuves ou les estuaires ; dans les mers où la marée est peu sensible, les ports fuient les fleuves et leurs abords.

Nos meilleurs ports de l'Océan sont sur la Seine, la Loire, la Gironde.

Nous n'avons pas de port dans le Rhône, et Marseille, notre grand port de la Méditerranée, est situé loin des alluvions de ce fleuve.

Les fleuves à marée n'ont généralement qu'une embouchure unique, vaste et profonde ; les fleuves sans marée se jettent à la mer par plusieurs branches dont les bouches manquent de profondeur.

Ces différences essentielles tiennent à ce que la marée fait entrer et sortir des quantités d'eau considérables dont le volume est presque toujours incomparablement plus grand que celui que débite le fleuve dans le même temps.

Il en résulte des chasses puissantes et répétées, balayant les alluvions qui tendraient à se déposer à l'embouchure.

Dans les fleuves sans marée, les crues approfondissent bien les bouches, mais elles sont rares, accidentelles, irrégulières, elles ne se reproduisent avec une grande intensité qu'à de longs intervalles de temps.

Dans les fleuves à marée, cet approfondissement est opéré par des chasses qui ont lieu deux fois par jour, et qui, tous les quinze jours environ (à chaque vive eau), acquièrent une grande énergie.

Le régime de l'embouchure d'un fleuve à marée dépend donc de la façon dont la marée se propage dans le fleuve, et l'on comprend l'intérêt qu'offre cette question pour nos ports les plus importants.

Nous allons en examiner les principaux éléments, mais seulement dans ce qu'ils ont de plus général, car chaque fleuve exigerait une étude spéciale.

Voici d'abord comment se présente le phénomène.

Si, sur les ordonnées du profil en long du fleuve, on rapporte les hauteurs observées en chacun de ces points à une même heure physique, la courbe qu'on obtient ainsi s'appelle un *profil instantané ou momentané*.

L'ensemble des profils momentanés fait voir la marche de la propagation de la marée. Ces profils montrent que le sommet de chaque courbe se maintient sur une enveloppe qui ne diffère pas notablement d'une ligne horizontale (Pl. IV, fig. 2, 5 et 6).

Cette horizontale correspond sensiblement au niveau de la haute mer à l'embouchure.

Il en résulte que, d'une manière approximative, la marée ne se propage dans un fleuve que jusqu'au point où cette horizonta.. rencontre le profil de la pente des eaux à l'amont.

Dans nos grands fleuves en France, la distance, à partir de l'embouchure, à laquelle se propage la marée, est d'environ 150 à 170 kilomètres. Cette distance est assez faible pour que, dans ces fleuves, la marée mette, en général, 6 heures à peu près pour la parcourir. Aussi la haute mer à l'extrémité amont de la partie maritime du fleuve a-t-elle lieu à très peu près au moment de la basse mer à l'embouchure.

Mais on conçoit qu'il puisse exister des fleuves où la marée se propage pendant plus de 6 heures et où, par conséquent, la marée soit basse à l'embouchure pendant que l'intumescence se propage encore à l'intérieur.

Le fleuve des Amazones en offre un exemple.

Il a une vaste embouchure, un lit très large, de grandes profondeurs sur des longueurs énormes où la pente des eaux est peu sensible.

Les observations portent à admettre qu'il y a, au moins, dans ce fleuve, une onde entière complétement développée, c'est-à-dire que, au même moment, la mer peut être basse à l'embouchure et en un point situé à l'amont, tandis qu'elle est haute en un point intermédiaire.

L'étude des profils instantanés permet aussi d'apprécier la vitesse de propagation de la marée dans un fleuve.

A ce sujet, il faut faire une distinction importante. On peut étudier la marche du commencement du flot (qu'on appelle d'habitude le *premier flot*) ou la marche de la haute mer.

Le premier flot se produit au moment où l'eau ayant cessé de descendre commence à monter en un lieu donné. Sur les rivières, ce moment est assez bien déterminé et facile à observer, par suite de la forme anguleuse de la courbe des marées près de la basse mer. Le moment du premier flot est donc celui de la basse mer (Pl. IV, fig. 5 et Pl. V, fig. 1).

De sorte que la marche du premier flot vers l'amont est aussi la marche de la basse mer également vers l'amont.

Le moment de la pleine mer est généralement moins nettement déterminé, car il est donné par le point de contact d'une tangente horizontale à une courbe aplatie (Pl. IV, fig. 5, et Pl. V, fig. 1).

La vitesse de marche de la pleine mer diffère de celle du premier flot.

Assimilons la production de la marée dans un fleuve à l'introduction de flux successifs.

La vitesse de propagation de ces flux peut être représentée, dans une certaine limite, par la formule ordinaire de la propagation des ondes élémentaires dans un courant : $V = \sqrt{g(H+h)} \pm u$.

Au commencement du flot, la vitesse u du courant dans la rivière est en sens contraire de la propagation du flot et H, la profondeur des basses eaux dans le fleuve, est souvent petite. Tandis que, vers le moment de la pleine mer, u est dans le sens de la propagation et $H + h$, la profondeur de la rivière à marée haute, est généralement grande. Donc le premier flot doit marcher moins vite que la haute mer.

C'est en effet ce qu'on observe.

De plus, les résistances dues au lit du fleuve peuvent être différentes pour le premier flot et pour la haute mer.

Ainsi, dans une partie d'un fleuve, le lit pourra offrir, à haute mer, une direction sensiblement rectiligne et une section assez régulière. Cette même partie du fleuve pourra offrir, à basse mer, un chenal sinueux et encombré de bancs.

Du fait que le premier flot marche moins vite que le.

plein, il résulte que le profil instantané doit changer de forme en se propageant.

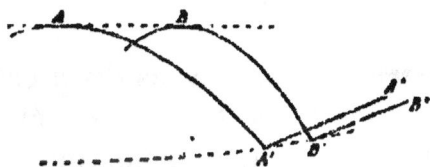

En effet, il était d'abord en AA'; il est venu ensuite en BB'; mais A'B' est plus petit que AB, donc la courbe BB' doit être plus raide que AA', et c'est bien en réalité ce que l'on constate.

Le profil instantané subit encore des modifications de forme dues à d'autres causes.

Ainsi, admettons pour le moment, comme une chose évidente de soi, mais sur laquelle nous reviendrons du reste, que la marée introduit un flux considérable d'eau de mer dans le fleuve.

Cette introduction d'eau dans un long canal, comme l'est le lit d'un fleuve, rencontre des résistances de toute espèce tenant à la configuration et à la nature du lit.

Pour vaincre ces résistances variables, il faudra que la surface de l'eau (dans ce cas la forme du profil instantané) prenne des pentes variables.

Supposons par exemple que le fleuve présente quelque part une section rétrécie; le profil instantané offrira dans ces parages un gonflement, car il y arrivera plus d'eau de marée venant de l'aval, c'est-à-dire de l'embouchure, qu'il ne pourra s'en écouler facilement vers l'amont.

La présence de ponts trop étroits sur les rivières à marée entraîne une dénivellation notable de l'aval vers l'amont quand la mer monte, et de l'amont vers l'aval quand elle descend.

D'un autre côté, l'estuaire d'un fleuve à marée présente généralement la forme en entonnoir, c'est-à-dire que la largeur et la profondeur diminuent avec une certaine régularité de l'embouchure vers l'amont.

Or, nous savons que dans ce cas l'ondulation qui s'y propage tend à augmenter de hauteur.

32. Lieu des hautes mers. — Nous avons dit précédemment que le lieu des hautes mers successives était approximativement une droite horizontale, nous comprenons maintenant que ce lieu puisse offrir de légères inflexions sur sa longueur, et venir se raccorder, par une courbe ascendante, à la pente naturelle des eaux vers l'amont, là où la marée ne se fait plus sentir (Pl. IV, fig. 2, 5 et 6, Pl. V, fig. 1, 2 et 3 et Pl. VI, fig. 3).

En réalité, le lieu des hautes mers offre toujours des particularités de ce genre, et il arrive, notamment sur certains fleuves et à certaines marées, que le point le plus haut du lieu des hautes mers n'est pas à l'embouchure, mais à l'intérieur du fleuve.

Ces particularités sont très variables dans leurs formes, dans leur importance relative, dans leur position, etc., etc., suivant qu'il s'agit de marées de vive eau ou de morte eau, suivant que le fleuve est en crue ou en étiage, etc., etc. On ne sait pas encore clairement expliquer de quelle façon agissent ces diverses circonstances.

33. Lieu des basses mers. — Il importe de remarquer tout d'abord que le lieu des basses mers n'est pas le profil instantané quand la mer est basse à l'embouchure. — Soit ABC le profil instantané au moment de la basse mer à l'embouchure, en A; quand la mer aura monté de AA' à l'embouchure, il y aura basse mer en un certain point B', à l'intérieur du fleuve, et la mer se sera abaissée de BB' au dessous du point B.

Le lieu des basses mers est celui des points B'; il ne

se réalise donc jamais physiquement, pas plus du reste
que celui des hautes mers.

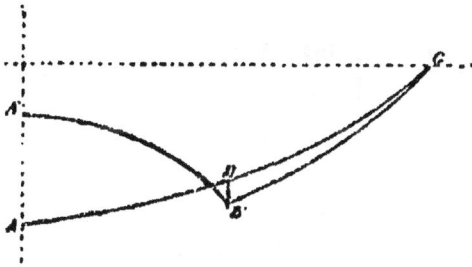

se réalise donc jamais physiquement, pas plus du reste

Ce lieu offre en général la forme d'une courbe ascendante assez régulière de l'embouchure à la limite des marées (voir les mêmes figures que pour les hautes mers).

Cependant il présente aussi, presque toujours, quelques particularités du genre de celles que nous avons
signalées à l'occasion du lieu des hautes mers. Ainsi il arrive, quelquefois, que le point le plus bas du lieu des
basses mers n'est pas à l'embouchure, mais à l'intérieur
du fleuve. Ce fait, absolument certain, paraît assez bizarre et n'a pas encore reçu, que nous sachions, d'explication satisfaisante. On pourrait admettre, à titre de première indication approximative, que cet abaissement local de l'eau tient à ce que, en ce point, le courant venant
d'amont amène moins d'eau que le courant aval n'en emmène.

31. Amplitude de la marée. — En général, l'amplitude de la marée décroît, dans le fleuve, de l'embouchure
à la limite où la marée cesse d'être appréciable.

Cependant nous avons vu, d'une part, que la haute
mer peut être, à l'embouchure, à une altitude moins
grande qu'à l'intérieur, et, d'autre part, que la basse
mer peut être, à l'embouchure, à une altitude plus grande
qu'à l'intérieur.

Il peut donc arriver que l'amplitude soit moindre à l'embouchure que dans l'intérieur du fleuve ; c'est en effet ce qui a lieu dans certaines circonstances sur la Gironde, à Bordeaux.

Ainsi on a constaté, en morte eau d'équinoxe de septembre et en étiage : 1° que la haute mer à Bordeaux avait une altitude supérieure de 1ᵐ05 à celle de la haute mer à Royan ; 2° que la basse mer suivante avait à Bordeaux une altitude inférieure de 0ᵐ85 à celle de la basse mer à Royan. L'amplitude à Bordeaux a donc été plus grande de 1ᵐ90 qu'à Royan (Pl. V, fig. 1 et Pl. VI, fig. 3).

En fait cette amplitude était à Royan de 1ᵐ85, et à Bordeaux de 3ᵐ75.

Cependant la forme de l'espace compris entre les courbes des hautes mers et des basses mers montre clairement que, à partir d'un certain point, l'amplitude de la marée doit décroître assez rapidement, et c'est en effet ce qui a lieu.

25. Forme de la courbe locale des marées. — La courbe locale des marées se déforme de l'embouchure vers l'intérieur du fleuve (Pl. IV, fig. 3 et Pl. VI, fig. 1 et 2).

Cette déformation consiste en ce que la courbe se raidit de plus en plus de la basse mer à la haute mer suivante, et s'aplatit de plus en plus de la haute mer à la basse mer suivante. Il s'écoule bien toujours 12ʰ25ᵐ environ entre deux basses mers consécutives en un point donné, mais la durée du montant diminue et celle du perdant augmente.

Supposons, par exemple, que le montant et le perdant durent chacun 6ʰ12ᵐ 1/2 à l'embouchure. A une certaine distance dans le fleuve le montant ne durera plus que 4ʰ25ᵐ et le perdant se prolongera pendant 8ʰ ; un peu plus loin le montant est de 2ʰ25ᵐ et le perdant de 10ʰ, etc.

Pour se bien rendre compte de ce fait, il faut tracer un certain nombre de profils instantanés successifs sur toute l'étendue du fleuve où la marée se fait sentir; on voit

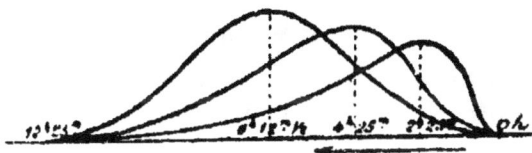

alors clairement que, par suite de la variation de la forme de ces profils en long, il doit y avoir en chaque point du cours du fleuve une variation correspondante de la courbe locale des marées dans un profil en travers.

On remarquera que les changements de forme des courbes de marée dans un fleuve rappellent, mais à une échelle exagérée, ceux qu'on a constatés dans les courbes des marées de la Manche, c'est-à-dire l'allongement de la durée du perdant et la diminution de la durée du montant. Ces changements offrent une explication plausible du phénomène, sans qu'on ait à recourir aux combinaisons d'ondes dont nous avons parlé ailleurs.

Dans cet ordre d'idées, la marée devrait être considérée comme subissant, dans la Manche, des modifications analogues à celles qu'elle éprouve dans un fleuve; autrement dit la Manche apparaîtrait comme une espèce de grand fleuve à marée.

36. Courants de marée dans les fleuves. — La propagation de la marée dans les fleuves détermine des changements de courants du genre de ceux qu'on observe en mer libre.

En général, et sauf les cas de crues exceptionnelles, il y a renversement de courants dans les fleuves; c'est-à-dire, que, à un certain moment, en un point donné, le

courant marche dans un sens, descend de l'amont à l'aval
par exemple, comme dans une rivière ordinaire, tandis
que, un peu plus tard, le courant remonte le fleuve de
l'aval vers l'amont.

Mais au lieu que le renversement se produise vers mi-
marée, comme en mer libre, il se produit, dans un fleuve,
près de la haute mer ou de la basse mer.

Les diverses circonstances qu'offrent les courants de
marée dans les fleuves ne laissent pas que d'être assez
complexes parce qu'elles se produisent simultanément et
influent les unes sur les autres ; c'est un point qu'il importe de ne pas perdre de vue dans l'étude qui va suivre,
car, pour faire l'analyse de ces circonstances, on sera
obligé de les isoler les unes des autres ; mais il faudra
toujours, dans la pratique, avoir égard à leurs combinaisons diverses, c'est-à-dire en faire, autant que possible,
une synthèse rationnelle.

Le régime des courants de marée dans nos fleuves est
plus facile à comprendre quand on examine d'abord un
cas plus simple, celui du remplissage ou de la vidange,
par la marée, d'un bassin de petite étendue, comme le
sont, par exemple, les bassins à flot des ports.

Admettons qu'un pareil bassin se remplisse par couches horizontales au fur et à mesure que la marée monte,
et c'est bien en effet ainsi que les choses se passent, pratiquement parlant. Admettons encore que les eaux qui ont
pénétré dans le bassin y perdent à peu près complètement leur vitesse, à une petite distance du pertuis, ce
qui est conforme à la vérité.

La vitesse de l'eau dans le pertuis d'entrée de ce bassin
devra être d'autant plus grande à chaque instant que la
marée aura monté plus vite pendant un même intervalle
de temps.

Et si l'on se reporte à la forme sinusoïdale habituelle
des courbes de marée, on voit que la vitesse d'introduction

sera faible quand la mer commencera à monter, parce
que le niveau de l'eau varie lentement ; que la vitesse
augmentera ensuite et atteindra son maximum vers mi-
marée, c'est-à-dire au moment où la tangente, au point
d'inflexion de la courbe de marée, atteindra le maximum
d'inclinaison ; mais qu'à partir de ce moment la vitesse
diminuera jusqu'à finir par s'annuler à mer haute.

Or, le régime du flot dans un fleuve à marée présente
une analogie certaine avec celui que nous venons de
décrire ; c'est bien en effet vers mi-marée qu'a lieu le
maximum de vitesse.

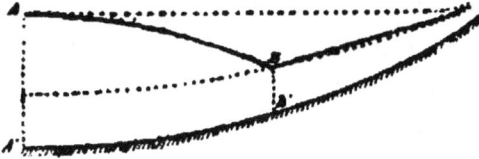

Cependant la vitesse n'est pas tout à fait nulle à haute
mer ; mais cela s'explique : reportons-nous en effet à la
forme du profil instantané quand la mer est haute à
l'embouchure. A ce moment la partie maritime du fleuve
n'est pas complètement remplie, comme l'était le petit
bassin que nous avons considéré d'abord. De plus, les
eaux qui ont pénétré dans le fleuve ne sont pas sans vitesse, comme dans le bassin, elles ont au contraire une
vitesse propre vers l'amont. La masse d'eau figurée par
AA'BB' a donc une tendance à s'avancer.

Donc il y aura encore flot à l'embouchure quand la
marée y sera haute, mais la vitesse sera faible parce que
la mer a fini d'introduire dans le fleuve toute l'eau
qu'elle était capable de forcer à y entrer, eu égard, d'une
part, au niveau de l'eau au moment de la marée haute à
l'embouchure, et, d'autre part, aux résistances que la
masse d'eau ainsi introduite rencontre pour s'avancer
dans le fleuve.

Mais par le fait même que cette vitesse est faible, elle devra s'annuler peu de temps aprèsque la mer aura commencé à baisser. Car la baisse des eaux peut être assimilée, comme on l'a dit, au retrait d'un flux négatif qui imprimera aux eaux une vitesse vers la mer, soit une vitesse de jusant. Un faible abaissement des eaux suffira donc pour annuler la faible vitesse du dernier flot, et par suite le jusant commencera à l'embouchure peu de temps après que la marée y aura été haute ; il y aura renverse de flot. C'est bien en effet ce qu'on observe.

Si, reprenant le cas d'un petit bassin, on considère la période de sa vidange, on verra que, dans le pertuis, le courant de jusant, nul à haute mer, faible au commencement du perdant, atteindra son maximum vers mi-marée, puis diminuera et deviendra nul à mer basse. Il en est à peu près de même dans un fleuve ; toutefois, on vient de voir que, là, le jusant ne commence qu'un peu après la haute mer ; son maximum de vitesse a bien lieu vers mi-marée, mais il n'est pas encore nul à mer basse.

C'est qu'à mer basse la partie maritime n'est pas encore tout à fait vidée, et dans toute son étendue la masse des eaux est animée d'une vitesse propre vers la mer. Il y a donc encore jusant, à l'embouchure, quand la mer y est basse, mais la vitesse est faible parce que les eaux n'arrivent plus qu'en petite quantité et s'épanouissent dans les largeurs toujours grandes du lit à l'embouchure. Par suite, il suffira que la marée montante ait introduit un faible flux positif pour annuler ce reste de jusant. La renverse de jusant aura lieu ainsi un peu après la basse mer, comme on l'observe en effet.

Ce qu'on vient de dire des courants à l'embouchure peut être répété à peu près dans les mêmes termes pour les courants en un point quelconque du bassin maritime ; toutefois, à l'amont de l'embouchure, la vitesse du dernier jusant n'est pas toujours petite, elle est au contraire quelquefois très grande et il en résulte alors des phénomènes particuliers dont nous parlerons plus loin.

Mais, d'une manière générale et à un point de vue d'ensemble, on peut dire avec une approximation suffisante que, dans un fleuve à marée, le flot dure autant que le montant et le jusant autant que le perdant.

Or, la durée du perdant augmente à mesure qu'on remonte le fleuve; le jusant se prolongera donc de plus en plus, et il arrivera même que les faibles oscillations de l'eau à l'extrémité de la partie maritime s'exécuteront sans que le courant du fleuve y change de sens.

87. Introduction de l'eau de la mer dans le fleuve. — Nous avons vu que, peu après la basse mer à l'embouchure, il y a courant de flot.

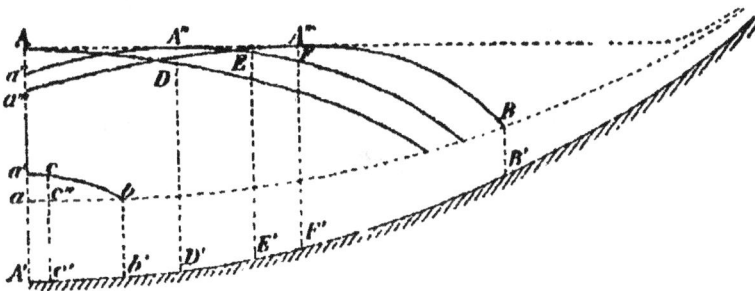

A partir de ce moment il ne sort donc plus d'eau du fleuve, et c'est au contraire l'eau de la mer qui entre dans le fleuve et y pénètre jusqu'à une certaine distance.

Jusqu'où remonte la mer?

Nous allons examiner cette question qui nous permettra de mieux préciser la constitution de l'onde marée dans un fleuve.

Pour simplifier cette étude, nous admettrons deux hypothèses, à savoir que : 1° la renverse de courant a lieu exactement à basse marée et à haute marée, ce qui n'est pas très inexact; 2° le courant dans le fleuve a la même vitesse dans tous les points d'un profil, ce qui est plus éloigné de la réalité, sans être pourtant de nature à infirmer le sens général de nos conclusions.

Dès que la marée monte à l'embouchure, en AA', l'eau de la mer pénètre dans le fleuve.

Quand la marée y a monté de aa', l'onde s'est avancée jusqu'en b, avec une assez grande vitesse de propagation V ; mais la tranche liquide qui était d'abord en $a'A'$ n'a pas marché avec cette vitesse V, elle n'a progressé que beaucoup plus lentement, avec la vitesse u que lui a imprimée le passage du flux de hauteur aa'.

C'est-à-dire, que, approximativement, $u = \dfrac{a\,a'}{a'\,A'}V$, si l'on admet que les choses se passent à peu près comme en mer libre. La tranche $a'A'$ est donc seulement arrivée en cc'. Par suite, l'onde se compose de deux parties distinctes : l'une $a'A'c'c$ où il n'y a que de l'eau de la mer, l'autre $cc'b'b$ où il n'y a que de l'eau du fleuve. Le volume correspondant à $c\,b\,b'\,c'$ contient le volume qui était en $a\,c'\,c'\,A'$ et qui a été refoulé par la mer, plus le débit du fleuve au profil bb' pendant le temps que l'onde à mis à s'avancer de a' en b.

Quand la marée est haute à l'embouchure AA', l'eau de la mer s'est avancée jusqu'en DD' et elle va continuer à progresser encore, même après que la marée aura commencé à baisser en AA'. En effet, pendant que la marée baissait de Aa' et que le sommet de l'onde se transportait de A en A", la tranche DD' se trouvait toujours dans une région où le flot régnait ; elle a donc continué à s'avancer et elle est venue en EE', par exemple. Mais cette tranche marche moins vite que l'onde ne se propage ; il arrivera donc un moment où le sommet de l'onde A" atteindra la tranche salée FF'.

Or, nous avons admis que le jusant commençait en chaque point immédiatement après la haute marée en ce point ; à partir du moment de la rencontre de A" et de

FF' la tranche FF' va donc retourner vers la mer, et, par suite, le profil du fleuve en FF' marque la limite de la pénétration de l'eau de mer.

Il est clair que cette limite n'a rien, en pratique, du caractère géométrique que nous lui avons assigné; en réalité il y une zône, variable en étendue et en position, où l'on trouve d'abord de l'eau de mer, puis de l'eau saumâtre, enfin de l'eau douce.

88. Chasse produite par le jusant. — Considérons le profil d'embouchure et voyons quelle sera la puissance de la chasse que va y produire le jusant.

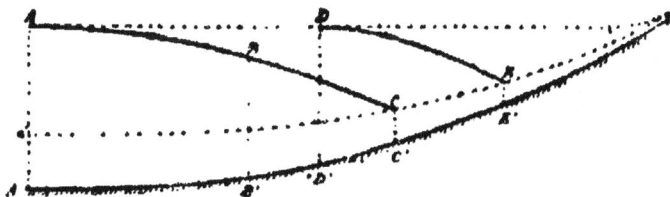

Admettons encore ici, pour simplifier l'exposé, que le jusant commence immédiatement après la haute mer.

Quand la mer est haute à l'embouchure en AA', elle a introduit dans le fleuve toute l'eau qu'elle est capable d'y amener.

L'eau qui était au profil A', au moment de la basse mer à l'embouchure, a été refoulée en BB' au moment de la haute mer à l'embouchure; la mer a donc introduit le volume compris entre les deux profils AA' et BB'; ceci résume ce que nous avons démontré précédemment.

Or, ne considérons que la chasse due au volume AA'B'B qui va sortir par l'embouchure pendant le jusant.

Il est clair que, toutes choses égales d'ailleurs, la chasse sera d'autant plus puissante que ce volume sera plus considérable.

Ce volume sera d'autant plus grand que la distance

A'B' sera elle-même plus grande, toutes choses égales d'ailleurs, nous le répétons et cette réserve doit toujours être sous-entendue.

Or, la distance A'B' est celle qui aurait été parcourue par un point A', animé à chaque instant de la vitesse u du courant de flot, et qui serait parvenu en B'; autrement dit, A'B' est égal à la vitesse moyenne du flot u_m multipliée par la durée du montant à l'embouchure.

Donc A'B' sera d'autant plus grand que cette vitesse moyenne du flot aura été plus grande. Mais la vitesse u du flot doit augmenter en même temps que la vitesse V avec laquelle chaque flux élémentaire de la marée a pu se propager dans le fleuve, et V doit augmenter avec la profondeur du fleuve.

Donc, en résumé, le volume de la chasse dû à l'écoulement de l'eau de mer à l'embouchure dépendra de la profondeur du fleuve dans la partie qui s'étend de A' à C'.

Toutefois, la vitesse du flot ne dépend pas seulement de celle de la propagation des flux ; c'est bien le passage des flux successifs qui engendre le flot, mais, une fois créé, il subit l'influence des résistances dues au lit du fleuve, aux courants qui y règnent, etc., etc. Il faut donc que le lit du fleuve ait non seulement de bonnes profondeurs, mais qu'il offre en outre au courant de flot les moindres résistances possibles.

D'ailleurs, le volume AA'B'B sera évidemment d'autant plus grand que les profils du fleuve, sur la distance A'B', seront plus larges.

Mais la chasse à l'embouchure dépend en outre du volume débité par le fleuve au profil CC', pendant la durée du montant à l'embouchure.

Négligeons cette deuxième partie qui est en effet souvent assez peu importante, relativement du moins.

On est alors autorisé à admettre que la chasse à l'embouchure sera d'autant plus puissante que le fleuve offrira un lit plus régulier, plus large et plus profond, à l'amont de son embouchure.

Toutefois, nous allons voir que la section du fleuve tend naturellement à décroître de l'embouchure vers l'amont.

Ce que nous avons dit en considérant le profil à l'embouchure, nous pourrions le répéter mot pour mot, en prenant comme point de départ un profil quelconque à l'amont, dans la partie maritime du fleuve.

Mais si nous prenons le profil DD', par exemple, la chasse en ce point sera moindre que en AA'; car, d'une façon approximative, on peut dire que la première est, toutes choses égales d'ailleurs, proportionnelle au volume compris entre DD' et EE', tandis que la seconde est proportionnelle au volume AA' CC. Or, celui-ci est évidemment plus grand que celui-là, parce que, à l'embouchure, la marée a plus d'amplitude que dans la partie amont du fleuve, et parce que la longueur de la croupe de l'onde y est plus grande (d'après la forme habituelle des profils momentanés), enfin parce que le lit y est plus vaste (d'après la configuration ordinaire de la partie maritime des fleuves à marée).

Par conséquent le jusant n'entretiendra pas en D' une section aussi grande qu'il peut le faire en A'.

Donc, d'une manière générale, la section du fleuve doit naturellement tendre à décroître de l'embouchure vers l'amont. Ordinairement cette réduction de section porte à la fois sur la largeur et sur la profondeur, d'où résulte la forme en entonnoir qu'offrent un grand nombre d'estuaires à marée.

Dans tout ce qui précède nous avons supposé que le jusant est toujours capable d'écouler l'eau introduite par la marée, et en outre le débit du fleuve.

Cela est vrai, en général, mais ne l'est pas toujours.

Une exception à cette règle se présente notamment sur la Seine, et il en résulte, pour ce fleuve, une particularité que nous allons signaler.

Nous avons vu que le lieu des hautes mers est, approximativement, l'horizontale de la haute mer à l'embouchure ; et comme la mer monte moins en morte eau qu'en vive eau à l'embouchure, le lieu des hautes mers de morte eau doit être toujours et partout au dessous du lieu des hautes mers de vive eau, et il en est bien en effet ainsi.

Pour la même raison, le lieu des basses mers de morte eau, à l'embouchure, sera toujours au dessus des basses mers de vive eau ; et, par suite de la forme ascendante de la courbe qui figure ce lieu, il semble que la basse mer de morte eau devrait être aussi partout dans l'étendue de la partie maritime du fleuve, au dessus de la basse mer de vive eau ; or, ceci n'est pas exact sur la Seine, à l'amont d'Aizier (à 45 kilomètres environ de l'embouchure).

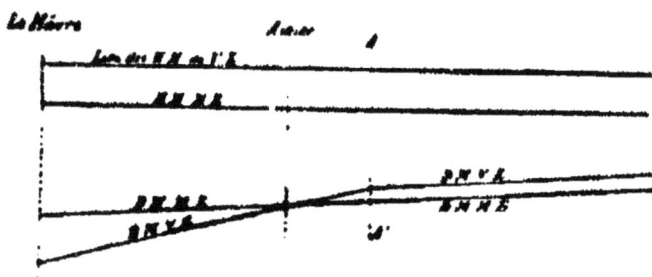

La figure ci-jointe n'a pour but que d'indiquer le sens du phénomène.

On voit que, à l'aval d'Aizier, la règle générale est observée, mais qu'elle est contredite à l'amont. Cela tient à ce que le volume d'eau refoulé au delà de AA' par une grande marée de vive eau est si considérable, et le lit du fleuve présente de telles résistances à l'écoulement du jusant, que l'eau ainsi emmagasinée n'a pas le temps de s'écouler complétement de la haute mer à la basse mer suivante, et qu'elle s'accumule à l'amont.

Tandis que les marées de morte eau ne refoulant qu'un moindre volume d'eau, le jusant peut non seulement remmener à l'aval d'Aizier cette eau refoulée, mais encore écouler le débit du fleuve, et en outre vider peu à peu la réserve accumulée par la vive eau.

Il en résulte que, en vive eau, les chasses à l'aval de AA' n'ont pas toute la puissance qu'elles pourraient avoir si le lit offrait moins de résistances au jusant.

Donc, au seul point de vue des chasses, il importe que le lit du fleuve entrave le moins possible aussi bien le jusant que le flot.

Nous avons dit : au seul point de vue des chasses, car à d'autres points de vue, il pourrait y avoir des objections à modifier l'état de choses actuel sur la Seine.

Nous ne citons ce cas que comme un exemple des questions si complexes et si ardues que soulève le régime d'un fleuve à marée.

Supposons qu'on soit parvenu à rendre le jusant aussi libre que possible en vive eau ; la basse mer de vive eau s'abaissera au dessous de celle de morte eau ; mais tous les quais du port de Rouen sont fondés au niveau de la basse mer actuelle de morte eau ; il faudrait donc refaire ces ouvrages, ce qui serait d'abord une grosse dépense, et en outre, chose plus grave, les navires qui trouvent aujourd'hui dans le port une profondeur suffisante pourraient s'échouer à basse mer de vive eau, si l'on n'augmentait pas artificiellement, c'est-à-dire à prix d'argent, les profondeurs du mouillage.

Le fait que le jusant ne peut pas toujours remmener l'eau amenée par le flot indique que ces deux genres de courants ne diffère pas seulement par le sens de leur direction, mais encore par certains caractères particuliers qui leur sont propres.

On ne sait pas encore expliquer d'une manière suffisamment probable à quoi tiennent ces différences ; cependant certaines particularités de ces courants sont aujourd'hui assez bien connues, quoique les causes en restent encore obscures.

39. Caractères spéciaux des courants de flot et de jusant dans les fleuves. — *Du jusant.* En tout point du fleuve, dès que le jusant commence à s'y manifester, ce courant a le caractère de ceux qu'on observe dans les rivières ordinaires. Ainsi, par exemple, le maximum de vitesse a lieu sur les rives concaves, le minimum sur les rives convexes ; sur une même verticale, la vitesse est plus grande à la surface de l'eau qu'au fond du lit ; enfin la vitesse moyenne, dans une section transversale, paraît augmenter avec la pente superficielle du profil en long des eaux dans les parages de cette section.

Toutefois, dans une rivière, la pente et la hauteur de l'eau varient très lentement avec le temps ; ici elles varient assez rapidement ; l'écoulement de la marée est, en réalité, analogue à l'écoulement d'une crue dans une rivière.

Si l'on considère ce qui se passe à l'embouchure, par exemple, de la haute mer à la basse mer suivante, on peut dire que, pendant ce temps, il sort du fleuve une onde qui va se propager en mer et pourra modifier plus ou moins la forme de l'onde marée devant l'embouchure. En effet, pendant le perdant, qui dure à l'embouchure 6 h. 1/4 environ, le fleuve écoule successivement vers la mer une série de flux dont la vitesse, d'abord nulle ou faible, près du moment de la haute mer, augmente jusqu'à un certain maximum, pour décroître ensuite et redevenir très faible ou nulle près du moment de la basse mer.

Or, c'est bien là un effet analogue à celui que produirait la propagation d'une onde opérant son oscillation complète en 6 h. 1/4.

Les observations sur les marées dans les fleuves sont aussi difficiles que celles des crues dans les rivières, et il reste encore beaucoup de points sur lesquels on n'est pas fixé.

Ainsi le rapport de la vitesse à la surface à la vitesse au fond paraît varier ; ce rapport s'écarterait moins de de l'unité au commencement qu'à la fin du jusant ; l'influence de la pente des eaux ne paraît pas aussi prépondérante ici que dans une rivière, au point de vue de la vitesse moyenne, etc., etc.

Toutefois, et sous certaines réserves, on peut admettre que, d'une manière générale, le jusant a bien le caractère du courant de pente des rivières ordinaires.

Or, c'est le jusant qui entretient les profondeurs; il faut donc que le lit de la partie maritime d'un fleuve à marée soit aménagé et disposé en vue des effets du jusant, comme doit l'être le lit d'une rivière ordinaire en vue des effets de son courant.

Du flot. Le flot offre des caractères différents suivant qu'il commence à s'établir ou qu'il est définitivement établi.

Quand le flot est bien établi il a, très approximativement, le caractère d'un courant ordinaire : il s'appuie aux rives concaves, s'éloigne des rives convexes, la vitesse est plus grande à la surface qu'au fond, la pente des eaux paraît avoir quelque influence sur la vitesse moyenne.

Toutefois, même bien établi, le flot offre certaines particularités : ainsi le maximum de vitesse n'a pas toujours lieu, dans un profil, près de la rive concave, et dans un même profil il peut y avoir plusieurs maxima.

Mais, en nous en tenant, pour le moment, aux traits généraux, on voit que, au point de vue des effets du courant de flot, qui contribue pour sa part au maintien des profondeurs, et détermine surtout le volume des chasses de jusant, il faut que le lit du fleuve soit aussi bien disposé pour le flot que pour le jusant ; or c'est là une grosse difficulté pratique. En effet, si nous considérons ce qui se passe dans une courbe concave, par exemple, le flot n'y produit pas son maximum de profondeur, autrement dit sa mouille, exactement au même endroit que le jusant.

La mouille du jusant tend à se faire à l'aval du sommet de la courbe, celle du flot tend à se faire à l'amont. Le problème de l'aménagement du lit, déjà si compliqué dans une rivière ordinaire, le devient donc encore davantage dans la partie maritime d'un fleuve à marée.

Et de fait on n'a pas encore trouvé de solution générale, si tant est qu'il en existe une, ni dans un cas ni dans l'autre.

Par suite du sens du flot, ce courant tend à remonter vers l'amont les alluvions qu'il met en mouvement.

Dans la partie maritime d'un fleuve à marée ces alluvions sont surtout vaseuses ; le flot remonte donc de la vase.

Supposons que, à l'amont d'un passage relativement étroit, le lit offre un bassin relativement large ; le flot perdra de sa vitesse en s'épanouissant dans cet élargissement, et, par suite, y déposera une partie de la vase qu'il tenait en suspension ; et il en déposera une proportion d'autant plus grande que le ralentissement du flot y sera plus sensible.

Ce dépôt se fera sur toute la surface couverte par les eaux de flot, et notamment sur la partie convexe du lit, là où le courant est faible.

Quand les eaux baisseront, le jusant ne remmènera les vases que là où sa vitesse sera suffisante pour les entraîner, et il ne reprendra notamment que peu ou point de la vase déposée par le flot dans les parties convexes, et, d'une manière générale, dans les régions couvertes par les hautes eaux, que les basses eaux abandonnent ou bien dans lesquels le jusant est très faible.

Le flot tend donc à envaser certaines parties du lit ; par suite à réduire la capacité du fleuve pour les eaux de marée, à affaiblir la puissance des chasses de jusant et, par conséquent, à diminuer les profondeurs du chenal ; la diminution des profondeurs entrave de son côté la propagation de la marée, de sorte que ces effets réagissent les uns sur les autres en s'aggravant de plus en plus.

Cependant ces résultats fâcheux sont combattus, au moins dans une certaine limite, par les crues du fleuve, qui couvrent alors toute la surface du lit et peuvent la balayer avec une vitesse et une force suffisantes pour enlever et entraîner plus ou moins de vase.

Par contre, les crues amènent les alluvions de la partie fluviale ou amont de la rivière dans son bassin maritime, de sorte que leur action n'est pas toujours, en somme, favorable à la conservation du lit.

La Loire en offre un exemple.

On peut dire que les matériaux qui constituent les parois du lit d'une rivière descendent forcément vers sa partie maritime, que la marée tend de son côté à envaser ce bassin, de sorte qu'il y a bien peu de fleuves à marée, s'il en existe, dont la conservation ou l'amélioration n'exige des travaux de curage considérables.

On a été amené quelquefois, soit par la force des choses, soit par suite de certaines conceptions théoriques, à barrer le lit d'une rivière à marée ; le résultat a été invariablement l'envasement de la rivière à l'aval du barrage.

Cela s'explique : Quand le flot arrive au barrage, il perd sa vitesse ; l'eau monte verticalement, sans courant, le long de l'obstacle et dans toute l'étendue d'une région qui s'étend plus ou moins loin à l'aval, elle y dépose donc forcément la vase dont elle était chargée.

8

Mais on conçoit qu'un effet analogue se produira quand le lit, sans être complètement barré, le sera partiellement, ou sera simplement entravé par un haut fond ; il y aura encore ralentissement du flot et par suite tendance à l'envasement à l'aval de cette obstruction.

Ainsi on devra, en général, faire disparaître par des excavations ou des dragages les hauts fonds que les courants sont incapables d'enlever ; rochers, galets, graviers, sables, bancs d'argile, de tourbe, etc., etc.

Du premier flot. — Nous avons vu que le flot bien établi offre déjà quelques particularités ; mais il en présente de plus remarquables quand il commence à se faire sentir. Au début le flot, qu'on appelle alors le premier flot, se manifeste au fond du fleuve, il fuit les courbes concaves et se porte sur les rives convexes. Le jusant descend encore à la surface quand le premier flot remonte déjà au fond.

Ce fait est mis en évidence par les observations les plus familières. Si un navire mouillé dans un fleuve a son canot amarré derrière lui, le navire commencera à évoluer au flot pendant que son canot restera toujours orienté par le jusant ; c'est que la coque profonde du navire est déjà en prise avec le flot, tandis que le canot continue à obéir au jusant de surface.

En ce qui concerne l'influence des courbes, le phénomène devient très net quand la rivière charrie des glaçons ; tant que dure le jusant les glaçons sont rejetés sur les rives convexes, les rives concaves sont libres ; quand arrive le premier flot, les glaçons sont d'abord détachés de la rive convexe, rejetés vers la rive concave, mais bientôt le flot étant définitivement établi, ils sont ramenés vers la rive convexe, et la rive concave redevient libre.

On a voulu expliquer le premier flot de fond en disant que l'eau de mer, étant plus dense que l'eau du fleuve, devait naturellement tendre à occuper le fond ; mais cette explication, qui a peut-être une apparence de raison près de l'embouchure, est inadmissible là où la marée se propage exclusivement dans les eaux du fleuve, et surtout elle ne rend pas compte de ce qu'on observe dans les convexités des courbes. Une autre explication plus plausible est la suivante : le premier flux de la marée montante agit à la façon d'une onde, c'est-à-dire qu'il tend à imprimer aux eaux sur lesquelles il se propage une égale impulsion, une égale vitesse à toute profondeur. Or, à la fin du jusant, la vitesse de surface est plus grande que celle du fond ; donc les premiers flux diminuant ces deux vitesses de quantités égales, il arrivera un moment où il y aura étale de courant au fond et jusant à la surface ; puis flot au fond avec continuation de jusant à la surface et étale de courant à une certaine profondeur ; enfin le flot finira par régner à toute hauteur.

Cette explication est évidemment applicable au phénomène relevé dans les courbes, car la vitesse du jusant étant plus faible à la convexité que dans la concavité, c'est à la convexité que se produira d'abord l'étale de jusant, puis le premier flot,

Il n'est même pas nécessaire que le lit soit en courbe pour qu'un effet de ce genre se réalise ; si le lit est rectiligne, la vitesse du jusant est plus petite aux bords qu'au milieu du fleuve ; donc le premier flot devra se faire sentir sur les bords, et c'est bien en réalité ce que l'on constate.

De cette particularité du premier flot résultent des conséquences intéressantes.

L'explication donnée ci-dessus s'applique partout où le jusant a des vitesses différentes aux divers points d'une section d'écoulement.

Si donc, dans une baie ou dans un estuaire à marée quelconque, la force du jusant se porte d'un côté de l'embouchure, le premier flot entrera de l'autre.

C'est ce qui a lieu dans la rade de Brest, dans la baie d'Arcachon, dans l'embouchure de la Gironde, etc. C'est, en un mot, une loi générale. Il en résulte notamment que l'embouchure de la plupart des rivières à marée offre au moins deux chenaux d'accès, l'un, le plus profond, creusé par la sortie du jusant, l'autre par l'entrée du premier flot.

Au commencement de la marée montante il y a déjà flot dans certains chenaux ou dans certaines parties d'un chenal, pendant que le jusant règne encore dans d'autres chenaux ou dans d'autres parties du même chenal.

Supposons maintenant que cet effet se produise dans un long estuaire à peu près rectiligne comme l'embouchure de la Gironde. Il y aura jusant sur la rive droite, par exemple, flot sur la rive gauche, et entre ces deux courants régnera une tranquillité relative, il y aura des eaux molles, suivant l'expression usuelle.

Dans cette zone à peu près calme se déposeront les alluvions qu'entrainait chaque courant, il se formera donc entre les deux, ou du moins il tendra à se former un banc allongé, ou une succession de bancs alignés, dont les parties les plus hautes émergeront sous forme d'îles.

C'est ce qu'on observe dans l'estuaire inférieur de la Gironde.

Nous avons vu que le premier flot se porte sur les convexités des courbes, il tend donc à creuser un chenal le long de la rive convexe comme le jusant creuse le sien sur la rive concave; par suite il tend à détacher de la plage convexe, qui est plate, un îlot compris entre le chenal du premier flot et celui du jusant, et cet îlot, où règnent des eaux molles, tend à augmenter de hauteur. C'est encore un phénomène général qu'on observe sur tous les fleuves à marée.

Mais le jusant et aussi le flot, après qu'il sera bien établi, laisseront passer une certaine partie de leurs eaux par chacun de ces deux chenaux, et cela naturellement au détriment de leur profondeur.

Donc, quand cela sera nécessaire et pratiquement possible, il faudra chercher à réunir ces deux chenaux en un seul par une rectification convenable du lit.

En résumé, on voit que pour l'amélioration d'un fleuve à marée, on est toujours conduit à combiner une rectification du lit avec des approfondissements du chenal.

Et, de fait, tous les travaux exécutés sont basés sur ces deux principes.

Malheureusement le problème de la rectification du lit d'un fleuve et même d'une simple rivière n'a pas encore reçu de solution d'un caractère un peu général.

On en est arrivé à admettre que chaque rivière a pour ainsi dire son individualité propre et doit être traitée d'une façon spéciale appropriée à sa manière d'être, en tout cas on n'oserait pas affirmer, *à priori*, que ce qui a réussi pour une rivière réussirait également pour une autre.

Aussi convient-il de ne modifier le lit d'un fleuve, surtout d'un fleuve à marée, qu'avec une extrême prudence, et, autant que possible, par des travaux ou des ouvrages susceptibles d'être modifiés eux-mêmes, sans trop de frais, si l'expérience démontre l'utilité de certains changements.

Le tracé des courbes est encore discuté ; on est cependant à peu près d'accord aujourd'hui, d'après les études de M. Fargue, Inspecteur général des ponts et chaussées, sur un point, à savoir que les raccordements entre les diverses parties du tracé doivent se faire d'une manière continue et presque insensible. On doit éviter d'ailleurs autant que possible, les longs alignements droits ou presque droits.

Toutefois, dans les estuaires à marée, les sinuosités ont le plus souvent des rayons de courbure si grands, sous-tendent des arcs si petits et offrent de si grandes largeurs, que les lois admises pour les sinuosités si accentuées et relativement si étroites des rivières ordinaires semblent leur être difficilement applicables.

L'écartement des rives et les lois de la variation qu'il convient d'adopter pour cet écartement aux différents points du tracé restent encore très indéterminés.

Toutefois, dans les fleuves à marée, il convient que la largeur moyenne du lit augmente de l'amont à l'aval, vers l'embouchure ; nous en avons expliqué la raison.

Où et quand doit-on faire les digues submersibles ou insubmersibles ?

Les avis sont très partagés. Les digues insubmersibles dirigent aussi bien que possible les courants, mais elles restreignent en général la capacité du fleuve au point de vue de la quantité d'eau de marée qu'il peut recevoir.

Les digues submersibles ont l'avantage de conserver au lit du fleuve à peu près toute sa puissance d'emmagasinement pour les eaux de mer haute, et de former un lit mineur où se concentre régulièrement le courant de jusant au fur et à mesure que la marée baisse.

Mais elles déterminent dans le chenal des ralentissements de vitesse et des courants transversaux qui y entrainent la formation de bancs et de hauts fonds.

On ne peut donc dire, à priori, quand il faut faire des digues submersibles ou insubmersibles ; c'est essentiellement une question d'espèce pour chaque fleuve, et même pour chaque partie d'un même fleuve.

Par contre, il y a unanimité sur la nécessité des dragages, sur leur efficacité dans tous les cas, sur la facilité qu'ils donnent de suivre les résultats obtenus, de les modifier au besoin, de les proportionner aux intérêts à desservir, etc., etc. Ajoutons qu'aujourd'hui les dragages ne coûtent pas très cher et que leur prix semble devoir continuer à diminuer encore, grâce aux progrès incessants de la mécanique et de l'industrie. On peut dire que les travaux d'amélioration des rivières à marée ont donné des résultats d'autant plus satisfaisants que la rectification du lit a été accompagnée de dragages entrepris sur une plus grande échelle.

Exemples : La Tyne[1] et la Clyde[2] en Angleterre.

40. Action du flot et du jusant sur le lit. — Nous avons vu que le premier flot remonte au fond du lit pendant que le jusant descend encore à la surface.

Il agit donc à la façon d'un soc de charrue qui labourerait le fond, sous la pression de l'eau qui le charge.

Le premier flot se fait naturellement sentir d'abord dans les parties les plus profondes des chenaux, qui sont aussi les lieux de passage recherchés par les navires, et qu'on appelle les passes.

C'est pourquoi l'on dit que le premier flot laboure les passes et tend à les affouiller. Les alluvions du fond, soulevées et mises en suspension par le premier flot, entraînées par les mouvements tourbillonnaires de l'eau, remontent dans le courant de jusant qui les entraîne vers la mer ; le premier flot facilite donc l'action du jusant pour déblayer et approfondir les passes.

Le jusant ne descend pas partout jusqu'à la mer en une seule marée toutes les alluvions qu'il entraîne, il leur fait simplement parcourir un certain chemin sur le fond du lit, de l'amont vers l'aval.

1. Brooks. On the river Tyne. Ingénieurs civils de Londres. Tome XXVI.
2. Deas. The Clyde. Ingénieurs civils de Londres. Tome XXXVI. Quinette de Rochemont. *Amélioration de la Clyde. Annales des Ponts et Chaussées.* 1869, 1er semestre.

Quand survient le flot, celui-ci les fait remonter un peu de l'aval vers l'amont.

Les matériaux du lit sont donc soumis à une succession indéfinie de mouvements alternatifs dans lesquels ils frottent les uns contre les autres en se broyant de plus en plus.

Le résidu ultime de cette trituration, mélangé aux matières les plus ténues qu'apporte la rivière, constitue ce qu'on appelle la vase.

Cette vase se maintient très longtemps en suspension, et donne aux eaux de la partie maritime des fleuves leur teinte caractéristique.

Mais on conçoit que cette trituration ait une limite de puissance ; elle peut bien réduire en vase, et, par conséquent, rendre facilement transportable vers la mer, par les moindres courants, une certaine quantité de matériaux ; mais si l'apport d'amont est considérable, si les matériaux sont durs, il en restera une partie non broyée et le lit s'encombrera ; c'est ce qui arrive pour la Loire.

Il semble bien que dans des cas analogues des dragages énergiques seraient très utiles.

41. Du Mascaret. — De tous les phénomènes spéciaux qu'engendre le premier flot, le plus saisissant est celui qui se produit sur quelques fleuves et qu'on appelle le Mascaret (Dordogne), le Mascarin (Vilaine), la Barre (Seine), Bore (sur le Gange et en Angleterre), Pororoca (Amazones), etc., etc.

En France il est surtout connu sur la Seine, où chaque année, aux équinoxes, un grand nombre de curieux vont contempler le spectacle de la Barre.

Elle se présente sous la forme d'une vague très haute qui remonte le fleuve à la vitesse d'un cheval lancé au galop, et qui déferle violemment, avec un grand bruit, sur les hauts-fonds du lit.

Ces déferlements ont été la cause de la perte de bien des navires que la barre a rencontrés échoués sur les bancs, où elles les culbutait et les ensevelissait.

La barre est toujours une gêne pour la navigation quand elle n'est pas un danger ; elle attaque énergiquement les berges du fleuve, aussi se préoccupe-t-on sans cesse de la faire disparaître.

Lorsqu'on étudie le phénomène sur la Seine, voici ce qu'on observe.

Avant l'arrivée de la barre, le jusant est dans toute sa force ; sa vitesse atteint et dépasse 2^m par seconde.

A son arrivée le niveau de l'eau se relève brusquement, en quelques secondes, de 2^m et plus de hauteur.

Immédiatement après le passage de la barre, le flot est établi dans le fleuve, sa vitesse atteint et dépasse 2^m par seconde.

A partir de ce moment l'ascension de la marée continue à se faire avec calme et régularité, la vitesse du flot diminue rapidement. Toutefois, en arrière de la tête de la barre, on remarque quelques ondulations à formes arrondies, appelées *étenles* sur la Seine. Bien que la renverse de courant soit presque instantanée, on a observé qu'elle a lieu cependant un peu plus tôt au fond qu'à la surface.

Quelles sont les causes du mascaret ?

A cette question on a présenté bien des réponses, mais aucune d'elles n'est encore considérée comme entièrement satisfaisante.

C'est que le mascaret est un phénomène des plus capricieux.

On l'a vu disparaître sur la Seine à certaines époques, puis y reparaître sans qu'on ait pu clairement expliquer pourquoi. Sur ce fleuve il a lieu en vive eau et en temps d'étiage.

Sur l'Hoogli (une des branches du Gange) il a lieu

aussi en vive eau, mais quand le fleuve est en crue. Il atteint jusqu'à 4ᵐ de hauteur.

Sur la rivière des Amazones, le mascaret se manifeste à l'embouchure de la branche principale, mais il n'y en a pas sur la branche Sud, dite rivière de Para ; cependant le mascaret existe sur un affluent de cette branche Sud, le Guama, à 210 kilomètres de la mer.

Dans la branche principale il ne se produit que sur la rive Ouest, on ne le voit pas sur la rive Est.

Il se manifeste entre le cap Nord et Macapa par 3 ou 4 lames successives, de 4ᵐ à 5ᵐ de hauteur, qui s'avancent avec une grande rapidité, déracinant les arbres des rives et culbutant les embarcations.

Cependant, quand on analyse les diverses circonstances où se produit le mascaret, on est porté à penser, et c'est une opinion généralement admise, qu'il est causé par la difficulté qu'éprouve le premier flot à remonter certaines parties du fleuve.

Mais qu'est-ce qui cause cette difficulté elle-même ; c'est là que les avis divergent. Pour les uns c'est le défaut de profondeur du lit, ou son encombrement par des hauts-fonds ; pour les autres c'est le mauvais tracé ou la mauvaise disposition des rives ; ici on l'attribue à la violence du jusant au moment de l'arrivée du flot ; là à la rapidité avec laquelle la marée monte.

Toutes ces causes ont probablement une action, et dans cet ordre d'idées l'explication du mascaret qui paraît la plus satisfaisante est celle qu'à donnée M. Bazin ; elle est fondée sur la théorie des flux ; voici en quoi elle consiste.

Le phénomène de la marée montante est assimilé à l'arrivée de flux successifs venant de la partie aval (côté de la mer) du lieu d'observation.

On admet que la vitesse de propagation du premier

flux est donnée approximativement par la formule
$$V = \sqrt{g(H+h)} - u.$$

Elle sera donc d'autant plus faible que H, la profondeur du chenal à marée basse, sera plus petite, et que u, la vitesse du jusant, en sens contraire de la propagation, sera plus grande ; h est la hauteur du flux.

Le premier flux tend à imprimer aux eaux une vitesse de flot représentée par la formule $v = \dfrac{h}{H} V$, et le jusant tend à n'avoir plus qu'une vitesse $u' = u - v$.

Mais cette vitesse v ne se développera pas librement, à cause des résistances de toutes sortes que le lit offre au mouvement de l'eau. Donc, en réalité, la vitesse du jusant sera moins diminuée que ne l'indiquent ces calculs.

Cependant un second flux se propagera plus librement, l'eau étant devenue plus profonde après le passage du premier, et le jusant ayant diminué de vitesse. Donc il pourra arriver que la tête du second flux finisse par atteindre celle du premier, et alors les deux flux réunis continueront à se propager ensemble sur une hauteur double. On conçoit qu'une série de flux successifs puissent ainsi se rejoindre et former une intumescence considérable en tête du premier flot.

On conçoit aussi que cet effet sera favorisé par la rapidité avec laquelle les flux partiels, supposés de même hauteur, se succéderont dans un temps donné, c'est-à-dire par la rapidité de la montée de la marée à l'origine d'où l'on imagine que les flux arrivent.

Prenons comme exemple la Seine :

Sur la figure schématique ci-jointe, on a figuré le lieu des basses mers de vive eau par les lignes AB, BC.

L'horizontale correspondant au niveau moyen de la mer au Hâvre est H H′ H″.

On voit que cette horizontale coupe le lieu des basses mers en H' un peu à l'amont d'Aizier.

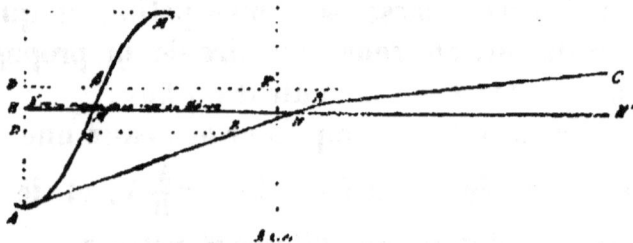

La courbe AMM' figure la courbe des marées de vive eau au Hàvre ; il résulte de la forme de cette courbe que la vitesse d'ascension de la marée est maxima vers le moment de la mer moyenne, et à peu près constante un certain temps avant et un certain temps après ce moment, de α en 6 par exemple. Admettons que les profils momentanés dans le fleuve soient simplement des horizontales, DE, quand la mer est en α, D' E', quand elle est en 6.

On voit que, à partir du point E, quand la mer commence à monter dans le fleuve, elle y montera avec sa vitesse maxima d'ascension, et, par suite, les flux que nous imaginons venir de la mer se succéderont dans les parages de E et à l'amont de E avec leur maximum de rapidité au moins pendant un certain temps. Par conséquent, si cette rapidité contribue pour quelque chose à la production du mascaret, comme le veut la théorie de M. Bazin (toutes choses égales d'ailleurs), le mascaret doit commencer à se faire sentir à l'aval d'Aizier ; c'est en effet vers Quillebœuf qu'il commence à prendre tout son développement.

Cette théorie permet de comprendre encore la brusque renverse du jusant.

Supposons que le mascaret se propage avec une vitesse de 6^m sur une hauteur de 2^m; il imprimerait à des eaux en repos, sur une profondeur de 3^m, une vitesse égale à $\frac{6 \times 2}{3} = 4^m$; il pourra donc renverser un jusant d'une vitesse de 2^m et produire instantanément un flot de deux mètres de vitesse.

Nous avons dit que le mascaret déferlait sur les hauts-fonds.

Ce phénomène s'explique par ceux qu'on observe dans toutes les expériences sur les ondes.

Une onde se raccourcit, se gonfle et se déforme quand elle se propage sur des eaux de moins en moins profondes; mais son gonflement a une limite par le fait même de sa déformation.

. Cette déformation consiste en la création, au sommet de l'onde, d'une crête de plus en plus aiguë qui s'incline vers l'avant (sens de la marche de l'onde), s'arrondit en volute, et projette violemment une partie de ses eaux. C'est ce qu'on appelle le *déferlement*.

Il n'y a pas encore, que nous sachions, d'explication bien complète du déferlement, mais on a observé qu'il se produit invariablement quand la saillie de l'onde est à peu près égale à la profondeur de l'eau (supposée en repos) où elle se propage.

Mais, dans le mascaret, il est probable que le plus ou moins de raideur des pentes des hauts-fonds, le plus ou moins de violence des courants, contribuent pour leur part au déferlement.

Nous avons signalé l'existence d'ondulations calmes et de formes arrondies qui suivent, sur la Seine, la tête du mascaret, et qu'on appelle les éteules. Les éteules paraissent dues au choc du jusant contre le flot.

Supposons que la vitesse du jusant soit de 2 m. immédiatement à l'avant du mascaret, et que la vitesse du flot soit aussi de 2 m. immédiatement à l'arrière.

Ramenons le flot au repos en imprimant à tout l'ensemble une vitesse de 2 m. vers l'aval ; les choses se passeront comme si l'eau sans mouvement, en arrière du mascaret, recevait sur toute la largeur de son front le choc d'un courant de 4 m. de vitesse, et l'on conçoit que ce choc devra déterminer des ondulations dans l'eau en repos.

Le déferlement, de son côté, produit aussi quelquefois de petites ondulations en avant du mascaret.

Peut-on faire disparaître le mascaret ?

Cette question a été attentivement étudiée pour la Seine, mais n'a pas encore été résolue. Cependant on est assez disposé à admettre, en théorie, qu'on atténuerait le mascaret si l'on diminuait la violence du jusant et si l'on augmentait la vitesse de propagation du premier flot.

On admet également que ce double résultat serait atteint, au moins dans une certaine limite, si l'on augmentait la profondeur du lit à basse mer.

Mais, en pratique, on estime que ce serait se lancer dans des dépenses hors de proportion avec les inconvénients auxquels on veut remédier, et cela sans avoir même la certitude de réussir.

En exposant la théorie du mascaret dans la Seine, nous avons admis l'hypothèse de l'arrivée d'une onde simple ; la réalité est plus compliquée que cela : on pense aujourd'hui qu'il arrive successivement à un court intervalle de temps deux ondes différentes dans la baie de Seine, d'où résulte, dans cette baie, le phénomène dit des deux eaux, qu'on observe du reste aussi ailleurs (notamment à Rochefort).

Voici comment on l'explique :

L'onde atlantique qui pénètre dans la Manche entre le

cap de la Hague, en France, et Portland, en Angleterre,
subit une sorte d'épanouissement après ce passage rela-

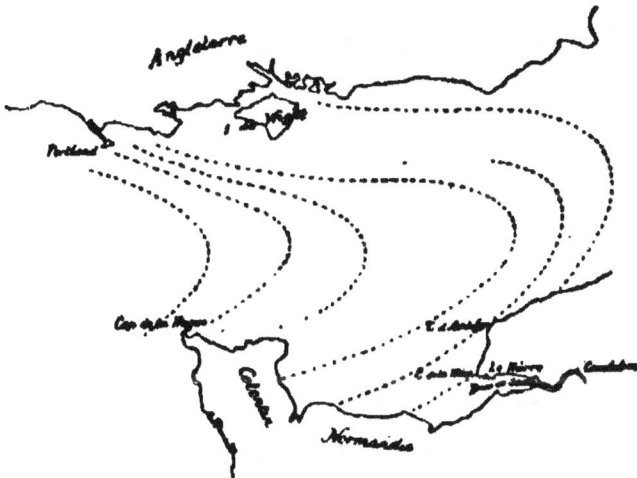

tivement étroit ; sa crête prend une forme courbe et se
propage d'une part directement par les grandes profondeurs de la mer, et bientôt elle atteint le cap d'Antifer au
Nord du Hâvre, puis le cap de la Hève à l'entrée de la
baie de Seine, enfin elle pénètre dans la Seine et y produit la haute mer.

D'autre part, la crête de cette onde chemine, mais plus
lentement, le long de la presqu'île du Cotentin et de la
Normandie, où elle s'appuie, et elle n'arrive dans la baie
de Seine par le sud qu'après que la première haute mer
venue du nord a déjà eu lieu et a même déjà commencé
à baisser.

Il se produit donc une seconde haute mer dans la baie
quelque temps après la première, de sorte que le niveau
de l'eau reste à peu près à la même hauteur pendant l'intervalle qui sépare l'arrivée des deux sommets des deux
parties de la même onde, qui ont suivi avec des vitesses
inégales des routes différentes pour arriver dans la baie.
On voit qu'on explique ainsi d'une manière très plausible
la forme spéciale de la courbe des marées à l'embouchure

de la Seine, sans recourir à l'hypothèse d'une onde d'un tiers de jour lunaire que nous avons mentionnée à une autre occasion (page 34).

Les deux ondes, à leur entrée dans la baie de Seine, n'ont pas la même hauteur ; la première, plus haute que la seconde, semble aussi se propager plus vite, et la courbe de longue étale de haute mer du Hâvre se modifie en remontant dans la baie, où elle montre nettement un minimum intermédiaire entre deux maxima voisins. Ces deux ondes remontent dans le fleuve en se suivant, et l'on en constate le passage successif à Quillebœuf ; la première produit le mascaret et le courant de flot qui le suit, la seconde n'arrive qu'après l'étale de ce premier courant de flot, et en produit un second de faible vitesse et de courte durée.

En résumé, les variations des courbes locales des marées peuvent souvent s'expliquer par la superposition d'ondes arrivant successivement et dans des directions diverses vers les mêmes parages, et aussi par l'influence des courants sur la propagation de ces ondes, que ces courants soient dûs au passage de ces ondes elles-mêmes ou à toutes autres causes.

§ 5.

DES VENTS ET DES LAMES

Les marées, les courants qu'elles engendrent, ainsi du reste que tous les grands courants généraux, sont des phénomènes aussi réguliers que les causes astronomiques ou physiques qui les produisent.

Mais les mouvements des eaux de la mer sont soumis, en outre, à des causes de perturbation irrégulières et accidentelles dont les plus importantes, au point de vue des travaux maritimes, sont dues à l'action du vent.

42. Des vents. — L'étude des vents a eu de tout temps un grand intérêt pour le marin et aussi pour l'ingénieur de travaux maritimes.

La direction et la force du vent, rapprochées des variations de la pression atmosphérique et de la température à un moment donné, permettent assez souvent de prévoir le temps et la mer qu'on aura plusieurs heures plus tard.

Et cette prévision est importante, car il peut y avoir des précautions à prendre dans certains cas, soit sur les chantiers, soit dans le port, si la mer doit devenir mauvaise.

Les vents en France, ainsi que dans toute l'Europe, sont irréguliers. Ce n'est que dans les régions tropicales que les vents soufflent régulièrement, suivant les saisons, dans des directions déterminées pendant de longues périodes de temps.

Mais l'irrégularité des vents, dans nos régions, n'est pas telle qu'on ne puisse constater certaines lois à l'aide d'observations suivies pendant un grand nombre d'années.

C'est pourquoi les instruments enregistreurs automatiques rendent de très utiles services, car seuls ils fournissent d'une manière continue des indications précises (Pl. VII, fig. 1 à 4).

Parmi les faits que l'expérience a permis de reconnaître, nous citerons les suivants :

Dans une contrée, certains vents soufflent plus souvent que les autres, on les appelle les *vents régnants*.

Les vents les plus forts y viennent aussi généralement

d'une direction sensiblement constante ; on les appelle les *vents dominants* ; ils ont le plus souvent la même direction que les vents régnants.

Le régime des vents varie avec les saisons.

Les vents régnants d'été peuvent n'être pas ceux d'hiver.

Les vents faibles d'été changent souvent du jour à la nuit sur les bords de la mer. La brise du jour et du soir porte à terre, la brise de nuit et du matin porte au large.

On explique ce fait ainsi : Dans le jour, en été, le sol est plus chaud que la mer, d'où appel de la mer vers la terre ; dans la nuit, l'effet est en sens contraire. Les bateaux pêcheurs, à voiles, en profitent pour sortir le matin du port et y rentrer le soir.

Les vents se succèdent souvent dans un ordre régulier.

Les variations de la direction du vent embrassent quelquefois une circonférence presque entière. Ce phénomène est dû aux mouvements giratoires qui se propagent dans l'atmosphère, comme nous l'expliquerons tout à l'heure.

Depuis quelques années, l'étude de ces mouvement giratoires a fait de notables progrès. Dans notre hémisphère, on a constaté que la giration est en sens inverse du mouvement des aiguilles d'une montre, et que ces mouvements giratoires se propagent des côtes de l'Amérique vers l'Europe.

Aussi, aujourd'hui, nous recevons des États-Unis d'utiles indications au sujet des troubles probables de l'atmosphère à prévoir dans nos régions.

Au bord de la mer, les vents les plus violents soufflent généralement du large.

Cependant cette règle n'est pas absolue, ainsi le mistral, vent du nord au nord-ouest, dont la violence est extrême à Marseille, est un vent de terre ; il en est de même de la Bora, à Trieste, etc.

Mais c'est toujours le vent le plus violent soufflant du large et balayant la plus vaste étendue de mer qui produit les effets les plus dangereux pour les ouvrages maritimes. C'est celui dont les ingénieurs de ports de mer ont surtout à se préoccuper.

Il arrive, sur certaines côtes, que le vent ne souffle pas de la même direction, au même moment, en mer et à terre. Aussi les observations du vent faites à terre ne sont pas toujours suffisantes pour renseigner sur le vent qui règne au large ; il convient donc d'établir les girouettes et les anémomètres sur les points les plus avancés où il est pratiquement possible de les installer, et il faut en outre consulter les marins sur les vents qu'ils ont observés au large.

Cette divergence des vents en des stations rapprochées l'une de l'autre se comprend à la rigueur quand ils sont faibles, mais elle a lieu également quand les vents sont forts, bien établis, et semblent devoir régner dans la même direction sur de vastes espaces.

Ainsi, dans les parages de Cette, quand un vent fort du sud-est souffle au large, il arrive que, près de la côte, il règne au même instant un vent de nord-est, mais assez faible.

Cette circonstance est particulièrement défavorable pour les navires à voiles qui veulent venir chercher un abri dans le port.

43. Quelques caractères généraux des vents sur nos côtes. — *Des vents moyens* [1]. — « La circulation de l'atmosphère est dominée par une loi évidente. Les couches d'air situées dans les régions équatoriales s'échauffent, se chargent d'humidité au dessus des océans, et s'élèvent

---

1. Les passages entre guillemets sont extraits d'une conférence de M. Mascart, membre de l'Institut, à la séance du 23 mai 1885 de la Société de secours des amis des sciences (Paris, Gauthier-Villars).

pour se déverser de part et d'autre vers les pôles ; elles reviennent ensuite vers l'équateur après qu'elles se sont refroidies et qu'elles ont perdu la plus grande partie de leur humidité. A cause de la distribution irrégulière des continents, de la rotation de la terre et du changement des saisons, cette double circulation ne se fait pas dans un lit invariable.

Nous examinerons en particulier ce qui se passe sur l'Europe et sur l'Atlantique nord.

Il suffit de jeter un coup d'œil sur les cartes admirables de M. Brault, capitaine de frégate, relatives au régime moyen du vent dans l'Atlantique Nord, pour constater que l'atmosphère est le siège d'une circulation analogue à celle du Gulf-Stream autour d'un centre situé dans la région des Açores. La figure ci-après en est un résumé tout à fait démonstratif.

L'observation n'est possible que sur les couches inférieures, mais un examen plus attentif permet d'en conclure le mouvement des couches supérieures. On remarque en effet que la vitesse moyenne en un point n'est pas perpendiculaire au rayon qui le joint au centre de rotation, mais oblique à cette direction, dont elle s'écarte d'une manière sensible. Il y a donc, au dessus de la région des Açores, une masse d'air qui descend des couches supérieures, pour se répandre ensuite en divergeant dans toutes les directions. L'existence de cette espèce de cheminée à régime renversé est confirmée par cette circonstance que la pression atmosphérique, ou la hauteur du baromètre, est toujours plus élevée dans le voisinage des Açores, et qu'à partir de là l'air s'écoule naturellement à la surface de la mer, des points où la pression est plus grande vers les points où elle est plus faible.

Dans l'écoulement de l'air à partir des Açores, le vent qui émane de ce point diverge en tournant constamment vers sa droite. C'est une conséquence de la rotation de la terre.

Les côtes ouest de l'Europe, et de la France en particulier, se trouvent dans la partie de cette circulation où
la direction moyenne du vent est dirigée de l'Ouest ou du
Sud-Ouest vers l'Est.

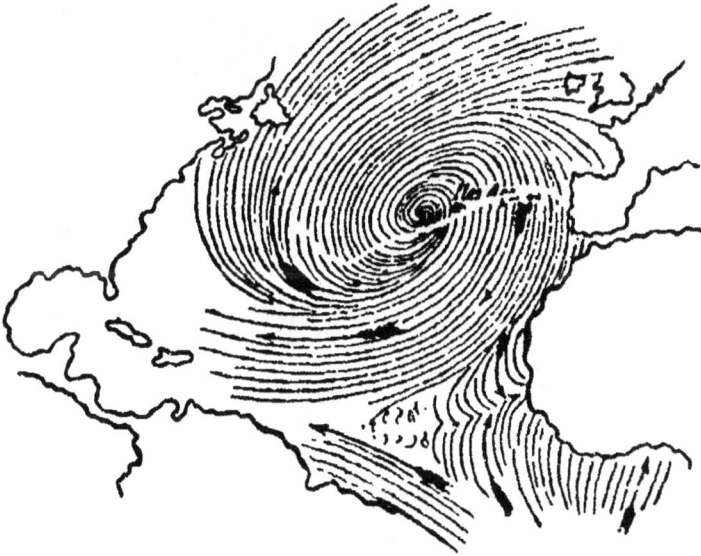

Ce fleuve aérien du Sud-Ouest entraîne des masses
d'air chaudes et humides qui se refroidissent peu à peu
et nous apportent les nuages et les pluies, avec une température relativement élevée. Il est clair cependant que
son lit n'est pas invariable. Le centre des hautes pressions, que nous avons fixé provisoirement aux Açores,
se déplace dans le cours de l'année ; il descend du côté de
l'Équateur pendant l'hiver, remonte vers le nord pendant
l'été, et peut éprouver en outre des variations accidentelles, de sorte que le régime général sous lequel nous vi-
vons a lui-même une oscillation régulière et des changements passagers qui modifient le caractère des saisons ».

Des vents de tempête. — Les tempêtes sur nos côtes de
l'Atlantique sont dues au passage de cyclones dans nos
parages. Ces grands mouvements tourbillonnaires mar-

chent, en général, de l'ouest à l'est, avec une tendance à
remonter vers le nord. L'air y tourne en sens contraire

des aiguilles d'une montre ; sa vitesse de rotation augmente de la circonférence au centre. La pression atmosphérique y diminue de la circonférence au centre.

Ces vastes tourbillons peuvent couvrir quelquefois la
plus grande partie de l'Europe ; comme, par exemple, celui
du 15 novembre 1878.

Leurs lignes d'égale pression, ou isobares, offrent dans
certains cas une forme presque exactement circulaire,
notamment dans celui que nous venons de citer.

Soit ABC la trajectoire du cyclone circulaire B ; quand
ce cyclone aborde le point F, sur nos côtes, il produit en
ce point un vent de sud faible et chaud [1].

---

1. Nous supposons la direction du vent perpendiculaire au rayon, en réalité elle est légèrement centripète. Mais cela est sans importante, du moins
pour l'objet que nous avons en vue ici.

A mesure que le cyclone avance, la pression baisse, le temps se met à la pluie ; quand le point E' est arrivé en F, le vent est devenu S.S.O. au point F et a augmenté de vitesse.

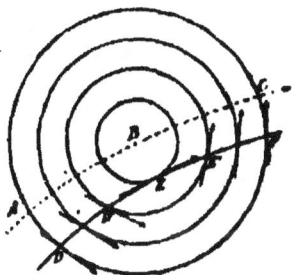

Quand le point E arrive en F, la pression barométrique est à son minimum, la vitesse de l'air est à son maximum, la direction du vent est S.O. C'est le moment de la plus grande violence de la tempête.

A partir de là le vent mollit de plus en plus en passant successivement à l'ouest, puis au N.O ; la pression monte ; le temps se remet au beau.

C'est à peu près ainsi que les choses se passent sur nos côtes de l'Océan ; la durée d'une tempête, c'est-à-dire l'intervalle de temps qui s'écoule entre le passage du point F et celui du point D, est assez souvent de trois jours environ.

44. Direction du vent. — La direction du vent est rapportée aux quatre points cardinaux.

Les Grecs et les Romains avaient adopté pour les vents des noms qui indiquaient les pays ou les régions d'où ils soufflaient. On en retrouve encore la trace dans les désignations usuelles sur nos côtes de la Méditerranée (Libeccio, Libyque, etc., etc.)

En météorologie, on se contente d'un nombre assez restreint d'orientations, et on se borne à diviser la circonférence en seize parties égales par des angles de 22° 1/2 ou la moitié de 45°.

En marine, où la direction du vent a une grande importance pour la navigation à voile, on prend des divisions plus petites, de 11° 1/4 ou un quart de 45° [1].

1. Pour désigner les quarts, on a adopté certaines conventions qui peu-se traduire ainsi : on cherche à écrire le moins de lettres possible.

C'est ce qu'on appelle des quarts.

Mais dès qu'il s'agit d'indiquer la direction du vent avec une certaine précision, on donne en degrés l'angle qu'il fait avec une des orientations cardinales. Ainsi l'on dit : N.35°E pour désigner la direction qui fait avec le nord un angle de 35° vers l'est.

On donne aussi aux quarts le nom de *Rhumbs* et à la direction du vent le nom d'*aire du vent*.

Le plus souvent, dans les ports, on se borne à observer les huit directions ou aires de vents principales, correspondant à la division de la circonférence en angles de 45°. Ces observations sont résumées sur un diagramme figurant les huit orientations.

Par exemple le quart entre le N. et le N.N.E. s'écrit N.q.N.E., c'est-à-dire la direction comprise entre le N. et le N.E. et faisant avec le N. un angle

ég l au quart de l'angle de 45° compris entre le N. et le N.E. ; on pourrait évidemment l'écrire aussi N.N.E.q.N., mais ce serait plus compliqué.

En marine on considère même les demi-quarts, soit des angles de 5° 5/8.

Pour désigner les demi-quarts on a adopté des conventions analogues aux précédentes.

Le demi-quart compris entre le N. et N.q.N.E. s'écrit N. 1/2 E.

Le demi-quart entre N.N.E. et N.q.N.E. s'écrit N.N.E. 1/2 N.

On porte à partir du centre, et sur chaque direction, une longueur proportionnelle au nombre de fois que le vent a soufflé dans cette direction pendant l'année, en distinguant quelquefois par un trait plus fort la longueur relative au nombre des jours de tempête.

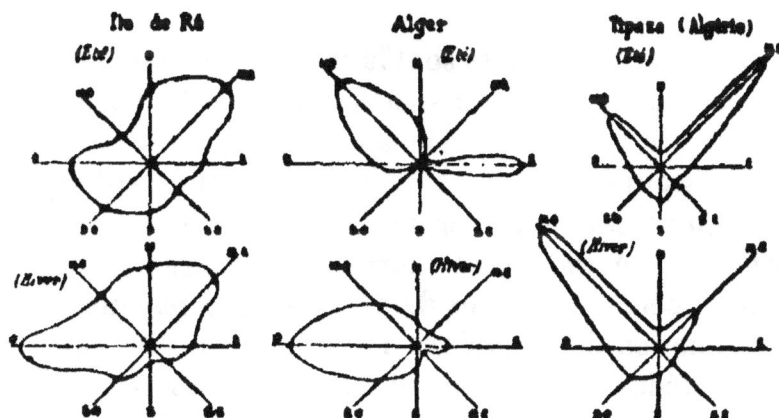

Il est intéressant d'avoir un diagramme distinct pour chaque saison caractérisée par un régime spécial des vents ; ordinairement on se contente d'en faire un pour l'été et un autre pour l'hiver [1].

On peut encore dépouiller les observations sur un tableau où chaque vent occupe une bande horizontale et chaque jour une colonne verticale divisée elle-même en colonnes plus étroites correspondant aux heures d'observations. La force du vent est indiquée par la hauteur ou le nombre de traits verticaux correspondant aux heures d'observations.

Ces tableaux permettent de consigner la plupart des phénomènes météorologiques concomitants à un moment donné, dans un coup de vent par exemple, et toutes ces indications sont très utiles à rapprocher les unes des autres:

1. On entend ici par Été de fin mars à fin septembre.

45. Force du vent. — Les vents forts exercent des pressions considérables sur les surfaces qu'ils frappent ; on doit tenir compte de ce fait dans la construction de certains ouvrages près de la mer, notamment pour la stabilité des phares. Les grands phares en maçonnerie oscillent dans les tempêtes, on peut y avoir le mal de mer.

Le vent de tempête souffle le plus souvent par rafales et par à-coups successifs, instantanés et d'une grande violence ; ce sont les pressions maxima qu'il serait surtout intéressant de connaitre. Malheureusement, on n'est jamais sûr qu'un maximum observé dans un cas donné ne sera pas dépassé dans une autre circonstance ; il vaut donc mieux pécher par excès de prudence que par défaut dans l'estimation des pressions à admettre dans les calculs.

On déduit ordinairement la pression du vent de la vitesse moyenne observée pendant dix minutes à l'anémomètre de Robinson ; mais les pressions maxima correspondent à des rafales qui peuvent ne durer que quelques secondes (Pl. VII, fig. 1 à 4).

Il n'existe pas, à notre connaissance, d'instrument d'une construction robuste, pouvant pratiquement donner, dans les observatoires des ports, des indications un peu précises sur les maxima de pression [1].

Il n'est pas rare d'observer, pendant les tempêtes, des pressions de 100 k. à 150 k. par mètre carré de surface frappée normalement par le vent. Une pression de 200 k. à 250 k. n'a rien d'exceptionnel. A la suite de l'accident du viaduc de la Tay, le gouvernement anglais a institué une commission qui a été d'avis d'admettre dans le calcul des ouvrages d'art une pression de 275 k. Morandière, dans son ouvrage sur les ponts, dit (page 760) que l'on

---

1. Voir dans les *Comptes-rendus de l'Académie des sciences* (1888, page 1553), une note de M. Fines : *Mesure des coups de vent. Manomètre à maxima.*

aurait constaté, à l'observatoire de Bidston (Irlande), 409 k. le jour de l'accident de la Tay, 484 k. le 20 février 1877, et 678 k. le 30 janvier 1877.

46. Influence des vents sur les eaux de la mer. — Quand l'air est calme, la surface de la mer est lisse et polie comme celle d'un liquide visqueux (mer d'huile) ou d'un bain métallique en fusion ; s'il s'élève une légère brise, la surface se couvre de petites ondulations dont la forme ne peut être mieux comparée qu'à celle d'écailles de poisson.

Si le vent augmente de force, s'il fraîchit, en terme maritime, ces ondulations augmentent de longueur et de hauteur.

Ces ondulations, à peine formées, offrent prise au vent sur une de leurs faces, qui forme voile pour ainsi dire. Le vent tend donc à pousser les eaux aux rivages vers lesquels ils souffle (qu'on appelle rivages *sous le vent*) et, par conséquent, à y relever le niveau de la mer.

On constate ce relèvement sur toutes nos côtes, aussi bien de l'Atlantique que de la Méditerranée ; il peut atteindre jusqu'à 1 m. 50 dans certaines localités, par de très grands vents.

L'exhaussement du niveau des eaux au rivage sous le vent entraîne l'abaissement du même niveau sur le rivage *au vent* (d'où souffle le vent).

Dans une mer étroite, il peut y avoir en même temps exhaussement sur un rivage et abaissement sur l'autre. Ce fait résulte d'observations pour ainsi dire familières dans la Manche, dans la mer du Nord, dans la Baltique, et surtout dans la mer d'Azof, où l'on a constaté des dénivellations de plus de 3 m.

Sur les lacs, sur les étangs, sur les grands réservoirs d'eau, on observe le même phénomène.

Le lac Menzaleh a 50 kil. environ de longueur, du

N.O. au S.E., de Damiette à Port-Saïd ; sa profondeur est généralement très faible et, en moyenne, inférieure à 1 m. ; elle n'atteint qu'exceptionnellement 2 m. Par des vents forts et continus du N.O., les eaux se retirent à 7 ou 8 kilomètres de Damiette et s'élèvent de 0 m. 40 à 0 m. 60 le long des berges du Canal de Suez.

A Marseille, la marée n'a guère qu'une trentaine de centimètres d'amplitude, mais la différence entre le niveau le plus haut et le niveau le plus bas que peuvent prendre les eaux sous l'influence des vents atteint 1 m.20.

Ces déplacements d'eau engendrent nécessairement des courants.

Les courants dûs aux vents, bien que faibles, ont souvent une vitesse comparable à celle des courants réguliers qu'on observe en mer par temps calme.

Si le courant marin et le courant dû au vent sont de même sens, ils se renforcent ; s'ils sont de sens contraire, ils peuvent s'annuler ou même le courant de vent peut faire renverser le courant marin.

Mais il y a ici une remarque à faire. Par cela même que l'action du vent est superficielle, le courant dû au vent est lui-même superficiel, tandis que les courants de la mer sont généralement des courants de masse, de très grande profondeur, dûs à des causes générales et permanentes et bien autrement puissantes que le vent. Tels sont les courants de marée, par exemple.

Il en résulte que si le vent diminue la vitesse du courant général à la surface, il pourra arriver que la vitesse au fond augmente pour assurer l'écoulement qu'exige le phénomène prédominant, tel que celui des marées. Ce renforcement des courants au fond et leur renversement à la surface sont fréquemment constatés par l'inclinaison que prennent les lignes des pêcheurs ; ce sont des avertissements de changement de temps prochain.

L'accumulation des eaux produite par le vent, dans une

baie où il souffle, peut engendrer des courants de sens contraire à la surface et au fond, dans cette baie.

Les eaux de la surface poussées par le vent tendent à s'élever dans la partie la plus enfoncée de la baie à un niveau supérieur à celui de la mer à l'entrée, et même, en vertu de la vitesse qu'elles ont acquises sous l'impulsion du vent, à un niveau plus élevé que celui qui correspondrait à leur nouvel équilibre sous l'action combinée de la pesanteur et de la force presque horizontale du vent qui les pousse.

Pour reprendre leur hauteur normale, elles ne peuvent suivre la pente de la surface où le vent s'opposerait à leur mouvement rétrograde ; elles suivront donc le fond.

Les pêcheurs constatent ainsi quelquefois dans une baie, au moyen de leurs filets, des courants de fond allant vers la mer, pendant que le vent y pousse à la surface des eaux venant de la mer.

Les eaux arrivent par en haut et s'en vont par en bas sous forme de courants de retour au fond, dont nous aurons à invoquer l'existence pour expliquer certains phénomènes dans le régime des plages meubles.

Les courants dûs aux vents sont bien loin d'avoir, au point de vue des travaux maritimes, l'importance des mouvements ondulatoires dont nous allons parler maintenant.

17. Des lames. — Le spectacle de la marée ne cause pas une grande impression à cause de la régularité et de la lenteur avec lesquelles il se développe.

Il en est autrement d'un phénomène accidentel et passager, mais dont les effets se produisent avec une violence à laquelle ne s'habituent jamais ceux qui les voient le plus souvent.

Nous voulons parler des tempêtes et des vagues qu'elles soulèvent en pleine mer. On donne à ces vagues le nom de *Lames*, en terme de marine.

Quand le vent souffle avec force, les lames se présentent, en pleine mer, sous forme de protubérances isolées, pour ainsi dire, qui oscillent successivement.

L'intumescence s'appelle le *flot* ou la *crête*.

La dépression s'appelle le *creux*.

Si l'on observe un creux au moment où la dépression est à son maximum, on voit l'eau s'y relever presque de suite sous forme d'une intumescence à croupe allongée au vent, c'est-à-dire du côté qui reçoit le vent, et un peu plus raide sous le vent.

La crête paraît avancer un peu dans le sens du vent, puis cette espèce de colline liquide ayant atteint son maximum de hauteur, semble s'effondrer dans un nouveau creux.

Une nouvelle intumescence se produit à côté, sous le vent, pendant que la première disparaît. Cette succession de mouvements donne l'impression que la vague marche tout d'une pièce, dans le sens du vent.

Ce n'est là qu'une apparence et une illusion, comme celles qu'offrent tous les mouvements ondulatoires.

Il suffit, pour s'en assurer, de jeter dans l'eau un corps flottant : on le voit osciller verticalement sans changer sensiblement de place.

Les lames de pleine mer n'offrent pas, pour l'ingénieur, le même intérêt que celles qu'on observe par les profondeurs modérées, près des rivages, c'est-à-dire là où l'on exécute les travaux maritimes.

Près des rivages, les lames ne sont plus des protubérances isolées ; elles se présentent sous forme de longues ondulations à crêtes sensiblement rectilignes et parallèles sur une certaine étendue.

C'est sous cette forme qu'elles donnent surtout l'illusion de la marche progressive de toute la masse de la lame dans le sens du vent ; mais on s'assure facilement, au moyen de corps flottants, qu'on est bien en présence d'un mouvement simplement oscillatoire, sensiblement vertical.

Il faut avoir d'abord une conception bien nette de ce que représente un mouvement ondulatoire tel que celui dont une lame donne l'impression.

La lame paraît avancer tout d'une pièce parce que sa forme ne change pas ou ne change que très peu d'un instant à l'autre. Mais l'endroit où cette forme se réalise change ; il se déplace dans le sens de la marche apparente de la lame.

C'est la forme de la lame qui se transporte d'un point à l'autre, et non pas l'eau dont la lame se compose.

On voit des lames sur un champ de blé, et cependant les épis de blé ne se déplacent pas.

L'illusion tient à ce que chaque épi prend successivement la position qu'avait l'épi situé avant lui dans la direction d'ou vient le vent.

Le même fait se produit dans une lame ; chaque particule d'eau, à la surface, vient prendre successivement la position de la particule qui la précède, ce qui donne l'illusion d'un mouvement apparent.

Cependant il est évident que l'élévation et l'abaissement des eaux, en un point donné, ne peuvent avoir lieu que par un afflux d'eau dans le premier cas et un reflux d'eau dans le second.

Le mouvement vertical des particules d'eau doit donc être nécessairement accompagné aussi d'un mouvement horizontal de ces mêmes particules.

M. Aimé a montré ces mouvements horizontaux dans des expériences très élégantes exécutées à Alger [1].

Un vase plein d'huile colorée est descendu dans les eaux claires de la mer ; on laisse dégager des bulles de cette huile, et on les voit remonter à la surface en décri-

---

1. *Annales de physique et de chimie*, 1842 (série III, tome V) : *Sur le mouvement des vagues*, par M. Aimé.

vant des courbes serpentantes dans un plan parallèle à
la direction des lames.

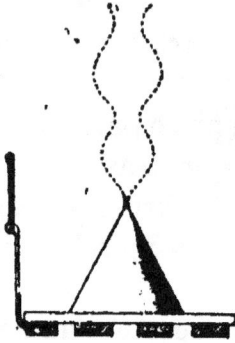

Ainsi, chaque particule d'eau est animée, à la fois, d'un mouvement de
montée et de descente, et d'un mouvement horizontal de droite à gauche, par
exemple, puis de gauche à droite.

La combinaison de ces deux mouvements oscillatoires fait décrire une
courbe à cette particule, et, si l'on admet qu'après une oscillation complète
elle revient à la position même qu'elle
avait à l'origine, la courbe décrite sera une orbite
fermée.

C'est pourquoi l'on dit, à titre de première approximation, que le mouvement de l'eau dans une vague est un
mouvement orbitaire.

Ces mouvements orbitaires ont pu être observés dans
des expériences de laboratoire, au moyen de canaux à
parois de glace où l'on déterminait de lentes ondulations, et voici ce qu'on a constaté à l'aide de corps flottants.

Si l'expérience est conduite de façon à ce que l'agitation soit sensiblement nulle au fond, chaque particule
décrit une orbite dont la forme est à peu près celle d'un
cercle ou d'une ellipse.

Mais la grandeur de ces orbites diminue de la surface
au fond, où elle s'annule.

Dans le cas d'orbites circulaires, par exemple, le diamètre est maximum à la surface et nul au fond (Pl. VII,
fig. 5). Dans le cas d'orbites elliptiques, les ellipses sont
toutes semblables entre elles, les deux diamètres conservant un rapport constant, mais ces diamètres diminuent à partir de la surface et s'annulent ensemble au
fond (Pl. VII, fig. 6).

Si l'agitation n'est pas nulle au fond, les orbites sont généralement elliptiques, mais dans ce cas les ellipses ne restent pas semblables entre elles, le diamètre vertical diminue beaucoup plus vite que le diamètre horizontal, et il devient nul au fond, tandis que le diamètre horizontal peut encore y conserver une grandeur notable.

En tout cas, les orbites sont toujours parcourues par les particules liquides dans le même sens et dans le même temps, et ces particules occupent sur leurs orbites des positions semblables; elles sont toutes, par exemple, au point le plus haut ou au point le plus bas au même moment.

Ces indications permettent de se former une idée du mouvement de l'eau dans les ondulations artificielles, qui sont du reste très analogues à ces longues et faibles ondulations qu'on observe en mer, même par les temps les plus calmes, et qu'on appelle *la houle*.

Admettons, à titre de pure hypothèse, que les orbites sont circulaires, que le rayon de ces orbites est maximum à la surface de l'eau, qu'il décroît sur la même verticale proportionnellement à la profondeur en chaque point, et que le rayon est nul au fond.

Admettons encore, d'après les expériences de laboratoire, que les particules A, A' décrivent leurs orbites dans le même sens, avec la même vitesse angulaire autour du centre de leur orbite; les particules situées suivant la droite OA'A viendront au bout d'un certain temps suivant la droite OB'B. Ces particules forment donc une file liquide animée d'un mouvement d'oscillation transversale que nous pouvons assimiler au fouettement d'une verge élastique fixée en O.

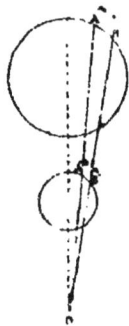

Mais il ne se forme pas de vide dans le liquide. Si nous

considérons, suivant les diverses positions de la file mobile, une petite colonne d'eau d'un volume constant, ayant le centre de sa base αβ en O, cette base ne varie pas pendant l'oscillation puisque, par hypothèse, le mouvement est nul en O.

Mais quand la hauteur de la colonne varie, il faut nécessairement que sa section moyenne varie également et de façon que le volume reste le même ; ainsi, quand le sommet de la colonne viendra successivement en A, A', A'', sa section à la surface de l'eau passera de γδ à γ'δ' et γ''δ''. L'eau a donc, en outre de l'oscillation transversale, une oscillation longitudinale par suite d'allongements et de raccourcissements alternatifs.

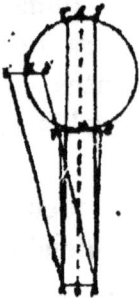

Ainsi, le mouvement de la colonne liquide peut être assimilé, à titre d'image, au fouettement d'une verge élastique qui s'allonge et se raccourcit dans le sens vertical en même temps qu'elle oscille dans le sens horizontal. (Pl. VII, fig. 6).

En réalité, l'agitation de la houle ne s'arrête pas brusquement à un niveau déterminé. Les lignes qui délimitent les orbites des particules sur la même verticale ne sont pas des droites, mais des courbes.

Les orbites dans les tempêtes, même en faisant abstraction des courants, ne peuvent pas être des courbes aussi simples que des cercles ou des ellipses. Les courants entraînant les eaux de la masse de l'onde dans leur direction, les courbes ne sont pas fermées ; de plus, le vent détermine des courants de superficie différents des courants de fond, qui doivent modifier le phénomène à la surface des eaux ; etc., etc.

Le problème des lames, malgré ses difficultés, ou peut-être à cause de ses difficultés, a tenté les savants les plus

illustres : Newton [1], Lagrange [2], Poisson [3], Laplace [4], Frantz
Gerstner [5], Cauchy [6], Airy [7], le colonel Emy [8], de St-Venant [9],
M. Boussinesq [10], et tant d'autres. Mais, jusqu'à présent,
aucune de ces théories analytiques n'a conduit à des résultats pratiques en ce qui concerne les lames de tempêtes ; on
y a toujours raisonné dans l'hypothèse d'ondulations de faible hauteur se développant librement sur des eaux d'une
profondeur indéfinie, affectant des formes arrondies, simples, régulières, toujours les mêmes pendant un temps
très long, sur de grandes longueurs et sur de grandes
distances. On y suppose que l'eau est arrivée à un état
de mouvement tel que la pesanteur est la seule force qui
continue à agir ; on fait abstraction du vent, des résistances du fond, des obstacles que rencontrent les lames,
en un mot de toutes les circonstances qui intéresseraient
le plus l'ingénieur de travaux maritimes.

1. *Newton : Philosophiæ naturalis Principia mathematica* (Liber II, Sec-
tio VIII : De motu per fluida propagato).

2. *Lagrange : Mémoire sur la théorie du mouvement des fluides ;* Académie
de Berlin, 1781 (Œuvres complètes, Tome IV ; Paris, Gauthier-Villars,
1869).

3. *Poisson : Mémoire sur la théorie des ondes,* présenté à l'Académie des
Sciences en 1815.

4. *Laplace :* Œuvres complètes ; Livre I, Chapitre VIII, n° 36 : *Application de la théorie du mouvement des fluides au mouvement de la mer, en la
supposant dérangée de l'état d'équilibre par l'action de forces très petites* (Paris ; Gauthier-Villars, 1878).

5. *Frantz von Gerstner : Théorie des vagues et des profils des digues.* Traduit et annoté par M. Barré de St-Venant ; 1887, 1er semestre, Annales des
Ponts et Chaussées.

6. *Cauchy : Théorie de la propagation des ondes,* mémoire présenté à l'A-
cadémie des Sciences en 1815 (Œuvres complètes, Tome I ; Paris, Gauthier-Villars, 1882).

7. *Airy : On Tides and Waves* (Encyclopedia Metropolitana, 1845).

8. *Emy : Du mouvement des ondes et des travaux hydrauliques maritimes*
(Paris ; Anselme, 1831).

9. *De St-Venant et Flamant : De la houle et du clapotis ;* 1888, 1er semestre, Annales des Ponts et Chaussées.

10. *Boussinesq : Théorie des ondes liquides périodiques* (Mémoires des savants étrangers à l'Académie des Sciences ; Tome XX, 1872).

On ne sait donc en réalité sur les lames de tempête que ce que les observations ont appris, et ces observations sont très difficiles à faire.

48. Étude pratique des lames. — Les lames, au large, sont d'autant plus hautes que la nappe d'eau est plus vaste et plus profonde.

Dans les gros temps ordinaires, on observe les hauteurs suivantes, du creux au sommet :

Méditerranée. . . . .
Manche . . . . } 4 à 5 mètres.
Mer du Nord. . . .

Entrée de la Manche :

A Cherbourg, 5 à 6 mètres.

Golfe de Gascogne, 6 à 7 mètres.

Mais dans les tempêtes exceptionnelles, surtout au large, on cite des hauteurs de 8 à 9 mètres ; on croit même en avoir constaté qui s'élevaient jusqu'à 13, 15 et 18 m.

Une lame de 5 m. est déjà assez effrayante à voir, quand on est sur un navire de petit échantillon.

Les hauteurs des lames sont donc comparables à l'amplitude moyenne des marées sur nos côtes, et, même s'il est vrai que des lames atteignent 15 et 16 m., nous n'avons nulle part en France de marées aussi hautes.

Mais ce qui caractérise surtout les ondulations des lames, c'est que leur longueur et la durée de leur oscillation sont extrêmement petites par rapport à celles des ondes-marées les plus courtes.

Aussi, autant le phénomène des marées a de calme et de lenteur, autant celui des lames est brusque et violent. Entre l'apparition de deux hautes mers successives au même lieu, il s'écoule plus de 12 heures ; entre l'apparition de deux crêtes successives de lames au même point, il se passe quelquefois moins de 12 secondes.

Au large, on apprécie la hauteur des lames en montant dans la mâture et en voyant à quelle hauteur on défile la crête des vagues quand le navire est dans le creux. C'est un procédé assez incertain ; quelques hauteurs énormes que l'on cite ne sont peut-être attribuables qu'à des erreurs d'observation inhérentes au procédé de mesure.

Longueur des lames. On appelle longueur d'une lame la distance qui sépare deux crêtes successives, mesurée perpendiculairement à la direction parallèle des crêtes.

Dans les rares circonstances où l'on a pu faire au large l'observation si difficile de la longueur des lames, on en aurait vu de 300 et 400 m. de longueur (golfe de Gascogne) ; on cite même des lames de près de 600 m. dans l'Atlantique Sud (cap de Bonne-Espérance).

Ces chiffres paraissent si exceptionnels qu'on s'est demandé si les observateurs n'ont pas voulu parler de ces ondulations longues et calmes qu'on appelle la houle, ondulations qu'on observe en tout temps à la mer, même lorsqu'elle est tranquille, mais qui se développent surtout après les tempêtes.

Des vagues de 20 à 30 m. ne sont pas très rares.

Une vague de 60 m. est déjà très grande ; elle a à peu près la longueur d'un navire à voiles de 350 à 400 tonneaux.

Le long d'une grande jetée, où se trouvent de nombreux repères, il est assez facile de mesurer la longueur des lames.

Forme des lames. La forme des lames est très variable.

Dans la houle elle se rapproche d'une *sinusoïde* presque régulière et très allongée (Fig. 1, page 150).

Généralement la lame offre une pente douce sur la face qui reçoit le vent, ou, comme on dit, sur sa *face au vent*, et une pente plus raide sur l'autre face, c'est-à-dire sous le vent (Fig. 2, page 150).

La crête est toujours plus élevée au dessus du niveau de mer calme que le creux n'est abaissé au dessous de ce niveau.

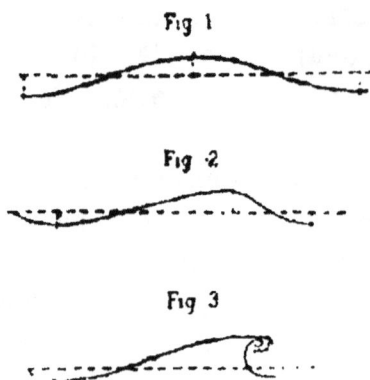

Fig 1

Fig 2

Fig 3

Il arrive très souvent que la vague, au lieu d'avoir un sommet arrondi, présente une crête aiguë entre ses deux faces, et que cette crête écume et déferle (Fig. 3).

L'amiral Pâris a inventé un appareil très ingénieux qui permet d'enregistrer automatiquement la forme des vagues, ou du moins d'en avoir une représentation approximative [1].

Il est basé sur ce fait : Si une très longue perche de bois, lestée à son extrémité inférieure, est immergée verticalement dans la mer, elle y reste sensiblement immobile. On voit alors la vague monter et descendre le long de cette perche flottante comme le long d'une échelle fixe.

Supposons qu'un plateau de bois de forme annulaire glisse le long de cette tige en flottant à la surface des eaux (Pl. VII, fig. 8 et 9).

On verra ce curseur monter et descendre le long de la tige, avec la surface de la vague.

Maintenant, relions le flotteur à l'extrémité supérieure de la perche par un fil élastique en caoutchouc convenablement tendu.

Le fil s'allongera quand le curseur descendra et se raccourcira quand le curseur montera.

Au dixième, par exemple, de la longueur de ce fil, à

---

1. Revue maritime et coloniale, juin 1867 : *Tracé des vagues, du roulis ou des lames*, par le capitaine Pâris.

partir du sommet de la perche, attachons un crayon guidé par un curseur.

Ce crayon exécutera des oscillations identiques à celles du plateau, mais réduites dans la proportion de 1 à 10.

Devant ce crayon plaçons une feuille de papier enroulée sur un cylindre, et, à l'aide d'un mouvement d'horlogerie, donnons un mouvement régulier de rotation à cette feuille de papier sur laquelle s'appuie le crayon.

Nous aurons ainsi tracé les abscisses et les ordonnées de la forme de la vague. Si, d'ailleurs, on connaît la longueur de la vague, ses dimensions seront déterminées.

Bien que cet instrument ne fournisse que des données simplement approximatives, il suffit pour faire reconnaître que la forme réelle des vagues de tempête s'éloigne beaucoup de la régularité et de la simplicité géométriques qu'affecte la houle (Pl. VIII, fig. 1 et 2).

49. Puissance des lames. — La profondeur où l'action des lames se fait sentir d'une façon dangereuse pour les ouvrages n'est pas très grande ; mais la profondeur où cette action est perceptible est toujours considérable par rapport à la hauteur des vagues.

M. Aimé a fait à ce sujet, en 1842, à Alger, des expériences intéressantes.

Pour reconnaître la profondeur à laquelle l'agitation de l'eau est encore sensible, et pour apprécier même (mais d'une façon approximative), le degré d'agitation de l'eau, M. Aimé a inventé un appareil ingénieux (Pl. VIII, fig. 3), dont voici le principe :

Une toupie, un peu plus légère que l'eau, est attachée par sa pointe, à l'aide d'un fil court, à un plateau horizontal.

Ce plateau est recouvert d'une lame de plomb.

Sur le grand cercle de la toupie on a fixé des pointes de fer.

Supposons le plateau coulé au fond de l'eau sur un so
à peu près horizontal.

La moindre agitation de l'eau inclinera la toupie ; une
des pointes viendra frapper sur le plomb et y marquera
une empreinte, et une empreinte d'autant plus forte que
l'agitation sera plus sensible.

A l'aide de cet instrument, M. Aimé a constaté, dans la
rade d'Alger, les faits suivants :

Creux des lames.	Profondeur d'eau.	Action.
0ᵐ70	18ᵐ	sensible.
0ᵐ70	28ᵐ	nulle.
2ᵐ00	28ᵐ	forte.
3ᵐ00	40ᵐ	tantôt légère, tantôt nulle.

La rapide décroissance de l'agitation de l'eau à mesure
que la profondeur augmente est un fait bien établi par
l'observation ; on l'a mis à profit dans l'appareil connu
sous le nom de bouée sifflante.

Soit un long tube AB, fermé en haut en A, ouvert en
bas en B, et fixé à un flotteur CD (page 153).

Ce tube flotte sur l'eau xx que nous supposons d'abord
en repos.

L'eau dans le tube est en α, au niveau xx. L'espace Aα
est rempli d'air à la pression atmosphérique.

Supposons maintenant que l'eau soit agitée par une
lame, le mouvement atteint son maximum d'amplitude à
la surface, décroit avec la profondeur, et nous admettons
qu'il est sensiblement nul en B et dans les parages du niveau B, soit de B' à B".

Par le fait même que l'eau est immobile vers l'extrémité inférieure du tube, si on soulève ce tube de BB', le
niveau de l'eau n'y changera pas et restera constamment
en α, car l'absence de mouvement de l'eau en B impli-
que que la pression ne varie pas dans les parages de ce
point.

Or, admettons que le soulèvement du tube soit causé par le passage de la lame $x'x'$, le sommet du tube vient en

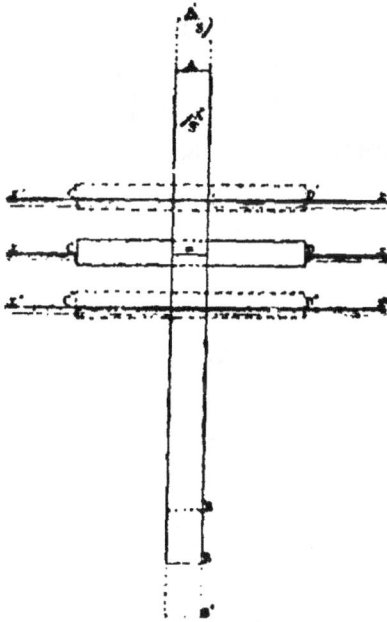

A'; la capacité Aα sera devenue A'α et aura augmenté de AA'. La pression de l'air aura diminué, et s'il existe au sommet du tube une soupape S s'ouvrant de dehors en dedans, il entrera de l'air dans le tube pendant son ascension.

Quand le flotteur sera, quelques instants après, descendu dans le creux de la lame, en $x''x''$, la capacité A'α sera réduite à A'α, la pression de l'air aura augmenté, la soupape S se sera fermée, et s'il existe sur le sommet du tube une soupape S' s'ouvrant de dedans en dehors, il sortira de l'air du tube pendant sa descente.

Si, au lieu de la soupape S', on met un sifflet tel que ceux des chaudières à vapeur, l'air en s'échappant fera résonner cet instrument.

Les bouées sifflantes peuvent constituer des signaux d'avertissement, d'autant plus précieux pour la navigation qu'ils fonctionnent avec plus d'intensité pendant les mauvais temps.

Quand du rivage on observe la mer par un coup de vent, on voit fréquemment une ligne de séparation assez nette entre les eaux bleues du large et la zône des eaux troubles qui bordent le rivage.

La zône claire se trouve par des profondeurs plus grandes que la limite où se fait encore sentir l'action des lames. La zône trouble comprend les profondeurs où l'agitation de l'eau est suffisante pour mettre en suspension les matériaux ténus du fond.

On a d'ailleurs constaté que, par les tempêtes, le sable fin du fond de la mer peut être agité et même soulevé non loin des côtes jusque par des fonds de 20ᵐ et plus.

Les navires embarquent quelquefois des lames chargées de sable lorsque, par les tempêtes, ils passent sur le banc dit de la Casse (dans la Méditerranée), banc qui cependant git par 23ᵐ d'eau environ.

50. Des lames près des côtes. — C'est dans la zône où l'agitation existe depuis la surface jusqu'au fond que la crète des lames dessine ces lignes à peu près droites et parallèles, dont nous avons déjà parlé. Leur orientation vers le large, loin de terre, est sensiblement perpendiculaire à la direction du vent ; la propagation des lames a lieu naturellement dans la direction de celui-ci.

Nous allons restreindre désormais notre étude à celle des lames qui se produisent dans cette zône, relativement voisine du rivage, où l'agitation existe du fond à la surface.

Or, dans cette zône, les lames offrent un certain nombre de caractères communs avec les ondulations que nous avons déjà étudiées. Ainsi :

1º *Lorsqu'une ondulation se propage dans des profondeurs de plus en plus petites, sa hauteur augmente.*

Il en est de même pour les lames ; il n'est pas rare de
voir de longues lames qui, au large, n'ont pas plus de
0ᵐ50 à 0ᵐ60 de hauteur, acquérir à la côte des hauteurs
de plus de 1ᵐ00 lorsque le fond se relève lentement suivant un plan incliné.

2° *A une diminution de la profondeur de l'eau correspond
une diminution de la longueur des ondulations.*

La longueur des lames diminue aussi, au fur et à mesure qu'elles se propagent dans des eaux de moins en
moins profondes. On dit que la mer devient plus
courte.

3° *La forme d'une ondulation se modifie à mesure que la
profondeur diminue, son sommet se porte vers l'avant et sa
crête peut devenir aiguë.*

Or, c'est bien là, en effet, la forme classique pour ainsi
dire d'une lame qui se propage sur une plage en pente
douce (Pl. VIII, fig. 4).

La crête, devenue de plus en plus aiguë et portée de
plus en plus vers l'avant, finit par former une volute et
par déferler quand la profondeur diffère peu de la hauteur de l'onde. C'est ce qu'on observe partout sur le bord
des rivages.

Mais la pente d'une plage sous-marine, tout en formant un plan doucement incliné, peut avoir une décli-
vité plus ou moins sensible. Ainsi une plage de galets est
plus raide, ou, comme on dit, plus accore qu'une plage de
sable.

Par suite, les lames, sur une plage de galets, devront
se raccourcir plus vite, augmenter plus rapidement de
hauteur, briser à des intervalles plus rapprochés que
sur une plage de sable ; c'est en effet ce qui a lieu.

On dit que la mer est plus courte, plus dure et plus
brisante sur une plage de galets que sur une plage de
sable.

4° *Les ondulations se propagent d'autant moins vite que l'eau est moins profonde.*

Or, si d'une manière générale les lames se propagent bien au large, dans la direction des vents qui les ont formées, il n'en est plus de même en approchant de terre. Près de terre la partie de la lame la plus voisine de la côte est retardée dans sa marche par le fait de la diminution de la profondeur de la mer, tandis que l'extrémité du large continue sa marche avec une vitesse plus grande.

C'est pourquoi les lames semblent pivoter autour de leur extrémité à terre pour venir se rabattre sur le rivage.

Le pivotement des lames autour de leur extrémité à terre peut produire des phénomènes singuliers.

Si le vent souffle d'un côté d'une île, sur le rivage opposé les lames pourront venir d'une direction contraire à celle du vent.

C'est ce qui a lieu à Belle-Ile-en-Mer (V. la fig., page 157).

Au musoir d'une jetée, on voit les lames pivoter autour de ce musoir pour venir se rabattre sur le chenal que cette jetée abrite.

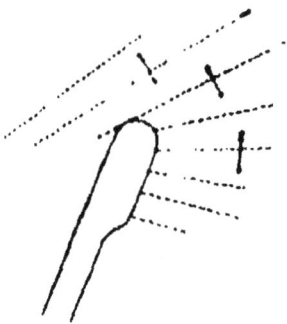

Lorsque les lames se présentent normalement, ou à peu près, à l'entrée d'une baie largement évasée, elles s'étendent en éventail et viennent frapper presque normalement les deux rives latérales opposées de la baie (Fig. 1 de la page 157).

C'est que, à mesure que les lames s'enfoncent dans la baie, elles sont retardées sur le bord par le fait des moindres profondeurs qu'elles y rencontrent; elles se courbent de plus en plus et semblent venir se modeler, en quelque sorte, sur les lignes de niveau du fond.

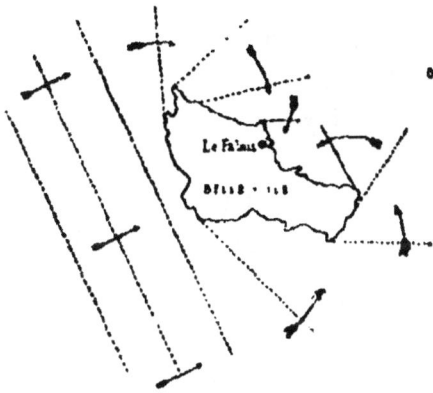

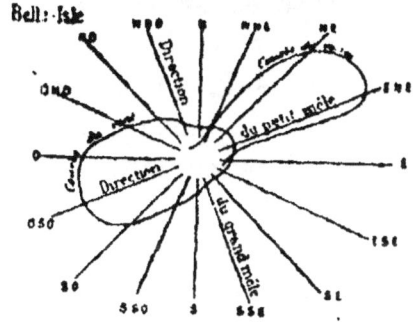

Fig 1

Fig 2.

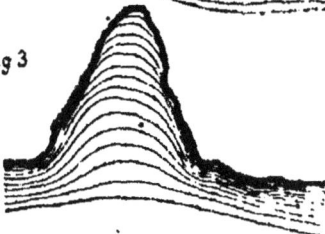

Fig 3

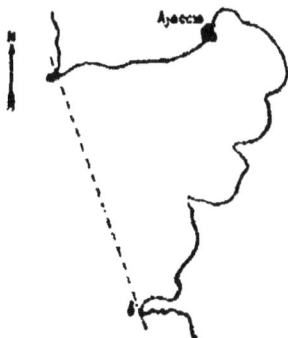

Fig. 4

5° *Quand une ondulation se propage dans un canal dont la largeur et la profondeur diminuent progressivement, cette ondulation devient de moins en moins longüe et de plus en plus haute.*

Il en est de même pour les lames qui pénètrent dans une baie en entonnoir ; elles se raccourcissent et deviennent plus hautes à mesure qu'elles s'y enfoncent (Fig. 3).

Le port d'Ajaccio est situé au fond d'une anse qui va en se rétrécissant, et qui est ouverte en plein aux vents du large qui y sont particulièrement violents (Fig. 4).

Les vagues entrant par *ab* augmentent de hauteur et de violence en avançant vers le fond de la baie.

Par contre, lorsque les lames pénètrent par un goulet étroit dans une baie qui s'é-

vase en arrière de l'entrée, elles augmentent de longueur et diminuent de hauteur ; les lames sont moins
fortes dans la baie qu'au dehors ; il y a un calme relatif
dans la baie (Fig. 2).

Si on construit en mer deux jetées rattachées au rivage et comprenant entre elles une grande surface
d'eau, et si on rapproche les deux extrémités du large
des jetées de façon à ne laisser entre leurs musoirs
qu'une largeur assez faible, on assure un calme relatif
dans l'espace ainsi abrité.

C'est sur ce principe qu'est basée la disposition de
certains ports créés au moyen de jetées dites convergentes, et dont nous parlerons plus loin.

Le renforcement ou l'atténuation de la puissance des
lames, dans les deux cas qui viennent d'être cités, peuvent s'expliquer en disant que les choses se passent
comme si la quantité de mouvement contenue dans la
lame à l'entrée de la baie se concentrait sur une masse
d'eau de plus en plus petite, ou s'épandait dans une
masse d'eau de plus en plus grande.

On peut encore le considérer, si l'on veut, comme une
conséquence de ce principe général de tous les mouvements ondulatoires, à savoir que chaque point ébranlé
est le centre d'un ébranlement tout autour de lui.

51. Réflexion des lames. — Les lames offrent, en
outre, un caractère bien connu dans d'autres ondulations, mais dont nous n'avons pas encore eu l'occasion de
parler : les lames se réfléchissent.

Si, dans un bassin de forme rectangulaire à parois verticales et contenant de l'eau en repos, on vient à jeter
une pierre, quand les ondes circulaires atteignent un
des côtés du bassin on les voit se réfléchir sur la paroi.

Les lames se réfléchissent comme les ondes, et l'angle

de réflexion ne diffère pas beaucoup de l'angle d'incidence.

Les lames se réfléchissent même sur des surfaces inclinées à 45° environ, comme le sont les talus intérieurs d'une jetée en enrochements.

Ces lames réfléchies se propagent jusque dans les parties les plus reculées des ports qu'on pourrait croire, à première vue, parfaitement abritées contre toute agitation

On a souvent beaucoup de difficulté à prévoir ces réflexions des lames et à en combattre les effets. Parmi les nombreux exemples que l'on pourrait citer nous ne prendrons que celui qui s'est présenté à Cherbourg, dans le port de commerce (Pl. VIII, fig. 5).

Il existait dans l'avant-port un rocher connu sous le nom de la Roche menteuse. Quand la mer était forte, il régnait près de ce rocher une agitation dangereuse pour les bateaux de pêche ; on fit disparaître la roche et on obtint ainsi une certaine amélioration en ce point ; mais on s'aperçut que l'agitation se propageait alors jusqu'au fond de l'avant-port devant les écluses du bassin à flot, dont la manœuvre devenait quelquefois impossible. Cet inconvénient était beaucoup plus grave que le premier ; après de longues discussions on finit par reconnaître que cet effet était dû à une série de réflexions des lames qui autrefois se brisaient sur la Roche menteuse, et maintenant se propageaient librement depuis sa suppression ; bref, on ne trouva rien de mieux, pour remédier au mal, que de rétablir l'équivalent de la Roche menteuse, en construisant un éperon en maçonnerie sur son emplacement.

Il résulte des observations précédentes que les lames offrent bien tous les caractères déjà constatés dans d'autres ondulations, quoiqu'elles diffèrent de celles-ci sous beaucoup de rapports; nous avons mentionné quelques-unes de ces différences, nous allons citer une autre particularité d'un sérieux intérêt pratique et qui consiste en ce que: l'eau qui constitue la lame a un mouvement propre de translation de toute sa masse dans le sens où souffle le vent.

Le fait est mis en évidence par l'observation de certains phénomènes. Ainsi les matériaux du fond de la mer sont poussés par les lames vers le rivage. Ainsi encore un canot peut parcourir, sous la seule impulsion des lames, une distance de 1000 à 1200 mètres, droit à terre. Ce mouvement a lieu par une succession de progressions assez rapides vers le rivage, alternant avec des reculs beaucoup plus lents vers le large.

Sur certaines côtes, on n'a pas de moyen plus facile de débarquement que de se laisser porter par les lames.

Enfin, dans les tempêtes, les lames engendrent de véritables courants littoraux dont l'existence est facile à constater sur le rivage des mers sans marée, comme la Méditerranée. Les épaves de navires jetés à la côte sont souvent transportées à de grandes distances du lieu du naufrage.

Tous ces phénomènes se comprennent tant que le vent souffle en côte, puisque nous savons que le vent met l'eau en mouvement et la pousse devant lui; mais ils subsistent même quelque temps après que le vent a cessé, et on exprime ce fait en disant qu'ils ont lieu tant que la lame est encore sous l'impression du vent. Puisque, d'un côté, la cause principale de la translation de la masse de l'eau constituant la lame réside dans l'action du vent, et comme, d'un autre côté, c'est à la surface que le vent agit, il en résulte que c'est dans les couches supérieures que le mouvement de l'eau doit être le plus accentué.

Or, sur le plan incliné d'une plage sous-marine en pente douce, l'eau est de moins en moins profonde du large vers la terre; elle subit donc de plus en plus l'action du vent sur toute sa profondeur, et le mouvement de translation de ses eaux s'accentue en s'approchant du rivage. De plus, à mesure que la lame se propage dans des eaux de moins en moins profondes, elle déferle et en déferlant, elle projette vers le rivage une certaine quantité d'eau animée d'une vitesse plus grande que la vitesse de propagation de l'onde, puisque cette projection a lieu en avant de la crête. Le déferlement des lames contribue donc aussi, pour sa part, à donner aux eaux un mouvement de transport vers la terre.

En résumé, tout se passe comme si l'eau qui constitue la lame prenait, près de terre, un mouvement de translation horizontale dans toute sa masse; mouvement qui la projette avec force vers le rivage.

Les lames ont encore une action spéciale, même au large, sur les alluvions du fond de la mer; elles les mettent en suspension dans l'eau.

Il en résulte qu'une particule solide ainsi soulevée au-dessus du fond obéit, pendant qu'elle est en suspension, au moindre mouvement dont est animée l'eau où elle se trouve. De sorte que, à la mer, les alluvions peuvent être déplacées par des courants qui seraient incapables, à cause de leur faible vitesse, de les entraîner en les faisant rouler sur le fond.

La mise en suspension des alluvions paraît tenir aux mouvements tourbillonnaires qu'engendre le frottement de l'eau sur le fond. On l'explique ainsi : Soit un tourbillon constitué par un petit cylindre à axe horizontal de rayon r, où toutes les molécules d'eau ont une même vitesse V: la force centrifuge à la surface de ce cylindre sera proportionnelle à $\frac{V^2}{r}$ et, quelle que soit V, on peut toujours concevoir un rayon r assez petit pour que $\dfrac{V^2}{r}$ ait telle valeur qu'on voudra. Le tourbillon pourra donc projeter autour de lui certaines particules d'alluvions, qui seront reprises par les tourbillons voisins, et amenées ainsi, de proche en proche, jusqu'à la surface de l'eau, qu'elles troubleront.

On a de cette façon une explication plausible de la formation de la zône des eaux troubles, jaunâtres ou verdâtres, qu'on observe jusqu'à une certaine distance du rivage quand la mer est agitée, et qu'on distingue souvent d'une manière assez nette de la zône des eaux claires, d'un bleu plus ou moins foncé.

S'il existe quelque bouée ou quelque navire mouillé vers la limite de ces deux zônes, dans une position donnée sur les cartes hydrographiques, on pourra apprécier approximativement la profondeur jusqu'à laquelle l'agitation se fait sentir alors sur les alluvions les plus ténues du fond sous-marin.

52. Déferlement des lames par les grandes profondeurs. — Nous avons vu que les lames déferlent quand leur hauteur (de creux en crête) atteint à peu près la profondeur, en temps calme, de l'eau où elles se produisent.

Mais les lames peuvent déferler même quand la profondeur de l'eau est encore considérable par rapport à la hauteur des lames.

Ce phénomène se produit lorsque le fond, au lieu d'être en pente douce, présente au contraire des ressauts ou des accores, c'est-à-dire des parties raides.

Sur les côtes d'Algérie, les lames de 4 à 5 m. commencent à briser par des fonds de 8 à 9 m.

A St-Jean-de-Luz, des lames de 2 m. environ brisent sur la roche Artha, située à 6 m. 50 au dessous de basse

mer. L'écueil de Mabessin, à 600 m. du rivage, par
11 m. 70 au dessous de b. m., agit également sur les lames de tempête. Par les très fortes tempêtes, les brisants
se manifestent sur l'écueil Herreca à 7 kil. de la côte et
par 28 m. de profondeur.

On peut expliquer ce fait de la façon suivante :

Dans une lame où l'agitation règne jusqu'au fond, l'eau
a, jusqu'au fond, le mouvement horizontal oscillatoire
dont nous avons reconnu la nécessité en expliquant le
mécanisme de la formation des lames dans la théorie orbitaire.

Quand ce mouvement oscillatoire pousse brusquement
l'eau contre l'accore *b c*, il se
produit un choc qui force
l'eau à remonter le long de
l'accore ; il en résulte une
sorte de jet sous-marin qui
détermine un gonflement des
eaux jusqu'à la surface de la
mer, où il se manifeste par une vague à crête écumeuse.

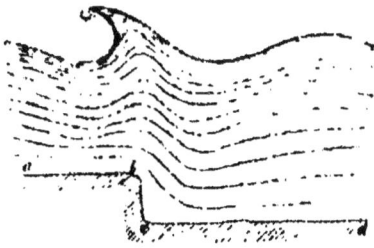

Cet effet est naturellement augmenté quand la vitesse
propre de l'eau de la lame est dans le sens du choc, et
quand le vent souffle avec force.

53. Effet des courants sur les lames. — Les courants
violents peuvent empêcher la formation des lames.

Le fait se produit notamment à la baie d'Arland, dans
l'île d'Ouessant, sous l'influence du courant de From-
veur.

Il peut en résulter des phénomènes singuliers. Ainsi,
quand le Nil est en crue, l'embouchure de Damiette, vue
du large par un gros temps, apparaît entourée d'une
ceinture assez effrayante de brisants; cependant on aper-
çoit, en arrière de cette barrière, vers le rivage, des navires mouillés en sécurité. C'est que, en effet, depuis la

bouche du fleuve jusqu'à la ceinture des brisants, règne un calme relatif. Le fort courant de la crue du Nil se prolonge jusqu'en mer et empêche la formation des lames dans la zône où il se fait sentir.

On peut comparer ce qui se passe dans ce cas à ce qu'on observe dans certaines vibrations. Soit une longue tige verticale, élastique, implantée au fond d'une eau calme ; si on la fait vibrer elle exécutera des oscillations symétriques, en s'inclinant autant d'un côté que de l'autre. Mais si l'eau a une certaine vitesse, la tige s'inclinera plus fortement et plus rapidement dans le sens du courant que contre le courant : ses oscillations seront amplifiées d'un côté et diminuées de l'autre.

Si le courant est très rapide, la tige sera simplement infléchie par la poussée de l'eau : il n'y aura plus d'oscillations, pour ainsi dire.

Or, nous avons déjà assimilé le mouvement oscillatoire horizontal d'une colonne d'eau dans une lame au fouettement d'une verge élastique implantée au fond, et ce mouvement oscillatoire est une condition essentielle de la formation de la lame : si donc il est très atténué et presque supprimé par le courant, la formation de la lame sera plus ou moins entravée ou empêchée.

84. Effet des plages sur les lames — Nous avons vu qu'une lame, en se propageant du large vers la terre sur le plan doucement incliné d'un fond sous-marin, diminue progressivement de longueur, c'est-à-dire que la distance entre deux crêtes successives devient de moins en moins grande.

Par contre sa hauteur augmente : toutefois elle ne peut pas croître indéfiniment, parce que quand elle atteint à peu près la profondeur de l'eau, la lame déferle en perdant son excès de hauteur.

Il en résulte que les lames diminuent progressivement

à la fois de longueur et de hauteur ; chaque lame, en approchant du rivage, ne représente donc plus, par mètre linéaire de crête, qu'une masse d'eau de moins en moins considérable.

De plus, cette masse d'eau perd une partie de sa vitesse, en remontant le plan incliné de la plage sousmarine et en mettant en mouvement les matériaux du fond.

Ainsi la lame perd successivement de sa masse et de sa vitesse ; elle représente donc une quantité de mouvement ou de puissance vive de plus en plus petite.

C'est ce qu'on exprime en disant, dans le langage usuel, que les plages en pente douce brisent la lame, et qu'elles la brisent d'autant mieux qu'elles ont une pente plus douce.

La lame, quand elle arrive au rivage, est moins brisée sur un fond de galets que sur un fond de sable, elle l'est moins sur un fond de sable que sur un fond de vase.

Une autre action des plans doucement inclinés sur les lames s'observe dans les chenaux de certains ports.

Si le chenal est bordé par des jetées pleines, à parois presque verticales, la lame conserve à peu près sa hauteur dans toute la longueur du chenal, depuis la tête des jetées vers le large jusqu'à leur extrémité du côté du port.

Si, au contraire, le chenal est bordé latéralement par des plans convenablement inclinés et suffisamment longs, la lame s'y étale et perd de sa hauteur ; l'agitation devient moindre dans le port.

C'est là un fait positif d'observation, dont l'explication reste encore assez obscure, et dont nous verrons l'application dans certains ouvrages des ports.

55. Action de l'huile sur les lames. — L'emploi de l'huile pour calmer la mer semble remonter à la plus haute antiquité ; les auteurs grecs en font mention. Mais un pareil moyen pour atteindre un pareil résultat semblait si chimérique que l'on était disposé à considérer cette tradition comme une fable.

Cependant, à différentes époques, on parla des résultats surprenants obtenus, pour diminuer l'effet des lames, en répandant de l'huile sur la mer.

Les marins hollandais, particulièrement, employaient ce procédé pour la pêche de la morue, dans les parages tourmentés du Groënland.

La question restait depuis longtemps négligée, lorsqu'en 1886 l'amirauté anglaise publia à ce sujet, dans le *Board of trade Journal*, une note très intéressante basée sur la constatation d'un grand nombre de faits certains.

Depuis cette époque, on ne cesse de faire partout de nouvelles expériences, et il paraît avéré aujourd'hui que l'emploi de l'huile, auquel on a donné un nom spécial, le *filage de l'huile*, peut rendre, dans certaines circonstances, de sérieux services.

Jusqu'à présent, c'est surtout en vue de la navigation que les essais ont été conduits, et on a constaté que, en mer libre, les lames ne déferlent plus sur toute l'étendue couverte par la couche infiniment mince d'huile qu'on y a répandue, tandis qu'elles continuent à déferler autour de cette sorte de grande tache.

L'amiral Cloué a calculé, d'après certaines données, que l'épaisseur de l'huile pouvait n'être que de un quatre-vingt-dix millième de millimètre $\left(\dfrac{1 \text{ millimètre}}{90,000}\right)$.

Si les lames ne déferlent plus, ne brisent plus sous la

___

1. *Comptes-rendus de l'Académie des Sciences*. 1887, 1er semestre, page 1586.

couche d'huile, elles n'en subsistent pas moins, mais elles y affectent la forme de grandes et fortes ondulations à surface arrondie du genre de la houle, mais plus énergiques, plus violentes que celle-ci.

Le fait seul de la disparition des brisants n'en reste pas moins un résultat extraordinaire et d'une portée considérable pour la protection des navires, en pleine mer.

Près du rivage, par de petites profondeurs, sur les bancs, sur les barres, les effets de l'huile sont plus controversés ; dans certains cas les brisants ont disparu, dans d'autres ils ont seulement été atténués, dans d'autres enfin on n'a constaté aucune amélioration notable de l'état de la mer.

Rien n'autorise à penser d'ailleurs que l'huile doive agir de la même façon dans toutes les circonstances, quel que soit le mouvement des eaux, et quelle que soit la cause qui détermine le déferlement et les brisants. Ainsi, l'huile n'empêcherait sans doute pas le déferlement du mascaret dans la Seine.

D'un autre côté, les expériences sont encore peu variées, et les résultats doivent dépendre vraisemblablement des circonstances et des conditions dans lesquelles elles ont été faites. La question du filage de l'huile par les petits fonds reste donc encore à l'étude, et c'est précisément celle qui intéresse le plus les ports, par exemple en cas de sauvetage, etc.

Toutes les variétés d'huile ont été essayées. Les huiles de poissons, et en particulier celles de phoque et de marsouin, paraissent les plus efficaces. Les huiles végétales viennent ensuite ; cependant certaines d'entre elles, notamment l'huile de coco, se figent trop vite dans les latitudes froides. Les huiles minérales sont les moins bonnes ; on dit qu'elles sont trop légères, pas assez visqueuses ; cependant, employées à défaut d'autres, elles ont rendu des services.

L'huile se répand sur la mer avec une rapidité merveilleuse. Le mode d'emploi le plus généralement usité à bord des navires consiste à laisser traîner à la surface de l'eau un sac de forte toile à voile, d'une capacité d'environ 10 litres, que l'on remplit d'étoupe saturée d'huile ; et, le sac étant fermé solidement, on perce son fond de plusieurs trous avec une aiguille à voile.

À quoi tient l'effet de l'huile ? on l'ignore encore. Son action est évidemment une action de surface, mais on ne sait pas quels phénomènes physiques ont lieu à la surface des lames pendant les tempêtes. Dans les théories mathématiques sur les ondes liquides, on admet que la pression à la surface est constamment égale à la pression atmosphérique : cela n'est peut-être que partiellement vrai. D'ailleurs, dans les rafales, la pression atmosphérique change très rapidement, presque instantanément, et d'une quantité très appréciable : l'eau peut avoir par suite une tendance à laisser dégager une partie de l'air qu'elle contient, ou à en absorber une plus grande quantité, et peut-être ce phénomène joue-t-il un rôle dans la formation des brisants.

S'il en était ainsi, l'effet de l'huile pourrait être attribuable à la cohésion de ses molécules, qui rendrait impénétrable à l'air une couche, si mince qu'elle fût, et empêcherait la désagrégation, pour ainsi dire, des particules liquides de la surface protégée.

Toutefois, il est d'autres matières qui jouissent à un certain degré de cette propriété de l'huile. Tous les corps flottants, en masse un peu compacte, à la surface ou près de la surface de la mer, produisent le même effet sur les brisants.

L'amiral Cloué, dans l'article déjà mentionné, cite notamment deux faits observés par lui.

Son navire traversait un banc de harengs, à fleur d'eau, d'environ un mille de diamètre. Il ventait assez

fort, la mer brisait tout autour, mais nullement au dessus du banc de poissons.

Une autre fois, en traversant un assez large espace
couvert de menus morceaux de glace, serrés entre eux,
et provenant de la désagrégation d'une énorme monta-
gne de glace échouée par 60 m. d'eau, il a trouvé la mer
très belle au milieu de cette sorte de crème, tandis
qu'elle était blanche d'écume partout ailleurs.

Tous les marins ont observé que les bancs de varechs
empêchent la formation des brisants sur la surface
qu'ils recouvrent, et même que la lame y perd une grande
partie de sa force; il y a un calme relatif sous le vent
d'un grand ilot de varechs, bien que la mer soit mauvaise au vent de ce banc. On sait que les roseaux qui
poussent au bord d'un canal ou d'une rivière amortissent
complètement les brisants que forme à la rive un bateau,
lorsque sa vitesse dépasse une limite donnée.

Certaines algues enracinées au fond de la mer ont le
même effet sur les brisants des vagues.

S'autorisant de ce fait d'observation, un inventeur a
eu l'idée singulière de proposer la formation d'un abri
de rade à l'aide d'une ceinture d'algues artificielles.

L'élément de cette jetée aurait été un câble enduit de
caoutchouc et lesté à son pied par un poids suffisant : la
longueur de chaque câble eût été plus grande que la
plus grande profondeur d'eau au point d'immersion, de
façon à ce que son extrémité supérieure, couchée sur
l'eau, fut toujours apparente : l'écartement à adopter entre les câbles et la largeur de la ceinture auraient été
déterminés par expérience.

Cette idée bizarre n'a reçu du reste aucune application.

Les corps flottants produisent toujours une action sur
les brisants des lames qui viennent les rencontrer. Ainsi,

quand un navire est mouillé au large, par une mer agitée, il est rare que le courant côtier, le vent et les lames aient la même orientation ; le navire prend alors une direction oblique par rapport à celle des lames, et son côté sous le vent reste encore accostable quand l'autre est devenu inabordable, par suite des lames qui s'y brisent.

Si le navire est enfilé par les lames dans toute sa longueur, il n'a plus de côté maniable, mais on peut créer cependant un abri sur un de ses flancs en immergeant une voile par son travers. La voile est portée par deux vergues dont l'une flotte à la surface, et dont l'autre est lestée de façon à descendre et à se maintenir dans l'eau en tendant légèrement la toile. On réalise ainsi un calme relatif sous le vent de la voile.

56. Des lames au rivage. — Jusqu'ici nous n'avons étudié la lame que dans la zone du rivage toujours couverte par les eaux.

Voyons maintenant ce qu'elle va devenir sur la plage qui découvre et qu'on appelle l'*estran*.

Quand une lame arrive au pied d'un estran en pente douce, elle en remonte le talus en vertu de la vitesse acquise et elle s'y étale : on l'appelle alors la *lame directe*.

En remontant ainsi, elle perd de sa vitesse par l'effet de la gravité, des frottements, et du travail qu'elle dépense en remuant les matériaux de l'estran. Elle finit par s'arrêter à une certaine hauteur, puis redescend le talus en reprenant de la vitesse. On l'appelle alors *lame de retour*.

En redescendant vers la mer, elle rencontre la lame suivante, la prend par dessous, *par le pied* comme on dit, la fait culbuter sous forme d'un rouleau écumeux, qui vient à son tour briser sur la plage. C'est le phénomène familier du rouleau d'eau de la vague au rivage.

La lame de retour n'agit pas seulement sur la pre-

mière lame qu'elle rencontre, on voit très nettement
qu'elle agit au-delà sur plusieurs des lames suivantes
vers le large; elle les fait successivement déferler, ou
elle donne à leur crête une forme très aiguë.

L'observation des lames qui s'étalent sur l'estran a enseigné qu'il s'en produit, à peu près périodiquement, une
qui monte plus haut et va plus loin que les autres.

Ceci peut s'expliquer en admettant que les lames ne
sont pas simples, mais plutôt la combinaison, la résultante de deux ou de plusieurs lames superposées.

On se rendrait compte, par exemple, de la périodicité
de la forte lame, en imaginant une grande onde très longue, sur laquelle s'en développeraient d'autres plus
courtes, en nombre à peu près constant.

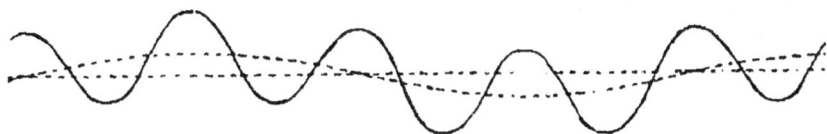

On a présenté d'ailleurs de ce fait une autre explication, qui se résume ainsi :

Quand une lame monte très haut sur l'estran, la lame
de retour correspondante diminue la force ascensionnelle
d'un certain nombre des lames suivantes. Ces lames
monteront donc moins haut que la première; par conséquent, en redescendant l'estran, elles auront moins de
force pour s'opposer à l'ascension de la lame qui les suit.
Cette dernière pourra donc monter sur l'estran aussi haut
que la première, et ainsi de suite.

57. Courant de retour des lames. — Nous avons
dit que, près de la plage, les choses se passent comme si
le mouvement de l'eau dans les lames directes se trans-
formait en une translation horizontale de l'eau vers la
terre.

Nous donnerons à cette translation le nom de courant direct des lames.

De leur côté, les lames de retour ramènent l'eau vers la mer, et nous appellerons ce reflux courant de retour des lames.

En général, par les beaux temps, le courant direct est plus fort que le courant de retour, il amène sur la plage plus d'alluvions que l'autre n'en remmène, de sorte que la plage se relève, s'engraisse.

Mais, par les gros temps et avec certaines dispositions de côtes, le contraire peut avoir lieu ; le courant de retour devient prédominant, la plage s'abaisse, s'amaigrit.

Cela tient à ce que le courant direct est surtout un courant de surface, tandis que le courant de retour est un courant de fond.

Or, nous avons vu que dans les baies, dans les rentrants des côtes, il y a, par les coups de vent du large, refoulement de l'eau, exhaussement du niveau dans l'enfoncement de la baie, et par suite formation d'un courant de fond de la baie vers la mer.

Ce courant de fond, s'ajoutant au courant de retour de la lame, peut rendre celui-ci plus fort que le courant direct, et alors le courant de retour emmènera vers le large plus d'alluvions que le courant direct n'en aura amené vers la plage.

58. Des lames sur les rivages accores et sur les ouvrages de main d'homme. — Nous n'avons parlé jusqu'ici que du déferlement des lames sur les plages ou les estrans en pente douce.

Mais les choses se passent d'une manière bien différente quand les lames viennent s'abattre sur un rivage accore, au pied duquel existe une notable profondeur d'eau, ou encore sur certains ouvrages en mer. Elles prennent alors une violence extrême dont les effets laissent toujours une impression profonde.

Nous allons examiner ce qui se passe le long des ouvrages à parements presque verticaux, frappés à peu
près normalement par les lames quand elles sont encore
sous l'impulsion du vent, c'est-à-dire dans toute leur
puissance.

Nous avons assimilé le mouvement de l'eau dans une
lame au fouettement d'une verge élastique.

Nous avons vu également que toute la masse d'eau
qui constitue la lame est animée, surtout à la surface,
d'une vitesse de translation vers le rivage où souffle le
vent.

Si donc la partie antérieure d'une lame, c'est-à-dire
celle qui exécute son brusque mouvement d'oscillation
en avant, vient à rencontrer une paroi verticale fixe. il y
aura choc contre cette paroi, et le choc sera particulièrement violent à la surface, tandis qu'il pourra être peu sensible au fond.

Le mouvement horizontal de l'eau sera transformé brusquement en mouvement vertical. (Pl. VIII, fig. 6).

C'est ce qu'on observe le long des jetées frappées par
la mer.

La lame, en s'élevant, perd sa vitesse verticale ; bientôt
elle s'arrête dans son ascension. A partir de ce moment,
l'eau retombe en reprenant peu à peu de la vitesse.

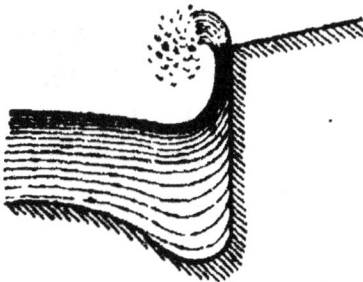

Cette chute en retour des
eaux s'appelle *ressac*.

Le ressac produit des af-
fouillements et des bouleversements au pied des ouvrages, et on doit les protéger
contre ces effets dangereux.

Voici quelques chiffres qui
donnent une indication sur la puissance des forces en
action.

On a vu des jets de lames s'élever à :

23 m. de hauteur au phare de la Hague,

25 m.   »   aux musoir brise-lames de Cette
                              (Méditer.

30 m.   »   au fort Boya

32 m.   »   au phare de Bell Rock (mer du Nord),

36 m.   »   à la digue de Cherbourg,

50 m.   »   au phare d'Edystone (Pl. VIII, fig. 7).

On comprend quels ébranlements doivent produire de pareils chocs.

Ils suffisent pour déplacer sur leur base des massifs de plusieurs centaines de mètres cubes. Ces jets énormes soulèvent des blocs de 10, 15 et 20 m². et les font sauter, par dessus les jetées, à 2 m. et 3 m. au dessus de la mer.

C'est là le grand ennemi contre lequel il faut lutter dans les constructions maritimes, et on voit l'intérêt qu'il y a à en connaître la force.

Puisqu'il s'agit du choc d'une masse liquide en mouvement, il est naturel d'admettre que l'impulsion sera proportionnelle au carré de la vitesse ; et comme la hauteur à laquelle s'élève un jet liquide est proportionnelle au carré de la vitesse dont il est animé à sa base, on est porté à croire que le choc de la lame, ou ce qu'on appelle sa force, doit être aussi dans un certain rapport avec la hauteur de son jaillissement ; autrement dit, que la pression par unité de surface à la base du jet est représentée par le poids d'une colonne d'eau ayant pour section l'unité de surface, et pour hauteur à peu près celle du jet.

Pour vérifier ces inductions théoriques, on s'est livré à des recherches expérimentales.

Thomas Stevenson a fait à ce sujet des observations en Angleterre [1].

1. *Transactions of the Royal Society of Edinburgh*. Vol. XVI. Part. I.

Il se servait d'un dynamomètre dont voici le principe.

Une plaque, dont le plan est vertical, reçoit le choc des lames (Pl. VIII, fig. 8).

Cette plaque porte 4 tiges horizontales qui y sont invariablement fixées.

Ces tiges pénètrent par quatre trous dans une plaque scellée sur un point fixe et à travers laquelle ils peuvent glisser.

Un ressort à boudin, enroulé autour de chaque tige, maintient l'écartement entre la plaque mobile et la plaque fixe.

Quand la lame frappe la plaque mobile, les ressorts sont comprimés et les tiges glissent dans la plaque fixe.

La pénétration des tiges donne la tension des ressorts et, par suite, la pression de la lame sur la surface du plateau mobile.

On conçoit que, à l'aide d'index mobiles analogues à ceux des thermomètres à maxima, on puisse reconnaitre quelle a été la plus grande force de la lame.

Stevenson a appliqué cet appareil au phare de Bell Rock, sur la mer du Nord. Il releva des pressions correspondant à 15ᵐ de hauteur d'eau, et cependant il avait observé des jets de lames ayant atteint 27 à 32ᵐ de hauteur.

Au phare de l'île de Skerryvore, à l'ouest de l'Ecosse, sur l'Atlantique, la pression observée correspondit à une hauteur d'eau de 30ᵐ, inférieure également à la hauteur des jets.

Ces expériences, très intéressantes, laissent un doute dans l'esprit ; on ne sait comment la lame frappait la plaque mobile, normalement ou obliquement ; on ne sait pas non plus l'influence qu'ont pu exercer la contrepression et les mouvements tumultueux de l'eau en arrière de cette plaque, ainsi que la réaction due au voisinage de l'obstacle fixe où l'appareil était scellé.

Chevallier a fait de son côté quelques expériences d'un autre genre, au Hàvre, en 1849.

Un batardeau en bois, destiné à permettre la réparation d'une écluse de chasse aujourd'hui démolie (l'écluse de la Floride), a reçu, à 1^{m}87 au dessus du radier, une plaque mince percée d'un trou circulaire de 0^{m}02 (deux centimètres) de diamètre. Par cet orifice s'écoulait un jet parabolique d'une parfaite régularité (Pl. VIII, fig. 9).

Une échelle horizontale à l'intérieur, une échelle verticale à l'extérieur, permettaient de mesurer l'amplitude du jet et la hauteur de la lame.

En temps calme, l'amplitude du jet et, par suite, sa vitesse, variait, suivant la loi connue, avec la hauteur de l'eau extérieure.

Mais, par une mer agitée, les effets étaient inférieurs à ceux qui auraient été dus à la hauteur de la lame.

On a observé que, lorsque la lame arrivait obliquement, le jet se déviait sur la règle horizontale.

Les plus fortes lames observées se sont élevées à 5 ou 6 mètres au dessus de l'orifice, et elles avaient jusqu'à 4^{m}40 de creux.

En résumé, on peut admettre que la hauteur du jet des lames indique le maximum possible de leur force.

On a des données, d'un caractère peut-être plus pratique, tirées d'observations d'avaries survenues à des ouvrages :

On en trouvera deux exemples dans les *Annales des Ponts et Chaussées* :

« Accident arrivé à une tour balise de la baie de St-« Malo. Note de M. *Le Pord*; 1858, 1er semestre. » — « Accident survenu en 1868 à la tour balise de la roche « du Petit-Charpentier, un des écueils de l'embouchure « de la Loire. Note de M. *Leferme*; 1869, 1er semestre. »

Toutefois, il faut observer que la force des lames n'a pu être déduite d'effets constatés, et d'ailleurs certains, qu'en introduisant dans les calculs plusieurs hypothèses ; et, malheureusement, toutes ces hypothèses sont plus ou moins arbitraires ou discutables.

Quoi qu'il en soit, on est d'accord aujourd'hui sur les points suivants :

Le maximum de force des lames a lieu vers le niveau de la mer supposée en repos, c'est-à-dire au niveau moyen dans les mers sans marée, et entre la basse mer et la haute mer dans les mers à marée. La force des lames décroît très rapidement au dessus et au dessous du niveau correspondant à leur intensité maxima.

En ce qui concerne plus particulièrement nos côtes, on admet généralement que, dans les plus fortes tempêtes, sur les ouvrages les plus exposés, les lames les plus violentes peuvent atteindre, et peut-être dépasser un peu, au niveau de la mer, une force de 30.000 k. (trente mille kilogrammes) par mètre carré (Cherbourg et St-Jean-de-Luz. dans l'Océan ; Philippeville, dans la Méditerranée).

Cependant des lames produisant des chocs équivalents à une poussée de 15.000 à 20.000 kg. par mètre carré seraient déjà assez rares, même dans les conditions et dans les circonstances qui viennent d'être spécifiées, et elles seraient tout à fait exceptionnelles ailleurs que sur les côtes rocheuses et accores de l'Océan Atlantique, dans le fond du golfe de Gascogne, et sur les côtes de l'Algérie.

Quand la lame a dû se développer sur un fond sous-marin en pente relativement douce, sa force est considérablement atténuée près du rivage, et elle ne paraît pas dépasser alors 8.000 à 10.000 k. Enfin, dans les parages où sont situés la plupart de nos ports, les accidents survenus aux ouvrages peuvent s'expliquer en général en admettant des lames de 4.000 à 6.000 kilogrammes.

Il y a en outre deux observations importantes à faire au point de vue pratique.

La première consiste en ce que les chiffres indiqués ci-dessus supposent que le choc des lames est normal à la surface qui le reçoit ; or, quand le choc est oblique, sa force se trouve par le fait atténuée, et d'autant plus affaiblie que l'obliquité est plus grande.

Si, par exemple, un port est abrité par deux jetées à peu près perpendiculaires entre elles, et si l'une reçoit les lames les plus violentes presque normalement, elle devra être construite avec des blocs artificiels énormes, de 20 à 30 mètres cubes, par exemple, tandis que l'autre pourra l'être avec des enrochements naturels de 1 à 2 mètres cubes au maximum.

La seconde observation est basée sur ce fait que, même lorsque la lame frappe normalement une longue jetée, il n'arrive que bien rarement que le choc ait lieu au même moment, avec la même violence, sur toute la longueur de l'ouvrage. Le plus souvent les grands jaillissements ne se produisent que successivement, sur des parties restreintes de la jetée, et en des points assez distants l'un de l'autre.

Dans ce cas, si toutes les portions de l'ouvrage sont suffisamment reliées entre elles, la plus violemment attaquée trouve dans les voisines, qui le sont moins, une sorte d'appui, qui augmente beaucoup sa résistance.

59. Exemple d'une grande tempête. — A titre d'exemple d'une grande tempête, nous citerons celle des 26-27 janvier 1878, à Philippeville.

Les détails qui vont suivre sont extraits d'un rapport de M. Salva, alors ingénieur en chef.

Dans la tempête des 26-27 janvier 1878, les lames ont monté contre les falaises nord du cap de Fer à 30 et 32ᵐ au dessus du niveau ordinaire de la mer.

Dans la crique au sud du phare, bien abritée contre les vents du N à l'E, les vagues ont envahi le plateau garni de végétation à ($+8^m$ ou $+10^m$); elles n'avaient jamais dépassé autrefois le sommet de la plage à ($+4^m$). Les embruns arrivaient dans la cour du phare à 84^m du bord de l'eau et à ($+49^m$) au dessus de la mer, et même jusqu'à la lanterne, à ($+18^m$) au dessus de la cour.

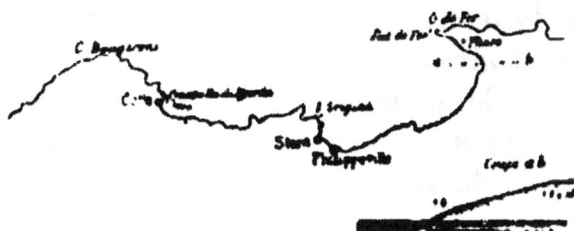

Le petit îlot de 1 hectare et demi de superficie, à 1 kilom. dans l'ouest du cap, dont le point culminant est à ($+30^m$), a été entièrement couvert par les vagues tant que la tempête est restée dans toute sa force.

L'île Srigina, placée à l'entrée du golfe de Stora, à peu près au milieu du grand golfe qui s'étend du cap de Fer au cap Bougaroni, a une forme très allongée du sud au nord (300^m de long, 50^m de large). Les embruns ont atteint la cour du phare située à 140^m au sud de la pointe nord, à ($+45^m$), et même la lanterne, à ($+55^m$); à la pointe sud de l'île, les vagues ont, pendant plus de 24 heures, dépassé d'une hauteur de 6^m la passerelle qui présente déjà une élévation de ($+8^m$).

Le vent a brisé un mât de signaux de $0^m,25$ de diamètre, fixé contre un mur au moyen de 2 forts colliers, et consolidé par 3 haubans.

Dans la presqu'île de Djerda, près de Collo, les vagues s'élevèrent à ($+31^m$). Des vagues s'élevant à ($+19^m$) donnaient de telles secousses au phare que les familles des gardiens l'abandonnèrent pour aller coucher à Collo.

MM. Mendeville et Rocas furent enlevés par une lame à une hauteur de 19ᵐ environ et engloutis. Dans le port de Collo la mer se retirait jusqu'à 42ᵐ du rivage, c'est-à-dire jusqu'un peu au delà des fonds de 3ᵐ, laissant l'extrémité du quai complètement à sec.

Les lames brisant sur la jetée de Philippeville s'élevaient à 4ᵐ au dessus des parties intactes du mur d'abri, soit à 11ᵐ au dessus de la mer calme.

Dans la tempête, les lames du large atteignaient 9ᵐ au dessus du niveau ordinaire de la mer.

A Collo, les lames avaient donc, du creux au sommet, 3ᵐ au dessous de la mer et 9ᵐ au dessus, soit une hauteur totale de 12ᵐ.

CHAPITRE II

RÉGIME DES COTES

§ 1.

PLAGES DE GALETS

68. Les plages. Les falaises. — Le rivage des mers est soumis à des causes incessantes de destruction.

Mais ces causes agissent à des degrés divers suivant la nature des terrains qui constituent les côtes.

Les roches dures, telles que le granit, le grès, le calcaire compact, ne subissent qu'une altération lente et superficielle.

Les rivages qu'elles bordent sont souvent accores, quelquefois à pic ; ils offrent de nombreuses baies très favorables à la création de ports. — On peut citer les côtes granitiques de la Bretagne ; les côtes calcaires et granitiques de la Méditerranée, à l'est du Rhône ; les côtes voisines de Port-Vendres.

Les calcaires tendres et poreux (la craie par exemple) s'imprègnent d'eau ; cette eau se congèle en hiver, se dilate en se congelant, et fait éclater de grands pans de rochers qui s'éboulent en masse dans la mer.

Le rivage est alors constitué par de hautes falaises à pic, parmi lesquelles les plus connues dans notre pays sont celles de la Seine-Inférieure.

Les ports n'y peuvent être établis que dans les dépressions de la falaise formées par les failles géologiques servant de vallées aux cours d'eau.

Les terrains contenant des couches argileuses forment des côtes plus ou moins plates, et des plages en pente douce.

Mais, quelle que soit la nature des terrains géologiques qui forment les côtes baignées par la mer, le résultat des influences atmosphériques, de l'action des vagues et des courants, se traduit toujours finalement par l'éboulement de ces terrains dans la mer.

Si la lame peut en remuer les matériaux, elle leur fait subir un broyage, une trituration incessante, en les faisant frotter les uns contre les autres.

Un bloc anguleux perd ses arêtes vives, diminue de volume, devient une pierre arrondie, puis un galet, puis un grain de gravier.

Les éléments les plus friables sont réduits à l'état impalpable et constituent la vase.

A mesure que les matériaux deviennent de plus en plus petits, ils sont mis en mouvement par des forces de plus en plus faibles.

Le galet n'est guère déplacé que par les lames. Le sable obéit aux lames, aux courants et même aux vents. La vase en suspension est presque aussi mobile qu'un liquide.

61. Les alluvions en mouvement. Les galets. — Si l'on agite dans un bassin un mélange de galets, de sable et de vase, et qu'on le laisse reposer, le galet se dépose le premier au fond du bassin, le sable couvre le galet, et la vase ne se dépose sur le sable qu'après être restée longtemps en suspension.

Si l'on s'en rapportait à l'impression que laisse cette expérience, on pourrait croire que, sur les plages aussi, la vase doit être à la surface et les galets au fond ; mais on se tromperait complètement.

En réalité, sur les bords de la mer, les plus gros matériaux sont toujours situés au niveau le plus élevé, et les matériaux les plus petits au niveau le plus bas.

Ainsi, sur une plage à galets, c'est au sommet du talus de l'*estran* qu'on rencontre la plus grande quantité de gros galets ; en descendant le talus on trouve des galets plus petits ; puis, sous l'eau, du gravier ; encore plus bas, du sable ; enfin, dans les grandes profondeurs, il n'y a plus que de la vase.

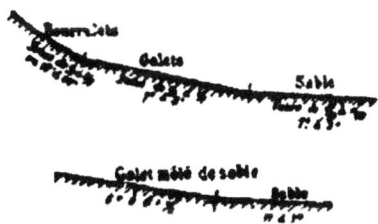

Cela tient à ce que, sous l'action des lames, les choses se passent tout autrement que dans l'expérience du bassin. Les lames directes bouleversent tous les matériaux du fond et les rejettent violemment, pêle-mêle, à une certaine hauteur sur l'estran, où ils se déposent pendant le temps très court où l'eau, ayant cessé de monter, ne commence pas encore à descendre.

Mais les eaux de la lame de retour, en redescendant vers la mer, entraînent avec elles, par l'effet de leur vitesse, les matériaux les moins volumineux.

Il se produit là un véritable phénomène de triage par lévigation, comme sur une table à secousses, qui ne laisse à la partie supérieure du rivage que les gros matériaux susceptibles de se tenir sur un talus assez raide, malgré la vitesse de l'eau descendante

Les matériaux plus petits sont entraînés plus bas, sous un talus plus doux, et ainsi de suite.

C'est un phénomène analogue à celui qu'on observe dans le lit d'une rivière torrentielle.

Dans la partie montagneuse, la plus rapide, le lit est encombré de blocs énormes ; à une certaine distance, à l'aval, il est formé de galets ; au dessous on n'y trouve plus que du sable ; enfin, près du débouché en mer, on rencontre la vase. La pente du lit diminue de plus en plus de l'amont vers l'aval, passant de la presque verticalité dans les montagnes à la presque horizontalité près de la mer.

De même, le profil en travers d'une plage sous-marine est plus accore vers le rivage que par les grands fonds, du moins en règle générale.

Les lames ne frappent pas toujours normalement le rivage ; il arrive au contraire, le plus souvent, qu'elles s'y abattent sous un certain angle. Dans ce cas, elles projettent les matériaux obliquement sur le talus de l'estran.

Ces matériaux redescendent vers la mer avec la lame de retour, en se rapprochant de la ligne de plus grande pente, puis ils sont repris et projetés de nouveau par la lame suivante ; de sorte qu'ils avancent finalement dans le sens même de la propagation des lames, par une succession de mouvements dont les premiers peuvent être assimilés à un bond, et les seconds à un glissement. Et ce que l'on voit sur l'estran a lieu évidemment aussi sur la plage sous-marine près du rivage.

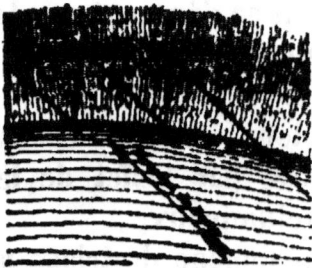

Ainsi les alluvions ont un double mouvement ; un mouvement d'oscillation transversale sur le talus de la plage, un mouvement de transport le long du rivage dans le sens de la marche des lames.

Ce mouvement de transport est lui-même composé d'oscillations, car le vent ne souffle pas toujours du même côté, il vient tantôt de l'ouest, tantôt de l'est, par exemple, et, suivant la direction des lames, les alluvions vont tantôt dans un sens, tantôt en sens contraire.

Toutefois, comme il y a presque toujours une direction d'où viennent le plus fréquemment les lames les plus fortes, il y a finalement, en général, un mouvement résultant de transport dans un sens déterminé, celui des lames dominantes.

Quand les alluvions sont mises en mouvement non seulement par les lames, mais encore par les courants, ou même par le vent, leur translation finale est la résultante de ces translations partielles.

Nous allons étudier ces mouvements, d'abord sur une plage à galets.

Nous prendrons comme exemple une plage de la Seine-Inférieure.

Le galet s'y forme de la façon suivante. Les falaises, à pic, sont constituées par des bancs de craie, à peu près horizontaux. Ces bancs présentent des couches nombreuses de nodules ou rognons siliceux. Quand un pan de falaise s'écroule dans la mer, la lame délave la craie et laisse, au pied de l'escarpement, les rognons de silex qu'elle remue incessamment et dont elle arrondit les fragments. Ces fragments arrondis sont ce qu'on appelle des galets.

Quand le galet, en cheminant le long de la côte, rencontre une baie étroite, la vallée d'un cours d'eau, par exemple, il tend à en barrer l'embouchure par un cordon littoral.

Si l'on relève le profil de ce cordon de galets après une grande tempête, on constate qu'il a, approximativement, la forme de la fig. 1, page 185. Les lames ont franchi le sommet et ont formé, en arrière, un plan très doucement incliné. S'il survient une tempête un peu moins forte, le galet ne sera plus projeté jusqu'au sommet, et la plage prendra le profil de la fig. 2, page 185. Il se formera, en saillie sur le profil 1, un apport de galets dont la crête sera plus basse que le sommet du cordon et s'arrêtera à une banquette presque horizontale. S'il arrive un coup de vent, il pourra se former un second bourrelet, inférieur au premier, et alors on aura un profil tel que celui de la fig. 3, Les plages à galets offrent, en fait, le plus souvent, cette succession de banquettes. Mais s'il se produit une nouvelle grande tempête, toutes ces banquettes sont rasées, retroussées, et la plage revient au profil 1 pour repasser succes-

PORT DE DIEPPE
Profils en travers de la plage Ouest.

Fig. 1.

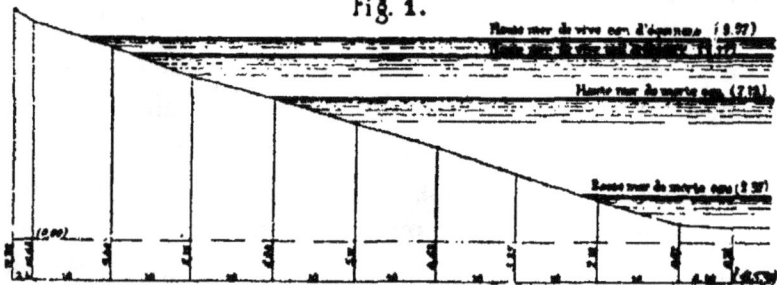

Fig. 2.

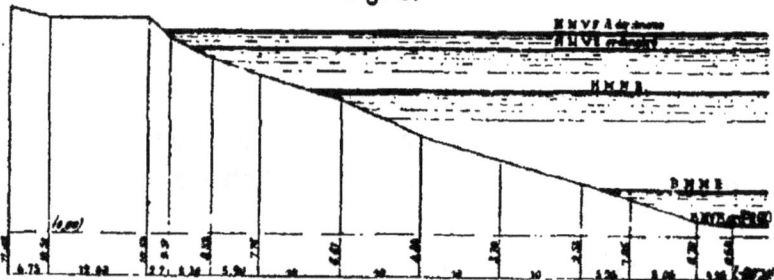

Fig. 3.

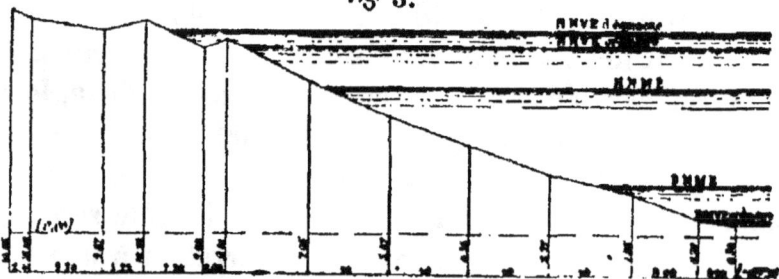

Echelles { Longueurs, 0 ᵐ 001 par mètre.
{ Hauteurs, 0 ᵐ 0025 id.

D'après les documents fournis par M. l'Ingénieur en chef Alexandre, en novembre 1889.

sivement par les formes accidentées que nous avons décrites.

Il existe en Angleterre, près de Portland, un énorme amoncellement de galets, le Chesil-Bank. Ce n'est plus un simple cordon littoral, mais une véritable levée de galets de près de 17 kilomètres de longueur, et dont la hauteur atteint jusqu'à 13ᵐ au dessus des plus hautes mers. On discute encore sur les causes qui ont pu déterminer la formation du Chesil-Bank[1].

La marche des galets le long du rivage étant déterminée par les lames des vents régnants, il peut arriver que la côte dessine un angle saillant dont la direction de ces vents régnants soit à peu près la bissectrice.

Dans ce cas, les galets iront de droite à gauche d'un côté, et de gauche à droite de l'autre. C'est ce qui a lieu sur les côtes de la Seine-Inférieure; le point de partage est le cap d'Antifer, non loin du Hâvre.

Les galets divergent donc du cap d'Antifer; les uns vont vers le Hâvre, à l'embouchure de la Seine, les autres vers St-Valery, à l'embouchure de la Somme.

Sur la côte d'Angleterre, on trouve à Dungeness un point où, au contraire, les galets convergent (Atlas; Pl. VIII, fig. 10 et 11).

On explique ce fait en admettant que les lames n'ont pas là, comme presque partout ailleurs, une direction dominante, mais que les lames du S.-O. et celles du N.-E. y ont à peu près la même puissance; de sorte que le galet venu en ce point de chaque côté est obligé de s'y accumuler en gagnant vers le large. L'avancement se continue de nos jours; on a dû déplacer trois fois le phare qui signale ce cap de galets.

C'est un exemple des cas bizarres qui peuvent se pré-

1. *Procedings de l'Institution des Ingénieurs civils de Londres* (Vol. XL, 1874-1875).

senter à la mer ; ordinairement la mer ronge les caps les plus résistants et tend à en diminuer la saillie ; ici, elle forme un cap avec des matériaux meubles.

Les galets soumis à une trituration, à un broyage incessants, diminuent successivement de volume et deviennent rapidement du gravier de plus en plus fin. Aussi les galets ne s'étendent-ils jamais très loin des falaises qui leur ont donné naissance.

Sur les côtes de la Seine-Inférieure, le galet s'arrête au Hâvre d'un côté et à S¹-Valery-sur-Somme de l'autre.

Les galets corrodent, par leur frottement continuel, le pied des falaises le long desquelles ils circulent ; ils favorisent ainsi, pour leur part, la destruction des falaises d'où ils proviennent. Ils corrodent également le parement des ouvrages au pied desquels ils s'accumulent.

Quand le galet, dans son cheminement, arrive devant

une baie très large, comme celles de la Seine ou de la Somme, il forme une pointe saillante sur la rive par laquelle il aborde cette baie, et il infléchit le courant de jusant vers la rive opposée, qui peut alors se trouver attaquée. (Exemple : L'embouchure de la Somme).

Si la baie est petite et peu profonde, le galet la barre à peu près complètement. C'est ce qui a lieu pour l'embouchure de toutes les petites rivières de la Seine-Inférieure.

Toutefois, le jusant, aidé par le courant de la rivière, maintient dans ce barrage une brèche par laquelle se fait le mouvement alternatif des eaux de la marée.

Cette brèche est naturellement située près de la rive où le courant a été rejeté par l'avancement du galet ; elle sert d'entrée au port créé à l'embouchure de la rivière.

Ceci explique l'aspect uniforme de la configuration de tous les ports de la Seine-Inférieure situés le long de la falaise.

Le courant de jusant, en repoussant le galet qui tend à obstruer l'entrée, forme en avant de la brèche, qu'on appelle le chenal, une espèce de cône de déjection dont le sommet situé près du niveau de basse mer a une forme à peu près circulaire. C'est ce bourrelet qu'on appelle la barre.

Les eaux du jusant se déversent donc par dessus la barre en s'épanouissant ; aussi il y a moins de profondeur sur la barre que dans le chenal. Mais elles ne s'y déversent pas uniformément ; il y a toujours sur la barre un point où les eaux trouvent un passage plus facile qu'ailleurs ; elles se portent donc vers ce point et y creusent la barre. Ce point est ce qu'on appelle la passe.

La passe peut varier de position après une tempête ou une crue qui a modifié le relief de la barre.

Supposons que la passe, dans l'état actuel, soit précisément dans l'axe du chenal, et qu'un coup de vent fasse marcher le galet de gauche à droite sous l'action des lames ; le galet du bord gauche de la passe s'avancera vers la droite, le bord droit sera rongé par le courant qui y est rejeté, et la passe se déplacera de gauche à droite.

S'il survient une crue du cours d'eau, le courant pourra rétablir la passe devant le chenal ; si une autre tempête pousse les lames de droite à gauche, la passe se reportera vers la gauche.

Cette instabilité de la passe est un grave inconvénient pour la navigation, et les ouvrages destinés à la fixer sont des plus importants pour l'amélioration des ports.

§ 2

PLAGES DE SABLE

69. Les plages de sable. -- Une partie du sable qu'on trouve sur les plages maritimes provient de la trituration des roches éboulées dans la mer et remuées par les lames. Mais il en vient aussi des rivières qui se jettent à la mer. Il est souvent très difficile, sinon impossible, de faire la part de ces deux provenances, et de savoir si c'est la mer qui en amène le plus ou si ce sont les rivières.

Cette question a donné lieu à de longues discussions, surtout à propos de l'embouchure des fleuves dans les mers sans marée.

Les partisans de l'origine maritime du sable font observer qu'un fleuve débouchant dans la mer Méditerranée, par exemple, n'a presque pas de pente près de son embouchure, et qu'en amont de la barre on trouve dans le fleuve de grandes profondeurs avec un fond vaseux. Ceci prouve, à leur avis, que, près de l'embouchure, le courant n'a pas la force d'entraîner autre chose que de la vase, et ne saurait amener du sable.

Dans leur opinion, ce sont les lames qui retroussent devant l'embouchure le sable de la mer pour former la barre.

Les partisans de l'origine fluviale font remarquer que, dans la Méditerranée, les plages de sable sont cantonnées dans le voisinage et sous le vent dominant des embouchures des cours d'eau, que la quantité de sable diminue à mesure qu'on s'éloigne des embouchures, et finit même par disparaître presque complètement à une certaine distanc

Ils estiment que ce ne sont pas seulement les eaux, mais aussi les matériaux du lit du fleuve qui descendent

vers la mer, et qu'il y a là une source amplement suffisante
de sable pour alimenter la barre ; que, d'ailleurs, la vase
contient toujours, elle-même, du sable fin analogue à celui
de la barre.

Ils ajoutent qu'on connaît encore mal le régime des
courants à l'embouchure des fleuves en temps de crue, et
que rien n'autorise à assimiler ce qui se passe alors à ce
qu'on observe en temps d'étiage ; que le courant de certains fleuves en crue a assez de force pour se prolonger
au loin dans la mer, enfin que, après une crue, on observe
souvent la formation d'un banc de vase sableuse en avant
de l'embouchure.

Quelle que soit son origine, le sable arrivé sur le littoral va se mouvoir sous l'action de certaines forces.

Action des lames. Cordon littoral. Lagunes. — En ce qui
concerne l'action des lames, on pourrait répéter presque
textuellement pour le sable ce qui a été dit au sujet du
galet ; la seule différence dans les effets tient à ce que le
sable est infiniment plus mobile que le galet ; la moindre
vague suffit pour le mettre en mouvement.

Comme le galet, le sable forme, devant les baies qu'il
rencontre sur sa route, des cordons littoraux ; mais ces
cordons de sable sont beaucoup plus bas, beaucoup plus
plats que les cordons de galets ; sauf ces deux différences,
le profil d'une plage de sable varie, exactement comme
celui d'une plage de galets, avec l'état de la mer. Pour passer
du galet au sable il suffit, pour ainsi dire, d'augmenter
dans une proportion convenable l'échelle des largeurs et
de diminuer celle des hauteurs du profil des plages de
galet.

Cependant les plages de sable offrent quelquefois une
particularité près du rivage, sous l'eau ; elle consiste en
un bourrelet sous-marin parallèle à la côte ; on l'observe
surtout et le plus souvent dans les mers sans marée ; il se

manifeste par une ligne clapoteuse et écumeuse, même quand la mer est presque calme.

La formation de ce bourrelet paraît due à la rencontre des lames directes et des lames de retour, qui, en perdant leurs vitesses, de sens contraire, dans ce choc, laissent précipiter le sable qu'elles charriaient ou tenaient en suspension.

Comme le lieu où se produit cette rencontre n'est pas fixe, mais varie suivant l'état de la mer, la position de ce bourrelet sous-marin parallèle à la côte varie aussi.

Quand une baie s'ensable, elle est séparée de la mer par un cordon littoral que forment les lames en rejetant le sable vers la côte. Elle devient ainsi une lagune.

Si la plage sous-marine en avant du cordon littoral continue, dans la suite des temps, à recevoir de la mer des apports de quelque importance, il se produit, dans certaines conditions, un nouveau cordon en avant du premier.

Il peut arriver alors que le premier ne soit plus alimenté et tende à disparaître.

Dans certaines lagunes isolées de la mer par un cordon de sable, on observe quelquefois de nombreux îlots, très bas, à peu près alignés parallèlement au rivage ; on est porté à admettre qu'ils sont les vestiges d'anciens cordons littoraux que le vent a dérasés, et que les courants ou les vagues de la lagune ont attaqués et découpés en tronçons.

Toutefois les choses ne se passent pas partout et toujours ainsi, et l'ancien cordon littoral, loin de disparaître, peut, dans certains cas, comme on le verra plus loin, s'exhausser au contraire par de nouveaux apports de sable sous l'action du vent.

La faible hauteur habituelle d'un cordon de sable l'expose à être coupé, dans ses points bas, soit par les lames, d'un côté, soit par les hautes eaux de la lagune, de l'autre, soit par suite d'un amaigrissement local de la plage, qui peut être dû à des causes diverses et que nous examinerons plus tard.

Cependant, certaines coupures se maintiennent d'une façon à peu près permanente dans des régions déterminées où l'on cherche à les fixer, pour servir de passages aux bateaux.

Ces coupures ont presque toujours, en effet, une tendance à se déplacer dans un sens déterminé ; si, par exemple, l'action des lames est prépondérante, ce sens sera celui des lames dominantes. Supposons qu'il soit de gauche à droite ; le bord gauche de la coupure, qui reçoit incessamment de nouveaux apports de sable, tend à s'avancer vers la droite, et repousse les courants qui se font sentir dans le passage ; le bord droit se trouve ainsi rongé et recule vers la droite ; d'ailleurs l'action de la lame l'appauvrit incessamment, en entraînant une partie de son sable.

Il en résulte que la bouche se déplace toute entière de gauche à droite. C'est par suite de ce déplacement que des tours construites autrefois près de certaines bouches, pour les défendre, s'en trouvent aujourd'hui à de notables distances.

Quand un îlot se trouve près d'un rivage sableux, on observe quelquefois entre le rivage et l'îlot des profondeurs plus grandes qu'à droite et à gauche de ce passage. Cet effet semble attribuable aux courants littoraux, quelle qu'en soit la cause, par exemple à ceux qu'engendrent les lames dans ce goulet. Les courants produisent des affouil-

lements analogues à ceux qu'on remarque sous l'arche
d'un pont trop étroit.

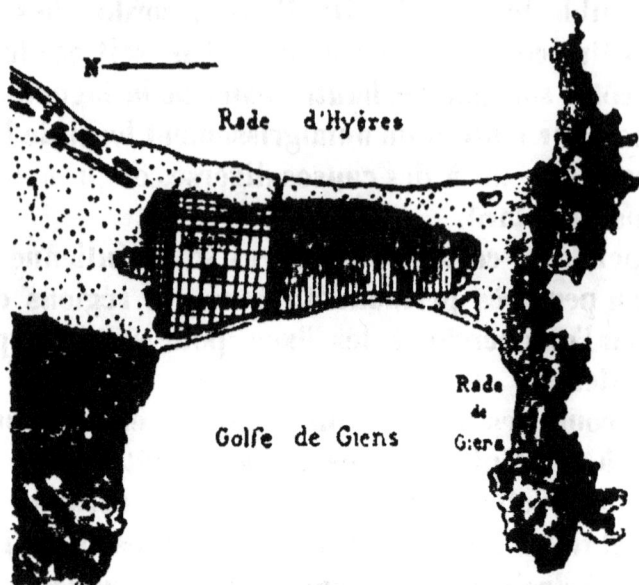

Mais si les courants sont nuls ou négligeables, si les
lames frappent l'îlot dans une direction à peu près perpendiculaire à celle de la côte, il peut arriver que, loin
d'augmenter, les profondeurs diminuent derrière l'îlot et
qu'il s'y forme une langue de sable le rattachant au ri-
rivage (Voir la figure ci-dessus).

Cet effet tient à ce que les lames pivotant autour de
l'îlot ramènent le sable de chaque côté et l'accumulent
sous son abri.

Quand la mer est très peu agitée, qu'on n'y voit plus
que de très petites vagues, elle imprime au sable un
mouvement d'un caractère spécial, elle ne l'entraîne plus,
elle ne le met pas en suspension, elle le fait rouler sur le
fond.

On s'en rend facilement compte à mer haute, sur l'estran, quand les eaux sont claires.

Le fond est couvert de petites rides, qu'on ne peut

mieux comparer qu'à des écailles de poisson ; on voit, à l'arrivée de chaque vague, le sable remonter en roulant le plan doucement incliné de chaque ride, en atteindre le sommet, et retomber sur le talus opposé beaucoup plus raide.

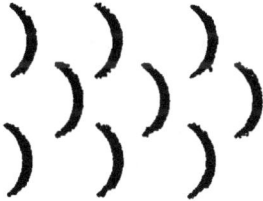

La crête de chacune de ces petites rides est à peu près parallèle à celle des vagues ; leur talus doux regarde la direction d'où vient la vague.

68. Action des courants sur le sable. — Bien que dans certaines conditions spéciales on observe à la mer des courants capables d'entraîner le galet, ce sont là des cas si particuliers qu'on peut dire, d'une manière générale, que le galet n'est guère remué que par les lames.

Le sable, au contraire, est entraîné par des courants d'une vitesse modérée, et qu'on observe fréquemment à peu près partout.

De plus, quand le sable est mis en suspension par les lames, il est transporté, suivant une série de trajectoires, figurant des sortes de bonds, dans le sens de la translation de la masse de l'eau, quelque faible que soit la vitesse de cette translation.

Il faut remarquer d'ailleurs que, à la mer, la vitesse de l'eau oscille à chaque instant, et de quantités notables, au dessus et au dessous de la vitesse moyenne déduite d'observations qui durent quelques minutes. Le fait s'observe aussi dans les rivières, mais à la mer les variations sont plus fréquentes, plus brusques, et ont plus d'amplitude que dans une rivière.

Il en résulte que la vitesse passe par une série de maxima, et il suffit que l'un de ces maxima atteigne la limite qu'exige la mise en mouvement du sable pour que celui-ci obéisse à l'impulsion.

Et comme, dans la succession du temps, les mêmes phénomènes se reproduisent périodiquement et indéfiniment, on peut dire que, finalement, le sable chemine dans le sens de la vitesse maxima dominante.

Mais ce cheminement est la résultante d'un grand nombre de mouvements divers dans diverses directions, et cette translation résultante peut être, en somme, fort lente, bien que les déplacements composants aient une grande amplitude.

Il ne faut donc pas conclure des déplacements quelquefois considérables de sable que l'on constate à un moment donné sur une plage, à des apports de même importance de sable nouveau sur cette plage.

64. Action du vent sur le sable. Les dunes. — Un vent, même modéré, fait rouler le sable sec sur l'estran, dont la surface se couvre alors de petites rides, en écailles de poisson, absolument semblables à celles qu'on voit sous l'eau peu agitée. Le sable remonte la face au vent, en pente douce, et retombe sur le côté sous le vent, dont l'inclinaison est celle du talus d'éboulement naturel du sable, et atteint par conséquent environ 45°.

De cette façon la crête de chaque ride s'avance dans le sens du vent par suite de nouveaux apports de sable qu'elle reçoit incessamment, et comme tout se passe exactement de la même manière pour toutes les rides, la surface de l'estran marche tout entière dans le sens du vent.

Quand le vent est fort, sans être violent, il soulève le sable sec ; on voit alors courir à la surface de l'estran une mince couche nuageuse de sable. Si cette couche basse rencontre sur sa route un obstacle saillant, le sable se dépose et s'accumule au pied de l'obstacle.

Si elle rencontre une dépression, par exemple le chenal d'un port, le sable se précipite dans cette dépression et tend à la combler; on a souvent à se préoccuper des moyens de lutter contre cet ensablement des chenaux.

Quand le vent souffle en tempête il emporte le sable, même humide, et cela avec une force telle que le choc des grains sur la figure produit l'effet d'une piqûre ; il se produit alors un transport considérable de sable.

Lorsque le vent souffle vers la terre, sur une côte plate, il rencontre des obstacles de toutes sortes sur le sol ; le sable qu'il entraînait dans ses couches inférieures se dépose et forme des monticules qui deviennent à leur tour de nouveaux obstacles, plus saillants que les premiers, et déterminent de nouvelles et plus grandes accumulations de sable, qu'on appelle alors des dunes.

La plupart des plages de sable, sur les côtes basses, sont bordées d'une ligne de dunes, vers le sommet de l'estran.

La hauteur des dunes est très variable, suivant les circonstance locales ; quelquefois elles se réduisent à de simples monticules autour de quelques buissons, d'autres fois elles atteignent les proportions de véritables collines.

Les dunes dites de Gascogne sont particulièrement remarquables. Elles s'étendent sur une longueur de près de 250 kilomètres, en ligne droite, de l'embouchure de la Gironde, au nord, à l'embouchure de l'Adour, au sud; leur hauteur peut s'élever à 100ᵐ au dessus de la mer, et leur largeur atteint jusqu'à 7 kilomètres en certains points.

En plan, les dunes de Gascogne offrent une série de crêtes parallèles au rivage, séparées par des sortes de petites vallées.

Une coupe en travers de ces dunes montre une succes-

sion de talus en pente douce vers la mer, et de talus raides vers la terre. C'est, à une échelle exagérée, la repro-
duction du profil des rides de l'estran. Du reste, le sable
a, dans les dunes, exactement le même mouvement que
dans ces rides ; il remonte le talus en pente douce, soit
en roulant, soit en étant entraîné par le vent, et retombe
sur le talus raide en arrière de la crête. La crête s'avance
par l'effet de ces apports incessants, de sorte que toute
la masse de la dune marche finalement vers l'intérieur
des terres.

Les dunes de Gascogne ont ainsi envahi et couvert autrefois des villages entiers, notamment Soulac, dont on
voit encore la vieille église presque ensevelie dans le sable.
On a donc dû se préoccuper des moyens d'arrêter la
marche des dunes, ou, comme on dit, de les fixer.

65. Fixation des dunes. — La mobilité du sable des
dunes, mobilité d'autant plus grande que le sable y est
plus sec, a presque toujours de graves inconvénients, même
quand elle ne produit pas de désastres comparables à ceux
qui viennent d'être mentionnés.

Ainsi, dans certains cas, le vent de terre peut ramener
sur l'estran du sable des dunes, ce qui augmentera les
apports que le vent de mer viendra ensuite pousser dans
un chenal de navigation.

La fixation des dunes de Gascogne a été réalisée par
Brémontier à l'aide de semis de pins maritimes ; le nom
de cet ingénieur, éminent à d'autres titres, a été rendu
fameux par les résultats remarquables que sa méthode a
permis d'obtenir. Aujourd'hui les dunes de Gascogne sont
devenues de très belles forêts.

Sur les côtes de la mer du Nord, où le climat est trop
froid pour le pin maritime, on fixe les dunes au moyen de
plantations d'arondo arenaria, qu'on appelle oya, sur notre littoral. L'oya est une sorte d'herbe ou de jonc qui
tale beaucoup et se repique facilement.

Sur les côtes de la Méditerranée, où le climat est sec, on arrête le mouvement des sables à l'aide de plantations de tamarix. Le tamarix est un arbuste qui vient très facilement de bouture et peut végéter dans une eau légèrement saumâtre.

Tous ces procédés de fixation des dunes sont basés sur des principes communs.

Pour qu'une plante puisse végéter, il faut que ses racines trouvent dans le sol une humidité suffisante ; or, si le sable des dunes est sec à la surface, il est humide à une certaine profondeur variable avec le climat. Le sable retient l'eau avec une grande énergie, on creuse des puits pérennes dans les petites vallées des landes de Gascogne.

Pour qu'une plante végète, il suffit donc que quelques-unes de ses racines aient une tendance à descendre profondément dans le sable, c'est-à-dire qu'elles soient pivotantes. Le pin maritime, notamment, a un énorme pivot. Quand on sème le pin maritime, il faut protéger la surface du sol contre une dessication trop rapide au moyen de branchages, afin que le jeune semis ait le temps de former des racines pivotantes assez profondes.

Les plantes contribuent à fixer le sable de la surface de la dune en le retenant mécaniquement dans le réseau de leurs racines superficielles ou traçantes. Il faut donc choisir des plantes ayant un système très abondant de racines traçantes. Le pin maritime, outre son pivot, a précisément un réseau très développé de longues racines traçantes. L'oya, en particulier, a un chevelu superficiel extrêmement touffu.

Le tamarix a aussi des racines pivotantes et traçantes qui assurent sa végétation, même dans les dunes du désert d'Egypte que traverse le canal de Suez.

66. Modifications des rivages maritimes dues au mouvement des sables. — Le sable, par suite de son abondance et de sa mobilité, a apporté des modifications considérables aux rivages maritimes depuis les temps historiques.

L'ancienne branche du Nil, qui débouchait dans le golfe de Péluse, a complètement disparu.

Il est à peu près impossible aujourd'hui de reconnaître ce qu'étaient les embouchures de la Medjerda du temps des guerres carthaginoises.

Depuis l'époque romaine, le delta du Rhône s'est avancé de plus de dix kilomètres.

Les Romains avaient un port dans l'estuaire de l'Aa, près de St-Omer; aujourd'hui cet estuaire est entièrement ensablé, colmaté, et transformé en marais cultivés.

Certaines branches du Rhône se sont obstruées depuis les croisades.

De nos jours, on voit encore de nouvelles modifications se produire sur les rivages de sable.

Les côtes du golfe de Gascogne en offrent de remarquables exemples.

La baie d'Arcachon est séparée de la mer par un cordon de sable qui a pris, là, un relief considérable; aussi ne présente-t-il qu'une seule ouverture près du cap qui forme sa tête d'avancement, comme cela a lieu pour les cordons de galets.

Devant la baie d'Arcachon, comme tout le long des dunes de Gascogne, le sable marche du nord au sud; la pointe du cordon littoral s'avance donc aussi vers le sud et rejette les courants sur la pointe sud de la baie qui se trouve rongée, de sorte que le chenal se déplace également vers le sud.

Les dunes de Gascogne forment un énorme barrage le long de la côte, et empêchent l'écoulement des eaux de la terre vers la mer ; par suite, il existe en arrière des dunes une succession d'étangs d'eau douce dont le niveau atteint, pour quelques-uns, près de 20ᵐ au dessus de la mer.

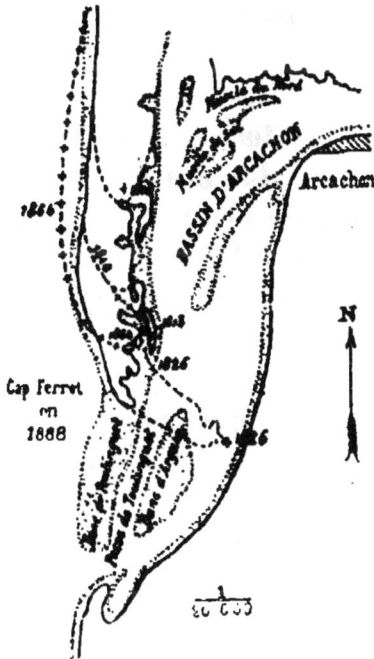

Cependant, de distance en distance, les étangs ont rompu la digue des dunes et s'écoulent à la mer par des cours d'eau qu'on appelle « courants », dans les Landes.

Les embouchures des courants des Landes peuvent être, en quelques années, déviées de plusieurs kilomètres vers le sud.

L'embouchure de l'Adour a varié autrefois de 15 kilomètres au nord à 6 kilomètres au sud de son emplacement actuel.

Quand un chenal débouche sur une plage de sable, il se forme, comme dans le cas des plages de galets, une barre devant l'entrée, et sur cette barre existent une ou plusieurs passes.

Les changements dans la position et la profondeur des passes sont incessants. A Arcachon, après chaque grande tempête, on est obligé d'aller reconnaître si les bateaux peuvent encore pratiquer leur ancienne route ou doivent en suivre une nouvelle.

On doit conclure de tout ce qui précède que le sable doit tendre à combler toutes les baies qu'il rencontre sur son chemin, et c'est bien là, en effet, la règle générale, qu'on exprime en disant que la mer ronge les caps et comble les baies.

Mais, à la mer, il faut se garder de trop généraliser; il faut, au contraire, avant de conclure, avoir égard dans chaque cas particulier aux circonstances locales et spéciales, quelquefois même inexplicables qu'on peut rencontrer.

Ainsi, on a déjà vu que la mer construit à Dungeness un cap avec des galets; de même il y a des baies que le sable ne comble pas; la baie de St-Jean-de-Luz, notamment. La baie de St-Jean-de-Luz est située à l'extrémité sud de l'immense amoncellement de sable des landes de Gascogne, et se trouve aussi au sud de l'embouchure de l'Adour, encombrée de gravier et de sable; or, tout ce sable a un mouvement vers le sud, il semble donc que la baie de St-Jean-de-Luz devrait s'ensabler. Mais il n'en est rien; non seulement cette baie ne s'ensable pas, mais elle se creuse. Des maisons construites sur une partie de ses bords ont été détruites par suite de l'affouillement et du reculement de la plage.

On a reconnu que ces effets sont dûs à l'extrême violence des lames dans ces parages, aux courants qu'elles engendrent dans la baie, et peut être aussi à l'action des lames de retour. Pour y remédier, on a dû barrer une partie de l'entrée de la baie par un puissant brise-lames qui transforme en même temps la baie de St-Jean-de-Luz en un port de refuge, très utile dans ces parages.

Une autre particularité du même genre, mais peut-être encore plus bizarre, se présente à la fosse de cap Breton. Cette fosse est située entre l'embouchure actuelle de l'Adour, au sud, et le Vieux Boucau, au nord. (Le vieux Boucau était l'ancienne embouchure de l'Adour, quand cette rivière a subi son maximum de déplacement vers le nord).

La fosse consiste en une espèce de faille rocheuse sous-marine, assez étroite, à bords très escarpés, presque à pic; elle est orientée à peu près perpendiculairement au rivage, c'est-à-dire sensiblement est-ouest.

Il semble donc qu'une pareille dépression, qui coupe normalement la route nord-sud suivie par le sable, devrait être comblée depuis longtemps ; or, non seulement elle continue à exister, mais on y trouve des profondeurs excessivement grandes, de plus de 100ᵐ, à une très petite distance du rivage, à un mille environ. Sur cette fosse, la mer ne brise jamais, même par les plus fortes tempêtes, et les bateaux de cap Breton ont dû quelquefois leur salut à cette circonstance.

On n'a pas trouvé jusqu'ici, que nous sachions, d'explication satisfaisante du maintien des profondeurs de la fosse ou du Gouffre de cap Breton. Est-il dû à l'action des lames, à des sources sous-marines, à des courants ou tourbillons sous-marins qui existeraient dans les profondeurs abyssales, on l'ignore encore.

Sur nos côtes de la Méditerranée, dans le golfe de Lion, le mouvement du sable offre aussi une singularité.

Depuis l'embouchure du Rhône, à l'est, jusque vers les parages de Narbonne, à l'ouest, le sable chemine de l'est à l'ouest.

Depuis Port-Vendres, au sud, jusqu'au fond du golfe, vers le nord, les sables des rivières des Pyrénées cheminent du sud au nord jusque vers Lanouvelle. Entre ces deux limites extrêmes des apports de sources différentes, on ne trouve que les sables rougeâtres très ténus de l'Aude, dont l'embouchure ne subit de déviation ni d'un côté ni de l'autre, contrairement à ce qu'on observe habituellement pour les rivières débouchant sur les plages de sable.

Il semble donc que le sable doit tendre à s'accumuler au fond du golfe de Lion dans les parages de Narbonne et de Lanouvelle.

Il n'en est rien ; la plage y est sensiblement fixe ; à Lanouvelle elle ne s'est certainement pas avancée de 100ᵐ

en 150 ans ; et, de plus, c'est dans ces parages que les
fonds sont le plus accores, depuis la laisse de la mer jusqu'aux profondeurs de 14ᵐ.

On est porté à penser que ce fait peut s'expliquer par
les considérations suivantes. Les grands vents de tempête, dans cette partie de la Méditerranée, soufflent du
sud-est ; ils tendent donc à accumuler les eaux dans l'enfoncement du golfe, mais on sait qu'il se produit alors
un courant de fond qui ramène les eaux vers le large ;
d'un autre côté, les lames de retour déterminent aussi
un courant de même nature et de même direction dans
la même région. On conçoit donc que ces deux courants
réunis, renforcés l'un par l'autre, puissent avoir assez de
puissance pour ramener vers le large le sable qui, sans
cela, s'amoncellerait dans le fond du golfe près de Narbonne.

§ 3

PLAGES DE VASE

67. La vase. — La vase représente le résidu ultime du
broyage des matières de toutes natures sous l'action incessante des forces qui les mettent en mouvement.

La partie maritime des rivières à marée paraît être, en
particulier, une source abondante de vases.

Les vases contiennent le plus souvent des matières or-
ganiques et exhalent une odeur caractéristique ; dans les
ports où elles sont mélangées avec les déjections des
égouts, elles deviennent infectes.

La vase se maintient indéfiniment en suspension dans
l'eau agitée, elle se dépose lentement dans l'eau calme,
et n'acquiert de la cohésion qu'après un temps notable
de repos. Aussi peut-on, quand elle est fraîchement déposée, la pomper comme un liquide : c'est ce qu'on fait

dans les bassins de St-Nazaire, où elle pénètre en grande
quantité.

Cependant la vase finit par acquérir, plus ou moins
tardivement, un certain degré de cohésion ; elle se comporte alors à la façon de l'argile humide.

La vase se dépose partout où elle trouve un calme suffisant, de sorte que, réciproquement, sa présence est un
indice de calme habituel. C'est ainsi que les fonds vaseux
de la mer révèlent la profondeur à laquelle les lames ne
se font pas ordinairement sentir.

Or, le calme est une des conditions que doit remplir
un port ; aussi n'y a-t-il pour ainsi dire pas de port qui
n'exige des travaux de dévasement dans quelques-unes de
ses parties.

D'un autre côté, les plages de vase, par suite de leur
très faible pente, sont d'excellents brise-lames et contribuent pour leur part à diminuer l'agitation des eaux. On
est disposé à attribuer aux fonds vaseux de l'embouchure de la Loire la faible hauteur des lames qu'on y observe.

La vase en suspension dans les eaux de jusant, sortant
d'un estuaire à marée, est entraînée le long du rivage par
le courant littoral qui règne alors en mer ; elle est ainsi
transportée jusqu'à une certaine distance de l'embouchure
devant une autre partie de la côte.

Quand le courant littoral de jusant cesse dans cette
nouvelle région où la vase est parvenue, le premier flot
porte les eaux à terre pour produire le plein le long du
rivage dans les criques, et dans les baies qui y débouchent.

Ce remplissage va donc avoir lieu avec des eaux vaseuses qui s'y déposeront en plus ou moins grande quantité
suivant le degré de calme qu'elles y trouveront.

On est porté à croire que les marais de la Charente-luférieure ont été ainsi formés par le dépôt des vases provenant de la Gironde, que le courant de jusant amène dans ces parages, vers le nord de l'embouchure du fleuve.

Par contre, toute la côte au sud de l'embouchure de la Gironde, devant laquelle ne passe jamais le courant littoral vaseux du jusant, est constituée par du sable pur.

A Dunkerque, les vases sortant du port sont entraînées vers l'ouest par le jusant, puis repoussées, à mer montante, sur la plage qui s'étend à l'ouest du chenal du port.

La vase tapisse ainsi le sable de cette plage et, en l'agglutinant, en empêche la mobilité. La plage ouest est donc vaseuse et sans dunes ; la plage à l'est du port, au contraire, est formée de sable pur et on y trouve des dunes.

68. Colmatage des lagunes. — La vase se dépose naturellement avec plus d'abondance dans les estuaires où le calme des eaux est plus grand, par exemple dans les baies peu profondes et bien abritées, notamment dans celles que les galets ou le sable ont envahies, et qu'un cordon littoral a isolées de la mer. Les vases y achèvent le travail d'atterrissement commencé par les autres alluvions.

Quand les dépôts ne sont plus couverts qu'exceptionnellement par les hautes marées, une végétation marine s'y développe spontanément, et on peut alors conquérir, à l'aide de digues, des terrains fertiles et de grande valeur.

On peut même hâter l'envasement par des travaux d'enclôture ou d'endiguement convenablement dirigés.

Mais ces conquêtes agricoles, si profitables qu'elles soient à certains points de vue, sont souvent funestes aux intérêts maritimes.

En réduisant la surface sur laquelle les eaux se répandent, on réduit le volume et la vitesse des courants dans les chenaux : à chaque marée, les chenaux se rétrécissent et perdent de leur profondeur, les barres s'exhaussent, les passes deviennent moins praticables et sont plus facilement déviées par la marche des alluvions littorales.

Toutes ces conséquences inévitables sont au détriment des ports situés à l'embouchure ou à l'intérieur des estuaires.

Les italiens disent, sous forme de proverbe : « Grande lagune, bon port ». Cet adage est absolument vrai.

Aussi la République de Venise avait-elle fait des travaux considérables pour détourner des lagunes les vases amenées par les cours d'eau qui y débouchent.

Grâce à la vaste étendue conservée ainsi aux lagunes de Venise, une marée dont l'amplitude n'atteint pas 1ᵐ, en moyenne, suffit pour entretenir, par le mouvement alternatif des eaux, une profondeur de 8ᵐ à la bouche de Malamocco.

69. Fondation des ouvrages dans les terrains de vase. — Dans certains ports, la vase atteint de grandes profondeurs, jusqu'à 30ᵐ, par exemple, à Rochefort. Or, la fondation des ouvrages sur un pareil terrain offre des difficultés exceptionnelles, comme on le verra plus loin.

Cela tient à ce que la vase reste toujours à l'état de pâte plus ou moins molle ; si on creuse une fouille, le fond se relève et les talus s'affaissent; si on y fait un remblai, celui-ci s'enfonce et la vase se relève par un boursouflement tout autour du remblai. En un mot, chaque fois qu'on dérange l'équilibre de la vase, celle-ci tend à y revenir par un mouvement de toute sa masse, et l'expérience a enseigné qu'il vaut mieux laisser à ces mouvements une certaine latitude de se produire plutôt que d'essayer de les empêcher absolument.

CHAPITRE III

ACTION DE L'EAU DE MER SUR LES MATÉRIAUX DE CONSTRUCTION

---

§ 1. *Action sur les pierres.* — § 2. *Action sur les métaux.* — § 3. *Action sur les bois.* — § 4. *Action de l'eau de mer sur les mortiers.* — § 5. *Les chaux et ciments dans les travaux maritimes.* — § 6. *Les maçonneries dans les travaux maritimes.*

On a vu les effets que produit la mer sur les rivages quand elle est agitée.

Mais, de plus, la mer attaque tout ce qu'elle baigne, même quand elle est dans son calme le plus parfait.

Cette action est due, entre autres causes encore assez vaguement définies, aux sels qu'elle contient en dissolution et aux animaux qui vivent dans ses eaux.

§ 1

ACTION SUR LES PIERRES.

70. Animaux lithophages. — Les animaux lithophages se creusent des logements dans les pierres.

Ainsi par exemple, à Calais, le marbre des carrières de Marquise est criblé, à la surface, de trous filiformes par des vers absolument mous.

Ailleurs, on voit des mollusques, dont la coquille est

d'une fragilité extrême, creuser des galeries de la grosseur et de la longueur du doigt dans des gneiss et des micachistes.

Mais ces perforations curieuses n'ont jamais été, à notre connaissance, la cause d'avaries notables à des ouvrages maritimes, et l'on ne se préoccupe pas des moyens de les prévenir.

§ 2

ACTION SUR LES MÉTAUX.

71. Le cuivre et le bronze. — Le cuivre et le bronze se conservent bien à la mer et dans l'air salin ; on s'en sert notamment pour doubler la carène des navires, et pour faire les ferrures délicates de certains ouvrages, dans les phares par exemple.

Quand on est amené à employer le cuivre ou le bronze dans une construction en fer, il faut éviter le contact entre ces métaux différents.

On sait, en effet, que le fer s'oxyde plus rapidement quand il est en contact avec le cuivre que lorsqu'il en est isolé. Cette action est attribuée aux courants électriques que détermine le contact de deux métaux inégalement attaquables.

On obtient un isolement suffisant en séparant le fer du cuivre par une feuille de caoutchouc, quand cela est possible.

72. Le zinc. — Le zinc est facilement attaqué par l'eau de mer et par l'air salin ; cette altération est encore activée par le contact du zinc avec le fer, mais alors le fer est moins attaqué que s'il était seul.

On a basé sur ce fait un procédé de conservation du fer, dont on va parler.

73. Fonte. — La fonte se comporte comme le fer ; cependant elle subit une altération spéciale, quand elle séjourne longtemps, en repos, dans la vase marine. Elle perd alors de sa dureté jusqu'à une certaine profondeur, et on peut la couper au couteau comme de la plombagine.

Le fait a été constaté notamment sur des canons et des boulets en fonte, après une trentaine d'années d'enfouissement dans la vase.

Il paraît probable que, dans ces conditions, le fer subit une altération spéciale (oxydation ou sulfuration), tandis que le carbone graphitoïde de la fonte reste à peu près intact.

La fonte est très employée dans les ports pour la confection de certains appareils, des bornes ou canons d'amarrage, par exemple. On protège sa surface contre l'oxydation au moyen de la peinture ou du goudronnage.

74. Fer et acier. — Le fer s'oxyde plus rapidement dans l'eau et dans l'air de la mer que dans l'eau douce et dans l'air non salin. La qualité du fer paraît avoir une grande influence sur sa conservation. On peut citer notamment le fait suivant : l'écluse du bassin du roi, au Hàvre, fut construite vers 1676 par Vauban ; en 1776, c'est-à-dire un siècle plus tard, de Cessart, ayant dû y faire des travaux, trouva les boulons du radier en bon état de conservation ; il les remplaça par des tire-fonds qui furent mis à la même place ; en 1837 (70 ans après), lors de nouveaux travaux, ces tire-fonds furent trouvés entièrement corrodés.

On a déjà vu que le contact du fer avec le cuivre ou le bronze active l'oxydation du fer ; il semble que le contact du fer avec le bois favorise aussi la destruction du fer, au moins à l'air humide.

Ainsi, dans une échelle de quai, composée de montants en bois et de barreaux en fer, les barreaux s'usent beaucoup plus vite à leurs extrémités, près des montants, qu'au milieu de leur longueur.

On est porté à croire que ce fait est dû à des réactions chimiques ; le fer, à son maximum d'oxydation, brûlerait la matière ligneuse en lui abandonnant une partie de son oxygène ; il serait ainsi ramené à un degré moindre d'oxydation et formerait des composés solubles ou peu adhérents, par sa combinaison avec l'acide carbonique de l'air ou avec les produits de la combustion du bois ; de toute façon, la surface du fer mise à nu serait ainsi exposée à une nouvelle oxydation, qui hâterait sa destruction.

L'air humide confiné dans un espace clos à parois de fer détermine une oxydation rapide des surfaces intérieures de ces parois ; il se forme une épaisse couche de rouille peu cohérente ; mais l'épaisseur de cette couche de rouille est, heureusement, bien loin de représenter l'épaisseur de métal attaqué ; une couche de plusieurs millimètres de rouille peut ne correspondre qu'à une fraction de millimètre d'épaisseur de fer réellement détruite par l'oxydation.

Depuis un certain nombre d'années, on fait un grand usage du fer dans des ouvrages maritimes très importants, dont l'entretien, toujours assez dispendieux, devient une source de préoccupations sérieuses.

On ne saurait donc trop recommander de rechercher pour ces ouvrages les dispositions qui peuvent en rendre l'entretien aussi facile que possible ; il faut notamment que toutes les parties qu'on n'a pas constamment sous les yeux soient accessibles sans trop de peine, que les ouvriers puissent y travailler sans gêne excessive, et que la surveillance de leur travail soit toujours assurée.

Il n'est pas exagéré de dire que les conditions de bon entretien doivent être prises, dans de pareils ouvrages, en aussi sérieuse considération, au moins, que les conditions de bon emploi de la matière au point de vue de la solidité.

Les moyens de préservation du fer consistent tous aujourd'hui dans l'application de minces couches protectrices à la surface du métal.

Il en résulte qu'ils sont impraticables ou inefficaces dans toutes les parties où le fer est exposé à des frottements, dans les chaînes, par exemple.

Quand le fer est constamment à l'air, on y applique des couches d'huile de lin cuite, ou de peintures diverses. Les peintures blanches ou claires ont l'avantage, quand elles sont admissibles, de révéler les points où la rouille se forme.

On peut aussi goudronner le fer, non seulement quand il est toujours exposé à l'air, mais même quand il est alternativement au sec ou baigné par la mer, pourvu qu'il reste un temps suffisant hors de l'eau. Mais quand le fer est constamment plongé dans l'eau de mer, les peintures et le goudronnage deviennent des moyens insuffisants de protection, à moins qu'on ne puisse les renouveler assez fréquemment, comme on le fait pour la carène des navires en fer, et pour les bateaux-portes des bassins de radoub, par exemple.

Dans le cas de l'immersion continuelle, le meilleur système de conservation du fer paraît être, aujourd'hui, le zincage.

Le zincage ou étamage au zinc est basé sur le fait, déjà cité, que le zinc est plus oxydable que le fer, et, par suite, protège le fer avec lequel il est en contact métallique.

La surface du zinc se couvre d'une légère couche

d'oxyde adhérent, à peu près complètement insoluble dans l'eau de mer, qui forme à son tour comme une couche protectrice de peinture au blanc de zinc. Le zincage donne d'aussi bons résultats à l'air que dans l'eau.

Bien que l'industrie du zincage se soit très développée et perfectionnée dans ces dernières années, on ne peut encore zinguer que des pièces de dimensions limitées, surtout en largeur ; il en résulte qu'on doit assembler ces pièces au moyen de rivets, posés à chaud, qui ne sauraient être zingués. Les coutures de rivets posés après coup doivent donc être peintes avec le plus grand soin, à trois couches au moins, dont une au minium.

L'acier se comporte à la mer comme la fonte et le fer, et les mêmes procédés de conservation peuvent lui être appliqués.

§ 3

ACTION SUR LES BOIS.

Le bois s'altère plus vite à l'air près de la mer que dans l'intérieur des terres. Cela tient sans doute à ce qu'il est constamment plongé dans une humidité saline qui aggrave l'action brûlante du soleil pendant l'été, et la désagrégation causée par les gelées pendant l'hiver.

Sous ces influences climatériques, le bois subit ce qu'on appelle la *pourriture sèche*.

Pour protéger le bois contre la pourriture sèche, les moyens sont ceux qu'on emploie partout, la peinture, le goudronnage, le créosotage, l'injection au sulfate de fer, la carbonisation, etc., en combinant au besoin ces divers procédés.

Quand le bois est posé debout, verticalement ou à peu près verticalement, il importe de couvrir sa tête d'un chapeau de fonte ou de tôle, afin d'empêcher la pluie, quelquefois si abondante sur le bord de la mer, de pénétrer dans le bois en suivant les fibres.

Le goudronnage est encore applicable, comme dans le cas du fer, quand le bois est alternativement au sec et dans l'eau, pourvu, toujours, qu'il assèche un temps suffisant qui permette au goudron de faire prise.

Quand le bois est plongé dans la mer constamment ou presque constamment, il est attaqué par des vers marins et subit ce qu'on appelle la *pourriture humide*.

Ce fait constitue une différence essentielle entre ce qui se passe dans l'eau douce et ce qui a lieu dans l'eau de mer.

Ainsi, par exemple, les pilotis se conservent à peu près indéfiniment quand ils sont constamment plongés dans l'eau douce, ils sont au contraire très rapidement détruits dans l'eau de mer.

Il en résulte que les procédés de fondation admissibles dans la partie amont d'un fleuve peuvent être absolument à rejeter à son embouchure. On ne pourrait faire au Havre des quais sur pilotis dégagés hors du sol, comme cela se pratique à Rouen.

75. Animaux marins xylophages. — Sur nos côtes de France, les seuls animaux xylophages dont on ait à se préoccuper sont le taret et le petit ver ; ils y existent partout.

Exceptionnellement, à Rochefort, dans un périmètre limité de la ville, on trouve le termite, qui a causé autrefois de grands dégâts dans les chantiers de constructions navales de l'arsenal.

Termite. — Le termite est un petit ver blanchâtre et mou ; il attaque les bois exposés à l'air ou placés dans les couches superficielles du sol ; il ronge l'intérieur des pièces de charpente, mais il en respecte la surface, de sorte qu'on ne découvre quelquefois ses ravages qu'à la chute des ouvrages dont il a complétement miné les parties internes en laissant intacte l'enveloppe extérieure.

Petit ver. — Le petit ver (Limnoria terebrans), appelé aussi Pelouse, attaque seulement la surface du bois, il la crible de petits trous et la réduit à l'état d'une sorte de dentelle, sans résistance, que les lames achèvent de détruire.

Taret. — Le taret, à l'état de naissin, flotte dans les couches supérieures de l'eau ; il est alors d'une petitesse extrême.

S'il rencontre un morceau de bois, il s'y fixe et y pénètre par un très petit trou qu'il pratique à la surface ; à mesure qu'il se développe, il creuse, à l'aide de ses mandibules en forme de tarière, une galerie intérieure de plus en plus large dans le sens des fibres du bois.

La galerie peut atteindre jusqu'à un centimètre de diamètre et plus de trente centimètres de longueur.

Les progrès de la destruction des bois par les tarets sont quelquefois très rapides[1], surtout dans la Méditerranée. On y a vu des estacades en charpente entièrement ruinées à leur pied dans l'espace d'une année, sous l'attaque simultanée du taret, qui le perfore à l'intérieur, et du petit ver, qui le ronge à la surface.

76. Préservation des bois. — Tous les moyens de préservation du bois sont basés sur ce principe qu'il est nécessaire et suffisant de protéger sa surface, puisque le taret lui-même commence à pénétrer par là.

Enduits et peintures. — Tous les enduits et peintures se

---

1. *Annales des Ponts et Chaussées*, 1880, 2e semestre ; Restauration du bâtiment des subsistances, à Cherbourg, par M. Clavenad, ingénieur des Ponts et Chaussées.

sont montrés insuffisants quand on ne peut pas les renouveler fréquemment. Ils sont exposés à être dissous,
enlevés, altérés ou détruits par l'action incessante de l'eau
de mer, ou par des actions mécaniques telles que les frottements, les chocs, etc.

Injections. — On sait que ce qu'on appelle injections ne
sont en réalité que des pénétrations superficielles et même
très superficielles, qui ne prennent quelque profondeur
que dans l'épaisseur de l'aubier, dont on cherche précisément à se débarrasser autant que possible.

Il en résulte que toutes les injections présentent, mais
à un degré différent, les inconvénients signalés à l'occasion
des enduits.

Injections métalliques. — Les injections métalliques n'ont
donné aucun résultat pratique.

Elles ne sont possibles qu'avec des sels solubles, comme
le sulfate de cuivre, par exemple ; or, par le fait même,
ces sels se dissolvent et disparaissent rapidement dans
l'eau de mer.

On a fait à Lorient l'essai, sur une grande échelle, de
bois injectés par le procédé Boucherie, dans la construction d'une passerelle. Deux ans après son achèvement,
cette passerelle menaçait déjà ruine, les pieux étaient
rongés par les tarets et ne semblaient plus présenter trace
de cuivre.

On a essayé des sels métalliques, qui, injectés à l'état
soluble, devaient donner des chlorures insolubles sous
l'action du chlorure de sodium de l'eau de mer. Les bois
ont continué à être dévorés, soit que la plus grande partie
des sels ait été dissoute avant la chloruration, soit que les
sels métalliques vénéneux pour les animaux d'ordre supérieur ne le soient pas pour le taret, soit pour toute autre cause.

Injections à la créosote, ou Créosotage. — Les injections à
la créosote sont les seules qui, jusqu'à présent, aient
donné des résultats satisfaisants.

Des expériences et des essais pratiques dans des ouvrages importants en charpente, tels que des jetées en bois, ont été poursuivis, depuis 1839, en France, en Angleterre, en Hollande et en Belgique ; partout on a constaté que le bois bien créosoté et bien employé n'est pas attaqué par le taret ou, tout au moins, que sa durée est considérablement augmentée [1].

On sait que ce qu'on appelle ici créosote n'est en réalité que le mélange des huiles lourdes provenant de la distillation du goudron des usines à gaz, et ce n'est certainement pas la créosote véritable qui domine dans ces huiles, si tant est qu'elle y existe en quantité notable. La composition de ces huiles lourdes, en principes définis, est encore très mal connue ; cependant presque tous les corps qu'on y a trouvés sont des antiseptiques assez actifs dont quelques uns sont à peu près insolubles dans l'eau, comme la naphtaline, et retiennent si énergiquement ceux qui sont solubles (l'acide phénique par exemple) qu'il n'est pas aisé de les isoler, même par des opérations de laboratoire.

On peut donc supposer que l'efficacité du créosotage tient à la pénétration superficielle d'une couche de matières antiseptiques, insolubles, ou du moins lentement solubles dans l'eau de mer.

Il serait intéressant de connaître l'épaisseur minima qu'il convient de donner à cette couche pour que le bois résiste à coup sûr au taret pendant un temps donné ; malheureusement ce genre de recherches offre des difficultés pratiques à peu près insurmontables jusqu'ici.

D'une manière générale on admet, à titre de donnée empirique, que, pour résister au taret, le bois injecté doit recevoir environ 300 kilogs de créosote par mètre cube.

1. *Annales des Ponts et Chaussées*, 1868, 1er semestre : Conservation des bois à la mer, par M. Forestier, ingénieur en chef.

Puisque la protection du bois est due à une mince couche superficielle de matières, il est clair qu'on ne devra jamais faire disparaître cette enveloppe sur une partie quelconque de la surface du bois.

Si, par exemple, on bat un pieu injecté, il ne faudra pas que ce pieu se fende, soit pendant, soit après son enfoncement.

Si une charpente comporte des assemblages, il faudra que les bois aient été tous taillés avant l'injection. C'est là une sujétion assez embarrassante, car des bois taillés qu'on soumet à l'étuve d'injection se déforment, se gondolent et les assemblages se trouvent faussés.

La seule opération qu'on tolère après l'injection est le percement des trous de boulons, mais il faut avoir soin de bien goudronner les boulons au moment de leur mise en place.

Quelques ingénieurs ont exprimé l'avis que le créosotage diminue la résistance du bois en altérant les fibres, et surtout les fibres superficielles, qui deviennent plus cassantes, moins cohérentes, qui se brûlent pour ainsi dire.

Des accidents survenus par suite de la rupture des pièces de bois injectées n'ont paru pouvoir être attribués qu'à une cause de ce genre.

Il semblerait donc prudent d'augmenter les dimensions des pièces créosotées, en négligeant dans les calculs de résistance l'épaisseur de la couche injectée, soit environ un centimètre tout autour de la section transversale du bois.

Enduits de ciment. — On a essayé de protéger le bois en y appliquant un enduit de ciment, dont on a assuré l'adhérence au moyen de pointes ou clous faisant une légère saillie sur la surface où ils étaient implantés. Ce procédé, souvent inapplicable, n'a jamais réussi, même dans les conditions les plus favorables ; le ciment finit toujours par se fendiller et se détache par plaques.

Doublage. — Le doublage consiste à recouvrir le bois de feuilles métalliques ; il est employé pour la préservation des carènes des navires en bois.

Le doublage comporte trois opérations : 1° le goudronnage du bordé, 2° l'application de feuilles de feutre sur le goudron, 3° le clouage des feuilles métalliques par dessus le feutre.

Le métal le plus convenable pour le doublage des navires est le cuivre ; mais, à cause de son prix élevé, on le remplace souvent par le laiton.

On peut employer aussi dans certains cas, et par raison d'économie, la tôle galvanisée ou le zinc en feuilles.

Le doublage est inapplicable aux ouvrages en charpente des ports maritimes, parce qu'il est très dispendieux d'abord, et ensuite parce qu'il n'est efficace que tant qu'il reste intact et sans solutions de continuité ; or, cette dernière condition est matériellement impossible à réaliser dans de pareils travaux.

Mailletage. — Le procédé de conservation le plus généralement employé dans les ouvrages maritimes est le mailletage.

Il consiste à recouvrir la surface du bois, préalablement purgé de son aubier, par des clous en fer à large tête enfoncés presque jointivement.

Le fer, en s'oxydant, forme une enveloppe générale protectrice de rouille, qui se renouvelle sans cesse, et qui imprègne la surface du bois jusqu'à une certaine profondeur.

Pour le mailletage, on emploie les clous dits à maugère, dont la tête a de 15 à 16 millimètres de diamètre, et la pointe 15 millimètres environ de longueur. Il y a à peu près 215 de ces clous au kilogramme. On les plante en quinconce à 18 millimètres, approximativement, de centre en centre.

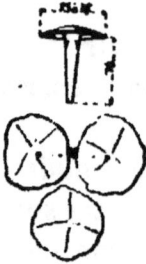

Mais ce genre de mailletage ne convient que lorsque la surface du bois peut ne pas rester lisse, et c'est le cas le plus général.

Lorsqu'au contraire le bois doit s'appliquer sur une surface dressée et y former un contact assez étendu, comme, par exemple, dans le cas d'un poteau tourillon en bois (dans une porte d'écluse) qui doit venir s'appuyer sur le parement en pierre de taille du chardonnet, il faut adopter un autre mode de mailletage.

On emploie alors des clous presque sans têtes, dits pointes de Paris, qu'on enfonce au poinçon jusqu'à 2 ou 3 millimètres au dessous de la surface du bois.

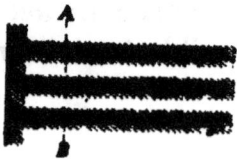

Ces pointes ont habituellement 5 centimètres de longueur, et sont implantés en quinconce à 8 millimètres de centre en centre.

Il est arrivé, à St-Malo, dans un vantail de rechange conservé en magasin, que le poteau tourillon ainsi mailleté a subi une grave avarie ; toute la partie superficielle s'est détachée sur une épaisseur égale à la longueur des pointes.

Il semble donc qu'il soit prudent de ne faire ce genre de mailletage qu'avec des pointes assez fines, pas trop longues, et surtout de ne pas le faire trop longtemps avant la mise en place du vantail. On peut faire aussi du mailletage avec des clous en cuivre, à tête carrée et jointifs, mais cette opération, très coûteuse, n'est presque jamais motivée dans les ouvrages habituels des ports.

Conservation des approvisionnements de bois de la marine militaire. — La marine militaire est obligée d'avoir, pour ses constructions navales, d'énormes approvisionnements de bois qui réprésentent une valeur considérable, se chiffrant par dizaines de millions de francs, et qu'il importe de ne pas laisser dépérir.

Les moyens de conservation sont basés sur les faits suivants ;

1° Le taret ne vit pas dans la vase et n'attaque pas les bois couverts d'une couche de vase molle.

2° Le taret ne vit ni dans l'eau douce, ni dans l'eau saumâtre dont la salure a été diminuée jusqu'à un degré convenable ; il est d'autant moins dangereux que le bois est plus souvent baigné par des eaux saumâtres ou douces.

3° Le taret n'attaque pas le bois au dessus d'un certain niveau situé au dessous des plus hautes mers. Ce fait s'explique ainsi : Supposons que la marée soit très haute, le naissin de taret flotte à la surface de l'eau et se fixe sur le bois ; mais, quand la mer baisse, ce naissin va se trouver à l'air, et il y restera exposé tant que la marée ne reviendra pas à la hauteur où il s'est fixé ; si cette dessiccation est trop prolongée, le taret périra. On conçoit donc qu'il existe dans chaque port un niveau spécial au dessus duquel le taret n'attaque pas le bois ; ce niveau spécial dépend d'ailleurs du régime de la marée, de la salure des eaux, de la quantité de vase en suspension, etc.

On exprime ce fait en disant que la pourriture humide ne commence qu'au dessous d'un certain niveau. D'un autre côté, la pourriture sèche n'est à craindre qu'au dessus d'un autre niveau souvent supérieur à celui de la pourriture humide.

Il en résulte qu'il peut exister naturellement, ou qu'on peut réaliser artificiellement une zône où le bois se conserve indéfiniment.

Il serait sans intérêt ici d'expliquer comment, suivant les circonstances, on obtient la conservation des bois en appliquant l'un ou l'autre de ces principes ou en les combinant ensemble.

77. Des bois inattaquables par le taret. — Tous les bois de construction de nos régions tempérées sont attaqués par le taret, mais ils ne le sont pas tous au même degré ; ainsi le chêne l'est moins que le sapin, par exemple, et il y a lieu d'en tenir compte pour l'emploi économique des bois qui conviennent le mieux aux parties diverses d'un ouvrage. Si une pièce de charpente doit être plus exposée qu'une autre aux causes diverses de destruction, on réservera pour la première le chêne, bien qu'il coûte cher, et on emploiera pour la seconde le sapin, qui est meilleur marché.

Mais, dans les régions chaudes de la zône terrestre intertropicale, il existe des bois que le taret n'attaque pas, ou du moins attaque peu.

Malheureusement, ces bois sont rares et chers, et généralement d'assez faible échantillon.

Le plus employé aujourd'hui est le green-heart. C'est un bois d'un grain très beau, très serré, un peu gras, à fibres compactes, et se travaillant parfaitement ; il a une résistance considérable à l'écrasement dans le sens perpendiculaire à la longueur des fibres, ce qui lui donne une grande supériorité sur le chêne pour certains emplois.

C'est à Liverpool, croyons-nous, qu'on s'est servi le plus du green-heart ; on en a fait des portes d'écluse ingénieusement combinées de façon à n'avoir besoin que de morceaux de bois de faibles dimensions.

En France, jusqu'à présent, l'usage en a été très restreint ; on ne l'a guère employé que pour des fourrures en bois des portes métalliques d'écluse, pour des glissières de vannes, et pour d'autres menus ouvrages analogues.

A Boulogne, les fourrures de green-heart d'une porte d'écluse n'ont pas été attaquées par le taret, mais elles l'ont été légèrement par le petit ver, à leur partie supérieure qu'on s'est décidé à mailleter[1].

§ 4

ACTION DE L'EAU DE MER SUR LES MORTIERS.

78. Découverte de Vicat. — Vers 1840, les travaux d'amélioration des ports venaient de recevoir en France une grande impulsion, lorsque deux ans après, on s'aperçut que des ouvrages encore en cours d'exécution étaient déjà menacés d'une ruine prochaine, par suite de la décomposition des mortiers dans les maçonneries à la mer.

Jamais on n'avait constaté auparavant de pareils effets. Que s'était-il donc passé d'extraordinaire qui pût expliquer de si graves accidents ?

Il s'était produit un évènement considérable, la découverte des mortiers hydrauliques artificiels par Vicat.

Jusque-là, on n'employait guère à la mer que les mortiers de pouzzolane naturelle; mais quand Vicat eut posé les bases du principe de l'hydraulicité des chaux et ciments, il sembla naturel d'en faire l'application aux travaux maritimes.

On crut que plus un mortier prendrait vite, mieux il résisterait ; or c'était précisément ce genre de mortier qui se décomposait. C'est là une preuve nouvelle, entre tant

---

1. Les Annales des Ponts et Chaussées renferment un certain nombre de mémoires sur la conservation des bois à la mer, dont on trouvera l'énumération complète à la page 24 des tables générales.

d'autres, des réserves qu'il convient d'ajouter aux déductions qui semblent les plus logiques, quand il s'agit d'innover dans les travaux à la mer.

A quoi tient la décomposition des mortiers, et comment peut-on l'empêcher ?

Ce problème qui préoccupe les ingénieurs et les chimistes depuis un demi-siècle est encore loin d'avoir reçu une solution définitive.

En fait et en pratique, on ne sait qu'un mortier est bon à la mer que lorsqu'un long usage a prouvé qu'il y résiste bien ; et quand un ciment d'une certaine qualité, employé d'une certaine façon, a donné pendant longtemps des résultats satisfaisants, il est sage de n'en modifier qu'avec une extrême prudence la qualité ou le mode d'emploi.

79. Chaux et ciments. — La composition des chaux et des ciments hydrauliques est assez bien connue au point de vue de la proportion centésimale de leurs principaux éléments : chaux, silice, alumine, etc. Mais, ce qu'on ne sait pas, c'est de quelle façon ces éléments sont combinés entre eux.

On sait qu'il doit y exister des silicates, des aluminates, et d'autres composés analogues plus ou moins complexes formés sous l'influence de la cuisson.

On sait que la cuisson peut et doit modifier, suivant la température à laquelle elle a lieu, la nature et la proportion de ces composés.

Mais on ne connaît pas encore ces proportions ni ces combinaisons, on ne sait même pas encore d'une façon certaine quels sont ceux de ces composés qui contribuent le plus, soit à la rapidité de la prise, soit à la conservation du ciment dans l'eau de mer.

Toutefois, sans connaître la nature des divers composés formés pendant la cuisson, on sait qu'ils font prise en s'hydratant.

Cette hydratation s'accompagne, dans les ciments à prise rapide, d'un dégagement de chaleur, et par suite de dilatation.

D'ailleurs, ces composés divers doivent mettre, et mettent en effet un temps variable à s'hydrater et à faire prise. Or, d'une manière générale, l'hydratation entraîne un certain foisonnement.

Ce foisonnement est considérable pour la chaux vive, très notable pour les composés qui contiennent de la magnésie, appréciable pour le plâtre ; nous ne parlons que des substances les moins mal connues.

Si donc le magma hétérogène, qui constitue un ciment gâché avec de l'eau, a déjà acquis dans toute sa masse une cohésion suffisante, ou, suivant l'expression usuelle, a fait sa prise, il pourra arriver que certains composés continuant à s'hydrater et à foisonner feront éclater cette masse, la feront fendiller, et la réduiront à l'état de poussière sans consistance.

Les ciments à prise rapide contiennent notamment une notable proportion de chaux vive, et on est porté à attribuer en partie la décomposition des premiers mortiers hydrauliques artificiels employés dans la mer à la présence de cette chaux.

Nous disons *en partie*, car si la seule cause de la décomposition était celle que nous venons d'expliquer, il semble que les ciments à prise rapide devraient se décomposer aussi dans l'eau douce, ce qui n'est pas.

Toutefois les ciments magnésiens, gâchés à l'eau douce, et même restant à l'air, se désagrègent assez vite. Il est probable que l'altération des ciments dans l'eau de mer tient, en outre, à la présence des sels que contient cette eau, et à l'absence presque complète d'acide carbonique libre qu'on y a constatée, tandis que ce gaz est relativement abondant dans l'eau douce.

Quoiqu'il en soit, on peut considérer comme justifiées

15

par les considérations qui précèdent un certain nombre de prescriptions, généralement admises pour les fournitures de chaux et de ciments destinés aux travaux maritimes, et que nous allons rappeler succinctement.

1° Ces ciments ne doivent, *théoriquement*, contenir aucune parcelle de chaux non éteinte au moment de l'emploi, ou, tout au moins, quand la prise est achevée.

Pratiquement, ils doivent n'en contenir que la moindre proportion possible.

Par conséquent il ne faut pas employer de ciments trop frais ; il convient, au contraire, de les laisser un certain temps à l'air avant de les mettre en sac ou en baril ; il convient également d'avoir sur les chantiers des approvisionnements suffisants pour que les ciments restent encore quelque temps en magasin, dans un air pas trop sec, afin que la chaux vive ait eu le temps de s'éteindre aussi complètement que possible. On a quelquefois employé à la mer des ciments et des chaux qu'on aurait considérés comme trop vieux, comme éventés, suivant l'expression usuelle, pour des travaux à terre, et cependant on en a obtenu de très bons résultats. Il est à peu près certain que, dans ces vieux ciments, non seulement toute la chaux vive était éteinte, mais qu'une notable partie, sinon la totalité de cette chaux, était déjà carbonatée.

2° *Théoriquement*, les ciments ne doivent pas contenir de composés magnésiens ni de sulfate de chaux ; *pratiquement*, ils ne doivent en contenir que la moindre quantité possible.

On a soin de prescrire la proportion maxima qu'ils peuvent en renfermer, et qu'une longue pratique a montré être sans danger.

3° Entre autres avantages que présentent les ciments à prise lente, ils ont celui de laisser aux composés divers qu'ils renferment le temps de faire leur hydratation et leur foisonnement avant la prise définitive.

Cependant, on est porté à croire que, dans le ciment Portland notamment, les grains les plus cuits, vitrifiés, peuvent mettre un temps fort long à achever leur transformation définitive ; on explique ainsi ce fait d'expérience, à savoir que la résistance du Portland à la rupture par traction, après avoir constamment augmenté pendant un an et demi environ, tend à diminuer vers la seconde année.

On a constaté que le mortier de ciment de Portland, immédiatement après une première prise, peut être broyé de nouveau et faire une seconde prise, ce qui autorise à admettre une série de réactions successives, les unes plus promptes, les autres plus lentes.

4° Si on ne doit pas, dans le gâchage, exagérer la proportion d'eau, il semble cependant prudent de ne pas trop l'abaisser, afin de fournir largement à tous les composés la dose dont ils ont besoin pour que leur hydradation s'accomplisse sûrement et facilement, ainsi que le foisonnement qui en est la conséquence.

Un mortier fait avec trop peu d'eau, et qu'on immerge ensuite, peut reprendre ce qui lui manque, et devenir le siège de réactions accompagnées de foisonnement, qui détermineront le boursouflement et la ruine du mortier.

5° Plus la poudre de ciment est fine, plus la surface de chaque grain est grande par rapport à son volume, et plus son hydratation paraît devoir être prompte, plus rapides doivent être les réactions qui déterminent la prise.

Le Portland excessivement fin s'échauffe en faisant prise et prend plus vite qu'un ciment plus grossier ; rien ne prouve que cet échauffement et cette rapidité de prise n'aient pas quelque inconvénient dans les mortiers à la mer.

80. Action de l'eau et spécialement de l'eau de mer. — Les chaux et ciments restent perméables après leur prise, ils laissent filtrer l'eau sous des charges quelquefois très modérées; non seulement ils ont un certain degré de perméabilité, mais ils sont poreux, leur masse est criblée de petits vides sphériques, visibles à la loupe et même souvent à l'œil nu, dus évidemment aux bulles d'air qui s'y trouvent emprisonnées.

L'eau qui filtre à travers une plaque de chaux ou de ciment lui enlève de la chaux, que ce soit de l'eau douce ou de l'eau de mer.

Il est difficile de ne pas admettre que l'enlèvement de cette chaux, qui entrait dans la composition du ciment, ne soit un véritable commencement de décomposition physique de ce ciment.

Aussi doit-on toujours chercher à avoir des pâtes qui, après la prise, soient aussi peu perméables et aussi peu poreuses que possible, quand elles sont exposées à des infiltrations sous une pression d'eau, surtout si cette pression est notable.

Mais cette condition est particulièrement nécessaire quand on a à redouter des infiltrations d'eau de mer.

Il y a un échange perpétuel entre les eaux de la mer et les eaux de la terre, et cependant leur composition est très différente. Dans les eaux de la terre on trouve surtout de la chaux; dans celles de la mer, de la soude.

Dans les premières on trouve surtout des carbonates; dans les secondes, des chlorures.

A quoi tient cette différence? On ne le sait pas exactement. On sait qu'une vie intense règne dans la mer, qu'il y existe un monde prodigieusement nombreux et varié d'animaux, de végétaux, d'organismes vivants, etc.

On sait que les madrépores, les coquillages, etc., ont besoin d'une grande quantité de carbonate de chaux.

Mais, pour le reste, on est réduit à des hypothèses plus ou moins plausibles ; on dit couramment que l'eau de mer contient, sur nos côtes, environ 27 kilogrammes de sels divers par mètre cube, et que les 3/4 de ces sels sont représentés, en poids, par du chlorure de sodium ou sel marin.

Que l'autre quart contient des chlorures de potassium et de magnésium, du sulfate de magnésie, du sulfate de chaux, du bicarbonate de chaux, etc.

Or, dans l'état actuel de la chimie, cette façon de s'exprimer n'est pas rigoureusement exacte.

Ce que l'analyse enseigne se réduit à ceci : Il y a dans un litre de liquide tel poids de tels et tels acides, plus tel poids de telles ou telles bases.

Mais comment ces bases et ces acides sont-ils groupés ensemble, dans des conditions données ? On l'ignore absolument, et on ne peut faire que des suppositions à ce sujet.

Parmi ces hypothèses, il en est une qui s'impose, pour ainsi dire, c'est l'existence d'une proportion prépondérante de chlorure de sodium, et cela à cause même de l'énorme prépondérance du chlore et du sodium ; mais, pour les autres, le champ reste encore libre.

Si on mélange dans de l'eau deux bases et deux acides seulement, donnant des sels solubles, chaque base prendra une partie de chacun des deux acides, mais cette répartition dépend des conditions, des circonstances, etc. dans lesquelles se fait l'expérience.

En dissolvant dans l'eau 2 sels, du sulfate de soude et du chlorure de magnésium par exemple, on retrouve dans la solution 4 sels, les 2 premiers, plus du sulfate de magnésie et du chlorure de sodium.

Il faut donc dire que la composition indiquée couramment pour l'eau de mer est celle qu'on trouve quand on analyse le résidu de son évaporation.

La variation de la proportion des sels divers qui entrent dans l'eau de mer est démontrée par ce fait que quand l'eau de mer se congèle par de très basses températures, comme dans les mers polaires, il se fait une distribution spéciale des sels entre la partie solidifiée et la partie restée liquide. L'acide sulfurique presque en entier reste dans la glace, la magnésie et le chlore restent surtout dans le liquide. Il y a plus : le sulfate de soude de la glace entre lui-même au dessous de zéro, et à la surface de la glace, dans une combinaison chimique spéciale, appelée cryohydrate de sulfate de soude, ou sulfate de soude à froid, qui se décompose spontanément un peu au dessous de zéro.

Se passerait-il quelque phénomène spécial analogue quand l'eau de mer hydrate les divers éléments des ciments ? On ne le sait pas, et les études des chimistes ne semblent pas avoir été dirigées de ce côté.

Peut-être trouverait-on là une explication des différences d'action que produisent, dans certains cas, l'eau douce et l'eau salée.

Quoi qu'il en soit, il est remarquable que, dans les idées actuelles, le sel marin, malgré son énorme prépondérance, ne paraisse avoir aucune action spéciale bien caractérisée sur les ciments.

D'après Vicat, on admet aujourd'hui que la principale action destructive de l'eau de mer est due à la présence du chlorure de magnésium et du sulfate de magnésie, bien que, dans le résidu solide de l'évaporation, le chlorure de magnésium ne figure que pour environ 10 %, et le sulfate pour environ 7 % seulement.

D'un autre côté, il semble n'y avoir pour ainsi dire pas d'acide carbonique libre dans l'eau de mer, il s'y trouverait en combinaison à l'état de bicarbonates ; or, on attribue généralement à l'acide carbonique un rôle important pour la conservation des mortiers.

En admettant l'action prépondérante des sels de magnésie, voici comment on l'explique.

Quand on introduit dans l'eau de mer du ciment ayant fait prise, la chaux libre à la surface décompose les sels de magnésie ; avec le chlorure de magnésium elle forme du chlorure de calcium extrêmement soluble, qui disparait, et il se précipite de la magnésie, sans consistance, qu'enlève la moindre agitation de l'eau.

Avec le sulfate de magnésie, elle forme du sulfate de chaux, très légèrement soluble, et la magnésie mise en liberté est emportée comme dans le cas précédent.

Ces réactions tendent donc à ronger la surface du ciment, et on ne voit pas pourquoi elles ne continueraient pas indéfiniment, car les sels de magnésie ne décomposent pas seulement la chaux libre, ils semblent attaquer aussi celle qui se trouve combinée dans certains silicates, aluminates, etc. Cependant cette destruction superficielle est le plus souvent très limitée, pour les ciments de bonne qualité ; il doit donc se former une couche protectrice, et on n'a pas trouvé jusqu'ici d'autre explication de ce fait que celle qui consiste à admettre qu'il se produit une couche de carbonate de chaux, soit par absorption de l'acide carbonique de l'air, soit par décomposition des bicarbonates de chaux contenus dans l'eau de mer.

Quoi qu'il en soit, on doit chercher à réduire autant que possible les surfaces de mortier exposées à la mer ; ainsi, pour les joints de maçonneries, on évitera de les faire saillants, on les fera au contraire en creux, on rejointoiera avec les meilleurs ciments dont on disposera, et on rendra la surface des joints aussi résistante que possible.

On remarquera toutefois que, pour que l'action de l'eau de mer se continue, il faut que cette eau se renouvelle ; il en résulte que si le ciment ou le mortier est recouvert par une couche de vase d'une épaisseur suffisante, il

pourra rester intact sous cet abri, tandis qu'il sera attaqué au dessus ; cependant les mortiers sont quelquefois
attaqués dans la vase de certains ports, d'où se dégage de
l'acide sulfhydrique.

Les coquillages et les végétations marines se développent souvent avec une telle abondance qu'ils recouvrent
presque complètement, et en peu de temps, les parements
des ouvrages, au dessous d'un certain niveau ; ils paraissent aussi s'opposer efficacement à un renouvellement
trop actif de l'action de l'eau de la mer sur la surface où
ils sont fixés.

**81. Pénétration de l'eau de mer dans les ciments et
mortiers.** — Les ciments et mortiers ayant tous un certain degré de perméabilité, sont toujours plus ou moins
pénétrés par l'eau de mer.

Quelques ouvrages, les murs de quai des ports d'é-
chouage notamment, supportent quelquefois des pressions
d'eau considérables, de 6 à 8 mètres par exemple. Dans
ces conditions, l'eau de mer agit sur toute la masse de
maçonnerie qu'elle pénètre et non plus seulement à la
surface. Une partie de la chaux disparaît, mais ici la magnésie et le sulfate de chaux restent emprisonnés en partie, dans la masse du ciment attaqué.

Il est possible que la formation du sulfate de chaux
comporte un foisonnement qui contribuerait, pour sa part,
à la désagrégation du ciment.

Toujours est-il que cette altération augmente la perméabilité, la porosité de la masse, de sorte que l'eau de
mer y pénètre de plus en plus profondément.

Pour s'opposer à ces effets, il faut donc que le mortier
soit aussi peu perméable, aussi peu poreux que possible,
que les joints de la maçonnerie soient bien pleins, et que
le ciment résiste convenablement à la mer. Mais comme
la pénétration commence toujours par la surface, il suffit

quelquefois, pour assurer la conservation d'un massif de maçonnerie, de lui donner une enveloppe protectrice d'une épaisseur suffisante, à l'abri de laquelle on pourra employer, à l'intérieur, une chaux de médiocre qualité.

Ainsi, au Hàvre, les parement extérieurs des murs de quai sont faits, sur $0^m,60$ environ d'épaisseur, avec d'excellent mortier de ciment Portland, tandis que la maçonnerie intérieure est faite avec de la chaux hydraulique de la Hève qui, ainsi protégée, se conserve bien, quoi qu'elle se décompose rapidement quand elle est directement exposée à l'action de la mer.

82. Essais chimiques et physiques des chaux et ciments. — Depuis l'invention des ciments hydrauliques artificiels, on en a fabriqué de toute espèce, en se basant sur des théories chimiques et autres plus ou moins contestables. On a pu penser, à une certaine époque, que l'analyse chimique élémentaire d'un ciment pourrait, à elle seule, indiquer s'il serait capable de résister à la mer.

C'était là une erreur.

Des ciments contenant les mêmes proportions des mêmes matières chimiques, peuvent différer du tout au tout, au point de vue de leur emploi.

Leur qualité dépend de l'état physique des matières mélangées, par exemple, de leur degré de ténuité, de la perfection de leur trituration, etc. ; elle dépend peut-être aussi de l'état de combinaison chimique où ces matières sont associées ; elle dépend à coup sûr du degré et du mode de cuisson des pâtes, du degré de broyage, d'extinction des poudres, etc.

Cependant l'analyse chimique continue à être appliquée, concurremment avec d'autres essais d'ailleurs, mais seulement pour fournir des termes de comparaison avec des types donnés. Quand un ciment fabriqué, d'une certaine façon, par une usine connue, a donné depuis long temps des résultats satisfaisants, il importe que les fournitures continuent à être, au point de vue de leur composition, aussi semblables que possible à celles qu'on a déjà employées.

Mais il faut, en outre, que le mode de fabrication reste le même, que la densité, le degré de broyage des poudres, etc., ne varient que dans d'étroites limites.

Il faut encore que la prise se fasse à peu près dans le même temps, que la résistance à la traction ou à l'écrasement, après les mêmes intervalles de temps, ne diffère pas notablement d'un échantillon à l'autre, etc.

On comprend ainsi l'importance de la minutie, qui peut paraître exagérée à première vue, avec laquelle on détaille et précise, dans les cahiers des charges, les conditions relatives aux essais des ciments, afin d'assurer une comparaison rationnelle entre diverses fournitures.

83. Essais à l'eau de mer dans le laboratoire.—Pour savoir si un ciment résiste à l'eau de mer, il peut sembler de prime abord qu'il doive suffire de le plonger dans une cuve contenant de cette eau, il n'en est rien. Des ciments, qui se conservent dans les cuves de laboratoire, sont attaqués à la mer, et réciproquement. C'est qu'en effet les conditions d'altération ou de conservation ne sont pas les mêmes dans les deux cas ; un certain nombre de circonstances, ayant une influence connue et certaine, diffèrent de l'un à l'autre. Ainsi le renouvellement de l'eau ne se fait jamais dans les cuves comme à la mer.

La carbonatation n'y a pas lieu de la même manière.

Dans les cuves on n'a pas à redouter l'action mécanique des lames sur les mortiers qui n'acquièrent pas une dureté suffisante.

Par contre, il ne s'y développe ni végétation abondante, ni coquillages marins.

La température n'y est pas la même que dans la mer, et n'y subit pas les mêmes variations. Or, la température influe sur la durée de la prise et la rapidité du durcissement.

Tel mortier, qui aura réussi dans une mer relativement chaude, pourra s'altérer dans une mer plus froide.

Ainsi la chaux du Teil, reconnue excellente dans la Méditerranée, a donné lieu à quelques insuccès dans l'Océan.

Il serait impossible de préciser toutes les circonstances qui peuvent jouer un rôle dans l'altération ou la conservation des ciments, et qui ne sont pas les mêmes dans la mer et dans les cuves de laboratoire ; il est plus que probable que quelques-unes sont encore aujourd'hui ou peu ou point connues.

A titre d'exemple de cas particulier on peut citer le fait suivant :

Les jetées de Port-Saïd sont faites avec des blocs artificiels composés exclusivement de mortier de chaux du Teil. Ces blocs ont parfaitement résisté au dessus et au dessous du niveau à peu près constant de la Méditerranée, mais ils se sont altérés au niveau même de la mer.

Tout porte à croire que, sous le climat de l'Egypte, l'évaporation a eu pour effet de concentrer vers ce niveau les sels de magnésie ; en tout cas, le mortier décomposé contenait une proportion notable de magnésie.

Les essais dans les cuves de laboratoire ne peuvent donc, à eux seuls, apprendre si un ciment résistera à la mer ; mais ils fournissent d'utiles indications comparatives, et on doit toujours les pratiquer, en ayant soin d'observer que les conditions dans lesquelles on les exécute soient, aussi approximativement que possible, les mêmes pour les divers ciments qu'on veut comparer.

§ 5

DES CHAUX ET CIMENTS DANS LES TRAVAUX MARITIMES

84. Chaux et ciments à la mer. — En résumé, l'expérience seule enseigne quels sont les bons et les mauvais ciments pour les travaux à la mer, et encore faut-il que cette expérience ait été longue et qu'elle se soit appliquée à des ouvrages exposés aux diverses causes de destruction. Aussi le nombre des mortiers qu'on emploie dans chaque pays, pour ne pas dire dans chaque port, est-il extrêmement limité.

En France, aujourd'hui, il n'y a guère que deux ciments dont on se serve couramment, savoir : le ciment artificiel dit Portland [1], qui réussit partout, mais qui coûte encore assez cher à présent, et la chaux hydraulique naturelle du Teil [2], qui a toujours donné d'excellents résultats dans la Méditerranée, et dont le prix est relativement modéré, mais qu'on n'emploie cependant qu'avec une certaine réserve dans quelques ports de l'océan, de la Manche et de la mer du Nord.

Toutefois on se sert, dans des points particuliers, d'autres mortiers dont la pratique a sanctionné l'usage.

Ainsi à Dunkerque, à Calais, on recourt pour certaines parties d'ouvrages au mortier de trass (Pouzzolane d'Andernach, sur le Rhin).

---

1. *Annales des Ponts et Chaussées* ; 1888, 1er semestre. *Le ciment de Portland*, par MM. Durand-Claye, ingénieur en chef, et Debray, ingénieur ordinaire des Ponts et Chaussées.

2. *Annales des Ponts Chaussées* ; 1887, 2e semestre. *Étude sur la fabrication des chaux hydrauliques dans le bassin du Rhône* ; 1889, 1er semestre. *Étude sur la fabrication et les propriétés des ciments de l'Isère*, par M. Gobin, ingénieur en chef des Ponts et Chaussées.

A St-Jean-de-Luz le ciment de Zumaya, à prise rapide, rend de grands services, etc.

Enfin, bien que les ciments à prise rapide doivent être absolument exclus des maçonneries à la mer, parce qu'ils se décomposent rapidement, ils sont cependant très utiles pour former une protection temporaire aux mortiers à prise lente quand la mer doit venir baigner ceux-ci avant qu'ils n'aient eu le temps d'acquérir une dureté suffisante.

85. Mortiers. — Des mortiers faits avec des chaux ou des ciments de qualité éprouvée se sont cependant décomposés à la mer.

Cette décomposition a paru ne pouvoir être attribuée qu'à des causes tenant soit à la nature du sable, soit à la porosité du mortier, soit à son mode de fabrication, par exemple à une insuffisance d'eau de gâchage.

86. Sable. — Certains sables de rivière semblent s'altérer à l'eau de mer. Ainsi, quand on a entrepris les travaux du port de Cette, on crut bien faire en allant chercher, à grands frais, du sable graveleux dans l'Hérault pour le mélanger à la chaux du Teil.

Or, au bout d'un certain temps, les mortiers ainsi fabriqués manifestèrent des signes certains de décomposition.

A l'examen on découvrit que le sable contenait des grains de nature schisteuse, et que c'était précisément ces grains de schiste qui s'étaient altérés, en subissant une sorte de ramollissement accompagné de foisonnement.

On abandonna donc le sable de rivière pour n'employer désormais que du sable pris sur le rivage de la mer, et depuis on n'a plus constaté aucune décomposition des mortiers.

Aussi est-il prudent, en règle générale, de se servir exclusivement de sable ayant été longuement baigné et trituré par la mer, qui aura dû ainsi lui enlever toutes les parcelles que ses eaux sont capables d'altérer.

On reproche souvent au sable de mer d'être trop fin, et il est certain que c'est là un inconvénient, et qu'il vaut mieux, quand on le peut, employer un sable un peu gros, pouvu qu'il soit de bonne qualité; cependant on réussit à faire d'excellent mortier avec du sable très fin, moyennant certaines précautions, par exemple en adoptant un dosage suffisamment large de chaux ou de ciment, et en pratiquant un malaxage énergique d'assez longue durée.

87. Dosage. — Quand le mortier doit être fréquemment baigné par la mer, et surtout quand il doit supporter une pression d'eau, il importe qu'il soit aussi peu perméable que possible.

Or, toutes choses égales d'ailleurs, il sera évidemment d'autant moins perméable qu'il offrira moins de vides dans sa masse, et qu'il sera moins poreux. Donc, en règle générale, les mortiers baignés par la mer doivent être parfaitement pleins (tout au moins sur une épaisseur suffisante, à la surface des massifs de maçonnerie), c'est-à-dire que la pâte de chaux ou de ciment doit, après la prise, remplir parfaitement tous les vides interstitiels du sable. Il ne peut donc y avoir de formule générale pour le dosage des mortiers; il faut, au contraire, dans chaque cas, déterminer le volume des vides du sable, et le volume de pâte que donne le ciment ou la chaux après sa prise.

La proportion des vides varie d'un sable à l'autre, mais cependant dans des limites assez faibles en général, toutes choses égales d'ailleurs; ainsi, en admettant qu'en moyenne cette proportion soit d'environ 33 %, ce qui est à peu près exact pour le sable tel qu'on l'emploie sur les chantiers, les variations ne sont guère que de 2 à 3 % au dessus ou au dessous de cette moyenne.

Par contre, pour un même sable, la proportion des vides varie notablement avec le degré de tassement ou d'humidité du sable.

Ainsi, un sable très sec et aussi peu tassé que possible pourra avoir de 40 à 50 °/. de vides, tandis que le même sable sec, mais fortement tassé, n'en présentera plus que de 30 à 32 °/. ; si ce même sable est légèrement humide, il en offrira de 33 à 35 °/., bien qu'il ait été également tassé.

Il y a donc, en pratique, un certain degré d'incertitude sur la proportion des vides du sable tel qu'il se trouve, au moment de l'emploi dans' les chantiers ; toutefois il semble prudent d'admettre qu'elle n'est jamais inférieure à 33 °/..

Dans ce qui précède on ne s'est préoccupé que de déterminer la quantité de pâte nécessaire pour remplir complètement les vides du sable, mais cette quantité est-elle suffisante pour faire, dans tous les cas, ce qu'on appelle un bon mortier ? Il y a lieu d'en douter d'après ce fait d'expérience, à savoir : qu'on reconnaît généralement la convenance d'augmenter un peu la proportion de chaux ou de ciment quand le sable est très fin.

A l'appui de cette pratique on peut présenter les considérations suivantes.

L'idée qu'on se forme d'un mortier bien fait porte à croire que chaque grain de sable doit y être enveloppé d'une mince couche de pâte, grâce à laquelle tous les grains se soudent entre eux (c'est ce qui a lieu notamment dans les bétons maigres faits avec du gravier), et que le reste de la pâte doit remplir les vides.

Dans cet ordre d'idées, on peut supposer que le volume de pâte employé pour faire un mortier plein se partage en deux parties, l'une proportionnelle à la surface des grains de sable qu'elle recouvre, l'autre égale au volume des vides que les grains ainsi enveloppés de pâte laissent encore entre eux.

Or, la première partie doit être évidemment d'autant plus grande, pour un cube donné de sable, que les grains sont plus petits.

Il semble donc logique d'augmenter, pour du sable très fin, la dose de pâte qui serait suffisante pour un sable beaucoup plus gros.

88. Broyage. — Le broyage du mortier peut se faire de différentes manières ; mais, sur les grands chantiers, les engins le plus généralement employés pour cette opération sont les tonneaux et les meules. Malgré la facilité de l'installation des tonneaux, malgré la rapidité relative de leur travail, malgré les résultats satisfaisants qu'ils semblent donner depuis longtemps, beaucoup d'ingénieurs maritimes leur préfèrent les meules.

Ils justifient cette préférence par les considérations suivantes : les tonneaux, pour leur bon fonctionnement, dans des conditions convenables de rapidité et d'économie, exigent une plus forte dose d'eau que les meules.

Or, s'il est nécessaire d'employer l'eau en quantité suffisante, on ne voit aucun avantage et il y a certainement des inconvénients à en exagérer la dose, au point de vue de la qualité du mortier.

Un mortier trop liquide prend plus lentement et durcit moins qu'un mortier plus ferme ; il s'y forme une espèce de laitance, dont le départ laisse le mortier poreux.

Avec les meules, au contraire, on peut suivre à découvert la marche du travail et n'ajouter que peu à peu l'eau nécessaire pour obtenir toujours un mortier de la même qualité et de la consistance jugée la plus convenable ; on peut scinder le broyage en deux opérations successives, faire d'abord la pâte de chaux ou de ciment, puis la triturer avec le sable. Le poids des meules fait ressuer l'eau, chasse l'air, et augmente la compacité du mortier. On voit si le sable est bien intimement mélangé avec la pâte, s'il ne reste pas en pelotes, comme cela arrive quelquefois quand on emploie du sable très fin et humide ; on prolonge au besoin la durée du broyage.

En résumé, avec les tonneaux, le travail se fait forcément un peu à l'aveuglette, tandis qu'avec les meules on peut exiger qu'il soit fait avec intelligence.

L'emploi des meules paraît être spécialement à recommander pour les mortiers de chaux du Teil et pour les mortiers de pouzzolane.

§ 6

LES MAÇONNERIES DANS LES TRAVAUX MARITIMES

89. Généralités. — Le mortier n'est presque jamais employé seul pour former de grands massifs ; on en trouve cependant quelques rares exemples.

Ainsi, les blocs déjà mentionnés des jetées de Port-Saïd, blocs de 10 ^{m3} chacun, sont exclusivement formés de mortier de chaux du Teil ; on a fait aussi à Dunkerque des quais dont la masse principale est constituée par ce qu'on a appelé du béton de sable, et qui n'est en réalité que du mortier fabriqué et employé d'une façon spéciale.

Mais, en général, le mortier sert à faire de la maçonnerie ou du béton.

Quand la maçonnerie est baignée par la mer, et surtout quand elle doit supporter une charge d'eau, elle doit être pleine et imperméable autant que possible.

Or, rien n'est difficile comme de faire une maçonnerie bien pleine ; si on peut y réussir avec des matériaux de faible échantillon et de formes régulières, comme les briques, il n'est peut-être pas exagéré de dire qu'on n'y parvient jamais absolument avec des moëllons de dimensions un peu grandes.

Pour s'en convaincre, il suffit de faire enlever une pierre plate, d'assez grande surface, qu'un maçon vient de poser sur un lit épais de mortier et qu'il a assujettie en la frappant au moyen du marteau ; on remarquera presque toujours que certaines flaches ou cavités du lit de pose n'ont pas été remplies par le mortier. Pratiquement parlant, on peut donc admettre qu'une maçonnerie présentera toujours des vides, mais on doit s'efforcer de les diminuer autant que possible, en garnissant les joints avec le plus grand soin et en employant une large proportion de mortier. Cette proportion ne parait pas devoir descendre au dessous de 35 à 40 %.

De plus, les parements devront être rejointoyés attentivement, avec un mortier riche en ciment, mastiqué avec force, puis lissé dans les joints préalablement dégradés. On a déjà expliqué pourquoi les joints doivent être en creux et non en relief.

90. Résistance des maçonneries. — On est amené, dans le calcul des dimensions de certains ouvrages, à introduire des hypothèses sur la résistance des maçonneries.

Il est bien évident qu'une maçonnerie, même médiocrement faite, résiste à des efforts considérables de compression; mais on est en droit de se demander s'il est prudent de compter, à la mer, sur une résistance appréciable à la traction, même dans une maçonnerie très bien faite.

Le doute est au moins permis. Il faut remarquer, en effet, que les données dont on dispose résultent d'expériences de laboratoire, faites bien plutôt en vue d'observations comparatives sur des ciments analogues, qu'en vue de la détermination absolue de la résistance réelle à la traction d'un ciment ou d'un mortier donné, dans diverses conditions de fabrication ou d'emploi,

Dans un laboratoire, quand on opère sur de petites briquettes d'épreuve, on peut, à la rigueur, espérer qu'on parviendra, à force de soins et de précautions, à réaliser des conditions sinon identiques, du moins très analogues, dans les divers essais auxquels on procède, et cependant on sait que des briquettes fabriquées avec le même ciment, de la même manière, le même jour, par le même opérateur, etc., présentent des variations notables dans leur résistance à la traction.

Et cela se conçoit. S'il s'agit par exemple d'un ciment, la surface réelle de rupture dépend du nombre et de la grandeur des bulles d'air dont la section est toujours criblée. S'il s'agit d'un mortier, la surface par laquelle le sable adhère à la pâte varie d'une section à l'autre, et cette adhérence, d'ailleurs à peu près inconnue, peut varier elle-même d'un grain à l'autre.

Mais, quand il s'agit d'une maçonnerie, toutes les causes d'hésitation sur la valeur des résultats s'aggravent singulièrement, et il convient d'ajouter que les expériences, même de laboratoire, sur des blocs un peu considérables de maçonnerie, deviennent tellement difficiles et si incertaines, que le nombre en est jusqu'ici très restreint, et que les données en sont des plus discutables.

Et, si l'on passe du laboratoire sur un grand chantier, les conditions de toutes sortes sont tellement différentes, qu'il semble à peu près impossible de conclure d'une façon plausible, ne fût-ce même qu'approximativement, de ce qu'on a obtenu dans le premier cas à ce qu'on peut espérer dans le second.

Aussi, la plupart des ingénieurs qui admettent dans leurs calculs la résistance des maçonneries à la traction ou au cisaillement, réduisent-ils son coëfficient à un chiffre extrêmement faible, à $\frac{1}{10}$ de kilogramme par centimètre carré, par exemple.

En tout cas, il semble prudent de disposer les ouvrages de façon que la maçonnerie ne soit, autant que possible, jamais exposée à travailler d'une façon notable par traction ou cisaillement.

Ainsi, un radier d'écluse surmonté d'un bajoyer aura une tendance à se fendre le long du parement intérieur de ce bajoyer si, sous la charge de celui-ci, le sol de fondation peut subir un mouvement de tassement, si faible qu'il soit ; il faudra donc empêcher par un procédé quelconque (au moyen de pilotis, par exemple), tout tassement appréciable du sol sous le bajoyer.

91. Maçonnerie de pierres de taille. — Il est difficile d'assurer l'étanchéité des joints d'une maçonnerie de pierres de taille ; le défaut de joints bien pleins peut avoir de sérieux inconvénients. Ainsi, dans une écluse, le seuil ou busc, que l'on fait toujours en pierre de taille de grand appareil, est rarement étanche ; il présente souvent des infiltrations, et quelquefois, surtout quand l'ouvrage est déjà ancien, de véritables jaillissements d'eau, qui sont une cause de dislocation du busc. Il est arrivé que le sassement est devenu, pour cette cause, impossible dans certaines écluses. C'est que la pression de la retenue, pression qui peut atteindre 8 et 10 mètres, tend à faire infiltrer l'eau par les joints *ab*, *bc*, et *cd* ; ces infiltrations enlèvent peu à peu de la chaux au mortier, qui devient de plus en plus perméable ; l'altération est alors plus rapide et plus profonde, et l'eau finit par jaillir verticalement suivant *cd*, entraînant ce qui restait du mortier, et vidant complètement les joints.

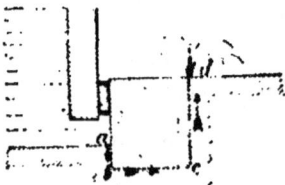

Un autre exemple de destruction de la maçonnerie de pierre de taille est fourni par les parements d'anciennes jetées.

A l'époque où l'on n'avait pas de bons ciments, il était rationnel de réduire au minimum la surface des joints exposés à la mer, et d'augmenter la masse des blocs recevant le choc des lames. L'emploi de la pierre de taille paraissait donc tout indiqué pour le parement des jetées maçonnées.

Mais il est arrivé que les joints se sont peu à peu dégarnis, et que l'eau a fini par pénétrer derrière les pierres de taille ; et l'on a vu des blocs arrachés du parement pendant les tempêtes.

La cause de cet arrachement est encore assez obscure ; voici comment on l'explique généralement.

Quand les joints sont suffisamment dégarnis, la pierre est comme isolée, et le choc de l'eau achève de la desceller. Dans une tempête, la lame ne frappe pas partout également le parement ; à l'endroit où la crête déferle il y a augmentation de pression, à l'endroit où le creux se forme il y a diminution de pression. On conçoit donc que l'eau qui a pénétré derrière le parement puisse avoir une tendance à être chassée de la partie où a lieu le refoulement, pour s'échapper vers la partie où se produit une espèce d'aspiration. Dans cette dernière partie, une pierre de taille subissant ainsi, par derrière, une forte poussée d'eau, peut être arrachée de son alvéole et projetée en avant du parement ; et cela d'autant plus facilement que la pierre perd dans l'eau une fraction très notable de son poids, et que le jaillissement de l'eau diminue les frottements. Quelques ingénieurs pensent que la compression de l'air, dans le jeu des lames, peut aussi contribuer à ces effets qui se produisent, du reste, d'une façon analogue, dans la maçonnerie à pierre sèche dont on recouvre quelquefois e talus des jetées en enrochements.

Quoi qu'il en soit, dès qu'une pierre a été arrachée, elle devient l'origine d'une brèche qui, dans une grande tempête, peut, en quelques instants, prendre des proportions désastreuses.

Tous ces effets tiennent, comme on l'a dit, à la difficulté de faire des joints solides et bien pleins dans une maçonnerie de pierre de taille, d'où résulte la nécessité de surveiller et d'entretenir attentivement les rejointoiements.

Cependant les joints verticaux paraissent susceptibles d'une meilleure exécution que les joints horizontaux. Ainsi, quand on a fondé le fort Chavagnac, à Cherbourg, on a voulu faire des blocs artificiels dont l'assise inférieure devait être formée de gros blocs naturels cimentés ensemble. Les faces en contact avaient été dégrossies à la façon des joints de la pierre de taille, en arrière du parement (Atlas ; Pl. XXVI, fig. 3).

On essaya d'abord de faire la soudure de ces blocs en les posant les uns sur les autres, après avoir interposé entre eux une couche horizontale de mortier ; or, on ne parvint jamais à obtenir de cette manière une liaison solide.

Tandis qu'en plaçant les blocs les uns à côté des autres, et en damant du mortier dans les joints verticaux laissés entre eux, on réussit à les réunir si bien ensemble, qu'on pouvait laisser tomber cet assemblage d'une certaine hauteur sur le sol sans le briser.

A quoi tient l'infériorité des joints horizontaux ? On ne le sait pas exactement ; on suppose que le fichage liquéfie trop le mortier ; qu'il y forme une espèce de laitance sans consistance, et qu'il ne parvient d'ailleurs presque jamais à remplir les flaches et les vides des joints, où de de l'air reste toujours emprisonné.

Il convient donc de ne recourir à l'emploi de la pierre de taille que lorsqu'on ne peut pas faire autrement et il y a d'ailleurs à cela une raison péremptoire, l'économie d'argent.

Toutefois la pierre de taille est indispensable dans les parties d'ouvrages où les matériaux doivent résister par leur masse, offrir une résistance exceptionnelle, présenter de grandes surfaces dressées avec soin, recevoir de forts scellements, ou quand il s'agit de répartir sur une grande section de maçonnerie ordinaire une pression considérable s'exerçant sur un appui de faibles dimensions, etc.

Ces indications ne sont pas limitatives, mais elles suffisent pour montrer qu'il y a un grand nombre de cas où l'emploi de la pierre de taille est nécessaire.

Exemples : tablettes de couronnement des quais, marches d'escaliers, arêtes saillantes des maçonneries, glissières, seuils d'écluses et de bassins de radoub, chardonnets, bourdonnières, scellement des organeaux, etc.

99. Le béton. — Le béton joue un rôle important dans la plupart des ouvrages maritimes, et la tendance est aujourd'hui, surtout en Angleterre, d'en faire un usage de plus en plus étendu.

C'est que, en effet, on peut à présent, grâce aux excellents ciments dont on dispose, ne pas craindre d'augmenter la quantité de mortier dans les massifs exposés à la mer, et que l'emploi du béton permet d'exécuter mécaniquement un grand nombre d'ouvrages qui, sans cela, exigeraient une main d'œuvre d'autant plus chère qu'elle entraîne le recrutement d'un grand nombre d'ouvriers habiles, dont les salaires s'élèvent incessamment, et s'élèvent d'autant plus que la demande de cette catégorie restreinte de bons ouvriers devient plus grande.

L'exécution mécanique a en outre l'avantage de pouvoir être presque aussi rapide qu'on le veut, d'où résulte une économie notable d'argent.

Quel que soit le béton qu'on emploie, il doit être très riche en mortier, afin d'offrir toute garantie d'homogénéité et de compacité. Il faudrait, théoriquement, que chaque pierre fût noyée dans une gangue assez épaisse ; il faut, pratiquement, mettre assez de mortier pour que cette condition ait toute chance de se réaliser.

En fait, la proportion de mortier ne descend pas au dessous de 40 %, et s'élève le plus souvent à 50 %.

Béton posé à sec. — Au point de vue de l'emploi, il faut distinguer le béton posé à sec, par exemple pour la fabrication des blocs à immerger longtemps après, et le béton coulé sous l'eau.

Le béton à sec peut se faire avec toute espèce de mortier, notamment avec celui de ciment Portland qui, jusqu'à présent au moins, n'est pas employé frais sous l'eau.

Le béton à sec doit être pilonné avec soin, par couches peu épaisses, d'environ $0^m,30$, et il faut que ces couches soient parfaitement soudées entr'elles.

Or, cette soudure est difficile à obtenir si les couches successives ne sont appliquées l'une sur l'autre qu'à un assez long intervalle de temps. Pour que la soudure se fasse dans les meilleures conditions, il faut que la couche qu'on vient recouvrir n'ait pas encore eu le temps de faire prise, et qu'elle ait conservé un degré convenable de plasticité.

Aussi, quand cela est possible, il est nécessaire que la confection d'un massif de béton ait lieu d'une manière continue, c'est-à-dire sans interruption dans le travail.

Lorsqu'on fait de gros blocs artificiels en béton, pour les grandes jetées en mer, blocs qui peuvent atteindre de 10 à 30 mètres cubes chacun, il faut que l'exécution d'un bloc ait lieu en quelques heures, en deux ou trois heures, par exemple, si on le peut, tout au moins dans une séance de chantier, soit en 5 heures environ, et en tout cas dans une seule et même journée de travail ; car le béton qu'on viendrait appliquer le matin sur une partie de bloc laissée inachevée la veille au soir aurait toute chance de ne pas se souder, et on aurait à craindre de voir un pareil bloc se fendre en deux ou moment de l'immersion.

Du reste, cette recommandation s'applique aussi bien à l'exécution d'un bloc en maçonnerie qu'à celle d'un bloc en béton, car les reprises de maçonnerie, tout en étant moins délicates que celles de béton, n'en offrent pas moins des chances de malfaçons.

Quand un massif de béton est trop considérable pour pouvoir être fait en une seule journée, il faut au moins s'efforcer d'en faire la plus grande quantité possible en un jour, de manière à réduire au minimum le nombre des reprises. A chaque reprise on devra dégrader, aviver, nettoyer et laver avec soin les surfaces des couches ayant déjà fait prise, de façon à assurer dans les meilleures conditions la soudure des nouvelles couches avec les anciennes. Le pilonnage a en effet pour résultat de donner à la surface une sorte de lissage, sur lequel l'adhérence du nouveau mortier est mal assurée ; de plus, le pilonnage ébranle toujours plus ou moins le talus d'avancement, dont les cailloux ont par suite une tendance à se détacher ; il importe d'enlever les pierres engagées ainsi d'une façon insuffisante dans la masse du béton.

Béton coulé sous l'eau. Quand le béton est coulé sous l'eau il se produit invariablement deux effets également fâcheux : la tendance au délavage et la formation de la laitance.

Le délavage est dû à ce que les matériaux qui composent le béton tendent, dans l'eau, à se séparer les uns des autres en vertu de leur différence de densité ; tendance qui n'est contrebalancée que par la cohésion due à la plasticité de la pâte de chaux ou de ciment.

Lors donc que d'autres raisons ne s'y opposent pas, il n'est pas à propos d'employer, dans le béton sous l'eau, des pierres d'une très grande densité; il vaut mieux se servir de pierres relativement légères; le briqueton, par exemple, donne, dans ce cas, de bons résultats.

Une seconde conséquence est qu'il faut employer une pâte ferme et plastique.

Or, le ciment Portland ne paraît pas jusqu'ici permettre de remplir convenablement cette condition; son mortier reste assez longtemps avant la prise à une sorte d'état graveleux, sans cohésion; d'ailleurs les grains divers qui composent sa poudre ont des densités très différentes. En fait, le béton de Portland se délave rapidement, et n'est pas aujourd'hui employé sous l'eau en France.

On est cependant parvenu récemment, en Angleterre, à le couler moyennant un tour de main, qui consiste à ne l'immerger qu'après un certain temps de repos à l'air. Il paraît qu'alors le béton, sans avoir encore fait prise, a acquis cependant une plasticité suffisante pour ne plus être sensiblement délavé dans l'eau. C'est pourquoi on a donné, en Angleterre, au béton de Portland ainsi employé, le nom de béton plastique [1].

Quant au temps que doit durer le repos ou le ressuyage à l'air, il est encore très indéterminé; il paraît être en tout cas variable avec la qualité du ciment, surtout avec la lenteur de sa prise, avec la quantité d'eau de gâchage, avec le plus ou moins d'humidité ou de chaleur de l'air, etc. Ce serait donc, dans chaque cas particulier, une expérience nouvelle, et répétée assez fréquemment, qui permettrait seule de préciser les conditions à réaliser pour faire, avec succès, du béton plastique.

---

1. Minutes of Proceedings of the Institution of Civil Engineers, London. Vol. LXXXVII : « Concrete-Work under Water ». By Walter Robert Kinipple.

Les mortiers de chaux hydrauliques sont gras, liants, et donnent un béton qui se coule bien sous l'eau. La chaux du Teil, en particulier, fournit d'excellents résultats, surtout quand sa pâte bien ferme a été obtenue, sans excès d'eau, sous le broyage énergique des meules.

Les mortiers de pouzzolane jouissent des mêmes qualités et offrent peut-être même un degré supérieur de plasticité ; de plus, la légèreté relative de la pouzzolane l'empêche d'avoir une tendance à se séparer de la chaux, comme le fait le sable. On a construit dans la Méditerranée, entre autres ouvrages importants, des bassins de radoub qui ne sont en réalité que d'énormes monolithes de béton de pouzzolane et de chaux grasse.

En France (à Toulon, principalement) et en Italie on a employé la pouzzolane de Rome. En Autriche (Trieste) et en Egypte (Alexandrie) on s'est servi de la pouzzolane de Santorin (île de l'archipel).

Dans la mer du Nord (Dunkerque, Calais, Ports de la Belgique, etc.,) on fait avec le trass de Hollande (pouzzolane d'Andernach, sur le Rhin) et une chaux hydraulique, le béton coulé sous l'eau qui forme la première couche des radiers des écluses, des bassins de radoub, etc.

La troisième conséquence à tirer des causes du délavage est qu'il faut éviter dans l'immersion toute action susceptible de favoriser la séparation des matériaux, par exemple, la chute libre du béton dans l'eau d'une hauteur appréciable.

Si on immerge avec des caisses, celles-ci ne devront s'ouvrir que quand elles seront arrivées au contact de la couche sur laquelle on verse le béton.

Si on immerge au moyen de conduits verticaux, ces conduits devront toujours être remplis par le béton de façon que l'eau n'y remonte pas, et leur orifice inférieur devra être toujours engagé dans le sommet du cône d'éboulement du béton.

Si le béton doit être coulé dans une faible hauteur d'eau, de moins d'un mètre, par exemple, et dépasser le niveau de l'eau, il conviendra de faire le massif en une seule couche, et de verser le béton un peu en arrière du sommet du talus d'avancement; puis de forcer le béton à pénétrer dans la masse au moyen du piétinement des hommes ou d'un damage; de cette façon, le délavage se trouvera toujours confiné sur le talus d'avancement qui progressera peu à peu.

Le béton est presque toujours coulé sous l'eau dans une enceinte de pieux et de madriers; or, l'expérience a démontré que la disposition du coffrage n'est pas indifférente au point de vue du délavage.

Ainsi, à Toulon, dans la construction d'un bassin de radoub, on devait trouver un avantage sérieux à incliner l'une des faces de l'enceinte et l'on n'y voyait d'ailleurs, *à priori*, aucun inconvénient possible. Le coffrage reçut donc, en coupe, la forme ABCD offrant en B un angle aigu. Il en est résulté que les caisses d'immersion ne pouvaient descendre que suivant la verticale AB', et que l'angle B s'est rempli uniquement par l'effet de l'éboulement latéral du béton déposé suivant AB'. Or, on a constaté qu'on n'avait ainsi obtenu en réalité qu'un dépôt de cailloux délavés dans le triangle ABB'.

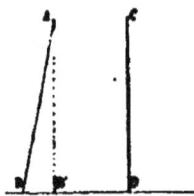

Il faut donc qu'un coffrage soit disposé de façon que l'immersion puisse toujours être faite directement le long des parois, et que tout éboulement latéral soit inutile pour le remplissage d'une partie quelconque de l'enceinte.

De la laitance. Tous les bétons coulés sous l'eau produisent de la laitance, qui, en se répandant à leur surface, y forme une couche molle. Si on vient à déposer du béton frais sur du béton ancien recouvert de laitance, celle-ci n'est pas entièrement expulsée ; il en reste une épaisseur plus ou moins grande, mais qui suffit, en tout cas, pour empêcher la soudure du béton nouveau avec l'ancien ; comme la laitance ne fait jamais prise, le massif de béton reste toujours poreux et perméable.

Du reste, la vase produit exactement le même effet que la laitance et doit être traitée de la même façon.

Or, comme à la mer on doit éviter la porosité, la perméabilité, il faut se débarrasser de la laitance.

On peut enlever la plus grande partie de la laitance en la pompant au pied du talus d'avancement des couches successives, car c'est là qu'elle tend naturellement à s'accumuler.

Mais le pompage en laisse toujours une quantité notable qu'il reste à faire disparaître autant que possible.

Jusqu'à présent, on n'a pas trouvé de meilleur moyen d'y parvenir que celui qui consiste à charger de ce nettoyage des plongeurs qui, munis de balais et de curettes, remplissent de laitance des seaux, dont le remontage est opéré par l'équipe du scaphandre.

L'enlèvement de la laitance est donc une opération assez délicate et coûteuse, et il est à propos de faciliter son départ de la masse du béton ; on atteint ce but, en partie, pour les massifs peu épais, en laissant un intervalle ou joint horizontal de 1 à 2 centimètres environ entre les madriers, les planches, ou les feuilles de tôle formant les parois du coffrage.

Il serait en tout cas très intéressant de réduire autant que possible la production de la laitance, et il paraît qu'il ne serait pas impossible d'y réussir dans certains cas.

Ainsi, quand on fit, près de Trieste, le bassin de radoub de l'arsenal du Lloyd autrichien, on y employa le béton de pouzzolane de Santorin. Or, à la suite d'incidents de chantier, on remarqua que ce béton pouvait être coulé, sans inconvénient pour sa prise et sa soudure, 6 heures et même 12 heures après sa confection, à la condition, toutefois, qu'avant l'immersion il eût subi une nouvelle trituration. De plus, on remarqua que ce béton, ainsi remanié, produisait alors beaucoup moins de laitance que lorsqu'il était coulé tout à fait frais.

Il semble y avoir là l'indication d'essais intéressants à tenter dans des circonstances analogues.

Des infiltrations. Quelque soin qu'on apporte à l'exécution d'un massif de béton sous l'eau, il est difficile de l'obtenir tout à fait imperméable. Ce fait a été constaté surtout dans les grandes enceintes de béton qui ont servi, dans la Méditerranée, à la construction de bassins de radoub. Quand on venait à épuiser ces espèces de baignoires gigantesques, on observait toujours des suintements, fréquemment des infiltrations, quelquefois de véritables sources jaillissantes, et il est arrivé que les épuisements devenaient impossibles.

Ces pénétrations d'eau sont d'autant plus dangereuses que le béton est moins ancien; aussi convient-il de ne commencer les épuisements que 6 mois au moins, et mieux une année après l'achèvement de la forme en béton.

De plus, il faut partager l'enceinte en un certain nombre de compartiments, ordinairement quatre, au moyen d'épaisses cloisons en béton, formant batardeaux, de façon à pouvoir concentrer successivement dans chaque compartiment la puissance d'épuisement dont on dispose.

Infiltrations dans le béton posé à sec. La formation des sources n'est pas seulement à craindre dans les bétons coulés sous l'eau, elle se produit même, quelquefois, dans le béton posé à sec, et alors on peut suivre la façon dont elle procède. On voit la première couche de béton posée sur le sol offrir, en un point, une légère infiltration verticale qui paraît évidemment due à ce que l'eau du sol trouve plus de facilité à s'échapper en suivant le plus court chemin vertical que lui offre la mince couche de béton frais, qu'à s'écouler horizontalement par les longs canaux capillaires, plus ou moins obstrués, qu'elle devrait suivre dans les couches superficielles du sol, sous le béton, pour aller gagner les puisards d'épuisement. Cette première infiltration verticale altère le béton qu'elle a traversé, le rend poreux et perméable, et fixe, pour ainsi dire, la position du jaillissement de la source.

Quand on vient à poser une seconde couche de béton sur la première, cette nouvelle couche est traversée comme l'ancienne, à peu près sur la même verticale, et la source se propage ainsi de proche en proche, du fond à la surface du béton, à travers toute son épaisseur.

On sait que, pour aveugler ces sources, le moyen consiste à pratiquer dans le béton un petit puits à l'orifice duquel on scelle hermétiquement un tuyau en tôle où l'eau jaillissante atteint son niveau d'équilibre, et dans lequel on verse un coulis de ciment.

Atelier de bétonnage. D'après les indications qui précèdent on voit que, dans les travaux maritimes, il y a souvent lieu d'employer de grandes quantités de béton en un temps aussi court que possible ; aussi, l'organisation d'un atelier de bétonnage doit-elle être préparée avec une attention toute particulière, et appropriée aux circonstances spéciales où l'on se trouve.

Il arrive souvent que l'exiguïté de l'emplacement dont on dispose rend très difficile l'adoption d'arrangements tout à fait satisfaisants.

Pour préciser quelques points du programme à remplir, on peut dire, par exemple, que l'approvisionnement des matériaux (chaux ou ciment, sable, pierre) doit être largement assuré d'avance, autant que possible, sur le chantier ; chaque nature de matériaux aura son dépôt ou magasin spécial, convenablement relié aux points d'arrivage. De chaque dépôt particulier des voies séparées conduiront les matériaux à l'atelier de fabrication du béton.

De l'atelier de fabrication d'autres voies serviront à transporter le béton au lieu d'emploi.

Pour éviter les risques de chômage d'un trop nombreux personnel d'ouvriers, et pour activer la marche des travaux, il convient de faire autant que possible mécaniquement toutes les opérations pour lesquelles la main d'œuvre n'est pas indispensable ; et, le plus souvent, on trouve en outre à cela l'avantage de l'économie.

Ainsi, non seulement le mortier sera fait au moyen de broyeurs conduits par des machines à vapeur, comme cela se pratique d'une manière générale, mais on installera au besoin des grues à vapeur pour le débarquement des matériaux ; on opérera à l'aide de câbles la traction mécanique des wagonnets sur les plans inclinés ; des pompes assureront l'approvisionnement de l'eau dans des réservoirs convenablement disposés ; des concasseurs briseront la pierre, s'il y a lieu, etc.

Il y aura donc, en général, à faire largement usage de machines à vapeur ; or, il arrive le plus souvent que, dans le calcul de la puissance de ces machines, on se trompe par défaut. On ne fait presque jamais la part assez large à l'imprévu, aux résistances accidentelles et exceptionnelles, aux éventualités d'accidents, à l'usure si rapide des organes dans un chantier en plein air, sur le bord de la mer, au milieu de poussières sableuses, etc. C'est là une observation pratique dont on ne saurait trop tenir compte ; elle s'applique d'ailleurs à toutes les machines, de quelque nature qu'elles soient, qu'on emploie **dans les travaux maritimes.**

CHAPITRE QUATRIÈME

ATTERRAGE. ENTRÉE DES PORTS. JETÉES.

SECTION I.

ATTERRAGE

De tous les travaux maritimes, les plus importants, de beaucoup, sont ceux qui concernent les ports.

Les divers ouvrages d'un port répondent à des besoins différents et très variés; nous examinerons d'abord ceux qui sont destinés à faciliter l'accès des navires.

93. Reconnaissance de la côte. — On dispose aujourd'hui de moyens assez précis pour assurer la route d'un navire de façon à le conduire à peu près exactement devant son point de destination.

Cependant, quand la traversée a été longue, pénible, lorsqu'il y a eu à compter avec certains incidents de navigation, le navire peut avoir été écarté de sa route et

17

n'apercevoir pour la première fois la terre qu'assez loin
du port de destination. Dans des circonstances tout à fait
exceptionnelles, cet écart est estimé pouvoir être au maximum d'une centaine de kilomètres (de 50 à 60 milles).

Il faut donc qu'en approchant des côtes, le navire puisse
rectifier sa position et sa route, à l'aide de repères visibles d'assez loin pour qu'il ait encore la faculté de manœuvrer en conséquence par les plus mauvais temps.

Ces repères, qu'on appelle des « amers », sont ordinairement des points culminants, des caps, des îles, ou enfin de hautes constructions, dites phares de grand atter-
rage, au sommet desquels on allume des feux pendant la
nuit. Ces repères doivent offrir des caractères distinc-
tifs, faciles à reconnaître, que des publications spéciales
déterminent avec précision.

Si la navigation au large, en haute mer, qu'on nomme
aussi la navigation hauturière, présente bien des dangers, la navigation près des côtes est encore plus péril-
leuse.

Aussi, en approchant de terre, les navires se font-ils
généralement conduire par des marins, appelés pilotes,
ayant la pratique des parages vers lesquels le navire se
dirige, connaissant bien les signaux divers, souvent nombreux, quelquefois variables, qui permettent de s'orien-
ter aux abords d'un port.

91. Remorquage. — Quand un navire, sous la conduite d'un pilote, arrive en vue de son port de destination, il ne peut pas toujours y entrer immédiatement.

Cela aura lieu, par exemple, pour un navire à voiles
dans le cas de vents contraires, ou même s'il n'y a pas de
vent du tout.

Il est vrai qu'aujourd'hui les bâtiments à voiles ont la
ressource de se faire remorquer par des navires à vapeur.
Malheureusement, il y a encore beaucoup de ports, en

France, où l'on ne trouve pas de service de remorquage organisé ; lorsqu'il en existe, les voiliers ne se font pas toujours remorquer, par raison d'économie ou par d'autres motifs.

Ainsi, quand la mer est mauvaise, le remorquage ne laisse pas que de présenter des risques très graves à cause des chocs auxquels sont soumis les câbles de remorque (les aussières, en terme de marine). Si les remorques viennent à casser, le navire se trouve dans la situation la plus critique.

85. Rades, jetées, etc. — Les voiliers sont donc souvent obligés d'attendre au large le moment où ils pourront entrer au port.

Mais il y a plus : les vapeurs eux-mêmes sont exposés à cette éventualité dans nos ports à marée, qui presque tous ne sont pas accessibles à basse mer.

Or, ce stationnement forcé des navires au large est non seulement pour eux une fatigue, mais souvent même un danger.

Il est donc très important, pour un port, d'avoir dans ses parages immédiats un lieu où les navires puissent attendre en sécurité le moment d'opérer leur entrée.

Ce lieu de stationnement s'appelle une rade, ou un mouillage.

Une rade est tellement essentielle à un port qu'on peut dire qu'il n'y a pas de bon port sans rade.

Admettons que la rade existe et que le navire, après y avoir attendu le moment favorable, la quitte pour pénétrer enfin dans le port.

L'entrée d'un port s'appelle la passe ou le chenal.

Tant qu'on ne se servait que de petits navires, d'un faible tirant d'eau, les chenaux d'accès n'avaient besoin ni d'une grande profondeur, ni d'une grande régularité.

Mais, par un progrès incessant, qui se continue encore de nos jours, les navires ont acquis de très grandes dimensions, et la question de la forme des entrées et de leur profondeur est devenue aujourd'hui d'un intérêt capital.

De tout temps, du reste, on a été forcé de corriger par des travaux de main d'homme ce que les meilleurs ports naturels offraient d'imperfections au point de vue nautique.

Ainsi, une baie largement ouverte est d'un accès facile, mais elle manque de calme.

Une baie calme ne doit souvent cette qualité qu'à une entrée étroite et sinueuse, et par cela même difficile à pratiquer.

On a donc été amené à faire des ouvrages à l'entrée des ports, soit pour en assurer le calme, soit pour en faciliter l'accès.

Ces ouvrages s'appellent des jetées, des brise-lames, des môles, des digues.

C'est par l'examen des jetées les plus simples que nous commencerons l'étude des travaux des ports.

SECTION II.

JETÉES DESTINÉES A FIXER L'ENTRÉE D'UN PORT A MARÉE DÉBOUCHANT SUR UNE PLAGE MEUBLE

§ 1.

LE CHENAL

96. Ports dans les estuaires. Barre. — Beaucoup de ports sont situés dans des estuaires ou des lagunes à marée, séparés de la mer par un cordon littoral ; leur entrée est constituée par la bouche qui sert au passage alternatif des eaux de la baie vers le large et réciproquement.

Cette bouche, comme nous l'avons vu, présente un chenal assez profond à travers le cordon littoral ; en avant du chenal, vers la mer, existe un bourrelet sous-marin appelé la barre, où l'on ne trouve que des profondeurs d'eau très inférieures à celles du chenal ; sur la barre existent une ou plusieurs dépressions offrant plus de tirant d'eau que partout ailleurs, et qui constituent ce qu'on appelle la passe ou les passes, c'est-à-dire le lieu de passage des navires.

Or, toute passe tend à se déplacer dans le sens de la marche des alluvions.

Si les alluvions cheminent de gauche à droite, par exemple, le côté gauche de la passe s'avance, par l'apport incessant de matériaux ; le côté droit recule dans le même sens, par suite de l'enlèvement des alluvions qui le formaient et que balaient les courants.

Les passes sont en outre sujettes à d'autres modifications.

La barre est, en général, couverte d'une faible hauteur d'eau, surtout à basse mer ; aussi, pendant les gros temps, elle est quelquefois bouleversée par les lames, qui y pratiquent des brèches devenant l'origine de nouvelles passes, tandis que les anciennes se ferment.

Ce sont là des conditions d'autant plus défavorables pour la navigation que ces changements se produisent plus vite. A Calais, autrefois, on a constaté que l'orientation de la ligne que devaient suivre les navires pour entrer au port pouvait, dans certaines circonstances, varier, en deux mois d'hiver, du N. O. au N. E., c'est-à-dire de 90°.

Dans tous les cas analogues, le problème qui s'impose est celui de la fixation de la passe, c'est-à-dire de l'entrée du port, dans la position la plus favorable pour le mouvement maritime.

Or, la fixité de la passe dépend surtout des courants, de jusant qui la balayent près du moment de basse mer. Ce sont en effet les courants sortant de la baie qui seuls peuvent rejeter vers le large les alluvions tendant à encombrer la passe, et ces courants sont d'autant plus efficaces qu'ils sont mieux dirigés vers cette passe et qu'ils s'épanouissent moins dans la masse d'eau à peu près stagnante, qui couvre la barre.

Donc, moins il y aura d'eau au dessus de la barre, plus les courants de jusant pourront avoir d'effet sur la passe dans laquelle ils se jetteront; et cela a lieu évidemment vers le moment des basses mers, et surtout des basses mers de vive eau, pendant lesquelles la barre assèche quelquefois dans certains ports.

On est ainsi amené à chercher la solution du problème de la fixation de la passe dans la concentration et la direction des courants, vers la fin du jusant, suivant l'orientation jugée la plus convenable.

Pour y parvenir, le moyen qui se présente tout d'abord à l'esprit et qui est, en fait, le plus généralement employé, consiste à endiguer, à contenir le courant entre deux levées rattachées à la terre, et qui s'avancent assez loin en mer pour conduire les eaux avec toute leur vitesse et toute leur force dans la direction où l'on veut établir la passe, et aussi près que possible de la dépression qu'on se propose de maintenir sur la barre.

Ces levées n'ont pas besoin d'avoir un grand relief au dessus de l'estran, puisqu'elles ne doivent endiguer les eaux que quand la mer a déjà notablement baissé; c'est pourquoi on les appelle des *jetées basses*.

Mais, avant de procéder à l'exécution de ces jetées, il faut arrêter les dispositions générales du chenal qu'elles formeront. Quel sera, en plan, le tracé de ce chenal, quelle sera son orientation, quelle sera sa largeur?

Autant de questions, parmi tant d'autres, auxquelles il est impossible de répondre d'une manière générale.

Les solutions varient non seulement suivant les lieux et les circonstances, elles varient aussi avec les époques.

En France, elles ne sont adoptées qu'après enquêtes, après avis de commissions nautiques, et à la suite de conférences spéciales entre les représentants des divers services publics intéressés dans la question.

Mais il incombe aux ingénieurs de préparer les projets qu'on discutera, et par suite de les étudier, en tenant compte de toutes les considérations qui pourront être invoquées.

Ils doivent donc connaître celles qui se présentent le plus ordinairement.

97. Plan du chenal. — En général, les jetées dont il est ici question sont rectilignes et parallèles, et il n'y a pas en effet, *à priori*, de motifs pour adopter une disposition moins simple. Cependant, dans certains cas, on est amené à donner une courbure au chenal, si, par exemple, on veut prolonger des jetées suivant une orientation différente de celle qu'elles avaient d'abord et qu'on a reconnue défectueuse.

En tout cas, et quel que soit le motif qui fait adopter un chenal courbe, il convient que sa courbure soit aussi faible que possible.

Aujourd'hui, pour un chenal fréquenté par de grands vapeurs, un rayon de 800ᵐ à 1000ᵐ est considéré comme un minimum désirable.

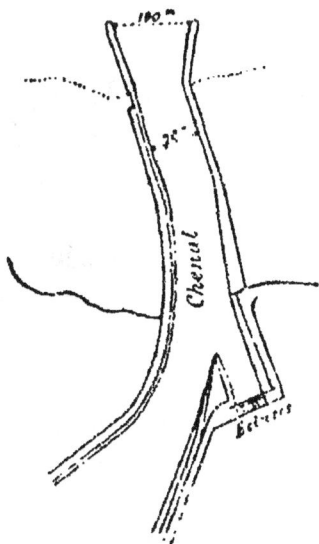

Que le chenal soit courbe ou rectiligne sa largeur est uniforme dans toute sa longueur.

Toutefois, dans quelques cas, on a reconnu la convenance d'évaser les jetées vers le large à l'une de leurs extrémités, et vers le port à l'autre. L'élargissement du chenal du côté de la mer peut être motivé par une plus grande facilité à donner au mouvement des navires à l'entrée, mais cette disposition se prête mal au prolongement des jetées (anciennes jetées d'Ostende, fig. page 263).

L'évasement dans le port est plus souvent justifié, et il faut, en tout cas, que le chenal débouche dans un espace assez large pour que les navires puissent y opérer librement les manœuvres qu'exige leur arrivée dans le port.

Si, par exemple, un navire n'a pu diminuer suffisamment sa vitesse (perdre son erre, en terme de marine) en parcourant la longueur du chenal, il est exposé à aller se jeter sur d'autres bâtiments qui sont déjà dans le port; dans ce cas il doit mouiller, et il faut qu'il trouve un espace suffisant pour évoluer autour de son ancre.

98. Orientation du chenal. — La création de la plupart des ports actuels, celle de la presque totalité des ports français, en particulier, remonte à l'époque où l'on ne connaissait que la navigation à voile; c'est donc en vue de cette navigation que leurs jetées ont été disposées.

Aujourd'hui encore, malgré la prédominance croissante de la navigation à vapeur, il existe un très grand nombre de voiliers qui font les voyages au long cours; la plupart des caboteurs, et à peu près tous les bateaux de pêche sont à voiles. Or, les manœuvres d'un navire à voiles sont plus lentes et plus incertaines que celles d'un vapeur, il importe donc de les simplifier autant que possible.

Le chenal doit être parcouru par les navires qui entrent au port et par ceux qui en sortent.

Pour que la navigation à voile fût aussi facile dans un sens que dans l'autre, il faudrait que le chenal fût orienté perpendiculairement à la direction du vent qui souffle le plus habituellement, c'est-à-dire du vent régnant.

Un bateau peut, en effet, marcher perpendiculairement au vent dans un sens ou dans l'autre quand le vent est normal à l'axe de sa coque ; on l'appelle alors vent par travers ou de travers.

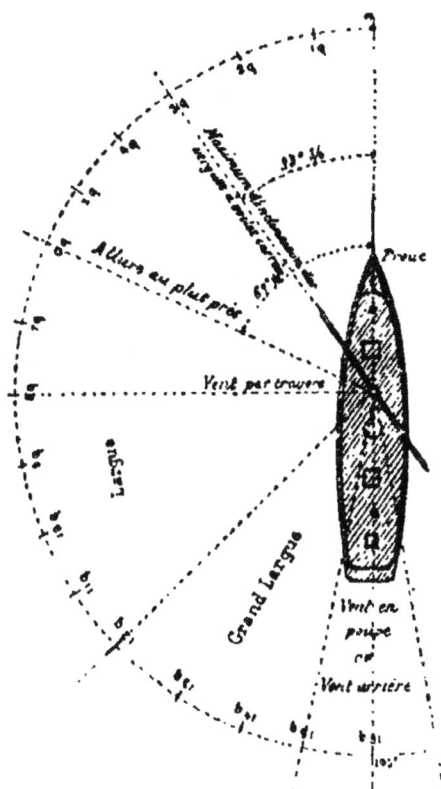

Mais il est évidemment désirable que, par les gros temps, l'entrée soit plus facile que la sortie, car le navire qui veut venir se réfugier peut être en danger, tandis que celui qui est à l'abri, dans le port, n'est exposé qu'à une perte de temps s'il ne peut pas sortir.

Or, la marche d'un voilier est bien assurée quand le vent vient un peu obliquement de l'arrière ; on l'appelle alors vent largue.

D'un autre côté, un bateau peut encore avancer même lorsque le vent vient un peu de l'avant, pourvu que la direction du vent ne fasse pas avec l'axe de la coque un angle trop aigu. Cet angle ne doit pas être de moins de 67° environ ; quand il atteint cette limite inférieure, on dit que le bateau marche au plus près, ou que le vent est au plus près.

Si donc le vent de mauvais temps a la même direction

que le vent régnant, on pourra assurer un accès commode
en orientant le chenal, non pas perpendiculairement au
vent, mais un peu obliquement, de façon que les navires entrants aient un peu de vent arrière.

Si cette obliquité n'atteint pas 67°, les navires pourront encore cependant continuer à sortir du port en
naviguant au plus près.

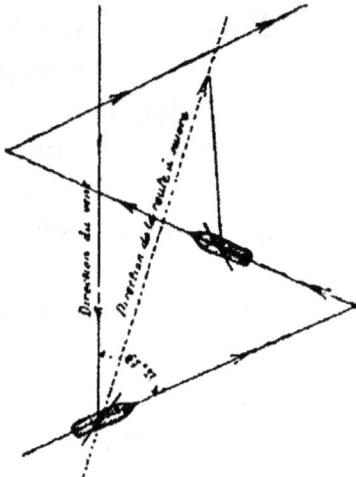

Le cas que nous venons
d'examiner se présente assez
fréquemment, mais en pa-
reille matière il n'y a pas de
règle générale ; on pourrait
presque dire qu'il n'y a que
des cas particuliers, tant les
circonstances locales ont d'influence.

Ainsi le vent de tempête
peut n'avoir pas la même direction que le vent régnant,
les tempêtes peuvent venir
de deux directions différentes ; si la barre est couverte de
brisants, pendant les gros temps les navires sont obligés
de couper normalement la crête des lames qui déferlent, etc.

Il en résulte qu'en fait, l'angle du chenal avec la direction du vent peut varier de zéro à 90°.

Ainsi, à l'entrée de l'Adour, le chenal est dans le vent
régnant, parce que les brisants de la barre sont si dangereux que les navires doivent les franchir vent arrière.

Le problème de l'orientation du chenal est donc une
question d'ordre exclusivement nautique, et les ingénieurs n'ont rien de mieux à faire que de s'éclairer des
avis des pilotes, des pêcheurs, des marins pratiques de
la côte ; malheureusement, il est rare que ces avis soient
unanimes, et il reste encore beaucoup à faire pour en tirer les conclusions les plus plausibles.

Pour les ports fréquentés surtout par des navires à vapeur, ou dotés d'un bon service de remorquage, et quand, d'ailleurs, les vents et les courants n'y sont pas exceptionnellement violents, la question de l'orientation du chenal perd naturellement de son importance.

99. Largeur du chenal. — L'entrée dans un chenal est toujours une manœuvre délicate pour un navire, car l'ouverture par laquelle il doit pénétrer n'est, en somme, qu'un goulet assez étroit, où il a quelquefois beaucoup de peine à s'engager dans une direction convenable. D'ailleurs, le chenal étant la route des navires, et deux navires, marchant en sens contraire, devant pouvoir s'y croiser, il est clair que plus le chenal sera large, plus le mouvement de la navigation y sera facile.

Cependant il ne suffit pas que le chenal soit large, il faut encore qu'il ait une profondeur suffisante. Or, si cette profondeur doit être obtenue exclusivement, ou même seulement pour la plus grande partie, par le passage alternatif des eaux de marée, un excès de largeur peut avoir des inconvénients.

En effet, pour un régime donné du mouvement des eaux, on conçoit que plus le chenal sera large, moins il sera profond.

De plus, le chenal est le chemin par lequel l'agitation du large se propage dans le port, et plus ce chemin sera ouvert, plus sera grande l'agitation à prévoir à l'intérieur. Or, le calme, ou du moins un calme suffisant, est une des qualités essentielles d'un port.

Ainsi, il ne peut y avoir non plus de règles pour la fixation de la largeur d'un chenal.

Cependant, aujourd'hui, on dispose de divers moyens pour entretenir artificiellement la profondeur d'un chenal (chasses artificielles, dragages) et pour atténuer la propagation des lames (talus brise-lames, criques d'épanouissement) ; aussi la tendance est-elle, actuellement, à donner aux chenaux une grande largeur.

Autant qu'on en peut juger d'après les ports existants, et d'après ceux qui ont été récemment améliorés, la largeur du chenal semble devoir être, au minimum, de 5 à 6 fois celle du navire le plus large appelé à y circuler.

Il faut observer qu'un navire occupe, en général, dans le chenal, une largeur plus grande que sa propre largeur. S'il est à voiles et s'il a le vent de travers, il marche obliquement sur sa trajectoire et subit une dérive. S'il est à vapeur, et surtout s'il est très long, comme certains paquebots qui atteignent aujourd'hui 160ᵐ, on est obligé de manœuvrer à tout instant son gouvernail pour le maintenir en direction dans le chenal ; mais le moindre coup de barre fait dévier le navire qui, dans ses embardées, se rapproche plus ou moins des jetées, soit par son avant, soit par son arrière.

En fait, une largeur de 40 à 50ᵐ paraît être aujourd'hui un minimum désirable pour les ports, même de faible importance ; une largeur de 75ᵐ est admissible, à la rigueur, pour les ports qui ne sont pas habituellement fréquentés par les grands paquebots transatlantiques ; mais, pour les ports de premier ordre, le chenal doit avoir au moins une centaine de mètres de largeur.

Il est arrivé, et cela non très rarement, que des navires se sont échoués en travers, dans le chenal qu'ils obstruaient complètement. Il a fallu quelquefois faire sauter ces navires et les dépecer au moyen de la dynamite, pour dégager le chenal.

Pour prévenir de pareils accidents, ou tout au moins les atténuer autant que possible, il faudrait donner au chenal une largeur au moins égale à la longueur des plus longs navires que peut recevoir le port.

De cette façon on se ménagerait la chance de pouvoir faire pivoter un navire échoué autour de son avant ou de son arrière, et de le ramener ainsi dans une position à peu près parallèle à l'axe du chenal.

A ce point de vue, une largeur de 200^m au plus serait amplement suffisante aujourd'hui.

100. Longueur des jetées. — La longueur des jetées est ordinairement à peu près celle de l'estran, c'est-à-dire la largeur de la plage qui découvre à mer basse.

Diverses considérations conduisent à adopter cette longueur.

Et d'abord, il ne faut pas perdre de vue que l'on suppose ici que la passe offre un tirant d'eau suffisant à mer haute, car le problème de l'augmentation de la profondeur à l'entrée d'un port est tout autre et beaucoup plus difficile que celui dont nous nous occupons actuellement, et qui consiste seulement à fixer le chenal et la passe.

Il n'est donc pas nécessaire de donner aux jetées une longueur plus grande que celle qui permet d'atteindre le but proposé, et ce but est souvent atteint avant que les jetées n'aient la longueur de l'estran.

En effet, il est naturel et logique de commencer les jetées par leur enracinement au rivage, pour contenir et endiguer les courants qu'elles doivent maintenir et diriger dans le chenal.

On avance donc progressivement les jetées de la terre vers le large.

Or, dans la plupart des cas, les premiers effets des travaux sont remarquablement prompts et satisfaisants.

Le jusant, guidé par les premiers tronçons des jetées, tend à couper la barre et à fixer la passe dans leur direction vers la mer. On favorise au besoin l'action des courants en exécutant, à bras d'hommes, des fossés à travers les bancs qui assèchent devant l'entrée.

On prolonge ensuite les deux jetées jusqu'à ce que la position de la passe paraisse assurée dans l'orientation voulue.

Généralement on n'a pas besoin d'aller, pour cela, au delà de la laisse des plus basses mers. En tout cas, on s'arrête ordinairement à cette limite par raison d'économie.

Les travaux deviennent, en effet, plus difficiles et plus chers à mesure qu'on s'avance dans des profondeurs plus grandes.

Il y a encore d'autres motifs pour ne pas exagérer la longueur des jetées ; nous y insisterons plus tard. Pour le moment il suffit de savoir qu'ils tiennent à ce que, autant les premiers effets des ouvrages sont prompts et satisfaisants pour redresser et fixer une passe, autant ils sont peu durables en général.

§ 2.

JETÉES BASSES

101. Emploi des jetées basses. — Avant de nous occuper de la construction des jetées basses, nous devons dire tout d'abord qu'il est très rare qu'on établisse seulement des jetées basses le long d'un chenal ; le plus souvent, on les surmonte d'une haute charpente, pour des motifs qu'on expliquera tout à l'heure, et alors on exécute en même temps la jetée basse et la charpente. Cependant certains petits ports (Gravelines, par exemple) sont restés longtemps sans avoir autre chose que des jetées basses ; et d'ailleurs on peut être amené, dans quelques circonstances spéciales, à prolonger une jetée avec charpente par un tronçon de jetée basse, par exemple pour mieux diriger sur la barre la fin du courant de jusant.

Nous supposerons donc d'abord qu'il s'agisse d'établir une simple jetée basse ; on verra ensuite les modifications qu'entraîne, dans la construction, l'addition de la superstructure en charpente.

Le principal avantage du genre d'ouvrage dont il s'agit ici réside dans l'économie, la simplicité et la rapidité de l'exécution ; tout doit donc être combiné en vue de réaliser ces conditions favorables.

Ainsi, on ne fonde pas une jetée basse au-dessous du niveau des plus basses mers de vive eau, afin d'éviter les sujétions du travail sous l'eau ; et, dans la limite où le but à atteindre le permet, il convient de relever le niveau de la fondation au dessus des plus basses mers, car on aura ainsi plus de temps et plus de facilité pour procéder à l'établissement de la base de la jetée.

En outre, on ne donnera à la jetée qu'un relief aussi faible que possible et juste suffisant pour bien diriger la fin du courant de jusant. On y trouvera deux avantages : le premier sera d'économiser des matériaux, du temps et de l'argent ; le second de n'avoir pas besoin de donner à l'ouvrage une grande résistance.

En effet, moins la jetée fera de saillie sur l'estran, moins les lames auront d'action pour la détruire.

C'est là une règle générale : plus une jetée est haute, plus elle doit avoir de force pour résister aux lames.

Dans le même ordre d'idées, on évitera de donner à la jetée un relief accore, car le choc des lames contre une paroi raide déterminerait, au pied de l'ouvrage, un ressac qui en compromettrait la conservation.

Cependant, tout en cherchant à donner à la jetée une faible hauteur pour les motifs qui viennent d'être indiqués, il faut tenir compte d'une autre considération qui conduit à ne pas exagérer l'abaissement de l'ouvrage.

A la mer, comme partout ailleurs et même plus qu'ailleurs, les travaux de main d'homme réclament un entretien incessant ; or, pour qu'une jetée puisse être bien visitée et facilement entretenue, il faut qu'elle découvre, il faut qu'on la voie, aussi souvent et aussi longtemps que possible.

En général, ce but sera convenablement atteint en mettant le sommet ou couronnement de la jetée au niveau des basses mers de   .

Il ne faudrait pas conc   que le relief de la jetée au dessus de l'estran,   partie où l'estran découvre à basse mer de morte eau, peut être aussi faible qu'on voudra ; car, dans cette partie de l'estran, la hauteur de la jetée dépend de considérations spéciales.

Et d'abord, il faut évidemment que le chenal soit bordé de chaque côté et dans toute sa longueur depuis l'extrémité des jetées vers le large, appelée *musoir*, jusqu'à leur enracinement au rivage, à la laisse la plus haute que puissent atteindre les lames, car si les lames, en s'étalant sur l'estran, pouvaient venir se déverser dans le chenal, elles encombreraient celui-ci d'alluvions.

Il faut donc que la jetée ait un relief continu, et, de plus, que ce relief soit suffisant pour s'opposer au déversement des lames dans le chenal et au passage des alluvions qu'entraînent les lames et les courants. Les circonstances locales seules permettent de déterminer, dans chaque cas, la hauteur que doit avoir, dans ce but, la jetée au dessus de l'estran.

Il arrive le plus souvent que les deux jetées n'ont pas besoin d'avoir la même hauteur, et que celle située au vent régnant doit être un peu plus haute que la jetée sous le vent.

Il arrive même assez fréquemment que le relief adopté tout d'abord d'un côté est reconnu insuffisant après quelques années, parce que la jetée au vent, agissant à la façon d'un épi, arrête la marche littorale des alluvions, qui viennent ainsi s'accumuler le long de cet obstacle et finissent par le franchir en retombant dans le chenal.

Quoiqu'il en soit on peut dire que, en général, il est rare qu'on ait besoin de donner tout d'abord aux jetées un relief de plus de 1^m,50, dans la partie haute de l'estran, sauf à l'augmenter plus tard.

101. Profil en travers des jetées basses. — Le profil en travers d'une jetée a, d'ordinaire, la forme d'un trapèze dont la base supérieure est horizontale et dont les côtés également inclinés ont une faible pente (Atlas; Pl. IX à XVI).

Souvent on arrondit les angles saillants du sommet, de sorte que le profil affecte la forme d'un dos d'âne.

Le talus des côtés inclinés doit être faible pour éviter le ressac. D'après les ouvrages exécutés l'expérience semble avoir enseigné que l'inclinaison la plus convenable est d'environ trois de base pour un de hauteur.

La largeur au sommet, presque toujours assez petite (2 à 6 mètres, par exemple), dépend surtout des dimensions de la charpente qui surmonte habituellement la jetée basse, et dont nous parlerons tout à l'heure.

102. Construction des jetées basses. — Les jetées étant établies sur l'estran des plages en pente douce, qui sont d'efficaces brise-lames, comme on l'a expliqué précédemment, ces jetées ayant d'ailleurs peu de relief et présentant des talus en pente douce, la construction de ces ouvrages offre généralement peu de difficultés, car la mer n'a presque pas de prise sur eux, et leur solidité est assurée, sans trop de peine, par l'emploi de matériaux de faible échantillon qu'on trouve d'ordinaire en abondance, et à bas prix, dans chaque localité. Le système de construction dépend de la nature des alluvions de la plage et des matériaux dont on dispose.

Nous en donnerons quelques exemples.

Jetées basses en fascinages. — (Atlas : Pl. IX, fig, 2, 4, 5, 7 ; Pl. XV, fig. 2, 9 et 10). — Autrefois, sur les plages de sable, on faisait les jetées en fascinages. Aujourd'hui ce mode de construction est à peu près abandonné en France, mais il est encore employé dans d'autres pays, même pour de très grands ouvrages, par exemple en Hollande, pour les jetées de l'entrée de la Meuse, au Hoeck van Holland ; dans l'Amérique du Nord, pour les jetées du Mississipi.

Jetée sud de la nouvelle embouchure de la Meuse

Quand les branches, brindilles, piquets, etc., qu'exige le fascinage sont abondants et à bon marché sur les lieux, quand on a sous la main un personnel nombreux d'ouvriers exercés à ce genre spécial de travail, quand on n'a pas à redouter les ravages des tarets, soit par suite de l'afflux des eaux douces ou simplement saumâtres, soit par suite de la grande quantité de vase en suspension, etc., l'emploi des fascinages paraît justifié, ne fut-ce que comme moyen d'arriver vite et économiquement à un premier résultat qu'on améliorera ensuite.

Le fascinage a l'avantage d'être flexible, il s'appuie parfaitement sur les inégalités du sol, qui n'exige ainsi aucun dressement préalable.

S'il se fait des affouillements sous la jetée, comme cela tend à se produire notamment le long des rives du chenal, le tapis de fascinage s'enfonce, suit le tassement du sable, comble les affouillements et s'incline vers le chenal dont il protège les bords.

Le fascinage permet de franchir les petits chenaux, ou les flaques d'eau qu'on rencontre sur le tracé de la jetée. Il suffit pour cela de faire flotter, avant la basse mer, le matelas qu'on veut immerger, de l'amener en place, puis, à mer basse, de le faire couler en le chargeant de pierres, enfin de le fixer au moyen de piquets.

La plupart des jetées en fascinage sont recouvertes d'une certaine épaisseur de pierres disposées en deux couches.

La première couche, qui repose sur les fascines, est formée de menues pierres cassées, ou de briquetons, etc; elle a ordinairement de 0^m,25 à 0^m,30 d'épaisseur.

La seconde couche est constituée par un revêtement, maçonné à pierres sèches, dont les pierres ont de 0^m,25 à 0^m,30 de queue, de sorte que l'épaisseur totale de l'enveloppe de pierres est de 0^m,50 à 0^m,60.

De cette façon l'agitation de l'eau ne peut se propager jusque sur le sol meuble avec une intensité suffisante pour l'affouiller.

En effet, cette agitation ne pénètre que partiellement à travers les joints du revêtement; elle est ainsi assez atténuée pour ne pas pouvoir déranger la couche de pierres cassées, dans les vides de laquelle elle subit un nouvel affaiblissement; enfin l'étroitesse des interstices entre les branchages du fascinage empêche à peu près complètement tout mouvement de l'eau près du sol.

Il n'y aurait pas lieu d'insister ici sur ces détails, pour justifier le mode d'emploi des diverses natures de matériaux qui entrent dans la composition d'une jetée basse, si les principes sur lesquels cette pratique est fondée n'étaient pas d'une application générale, même dans les plus grands ouvrages. Ces principes peuvent se formuler ainsi.

L'enveloppe extérieure d'une jetée doit être formée d'une couche assez épaisse des plus gros matériaux dont on dispose; sous la protection de cette première enveloppe on peut employer une couche de matériaux moins gros, et ainsi de suite, de façon à briser successivement la force de la mer, et à atténuer de proche en proche l'agitation de l'eau, au point de la rendre incapable de remuer les matériaux de plus en plus petits à travers lesquels elle pénètre.

Jetées basses à noyau d'argile ou d'enrochements. — Les conditions qui justifient l'emploi des fascinages ne se trouvant aujourd'hui que très exceptionnellement réalisées sur nos côtes de France, le système de construction précédent y est à peu près complètement abandonné.

D'ailleurs, les fascinages sont presque partout et toujours promptement détruits par la pourriture sèche, ou par l'attaque des vers marins, ou par les deux causes réunies ; ils exigent un entretien et des rechargements incessants qui finissent, avec le temps, par faire perdre, et au delà, l'économie réalisée sur les frais de premier établissement qu'eût exigés un autre système de construction plus durable.

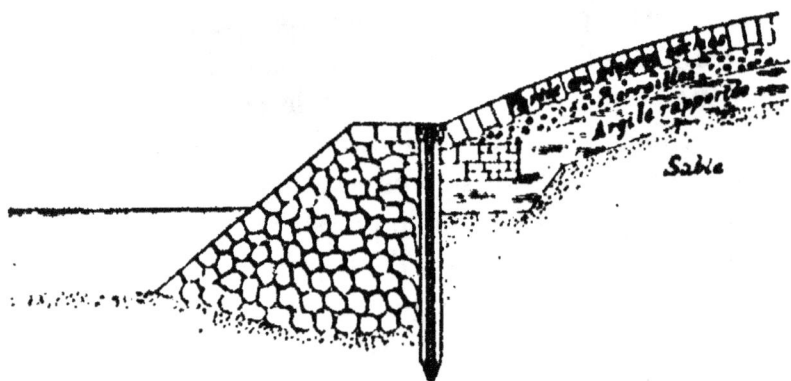

Un de ces autres systèmes consiste, pour les plages de sable, à recouvrir le sol naturel, sur lequel la jetée est assise, d'une couche d'argile corroyée qu'on protège à son tour par des enrochements.

L'argile a de la plasticité, ce qui lui permet de subir de légers tassements verticaux, mais elle n'a pas de ténacité ; elle tend à se fissurer et à se diviser en fragments qui se séparent si rien ne s'oppose à leur écartement dans le sens horizontal. Il est donc nécessaire que l'argile soit maintenue dans un coffrage résistant, qui devra aussi servir d'appui au pied des couches d'enrochements.

On réalise ce coffrage par une enceinte de pieux et palplanches.

Du côté du chenal, le pied des palplanches doit descendre à 1ᵐ,00 *au moins* au dessous du plafond du chenal, et il doit être protégé par un massif d'enrochements contre les affouillements que les courants tendent toujours à y produire. On recharge les enrochements au fur et à mesure des tassements qu'on observe, jusqu'à ce que cette défense soit arrivée à un état de fixité et de stabilité définitive, ce qui n'a lieu quelquefois qu'après un temps fort long.

Cette prescription du rechargement continu s'applique d'une manière générale partout où l'on recourt aux enrochements pour prévenir des affouillements.

Du côté du chenal, le sommet des palplanches, ou, ce qui revient au même, le dessus des moises des pieux, doit être aussi bas que possible pour diminuer la surface du bois qui fait saillie au dessus du sol, et se trouve ainsi exposée à l'attaque directe des vers marins et à diverses autres causes d'avaries, notamment aux chocs des bateaux.

Toutefois, pour la commodité du travail, on met le plus souvent le dessous des moises au niveau des basses mers de vive eau, et comme ces moises ont de 0ᵐ,25 à 0ᵐ,30 de hauteur, leur face supérieure se trouve ainsi à une trentaine de centimètres au dessus des basses mers de vive eau.

La défense en enrochements doit s'élever au niveau du sommet des palplanches ; de cette façon le bois se trouve protégé par la vase qui se dépose toujours plus ou moins dans les vides des pierres, par suite du calme relatif qui y règne.

Du côté de l'estran, le pied des palplanches doit descendre à 1ᵐ au moins au dessous du sol, et leur sommet peut n'atteindre que la surface de l'estran.

Toutefois il arrive que des courants se forment le long de ces palplanches extérieures, par suite du retour des eaux qui descendent la pente de l'estran ; ces courants déterminent des affouillements dont il faut prévenir les effets, soit en augmentant la fiche des palplanches et en les enrochant au besoin, comme du côté du chenal, mais avec un cube beaucoup moindre de pierres par mètre courant, soit en détournant ces courants du pied de la jetée au moyen de petits épis transversaux en fascinages ou en enrochements.

Pour exécuter la jetée, on bat d'abord les deux lignes de pieux et palplanches qui doivent la contenir ; entre ces deux lignes on forme le bourrelet de sable qui doit servir de noyau ; sur ce sable on applique une couche de 0ᵐ,25 environ d'argile corroyée ; sur l'argile on pose quelquefois un mince matelas (0ᵐ,05 à 0ᵐ,10) de paille ou de brindilles, puis 0ᵐ,25 à 0ᵐ,30 de pierrailles, enfin le revêtement, maçonné à pierres sèches, de 0ᵐ,30 à 0ᵐ,40 de queue.

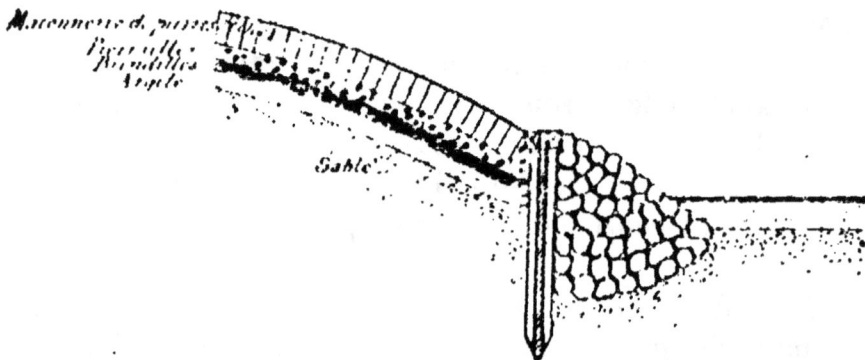

Sur une plage de galets, il suffit de former le noyau avec les galets et de le recouvrir du revêtement.

Si on ne trouve pas à bon marché des pierres offrant une longueur suffisante de queue pour former le revêtement, on peut faire celui-ci au moyen d'une couche de 0ᵐ,30 de maçonnerie ou de béton.

Les indications qui précèdent n'ont rien d'absolu, elles ont surtout pour but de montrer dans quelle voie on peut, suivant les circonstances, chercher la solution du problème qui consiste à faire la jetée basse le plus rapidement et le plus économiquement possible.

101. Inconvénients des jetées basses. — Les jetées basses offrent un moyen simple et facile de rectifier et de fixer, au moins temporairement, une passe sur une barre; mais il ne suffit pas, pour les besoins de la navigation, qu'un chenal soit fixe, il faut encore qu'il soit sûr.

Or, par le fait même de leur faible saillie, les jetées basses sont couvertes par l'eau, à leur extrémité vers le large, quand la mer est haute; et comme c'est à mer haute que les navires entrent ou sortent, elles constitueraient des écueils si l'on n'en signalait pas la position.

On l'indique aux navigateurs à l'aide de balises ou de bouées.

Mais, lors même qu'un chenal est bien balisé, il ne forme jamais qu'un goulet très étroit, et c'est toujours une manœuvre délicate d'y entrer et de s'y maintenir, surtout quand le navire est poussé de travers par le vent, le courant et les lames.

Si le navire manque l'entrée, il est en danger de perdition, car il est trop près de terre pour pouvoir se relever et gagner le large. Il peut même être dans l'impossibilité d'aller chercher, en suivant la côte, au milieu des brisants du rivage, un point où il puisse se jeter à terre et s'échouer avec le moins de péril possible pour la vie de l'équipage. Il est donc très important qu'au moment où un navire est parvenu à atteindre l'extrémité des jetées, il soit à portée des secours dont il peut avoir besoin.

On est ainsi conduit à établir, au dessus de la jetée basse, une superstructure où des hommes puissent circuler sans danger par les plus mauvais temps, pour aller lancer une amarre au navire et le hâler dans le chenal.

Cette superstructure s'appelle la jetée haute. Mais, dans le langage habituel, on donne le nom de jetée à l'ensemble de la jetée basse et de la jetée haute, que l'on construit d'ailleurs presque toujours en même temps.

§ 3.

JETÉES HAUTES

Les jetées hautes sont aujourd'hui constituées presque exclusivement par des charpentes en bois.

Dans les ports, le bois n'est, en général, ni rare, ni cher, et on trouve facilement des ouvriers pour le travailler.

Cependant on emploie aussi, dans certains cas, dont nous parlerons plus loin, des charpentes en fer.

Nous traiterons d'abord des jetées en bois qui nous offriront l'occasion de poser un certain nombre de principes applicables à toutes les jetées hautes, quel que soit leur mode de construction.

105. Jetées en bois. — Une jetée se compose de fermes ou palées supportant un plancher ou tablier qui sert de chemin de hâlage, et qu'on appelle le tillac.

Chaque palée est située dans un plan vertical perpendiculaire à l'axe de la jetée.

Les montants intérieurs des palées s'élèvent près du bord du chenal.

Les navires qui passent dans le chenal pourraient engager leurs parties saillantes, notamment leur mât de l'avant ou beaupré, dans l'intervalle vide qui sépare deux fermes voisines. Pour prévenir cet accident, on dispose de distance en distance dans cet intervalle des poteaux parallèles aux montants intérieurs des palées, et qu'on appelle *poteaux de remplissage ou de remplage*.

Le chenal se trouve ainsi bordé, sur chaque rive, par
une claire-voie qui délimite parfaitement le chemin que
doivent suivre les bâtiments. C'est cette claire-voie qui
donne aux jetées leur aspect caractéristique.

La jetée est exposée à être heurtée par les navires, et
ces chocs transversaux sont de beaucoup les efforts les
plus dangereux pour la solidité de l'ouvrage ; car la masse
d'un navire, d'un grand transatlantique par exemple, est
énorme ; et il suffit qu'elle soit animée d'une faible vitesse,
pour que sa quantité de mouvement représente une force
considérable et bien supérieure à la résistance d'une
charpente, quelque solide qu'elle soit.

Afin d'assurer la résistance transversale des palées, on
leur donne une forme trapézoïdale à large base. Toutefois les montants intérieurs des palées doivent avoir un
fruit assez faible.

Leur trop grande inclinaison présente, en effet, de graves inconvénients.

Si un navire heurte la jetée, l'abordage a lieu d'autant
plus bas sur la coque que le talus de la jetée est plus
faible, et les avaries que subit un navire dans la partie
immergée de sa carène, qu'on appelle aussi ses œuvres vives, sont toujours très dangereuses.

On a vu des bateaux de pêche remonter, en vertu de
la vitesse acquise, et sous la poussée des lames, le plan
incliné que leur offrait le talus trop doux de la jetée, s'y
échouer au retrait de la vague, et courir le risque de cha-
virer.

L'expérience a conduit à reconnaître qu'un fruit de
$\frac{1}{8}$ à $\frac{1}{10}$ est une inclinaison convenable pour les montants
intérieurs des palées.

Les fermes sont reliées et rendues solidaires par des
cours de longrines et de moises longitudinales et horizontales.

La distance entre deux fermes dépend de la force des bois dont on dispose pour la construction.

Les gros bois qu'on trouve sans trop de difficulté dans le commerce ont un équarrissage de $0^m,30/0^m,30$ à $0^m,40/0^m,40$, et ce sont ceux qu'on emploie généralement dans la construction des jetées.

Mais l'expérience a conduit à reconnaître que, même avec cet équarrissage, leur portée libre entre deux points d'appui doit être réduite à 3^m environ pour qu'ils ne soient pas trop rapidement mis hors d'usage par toutes les causes de destruction auxquelles ils sont exposés, chocs, frottements, attaques des vers marins, etc.

La distance entre deux fermes est donc habituellement de 3^m environ d'axe en axe.

Les montants intérieurs des palées et les poteaux de remplage doivent être particulièrement solides; aussi réserve-t-on pour les faire les bois les plus gros et les essences les plus résistantes, le chêne par exemple, le reste de la charpente pouvant être fait avec des bois résineux. Les montants atteignant quelquefois une longueur assez considérable, de 9^m par exemple, il convient de les contrebuter de distance en distance sur leur hauteur, contre les poussées latérales qu'ils peuvent recevoir du côté du chenal.

Ordinairement l'intervalle entre deux butées est aussi de 3^m environ; c'est-à-dire à peu près égale à la distance entre deux fermes.

Comme toutes les charpentes, les fermes doivent être parfaitement triangulées, et les triangles ne doivent pas présenter d'angles trop aigus. Mais cela n'a rien de spécial à la nature particulière de l'ouvrage.

Ce qui est spécial aux charpentes des jetées, c'est qu'il faut absolument y proscrire l'emploi des tenons et des mortaises pour les liaisons et les assemblages.

Non seulement les mortaises affaiblissent les bois et déterminent des points de rupture, que rendent plus dangereux encore les attaques des vers, mais, comme une jetée est exposée à des trépidations de toutes sortes (notamment sous le choc des lames et des abordages), les tenons et les boulons prennent du jeu.

Dès que les assemblages sont altérés, chaque nouvel ébranlement aggrave la situation, car il est impossible de resserrer les joints.

Il faut donc ne faire des assemblages que par embrèvement ou à plat joint, et ne faire les liaisons que par moises ou par pièces juxtaposées.

Cette règle tracée, il y a bien longtemps, par Vauban lui-même, doit être toujours observée.

Il faut réduire les entailles au strict minimum, pour ne pas diminuer la résistance des pièces.

Il faut combiner les assemblages de façon qu'on puisse toujours les serrer, et qu'une pièce puisse être remplacée et démontée aussi promptement et aussi facilement que possible, car l'entretien d'une jetée est un travail pour ainsi dire incessant, et qui exige, à peu près chaque année, tantôt une réparation tantôt une autre.

Quand donc on projette une jetée en charpente, il faut moins se préoccuper de la facilité et de l'économie de sa construction que de la facilité et de l'économie de sa réparation.

Ainsi, quand on le pourra sans trop de frais, il sera bon d'employer des bois créosotés.

Une autre observation importante consiste en ce que l'on ne doit jamais laisser, du côté du chenal, des saillies qui pourraient heurter et avarier les navires; dans ce but, les têtes ou les écrous des boulons seront toujours noyés dans la charpente; les extrémités des moises seront arasées au parement des montants, etc. Cette prescription s'applique partout où les navires sont exposés à venir toucher un ouvrage.

Chaque palée est nécessairement fixée au sol par un pilotis.

Autrefois on a directement enfoncé dans la plage les poteaux montants des fermes, mais cette disposition a été reconnue vicieuse.

La partie des bois noyée dans le sable et la vase est convenablement garantie et a une durée à peu près indéfinie.

La partie supérieure, au contraire, est exposée à toutes les intempéries, aux attaques des vers marins, aux avaries par abordage, et doit être, par suite, fréquemment réparée.

On a été amené ainsi à rendre le pilotis indépendant de la palée qui le surmonte et qui y est solidement fixée.

106. Le tillac, ou chemin de hâlage. — Le niveau du tillac dépend de la hauteur de la marée et de celle des lames,

Sur nos côtes de France on le fixe à 2ᵐ ou 3ᵐ au dessus des plus hautes mers.

Pour que les hâleurs ne soient pas exposés à être entraînés dans le chenal, le tillac doit être bordé d'un parapet intérieur très résistant. On obtient ce parapet en réunissant par une lisse le sommet des montants de la claire-voie prolongés au dessus du plancher du tillac.

Ce parapet doit être peu saillant, pour ne pas gêner le hâlage ; il n'a pas ordinairement plus de 0ᵐ,60 à 0ᵐ,70 de hauteur.

Comme la plateforme des jetées est généralement à une assez grande élévation au dessus de l'estran, on la borde également d'un parapet extérieur pour la sécurité des personnes qui y circulent. Le parapet extérieur peut, sans inconvénient, avoir une hauteur de 0ᵐ,80 à 1ᵐ,00.

Le tillac ne peut pas avoir moins de deux mètres de large, pour que la file des hâleurs s'y développe obliquement à peu près dans la direction du câble de hâlage, l'homme d'avant marchant près du parapet extérieur, et celui d'arrière près du parapet intérieur. Une largeur de 8ᵐ est un maximum qu'on n'a pour ainsi dire jamais à dépasser, même lorsque les jetées servent de lieu de promenade.

Comme, sous l'action des courants et des lames, le bateau exerce quelquefois sur le câble des efforts excessifs, auxquels les hâleurs ne pourraient pas résister, on dispose de distance en distance des poteaux, ou *bittes d'amarrage*, pour servir de retenue momentanée à la remorque.

La construction du plancher ne diffère en rien de celle du tablier d'une passerelle en bois; mais le platelage étant exposé à une humidité continuelle doit être à claire-voie pour assurer l'aération des madriers, et aussi pour donner passage aux jaillissements d'eau que les lames projettent sous le plancher.

La forme d'une ferme, la disposition des moises, des liernes, des entretoises, etc., peuvent varier dans de larges limites, tout en satisfaisant aux diverses conditions que doit remplir une bonne jetée.

Les planches IX à XVI, et la planche XLVI offrent des exemples d'ouvrages de ce genre qu'une longue expérience a fait reconnaître comme parfaitement admissibles, et pouvant servir de types à imiter de plus ou moins près.

107. De la claire-voie. — Nous avons dit que, entre deux fermes, on place des montants pour garnir en partie l'intervalle vide où les navires pourraient engager leurs saillies.

Il suffit, en général, de mettre deux montants dans l'intervalle de deux fermes, et comme les bois ont environ 0ᵐ,30/0ᵐ,30 d'équarrissage, la largeur des vides se trouve ainsi réduite à 0ᵐ,70 à peu près.

108. Risberme du chenal. — Il ne faut pas que le massif en enrochements qui défend la rive du chenal présente une risberme d'une trop grande largeur en avant du pied de la claire-voie, car les bateaux seraient exposés à s'échouer sur cette espèce de plateforme.

Il est prudent de ne pas donner à cette risberme plus de 1ᵐ à 2ᵐ de largeur.

109. Précautions à prendre pour l'exécution des pilotis. — Le plus souvent, comme on l'a déjà dit, on exécute en même temps la jetée basse et la jetée haute.

On commence donc par battre les pieux des palées inférieures auxquelles les fermes doivent être fixées. Or, les pieux constituent un obstacle suffisant pour déterminer à leur pied un ressac sensible, qui affouille le sable et le creuse en forme d'entonnoir autour de chaque pieu.

Le sable ainsi mis en suspension est emporté par les courants littoraux, et le cube des matériaux à employer pour l'exécution de la jetée basse est augmenté de tout le volume des affouillements. De plus, le sable ainsi entraîné vient tomber dans le chenal qu'il encombre.

Pour éviter cet inconvénient, il convient de couvrir préalablement la surface de l'estran où les pieux doivent être battus par un tapis assez résistant pour défendre le sable contre les effets du ressac, mais au travers duquel on puisse, cependant, enfoncer les pilotis.

Ce tapis peut être formé par des fascinages, ou par une couche d'argile, ou par une couche de pierrailles.

110. Musoirs. — Dans une jetée, la partie la plus exposée à toutes les causes de destruction et d'avaries est l'extrémité qu'on appelle le *musoir*.

Le musoir reçoit le premier choc des lames, à l'endroit où elles ont le plus de hauteur et de force.

Le musoir est aussi exposé aux chocs les plus violents

des navires qui y arrivent en vitesse et plus ou moins drossés par les vents, les courants ou les lames.

Le musoir doit donc être plus fort et plus solide que le reste de la jetée. On ne comprend complètement bien cette nécessité que lorsqu'on a senti trembler sous ses pieds un musoir en charpente battu par la tempête, ou quand on a vu un navire briser par son choc un énorme poteau montant.

Enfin c'est sur le musoir que doivent se tenir les hommes prêts à porter secours à un navire, ou à le hâler.

Pour tous ces motifs, on donne au musoir plus de hauteur et plus de largeur qu'au corps de la jetée.

Ordinairement le musoir est surélevé de 0^m,50 à 1^m,00 ; et on rachète la différence de niveau, entre sa plateforme et le couronnement de la jetée, par des marches, ou mieux par un plan incliné, qui offre moins de danger pour les hâleurs pendant la nuit.

Le musoir porte toujours un cabestan de hâlage, ce qui oblige à lui donner une largeur d'au moins 5 mètres.

De plus, on y installe une tourelle portant un feu pour signaler l'entrée du port, et divers autres appareils dont il sera question plus loin ; pour tous ces motifs on est souvent conduit à donner au musoir une largeur de 8^m à 12^m sur une longueur de 15 à 30 mètres.

L'élargissement du musoir se fait tantôt en dedans, tantôt en dehors, tantôt de chaque côté de la jetée ; cela dépend absolument des circonstances locales. Mais comme, en général, le chenal n'a jamais trop de largeur, il est préférable, dans la plupart des cas, de faire l'élargissement du côté extérieur.

111. Effets des jetées à claire-voie. — Grâce aux jetées en charpente, l'état du chenal se trouve notablement amélioré; non seulement on peut aller porter secours aux navires qui se présentent, mais encore le chenal est parfaitement indiqué et on sait exactement dans quelles limites on peut y manœuvrer.

De plus, les charpentes brisent les lames, atténuent les courants à travers le chenal, et y produisent un calme relatif.

Mais, en brisant la lame, la charpente détermine des ressacs sur le couronnement de la jetée basse ; il faut, par suite, que ce couronnement soit plus solidement construit que lorsqu'il n'était pas surmonté par une jetée haute. On le composera donc de matériaux suffisamment gros qu'on maçonnera au besoin.

Cependant le calme relatif ainsi obtenu dans le chenal peut être insuffisant.

Les navires peuvent être encore drossés, par les lames et les courants, contre la jetée sous le vent.

On atténuera évidemment cet inconvénient en augmentant le relief de la jetée basse, ou en fermant une partie des vides de la jetée haute.

D'un autre côté, la jetée basse a pour effet d'arrêter le mouvement des alluvions sur l'estran ; ces alluvions s'accumulent donc le long de la jetée située du côté d'où viennent les lames dominantes.

Il se forme ainsi un dépôt qui s'élève de plus en plus et finit par franchir la jetée basse pour retomber dans le chenal. S'il s'agit d'une plage de sable, le vent, à lui seul, suffira pour produire cet effet.

On remédiera encore à cet envahissement par un des deux procédés indiqués ci-dessus.

L'exhaussement de la jetée basse n'offre rien de particulier. Le plus ordinairement on prolonge le talus intérieur (côté du chenal) jusqu'à la hauteur jugée nécessaire, et on recule en conséquence le talus extérieur (Atlas ; Pl. IX, fig. 7).

Quant à la fermeture des vides dans la partie inférieure de la jetée haute, un moyen simple se présente tout d'abord à l'esprit ; il consiste à placer des madriers ou bordages horizontaux jointifs, formant écran le long des montants extérieurs de la jetée.

Toutefois, les bordages s'altèrent promptement et ne pourraient résister seuls à la poussée du sable qui s'accumule derrière eux ; on les soutient donc en les contrebutant par un enrochement intérieur.

Mais les pierres seraient rejetées dans le chenal par le déferlement des lames, d'autant plus violentes que la hauteur de l'écran est plus grande.

Pour s'opposer à cet effet, on met également une cloison de bordages du côté du chenal ; on forme ainsi, au pied de la jetée, une sorte de caisson ouvert par le haut et rempli d'enrochements.

Si les enrochements ne sont pas suffisamment gros et si la mer est forte, les lames pourraient encore venir enlever les pierres de l'intérieur du caisson ; il faut alors couvrir la surface de l'enrochement par un plancher de bordages. On réalise de cette façon ce qu'on appelle une jetée coffrée.

112. Jetées coffrées. — On peut être conduit à établir une jetée coffrée par des motifs autres que ceux que nous venons d'indiquer ; par exemple, pour donner plus de force au pied d'une haute jetée en bois, ou pour prolonger l'existence d'une charpente ruinée à sa partie inférieure, etc.

Quel que soit le motif pour lequel on se décide à faire une jetée coffrée, il se présente une question relative au mode de construction du coffrage.

Faut-il mettre les bordages en dehors ou en dedans des poteaux montants ?

Pour faciliter les réparations à faire au coffrage, c'est-à-dire le remplacement des madriers usés ou avariés, il vaut évidemment mieux mettre le bordé extérieurement, et c'est le parti auquel on s'arrête généralement.

Toutefois, comme la poussée de l'enrochement, qui a lieu de dedans en dehors, fatiguerait trop les madriers extérieurs, on fait souvent deux bordés, l'un extérieur et l'autre intérieur.

Le bordé intérieur s'exécute ordinairement avec les bois de peu de valeur qu'on enlève à la scie quand on équarrit une grosse pièce de charpente, et qu'on appelle des dosses, des lèves, des enlevures, des équarres.

De plus, on arrime le mieux qu'on peut l'enrochement intérieur derrière les dosses, de façon à donner une certaine stabilité au parement des pierres, et à diminuer ainsi leur poussée.

Il existe encore des coffrages en bois dans quelques-uns de nos ports, mais ils tendent à disparaître [1].

Depuis qu'on a de bons mortiers hydrauliques, on remplace avec avantage, dans les jetées, l'enveloppe en bois par une enveloppe en maçonnerie.

L'enrochement intérieur est ainsi contenu entre deux parements maçonnés d'une épaisseur convenable, de 0^m,60 à 1^m par exemple, dans lequel on scelle solidement la charpente supérieure (Atlas : Pl. XV, fig. 6 ; Pl. XVI, fig. 2, 5, 6).

Une jetée coffrée à sa partie inférieure seulement peut encore être insuffisante pour répondre aux besoins de la navigation ; par exemple, pour assurer le calme nécessaire dans le chenal. Dans un certain nombre de cas on est ainsi amené à construire des jetées entièrement pleines de la base au sommet.

---

1. Ce système de coffrages ou de caissons remplis d'enrochements permet de réaliser de gros blocs artificiels dont on a si souvent besoin dans les travaux maritimes ; il a rendu autrefois chez nous de grands services, et il en rend encore aujourd'hui dans les contrées où le bois est abondant, à bon marché, ne s'altère pas dans l'eau, et où les grosses pierres sont rares et chères ; notamment dans un grand nombre de ports de la Russie, et pour certains travaux dans les fleuves et dans les ports d'Amérique (crib-works).

§ 4.

JETÉES PLEINES.

112. Jetées pleines en enrochements. — Une jetée pleine doit briser complètement la mer. Elle doit, de plus, être assez haute pour que les lames ne la franchissent pas avec trop de violence, car on ne pourrait pas y circuler au moment où on a le plus besoin d'aller au musoir, et les lames, en retombant dans le chenal, y produiraient une agitation gênante, sinon dangereuse pour les navires.

On ne peut dire, *à priori*, de combien la jetée doit s'élever au dessus des plus hautes mers ; cela dépend de la force des lames. En fait, il arrive que, dans la plupart de nos ports, la plateforme supérieure peut être placée sans trop d'inconvénients à 2^m,50 ou 3^m environ au dessus des plus hautes mers, mais à la condition de surmonter la plateforme, du côté du large, par un parapet de 1^m à 1^m,50 de hauteur.

Il en résulte pour les jetées des hauteurs quelquefois considérables, de 8^m, 10^m et 12^m.

Par le fait seul de cette grande hauteur, la construction d'une jetée pleine peut être, dans certains cas, beaucoup plus difficile que celle d'une jetée basse ou d'une jetée à claire-voie.

Une jetée basse d'un faible relief au dessus de l'estran n'offre pas un obstacle sérieux aux lames, et n'a pas besoin, par conséquent, d'une grande force de résistance.

Quand elle est surmontée d'une claire-voie, nous avons vu qu'il faut déjà la consolider.

Maintenant il s'agit de briser la lame dans toute sa hauteur.

Dans de telles conditions, si la mer est violente, la construction d'une jetée en enrochements offre des difficultés particulières. Un exemple en fera saisir l'importance.

Le port de Boulogne débouche sur une plage de sable ; la marée y atteint 9ᵐ d'amplitude, et la mer y est forte.

La jetée S. O. du chenal (Atlas ; Pl. XII, fig. 3, 4 et 5), c'est-à-dire la jetée au vent dominant, est en enrochements ; on avait l'intention de l'élever à 2ᵐ,50 au dessus des plus hautes mers. Or, avant qu'on eût atteint cette hauteur, la mer produisit de tels bouleversements dans la partie haute de l'enrochement qu'on dût se résigner à araser le dessus de la jetée pleine au niveau des plus hautes mers, et pourtant on avait, à Boulogne, d'assez gros matériaux en abondance, à un prix modéré, et on devait espérer qu'ils résisteraient à l'action des lames.

Le talus extérieur de la jetée, même diminuée de hauteur, subit encore de graves avaries, et l'on fut obligé de le couvrir de gros blocs naturels, placés de champ, formant un revêtement bien arrimé.

Dans les grandes tempêtes, la mer arrachait des blocs du revêtement par un effet encore assez inexpliqué de succion ou de pression hydraulique, et ces trous devenaient, en quelques instants, l'origine de brèches considérables.

Il fallut refaire les parties avariées du talus, en maçonnant cette fois les joints avec du mortier.

Enfin, tout récemment, les profondeurs à l'entrée ayant été augmentées, on a dû protéger le pied de la jetée par de gros blocs artificiels en maçonnerie.

Pour permettre le hâlage, on avait établi le tillac à 2ᵐ,50 au dessus du couronnement de la jetée, au moyen d'une charpente à claire-voie, et, pour abriter le chenal, on avait appliqué un bordé en madriers sur le côté extérieur de la charpente.

Mais les lames, en frappant sur ce bordé, brisaient les madriers, ébranlaient dangereusement le tillac, déferlaient par dessus le chemin de hâlage, qu'elles rendaient impraticable, et retombaient avec violence sur le talus intérieur qu'elles attaquaient.

On fut obligé de supprimer le bordé, et de se résigner à laisser la lame passer sous le tillac et retomber dans le chenal, dont il fallut défendre le talus intérieur en conséquence.

On a là un exemple des difficultés qu'on rencontre quelquefois dans l'exécution à la mer d'une jetée en enrochements, même de médiocre importance, car la jetée de Boulogne, bien qu'atteignant au musoir 9ᵐ de hauteur, n'est en somme qu'un petit ouvrage quand on le compare à d'autres dont nous parlerons plus loin.

Mais il ne faudrait pas conclure de cet exemple qu'il est toujours difficile de faire une jetée pleine en enrochements ; il y a, heureusement, des circonstance où les lames ont si peu de force que ce genre d'ouvrage devient parfaitement admissible.

Toutefois les jetées pleines en enrochements, établies le long d'un chenal débouchant sur une plage d'alluvions, offrent presque toujours un sérieux inconvénient.

Les navires sont souvent obligés de raser de très près le musoir de la jetée au vent, pour attaquer dans une direction convenable l'entrée du chenal.

Or, c'est au musoir que les enrochements prennent leur talus le plus doux, parce que c'est là que la lame a le plus de force, et ces longs talus forment alors de véritables écueils sous-marins.

Enfin, par le fait même de leurs longs talus, les jetées en enrochements exigent un cube considérable de matériaux, et coûtent finalement assez cher.

Pour ces divers motifs : solidité de la construction, convenance au point de vue nautique, économie dans les dé-

penses, etc., on est souvent conduit à faire des jetées
pleines en maçonnerie.

Cette solution n'est cependant admissible que lorsque
l'ouvrage peut être établi sur un terrain résistant et non
affouillable, ou quand il n'est ni trop difficile ni trop dispendieux de lui assurer une fondation solide, et de bien
défendre cette fondation contre les effets du ressac.

**114. Môles de débarquement établis sur un fond
rocheux qui découvre à mer basse.** — Un des exemples
les plus simples de jetées en maçonnerie est offert par
les môles de débarquement qu'on est souvent conduit à
établir dans une baie relativement abritée, dont le fond,
dur ou rocheux, découvre à mer basse.

Dans ce cas, un mur à parements presque verticaux, et
d'une épaisseur moyenne de $1^m,50$ à 2^m, serait quelquefois plus que suffisant pour résister à la mer.

Mais la plateforme supérieure d'un pareil mur serait
trop étroite pour le mouvement des gens, des voitures et
des marchandises qui peuvent avoir à y circuler.

On adopte alors la largeur de plateforme la plus convenable pour les besoins locaux, et on forme le massif de
la jetée au moyen de deux murs séparés, parallèles, entre
lesquels on arrime un remblai d'enrochements.

Les murs ont leur parement intérieur (côté des enrochements), dressé presque verticalement, tandis que leur
parement extérieur offre un fruit de $\frac{1}{8}$ à $\frac{1}{10}$ environ. Leur
épaisseur moyenne peut varier de $0^m,80$ à 1^m, par exem-
ple (Atlas : Pl. XVII, fig. 3 ; Pl. XXXI, fig. 3).

Si ces deux murs étaient complètement isolés l'un de
l'autre, ils manqueraient de solidité. En effet, bien qu'on
arrime avec soin les enrochements intérieurs, ils n'en
sont pas moins susceptibles d'exercer sur les murs une
poussée de dedans en dehors; d'un autre côté, la pression
de l'eau et le choc des lames exercent une poussée en
sens contraire, de dehors en dedans.

Ces efforts variables d'intensité et de direction sont de nature à compromettre la stabilité de l'ouvrage. Tantôt le mur pousse au vide, tantôt il tend à se renverser en sens contraire.

Pour éviter des avaries, on relie, de distance en distance, les murs parallèles par des cloisons en maçonnerie.

Noirmoutier.

Profil type de la jetée des Ileaux

PORT DE SAINT-GILLES-SUR-VIE

1ᵉʳ Profil type (Jetée de la Garenne)

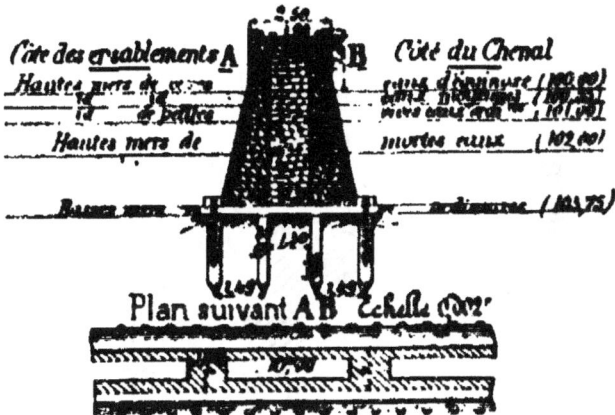

Ces cloisons sont ordinairement à une dizaine de mètres l'une de l'autre, d'axe en axe, et leur épaisseur moyenne est à peu près celle de murs, soit de 0ᵐ,80 à 1ᵐ environ.

La plateforme du genre de môle dont nous nous occupons ici n'a souvent besoin de parapets d'aucune sorte, parce que la lame y est peu violente ; elle est alors simplement constituée par un pavage maçonné, compris entre deux bordures en pierre de taille qui couronnent les murs.

Si le terrain solide est au dessous du niveau des plus basses mers, mais par de faibles profondeurs, de 1ᵐ à 2ᵐ,

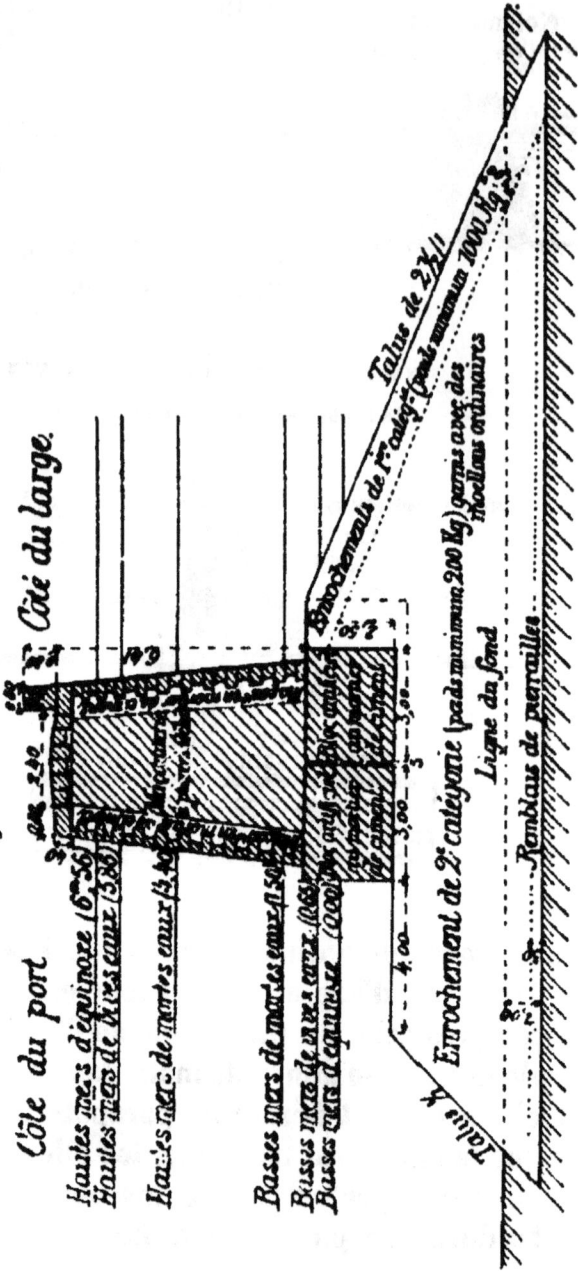

PORT DE DOUARNENEZ

Coupe transversale

au plus, on peut encore recourir à ce mode de construction, en faisant reposer l'ouvrage sur une base en enrochements dont le sommet atteigne le niveau des basses
eaux.

Mais alors il importe que ces enrochements ne puissent
être déplacés par le ressac qui a toujours lieu au pied du
môle, du côté le plus exposé à la mer.

On formera donc le talus exposé avec les pierres les
plus grosses et les plus lourdes dont on pourra disposer,
et on le rechargera au besoin jusqu'à ce qu'il ait pris
son inclinaison définitive d'équilibre stable.

On peut aussi réaliser la fondation au dessous des plus
basses mers par d'autres procédés.

Ainsi on pourra la former de massifs de béton coulé
sous l'eau dans une enceinte de pieux et palplanches ou
dans des coffrages en charpente (Atlas; Pl. XVII, port de
Diélette, fig. 3).

Il faut alors que le sol dur soit débarrassé du sable et
de la vase qui le recouvrent dans l'emplacement sur lequel on coule le béton.

Quand l'importance du travail, ou le voisinage d'un
grand chantier le permet, on peut former les premières
assises sous l'eau au moyen de gros blocs artificiels de
béton ou de maçonnerie que l'on construit à terre, qu'on
transporte par eau, et qu'on arrime le mieux possible
dans la position qu'ils doivent occuper. Si le fond présente

ILE D'OUESSANT

Élévation de l'extrémité du môle d'Arland.

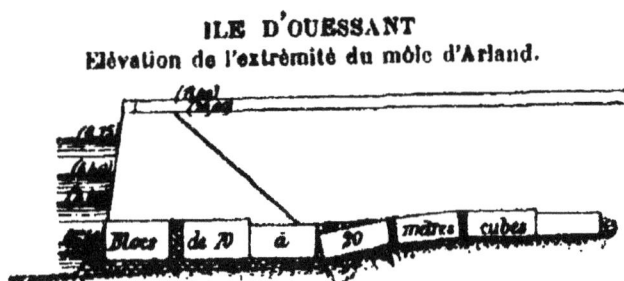

de grandes inégalités on le recouvre préalablement d'une

couche d'enrochements, de façon à avoir pour chaque
bloc un lit de pose à peu près horizoutal. Nous parlerons
plus loin, avec détails, de la confection et de l'emplói de
ces gros blocs, qui jouent un rôle important dans les
grandes jetées.

**115. Jetées pleines en maçonneries sur les plages
de sable.** — Les indications qui précèdent s'appliquent
au cas où le sol naturel de fondation est dur, résistant et
inaffouillable ; quand il est rocheux, par exemple.

Lorsque, au contraire, le sol est meuble et affouillable,
la fondation exige des dispositions spéciales.

On peut notamment fonder l'ouvrage sur pilotis. Les
pieux sont alors battus sous les murs longitudinaux et
transversaux, puis recouverts d'un grillage arasé au niveau du sol, quand il découvre à basse mer, ou, dans le
cas contraire, au niveau des plus basses mers.

Si les têtes des pieux et le grillage se trouvent dans

LES SABLES D'OLONNE
Profil type de la grande jetée.

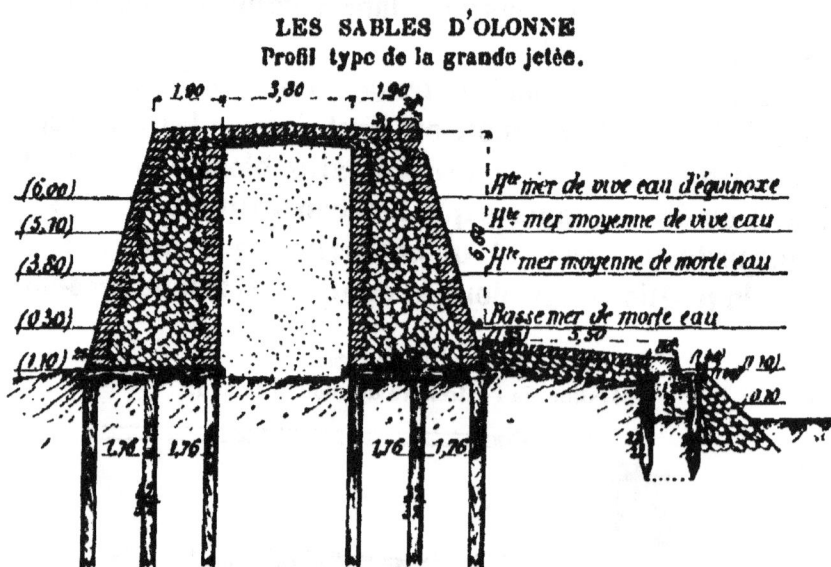

l'eau, au dessus du sol, on les noie dans un enrochement.

La maçonnerie des murs est élevée sur le grillage. Pour défendre le pied du môle contre les affouillements dus au ressac, on établit en avant une large risberme en enrochements, de 5 ou 6ᵐ de largeur par exemple, dont on maçonne au besoin la surface.

La risberme est limitée par une file de pieux et palplanches qu'on fait descendre dans le sol (à deux mètres par exemple), et, en avant de cet écran, on établit encore une défense en enrochements que l'on recharge au fur et à mesure de son enfoncement.

Il arrive quelquefois qu'on est obligé d'augmenter après coup l'épaisseur et la largeur de la risberme, parce que le ressac se trouve être, en réalité, plus fort qu'on ne l'avait pensé d'abord.

Il ne faut pas perdre de vue qu'il s'agit ici d'ouvrages de faible importance, construits dans une baie relativement abritée, et dont l'exécution ne présente pas, en général, de difficultés sérieuses.

Cependant quelques uns de ces môles ont subi des avaries, dues notamment à ce qu'on avait adopté pour les murs une épaisseur trop petite. C'est là, en effet, un point sur lequel il reste toujours un certain degré d'incertitude, quand on projette pour la première fois un môle dans une localité dépourvue d'ouvrages analogues pouvant fournir des indications sur la force de la mer.

Aussi est-il arrivé que certains murs ont été enfoncés par la lame, et qu'il a fallu augmenter leur épaisseur et rapprocher les cloisons destinées à les entretoiser.

Il est des cas nombreux où l'épaisseur qu'il faut donner à la maçonnerie, au point de vue de la stabilité, est telle que son couronnement offre une plateforme d'une largeur suffisante pour les besoins de la circulation qui doit s'y effectuer.

Nous citerons, comme exemple de ce genre d'ouvrage, les jetées pleines, en maçonnerie, qu'on est amené à établir pour endiguer les chenaux des ports débouchant sur des plages de galets.

116. Jetées pleines en maçonnerie des ports à galets. — Les plages de galets sont plus accores que les plages de sable, la mer y est plus brisante, les lames plus violentes et les courants plus forts.

Pour assurer un calme suffisant dans le chenal d'un port débouchant sur une plage de galets, on est donc conduit, généralement, à faire au moins une jetée pleine, et cela du côté d'où viennent les plus mauvaises mers.

Nous avons dit déjà que le couronnement de la jetée est le plus ordinairement, dans nos ports, arasé à 2ᵐ,50 ou 3ᵐ au-dessus des plus hautes mers, mais que cette surélévation n'est suffisante qu'à la condition que la plate-forme soit surmontée, du côté extérieur, par un parapet de 1 à 1ᵐ,50 de hauteur, pour empêcher le trop facile déferlement des lames par dessus la jetée. De plus, un parapet bas intérieur doit assurer la sécurité des hâleurs.

Le parapet extérieur a généralement une épaisseur égale aux deux tiers environ de sa hauteur, soit de 0ᵐ,80 à 1ᵐ. Le parapet intérieur a une largeur à peu près égale à sa hauteur, soit de 0ᵐ,50 à 0ᵐ,60.

La largeur de la jetée, à son couronnement, n'est presque jamais inférieure à 3ᵐ,50 ou 4ᵐ,00, afin que, déduction faite de la largeur des parapets, il reste pour le chemin de halage une largeur libre de 2ᵐ à 2ᵐ,50 au moins.

On donne ordinairement aux parements tant intérieur qu'extérieur de la jetée un fruit de $\frac{1}{8}$ à $\frac{1}{10}$. Les navires peuvent donc venir raser d'assez près la jetée ; aussi, quand la maçonnerie repose sur une plateforme de fondation, la saillie de cette plateforme formant risberme, du côté du chenal, doit être assez faible pour que les navires ne soient jamais exposés à s'y échouer, soit de 1ᵐ à 2ᵐ par exemple, au maximum.

La largeur de la jetée ne dépend pas seulement des convenances du hâlage ; elle dépend aussi, et dans quelques cas, elle peut dépendre surtout, de la force des lames.

Malheureusement, les calculs qu'on peut faire à ce point de vue ont toujours un caractère de grande incertitude.

Nous donnerons cependant un exemple de ceux qu'on présente ordinairement[1].

1. Soit la jetée figurée par le croquis ci-contre ; on veut savoir à quelle force de lame elle peut résister.

La lame frappant le parement extérieur AB peut produire deux effets différents, ou faire pivoter la jetée autour de l'arête C, ou la faire glisser sur sa base BC.

On examinera successivement ces deux cas :

1° *Rotation autour de C.* On considère une tranche de la jetée ayant pour longueur l'unité de longueur, soit 1^m, et on la suppose isolée du reste de l'ouvrage.

Cela revient à admettre que les lames agissent uniformément sur toute la longueur de la jetée. Or cette hypothèse est inexacte et exagérée, il n'arrive presque jamais que les lames frappent en même temps, partout, avec la même force, de sorte que les tranches qui subissent les plus grands efforts sont soutenues par les tranches voisines moins fatiguées, auxquelles elles sont reliées par la continuité de la maçonnerie.

On n'a naturellement égard qu'à la composante de la force des lames qui est normale à la jetée, et l'on admet que cette composante normale a la même valeur dans toute la hauteur de la jetée, de la base B au sommet A du parapet. Or, on sait cependant que les lames sont moins violentes au fond qu'à la surface. C'est donc encore une hypothèse exagérée.

Dans l'exemple figuré par le croquis la surface frappée par la lame sera donc

$$1^m \times (3^m,50 + 2^m,50 + 1^m,50) = 7^m{}^q,50.$$

Si l'on représente par F la composante normale de la force des lames, c'est-à-dire la pression en kilogrammes, par mètre carré, qu'elle exerce sur le

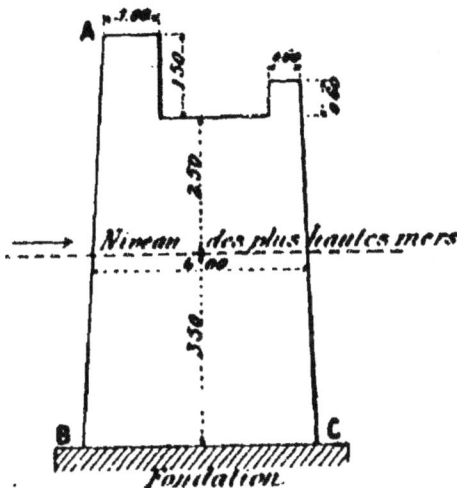

§ 5.

EXÉCUTION DES TRAVAUX

L'exécution d'une jetée en maçonnerie, telle que celles dont nous nous occupons, comporte certaines sujétions

---

parement extérieur de la jetée, l'effort de renversement sera $7^m,50$ F, et son bras de levier par rapport au point C sera $\frac{7^m,50}{2}$ ou $3^m,75$.

Le couple de renversement sera donc 28,125 F.

Le couple de stabilité est représenté par le moment du poids de la jetée par rapport au point C.

On pourrait, il est vrai, avoir aussi égard à l'adhérence de la base de la jetée sur son massif de fondation ; mais cette adhérence est très incertaine quant à sa valeur, et l'on admet qu'il est prudent de la négliger, sauf à se rappeler qu'on a pu omettre un élément de stabilité de l'ouvrage. Pour calculer le poids de la jetée, il faut distinguer la partie sous l'eau de la partie hors de l'eau, car la partie immergée perd, de son poids, le poids du volume d'eau qu'elle déplace. Par suite, il convient (toujours par prudence) d'envisager surtout le cas où la mer est à son plus haut niveau.

Pour simplifier les calculs, nous admettrons que le poids de la maçonnerie à l'air est de 2000^{kgs} par mètre cube, et que le poids du mètre cube d'eau de mer est, en nombre rond, de 1000^{kgs} seulement. Nous admettrons encore que la largeur de la jetée est uniforme sur toute sa hauteur, c'est-à-dire que nous négligeons le fruit léger des parements. Enfin nous calculerons le volume de la partie hors de l'eau en comptant une hauteur moyenne de 3^m à toute largeur, pour tenir compte de la section des parapets.

Dans ces conditions, le poids de la partie sous l'eau est de $4 \times 3^m,50 \times 1000^k$, et celui de la partie au dessus de l'eau de $4 \times 3 \times 2000^k$. Le bras de levier, par rapport au point C sera pour ces deux parties uniformément de $\frac{4^m}{2} = 2^m$. Le couple de stabilité sera donc

$$2 \times 4(3500 + 6000) \text{ ou } 8 + 9500 = 7600^{kgs}$$

et l'on devra avoir 28,125 F < 7600

$$\text{ou F} < 2700^{kgs}. \text{ environ}$$

2° *Glissement sur la base.* Puisque l'on fait abstraction de l'adhérence de la jetée sur sa fondation, il n'y a plus à considérer, pour résister à la poussée de la lame, que le frottement de l'ouvrage sur sa base.

Or ce frottement est peu ou point connu.

On sait, il est vrai, par des expériences, que le coefficient de frottement qu'on rencontre dans d'autres travaux à la mer, et que nous trouvons ici l'occasion de faire connaître dès à présent.

117. Fondations exécutées par épuisement à marée basse. — Nous supposerons que la jetée doit être construite sur une plage de galets, analogue à celles de nos ports de la Seine-Inférieure.

Les forages ont fait reconnaître la position du terrain solide ; des expériences préalables, ou la pratique acquise dans des travaux antérieurs exécutés dans des conditions semblables, ont donné l'assurance qu'on pourra fonder directement la jetée sur le terrain solide, à l'aide d'épuisements.

L'ouvrage devant être exécuté sur la plage, en dehors de tout abri, et le galet étant très perméable, on ne peut songer à travailler d'une manière continue sous l'abri d'un batardeau.

On ne travaille donc que d'une façon intermittente, au moment de la basse mer, quand l'estran n'est pas couvert par les eaux dans l'emplacement du chantier.

C'est ce qu'on appelle *travailler à la marée*.

La première opération est le creusement de la fouille de fondation.

On y procède par parties. On délimite le chantier par-

---

de deux surfaces de pierres grossièrement dressées glissant l'une sur l'autre, est d'environ 0,70 à 0,80, mais ici on ne se trouve pas dans le même cas.

En effet, le massif en maçonnerie de la jetée repose généralement sur la surface d'une couche de béton, et alors le frottement semble devoir être moindre que dans le cas précédent.

Quoiqu'il en soit, en adoptant le coefficient 0,75, on devrait avoir ici

$$7,50 \text{ F} < [(4 \times 3,50 \times 1000) + (4 \times 3 \times 2000)]0,75$$

ou $$\text{F} < 3900^k.$$

La stabilité par rotation assure donc *à fortiori*, dans ce cas particulier, la stabilité par glissement, mais il n'en est pas toujours ainsi.

tiel par une enceinte de pieux et palplanches, ou de petits pieux jointifs.

Cette enceinte fait saillie de $0^m,60$ à $1^m,00$ au dessus de l'estran, pour empêcher le galet d'être rejeté dans la fouille par l'agitation de l'eau quand elle recouvre le chantier à mer haute.

Le battage des pieux se fait à mer basse. Si l'on craint que les lames n'enlèvent la sonnette pendant la haute mer, il faudra l'amener sur le chantier à chaque reprise du travail, et l'enlever avant que la mer ne l'atteigne en montant.

Les pieux et palplanches sont étrésillonnés au fur et à mesure que la fouille s'approfondit.

Bientôt la fouille n'assèche plus à basse mer, il faut l'épuiser. Si l'on ne peut mettre les pompes à l'abri de la haute mer, on doit les apporter et les remporter à chaque marée, comme on l'a fait pour les sonnettes.

Le déblai avance lentement parce qu'on a peu de temps pour travailler à chaque marée, quelquefois une ou deux heures à peine, et parce que les hommes sont gênés par les étais. Il ne faut donc pas perdre de marée et, par conséquent, travailler la nuit, ce qui est une grande cause de fatigue pour les ouvriers et les surveillants.

Enfin la fouille est terminée, on a hâte de la remplir : on emploie pour cela le béton qui permet un travail plus rapide que la maçonnerie.

On enlève les étrésillons au fur et à mesure du remplissage.

Mais le bétonnage de la fouille ne se fait pas en une seule marée, aussi faut-il, à chaque reprise, dégrader les parties délavées du béton pour assurer la soudure et l'homogénéité de toute la masse.

Quand on travaille dans de pareilles conditions, une surveillance attentive est d'autant plus nécessaire que les malfaçons sont plus difficiles à éviter et que, malgré toutes les précautions prises, il survient presque toujours quelques accidents imprévus.

Il convient aussi d'employer un béton très riche en mortier, et d'introduire dans le mortier une large proportion de pâte de chaux ou de ciment, pour tenir compte des pertes par délavage.

Ainsi, par exemple, le volume du mortier représentera au moins 50 0/0 du volume de la pierre, et la proportion de pâte de chaux sera au moins de 35 0/0 du volume du sable.

Les travaux de marée ne peuvent s'exécuter que pendant la belle saison, soit durant 6 ou 7 mois de l'année au plus. Dans cette courte campagne, il faut profiter des marées de vive eau pour atteindre le fond de la fouille. Aussi le moindre travail exige-t-il souvent plusieurs campagnes pour être conduit à bonne fin.

L'exemple qui précède n'a eu pour but, on ne doit pas l'oublier, que de montrer en quoi consiste un travail de marée. Il ne faudrait pas en conclure que ce mode de fondation ne s'applique qu'aux jetées dont il s'agit ici ; il est, au contraire, d'un emploi fréquent pour d'autres ouvrages, par exemple pour fonder des quais dans un avant-port à marée, etc.

Il ne faudrait pas en conclure non plus qu'on ne peut pas exécuter autrement la fondation d'une jetée pleine en maçonnerie.

Le système de fondation dépend évidemment de la nature du terrain, des circonstances locales, des conditions auxquelles l'ouvrage doit satisfaire, etc. Ainsi, même sur une plage de galets comme celle que nous avons envisagée, le terrain solide peut être situé tellement bas qu'on ne saurait l'atteindre par épuisements. Dans ce cas, on fondera la jetée sur pilotis, en prenant d'ailleurs toutes les précautions nécessaires pour que le pilotis ne puisse être déchaussé ni du côté du chenal, ni du côté de l'estran. On y parviendra, par exemple, en le protégeant du côté du chenal par une risberme d'enrochements, et, de l'autre côté, par de gros blocs, soit naturels, soit artificiels.

Quel que soit le système de la fondation, on arase celle-ci au niveau des basses mers de vive eau, car, à partir de là, l'exécution de la maçonnerie devient relativement facile.

118. Exécution des maçonneries entre les niveaux de basse et de haute mer. — Quand une maçonnerie vient d'être exécutée à mer basse et va être couverte par l'eau à marée montante, elle doit être protégée contre le délavage et contre l'action des lames.

On a déjà dit qu'un moyen de défense consiste à recouvrir les joints et les lits apparents de mortier d'un enduit de ciment à prise rapide. On enlève cet enduit de ciment de la surface des lits quand on vient reprendre la maçonnerie à mer baissante. Un autre procédé qui suffit, quand la mer est à peu près calme, se réduit à recouvrir la maçonnerie fraîche d'une toile goudronnée (prélart), qu'on maintient à mer haute en la chargeant de pierres ou de blocs de fonte (*gueuses*).

119. Jetées en béton. — On peut remplacer la maçonnerie par du béton, et, aujourd'hui, en Angleterre, on adopte souvent cette solution qui permet de réaliser une grande rapidité d'exécution, et qui, dans certains cas, peut offrir en outre l'avantage de l'économie.

En France on a fait aussi, récemment, en béton le massif principal de quelques jetées [1], mais on a protégé le béton par un parement maçonné, précaution qui n'est pas généralement adoptée en Angleterre.

Cependant un parement d'une grande résistance est

[1]. St-Valery-en-Caux.

quelquefois indispensable, notamment pour les jetées de chenaux débouchant sur une plage de galets.

120. Parement extérieur des jetées sur plages de galets. — Le galet, dans son mouvement incessant le long de la jetée qui l'arrête, use le parement extérieur de l'ouvrage ; il agit là comme une espèce d'émeri, il y creuse des sillons, et finirait par le détruire si l'on n'y prenait garde.

Autrefois, on se bornait à garantir le parement au moyen de madriers qu'on renouvelait quand ils étaient usés.

Mais, quand on peut se procurer des matériaux suffisamment durs et résistants à des prix modérés, du granit ou du quartzite par exemple, on s'en sert pour faire, au moins en partie, le parement extérieur des jetées dans les zônes les plus exposées à être attaquées.

Il n'y a évidemment pas intérêt à tailler la face des pierres du parement extérieur, soumises au frottement du galet ; il vaut même mieux leur laisser toutes leurs rugosités.

121. Inconvénients des jetées hautes. — Les jetées, soit à claire-voie, soit plus ou moins pleines, permettent toujours d'obtenir dans un chenal un calme relatif suffisant pour les besoins de la navigation ; mais elles offrent, à d'autres points de vue, un certain nombre d'inconvénients.

Si un navire manque l'entrée, il est exposé à aller heurter la jetée sous le vent, qui devient ainsi un écueil.

On a donc été amené à étudier la question de la longueur relative des jetées.

Longueur relative des jetées. Il y a de sérieux arguments en faveur de la disposition qui consiste à faire la jetée du côté du vent dominant plus longue que celle sous le vent.

En effet, si un navire manque l'entrée par un gros temps, il pourra du moins éviter le musoir de la jetée sous le vent qui est plus courte.

Si un navire à voiles veut sortir, il se fera hâler jusqu'au musoir de la grande jetée, et là, il lui sera facile de se dégager de l'entrée, sans crainte de dériver sur le musoir de la petite jetée.

Aussi quand il n'y a pas d'autres motifs à prendre en considération, on fait la jetée au vent plus longue que la jetée sous le vent.

Mais, dans certains ports, les coups de vent sont aussi dangereux d'un côté que de l'autre ; on fait alors les deux jetées égales.

Quelquefois même on est conduit à faire la jetée au vent plus courte que la jetée sous le vent ; ce cas se présente au port de commerce de Cherbourg.

A Cherbourg, le vent dominant est de l'Ouest ; les navires à voiles venant de la Manche et voulant gagner l'Océan en sont quelquefois empêchés par les vents d'Ouest, qu'on appelle vents d'aval dans la Manche. Ils s'arrêtent alors à Cherbourg pour attendre les vents d'Est ou d'amont. Dans ces conditions, il importe qu'ils puissent prendre le large aussitôt et aussi facilement que possible, dès que souffle le vent d'amont, et c'est pour leur faciliter cette manœuvre qu'on a donné plus de longueur à la jetée Est, à l'abri de laquelle ils peuvent ouvrir leurs voiles et se mettre immédiatement en route.

La question de la longueur relative des jetées est donc essentiellement nautique, et elle ne peut être résolue qu'après enquêtes auprès des pilotes, des marins pratiques de la côte, etc., et sur l'avis des commissions spéciales instituées en France pour ce genre d'études.

Toutefois, la longueur relative des jetées a, en général, peu d'importance pour les navires à vapeur ; elle en a moins aussi qu'autrefois pour les voiliers, dans les ports où un service de remorquage est organisé.

Quand les jetées doivent être inégales, on détermine souvent leur longueur relative par une règle simple qui fournit tout au moins une première indication utile.

Elle consiste à faire abriter contre le vent dominant le musoir de la petite jetée par le musoir de la grande jetée, ou, en terme de fortification, à faire défiler le musoir sous le vent par le musoir au vent.

Les deux musoirs seront donc, dans ce cas, à peu près tangents à la direction des vents réputés les plus dangereux pour entrer au port.

Cependant, on considère généralement comme désirable que la différence entre les longueurs des deux jetées soit au moins égale à la longueur des voiliers les plus longs qui fréquentent habituellement le port.

Inconvénients spéciaux des jetées pleines. Les jetées pleines ont des inconvénients spéciaux.

1° Par le fait même de l'obstacle absolu qu'elles opposent au mouvement de l'eau, à travers le chenal, le courant littoral se trouve renforcé devant l'entrée, car l'eau qui passait dans l'emplacement des jetées doit passer maintenant toute entière devant les musoirs.

L'entrée des navires sera donc difficile, puisqu'au moment où ils se présenteront devant le chenal ils seront drossés par ces courants, qui les frapperont dans le sens de leur longueur, et les feront dériver sur le musoir de la jetée sous le vent.

En faisant, dans ce cas, les jetées inégales, on réalise deux avantages :

Le navire qui s'engage dans le chenal est promptement abrité par la saillie de la grande jetée.

De plus, cette saillie détermine, devant l'entrée du chenal, des courants de remous qui, dans certaines circonstances (à mer montante par exemple), peuvent devenir assez forts pour ramener dans le chenal le navire qui s'en était écarté, et pour lui permettre de doubler, sans danger, le musoir sous le vent. Des navires qui se croyaient perdus se sont trouvés ainsi portés dans le port, comme par miracle.

2° Les jetées pleines en enrochements, à talus raide (de 45° par exemple, comme à Boulogne), mais surtout les jetées en maçonnerie à parement presque vertical conduisent jusque dans le port l'agitation extérieure.

Voici généralement ce qu'on observe.

Les lames du large s'infléchissent et semblent pivoter autour du musoir; elles finissent par prendre la direction du chenal, elles s'y engagent, et leurs crêtes le barrent dans toute sa largeur, et se propagent dans toute sa longueur.

Cette agitation est très gênante, et quelquefois dangereuse, pour les navires qui sont dans le port, et pour certains ouvrages intérieurs tels que portes d'écluses, portes de chasses, bateaux-portes des bassins de radoub, etc.

On a cherché autrefois bien des moyens pour détruire cette agitation, sans y parvenir. Mais, dans tous ces essais, on remarqua que l'agitation était plus grande le long des parements raides et moindre le long des talus en pente douce.

Des murs de quai s'étant écroulés sous l'action du ressac, qui les sapait à leur base, et ayant été remplacés par le talus du remblai qu'ils soutenaient et qui s'était éboulé, on constata que l'agitation dans le port avait diminué.

On fut ainsi conduit à supprimer des parties de jetées pleines et à créer, en arrière de ces lacunes, des plages en pente douce sur lesquelles l'ondulation s'épanouit et s'amortit. C'est ce qu'on appelle des talus brise-lames, ou

simplement des brise-lames (Atlas ; Pl. XVIII, ports de
Fécamp et de S¹-Valery-en-Caux).

Brise-lames. Pour que les brise-lames soient efficaces,
ils doivent remplir certaines conditions.

Ils doivent commencer aussi près que possible de l'origine du chenal, afin de saisir la lame dès son entrée, pour
ainsi dire, et de réduire au minimum l'étendue de la zone
agitée.

Ils doivent avoir un talus très doux, de $\frac{1}{12}$ par exemple,
c'est-à-dire à peu près celui des plages naturelles de galets.

Le pied du talus doit descendre aussi bas que possible
le long du chenal, par exemple au niveau de la basse mer
de vive eau, afin que la lame commence à être brisée dès
que la mer vient remplir le port. Il faut tout au moins que
le pied du brise-lames soit au niveau qu'atteint la mer au
moment où les plus petits bateaux trouvent assez d'eau
dans le chenal pour entrer dans le port.

La crête du brise-lames doit s'élever au dessus des plus
hautes mers, car si le talus s'arrêtait à une paroi verticale baignée par la haute mer sur une assez grande élévation, cette paroi produirait, au point de vue de la propagation de l'agitation, un effet analogue aux jetées non
munies de brise-lames. On doit donc chercher à mettre le
sommet du talus au moins au niveau des plus hautes mers
connues.

Quand on fait un brise-lames d'un côté du chenal, il
convient d'en faire un autre vis-à-vis, du côté opposé, pour
que les mouvements de l'eau se fassent d'une manière symétrique par rapport à l'axe du chenal, sans quoi les
navires gouverneraient mal au milieu d'une agitation désordonnée.

Enfin, les brise-lames doivent être aussi longs que possible, car, s'ils sont trop courts, la lame, après les avoir dépassés, reprend presque toute sa force et toute sa hauteur.

Il n'est pas toujours, il est même rarement possible de remplir toutes ces conditions, surtout dans un port déjà existant ; il reste alors beaucoup à faire à l'ingénieur pour résoudre le problème qui consiste à appliquer le mieux possible ces principes, eu égard aux lieux et aux circonstances [1].

Mais, de toute façon, quand on construit un brise-lames, on interrompt forcément le halage et la circulation le long du bord du chenal.

Pour les rétablir, il faut élever au pied du brise-lames une superstructure pour supporter le tillac.

Cette superstructure doit être forcément à claire-voie et on l'appelle généralement la claire-voie.

122. Claire-voie des brise-lames. — La construction d'une claire-voie est très analogue à celle d'une jetée en charpente ; observons seulement que la claire-voie est abritée contre les lames du large par le massif du plan incliné, et que, par conséquent, elle n'a pas à résister à d'aussi grands efforts qu'une jetée en charpente.

Pour que la lame puisse s'épanouir librement sur le plan incliné, il faut que la claire-voie lui offre le moins d'obstacle possible ; l'emploi du fer, qui comporte, pour les pièces des fermes, des dimensions moindres que l'emploi du bois, est donc justifié dans ce cas.

Aussi a-t-on fait, dans ces dernières années, beaucoup de fermes de claire-voie avec des fers à T. L'industrie est parvenue à zinguer ces longues poutres, ce qui en pro-

---

1. Il convient d'ajouter, d'ailleurs, que les conditions dont dépend l'efficacité des brise-lames ne sont pas encore bien connues, malgré les études auxquelles elles ont donné lieu (Note de M. Alexandre, ingénieur en chef du port de Dieppe, sur la propagation de la houle à l'intérieur des ports à marée. Congrès international des travaux maritimes, 1889).

longe la durée (Atlas ; Pl. XVIII, ports du Hàvre, de Fécamp et de Sᵗ-Valery-en-Caux).

Des poteaux montants intermédiaires sont nécessaires, comme dans les jetées en charpente, pour empêcher les navires d'engager leur beaupré entre les fermes.

Les poteaux montants en fer sont garnis, du côté du chenal, d'une fourrure en bois pour diminuer les risques d'avaries que pourraient subir les navires en abordant la claire-voie en fer. Mais on peut espacer les poteaux de remplage plus que dans les jetées en bois. Il suffit d'en mettre un dans l'intervalle de deux fermes distantes de 3ᵐ environ.

Il faut remarquer, en effet, que le chenal étant relativement calme et sans courants traversiers, les navires y gouvernent mieux qu'entre deux jetées à claire-voie.

D'ailleurs, plus les poteaux sont espacés, moins les lames rencontrent d'obstacles pour venir s'épanouir sur le plan incliné, dont l'efficacité se trouve ainsi d'autant mieux assurée.

Les fourrures en bois des poteaux montants en fer ont environ 0ᵐ,30 de largeur (dans le sens de la longueur du chenal), sur 0ᵐ,20 d'épaisseur.

Les têtes des boulons qui les fixent ne doivent pas faire saillie du côté du chenal ; le sommet de chaque fourrure doit être recouvert d'un chapeau en tôle ou en fonte, comme on l'a déjà dit.

Autrefois, on faisait en charpente de bois les claire-voies des brise-lames, on en a même fait au moyen de voûtes en maçonnerie, formant un véritable petit viaduc le long du chenal, comme aux Sables d'Olonne ; mais, pour le genre de jetées dont nous nous occupons ici (jetées de chenaux sur plages de galets), les claires-voies métalliques constituent un progrès réel.

Cependant il peut se présenter des circonstances où les claires-voies en bois, et même en maçonnerie, soient pré-

férables aux claires-voies métalliques, par exemple le long
d'une vaste crique d'épanouissement où la lame vient les
frapper obliquement. En effet les charpentes métalliques,
par le fait même de leur mode de construction, ne résistent
bien qu'à des efforts agissant dans le plan des fermes,
parce que l'âme des fers à double T se trouve précisément
dans ce plan ; mais si les lames viennent frapper obliquement, et à plus forte raison normalement, le plan des
fermes, elles rencontrent les fers dans le sens de leur
plus grande largeur et de leur moindre résistance, elles
pourront donc les faire fléchir, et même les briser.

De pareils accidents ont eu lieu, et ont fait reconnaître
que les fermes métalliques des brise-lames ont besoin
d'être fortement entretoisées, bien que les vagues qui les
heurtent soient déjà affaiblies, et que leur direction
soit généralement peu inclinée par rapport au plan des
fermes.

182. Jetées métalliques. — Nous avons dit que les
jetées hautes à claire-voie étaient généralement faites en
bois, mais on pourrait évidemment adopter une charpente métallique. C'est la solution qui a été récemment
admise à Dieppe pour le prolongement d'une jetée (Atlas ;
Pl. XIII, fig. 7).

Or, à Dieppe, on avait précisément une grande expérience des claires-voies métalliques des brise-lames, on
savait combien ces constructions devaient être solides.
On était donc dans les meilleures conditions pour apprécier la force qu'il convenait de donner à une jetée en fer.
Cependant cette jetée a subi des avaries, des pièces se
sont courbées, d'autres se sont cassées, et la cause de ces
détériorations doit être attribuée à ce fait que ces pièces,
par leurs formes mêmes, offraient un sens de moindre
résistance, ce qui n'a pas lieu dans une charpente où les
bois ont une section à peu près carrée et peuvent, par

suite, résister à peu près de la même façon à tous les efforts, de quelque direction qu'ils viennent.

Il convient donc, dans une jetée métallique, d'adopter des dispositions qui assurent cette égalité de résistance dans tous les sens; par exemple, en employant des poutres à section circulaire comme dans les appontements; et, dans le cas où l'on se sert de poutres à double T, en augmentant le nombre et la force des entretoises perpendiculaires au plan des fermes.

§ 6

CONTRUCTION DES BRISE-LAMES

D'après les dispositions qui viennent d'être indiquées, un brise-lames comporte :

1° Un mur qui soutient le massif du plan incliné, et forme, en réalité, la véritable enceinte extérieure du chenal;

2° Un plan incliné dont la rampe, d'environ 12 de base pour 1 de hauteur, s'élève depuis la crête du seuil jusqu'au niveau des plus hautes mers connues, au moins, et qui constitue le brise-lames proprement dit;

3° Un seuil le long du chenal, au pied du plan incliné;

4° La claire-voie qui se dresse le long du chenal et supporte le tillac du chemin de hâlage.

424. Mur d'enceinte. — Le mur d'enceinte étant contrebuté par le terre-plein du plan incliné qu'il soutient n'a pas besoin d'avoir une épaisseur aussi grande qu'une jetée pleine ordinaire.

On lui donne habituellement une épaisseur moyenne égale à 45 0/0 ou 50 0/0 de sa hauteur au dessus de la fondation. Cette proportion est, comme on le verra, celle qui est généralement adoptée pour l'épaisseur des quais des ports d'échouage.

Mais le pied du parement extérieur (côté du large) doit être bien défendu contre les effets du ressac qui tend à l'affouiller.

Le ressac est particulièrement dangereux à la base d'un mur presque vertical ; aussi a-t-on jugé à propos, dans certains cas, de donner au parement une forme courbe (parabolique, par exemple), dont la courbure augmente du sommet à la base (Atlas; Pl. XVIII, port de St-Valery-en-Caux).

De cette façon, l'eau qui retombe en suivant le parement se trouve, au pied de l'ouvrage, rejetée presque horizontalement, et, par suite, a peu d'action pour affouiller la base du mur.

La forme courbe du parement a d'ailleurs l'avantage d'économiser un peu le cube de la maçonnerie, sans nuire à la solidité du mur; mais elle entraîne des sujétions de gabarits, et, par conséquent, quelques frais supplémentaires comparativement à un parement droit.

La construction d'un mur d'enceinte ne diffère pas de celle d'une jetée pleine, en ce sens que la conduite du travail et les précautions à prendre dans les deux cas sont les mêmes.

On remarquera que le couronnement du mur d'enceinte n'est plus un chemin de hâlage, et que la circulation n'a pas besoin d'y être assurée en tout temps; les parapets, tant extérieur qu'intérieur, peuvent donc être réduits au strict nécessaire, pour la sécurité des personnes par les beaux temps.

125. Brise-lames proprement dit. — Le corps du brise-lames est formé par un remblai, généralement composé de galets provenant de la plage.

Dans ces conditions, les lames en déferlant sur le plan

incliné, remueraient et déplaceraient les matériaux.
Pour éviter cet effet, on étend sur la surface du remblai
une couche de béton de 40 à 50 centimètres d'épaisseur,
qu'on recouvre elle-même d'un pavage maçonné sur 40
à 50 centimètres.

On réalise ainsi un dallage ou revêtement continu de
0^m,80 à 1^m,00 d'épaisseur, environ.

L'épaisseur du revêtement est portée à 1^m,00 au moins
au pied du plan incliné, près du seuil, sur toute la largeur qu'occupe la base des fermes de la claire-voie.

La semelle de ces fermes est engagée d'une cinquan-
taine de centimètres dans ce revêtement maçonné. Un
couronnement en pierres de taille règne au sommet du
seuil, et protège le pied des fermes contre le choc des bateaux qui passent dans le chenal.

195. Seuil du brise-lames. — Le seuil n'est pas autre chose qu'un quai bas, mais il doit être très solidement
fondé, pour supporter sans déformation aucune le poids
de la claire-voie qui le surmonte.

On lui donne habituellement une épaisseur au moins
égale à la moitié de sa hauteur.

Le seuil étant établi dans les eaux relativement calmes du chenal, on peut, si on y trouve avantage, le fonder sur caisson métallique. Cette solution a été adoptée à
Fécamp pour l'élargissement du chenal [1] (Atlas; Pl. XVII).

196. Claire-voie. — Le type de charpente métallique
adopté dans les ports de la Seine-Inférieure paraît très
satisfaisant (Atlas; Pl. XIII, fig. 7).

Il est d'une forme simple, rationnelle, bien triangulée.

Le poteau montant parfaitement contrebuté, à des intervalles rapprochés, offre toute la solidité désirable.

L'expérience a démontré que les pièces horizontales

---

1. Atlas des Ports de France, Tome I, Page 591.

qui entretoisent les fermes ont besoin d'être convenablement renforcées pour résister au choc des lames, qui tendent à les courber et à les rompre, et qu'il y a lieu, dans ce but, de ne pas les faire trop longues, autrement dit, de ne pas trop éloigner les fermes l'une de l'autre.

Un écartement de 6ᵐ paraît être un maximum qu'il est prudent de ne pas dépasser.

§ 7

EFFETS DES JETÉES

128. Effets successifs. — Nous avons dit que les jetées construites pour rectifier le chenal d'un port débouchant sur une plage meuble produisaient souvent, à ce point de vue, des effets très prompts et très satisfaisants, mais qui, malheureusement, sont peu durables.

Voici, en effet, ce qu'on observe presque partout et toujours.

Une jetée agit à peu près à la façon des épis que l'on construit sur le bord d'une rivière. L'ensemble des deux jetées d'un chenal agit, d'ailleurs, comme un épi unique.

La plage s'exhausse et s'élargit du côté d'où viennent les alluvions, mais, par le fait que les alluvions s'accumulent d'un côté, elles ne viennent plus entretenir la plage de l'autre ; la plage à l'amont du chenal (dans le sens de la marche des alluvions) s'engraisse, la plage aval s'amaigrit.

Les courants déviés par la saillie que forme l'ensemble des deux jetées s'épanouissent après avoir dépassé les musoirs ; une partie continue sa route plus ou moins directe, une autre partie forme un remous

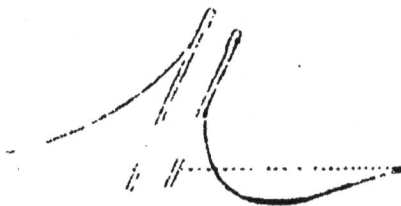

sous l'abri de l'ouvrage. Ce remous creuse la plage aval et paraît favoriser son amaigrissement; au centre du remous il tend à se former un dépôt d'alluvions.

Tous ces effets sont analogues à ceux d'un épi en rivière. Mais voici où se manifestent les différences.

Dans une rivière, la longueur des épis est toujours une fraction notable de la largeur du lit qu'on veut modifier. Leur saillie produit un changement considérable dans la forme des rives.

Les filets liquides contenus dans un lit étroit, ou du moins limité, et contrariés dans la tendance naturelle de leurs mouvements par la présence des épis, se portent avec force sur la tête de ces ouvrages et l'affouillent.

A la mer, au contraire, la longueur des jetées, du genre de celles dont nous nous occupons ici, est absolument insignifiante par rapport à la largeur du lit de la mer; leur saillie est un accident presque imperceptible sur la forme générale du rivage.

Les filets liquides peuvent, en général, s'écarter librement de la tête des jetées, et par conséquent modifient très peu le relief de la plage sous-marine devant les musoirs.

Dans les mers à marée, les courants, près du rivage, changent de sens deux fois par jour, et leur vitesse varie à chaque instant, tandis que, dans une rivière, les courants ont une direction constante et une vitesse qui varie très lentement. Enfin les vagues, dans un fleuve, n'ont aucune influence sur la marche des matériaux du lit, tandis qu'à la mer, près du rivage, ce sont surtout les lames qui les mettent en mouvement et les font cheminer, tantôt dans un sens, tantôt dans l'autre.

Le fond sous-marin sera donc peu modifié par les courants devant les petites jetées qui ne dépassent pas l'estran, les lames continueront à agiter les matériaux et à les retrousser vers le rivage.

Nous avons dit qu'il tend à se former un emmagasinement de matériaux à l'amont des jetées, c'est-à-dire du côté d'où viennent les alluvions. Mais cela n'est complètement exact que lorsque l'action de la lame directe est prépondérante, comme cela a lieu en été, quand la mer n'est pas trop forte, et si l'on envisage ce qui se passe sur la plage à une certaine distance des jetées. Mais, après une violente tempête, ou à la suite d'une série de mauvais temps de la saison d'hiver, les choses se passent tout autrement près des jetées. Alors l'action de la lame de retour devient prépondérante, et le magasin d'alluvions se vide. En effet, le vent pousse les eaux vers le rivage et les accumule dans l'angle rentrant formé par la jetée au vent avec la laisse des plus hautes mers; le gonflement des eaux détermine, le long de la jetée, un courant dirigé vers la mer.

Ce courant favorise l'action de la lame de retour, qui prend alors un rôle prépondérant, et entraîne vers le large les matériaux déposés antérieurement.

Ces matériaux sont d'autant plus facilement entraînés qu'ils sont mis en suspension par le ressac près des jetées.

Il se produit, en définitive, une véritable vidange du réservoir d'alluvions que les temps maniables avaient rempli le long de la jetée.

Tous ces matériaux ne sont pas emportés bien loin, car le courant de retour s'amortit promptement dans la masse d'eau qui couvre la plage sous-marine.

D'ailleurs, le courant de retour, à peu près perpendiculaire au rivage, se heurte au courant littoral qui est, lui, sensiblement parallèle au rivage.

Le résultat de ces conflits de courants est le dépôt partiel des alluvions qu'ils entraînent.

Toutes ces alluvions se déposent donc en avant de l'entrée du chenal. On a vu certaines tempêtes accumuler jusqu'à 40.000 mètres cubes de sable devant Dunkerque.

Quand le calme relatif est revenu, les lames moins fortes retroussent ces dépôts vers le rivage. Il se forme un banc qui barre l'entrée, le chenal est dévié à la sortie des jetées ; en un mot, on est revenu à l'état primitif qu'on avait voulu améliorer.

De plus, les alluvions et surtout les matériaux lourds, tels que les galets, s'accumulent en partie sous l'abri du musoir de la jetée au vent, et y forment un banc, ou poulier, très gênant pour les navires.

Ces effets se sont produits invariablement partout où on a construit des jetées.

Il semble même évident, *à priori*, qu'il en devait être ainsi. En effet, les alluvions arrêtées par la jetée, en s'accumulant dans l'angle de l'enracinement, doivent finir par atteindre et dépasser le musoir, et par reformer, en avant du chenal, une plage absolument semblable à celle qui existait antérieurement à la construction de l'ouvrage.

On est ainsi tenté de se demander comment on a pu adopter une pareille solution, qui ne fait qu'ajourner la difficulté, quand elle ne l'aggrave pas.

Mais d'abord on ne voit pas comment on pourrait, sans recourir à des jetées, fixer la position d'un chenal sur une plage mobile, et abriter ce chenal contre les lames et les courants qui y rendraient la navigation impossible.

Ensuite, l'effet utile des jetées n'est pas absolument éphémère, il dure un certain temps, et c'est déjà quelque chose que de donner satisfaction, même temporairement, à des besoins urgents.

Enfin, la longueur du chenal formé par les jetées, entre la mer et le port, est utile dans une certaine limite pour que les navires puissent y perdre leur erre ; car si les navires pénétraient dans le port avec trop de vitesse, ils pourraient aller heurter les bâtiments qui s'y trouvent déjà.

21

Cette longueur a aussi l'avantage de permettre de développer le long du chenal les talus brise-lames, les criques d'épanouissement, etc.

On sera donc, vraisemblement, toujours conduit à endiguer entre des jetées, enracinées au rivage, les chenaux des ports débouchant sur des plages meubles ; mais l'expérience paraît avoir démontré aujourd'hui que ce genre d'ouvrages est incapable d'assurer, à lui seul, la fixité de la barre et de la passe.

Voici, en effet, ce qui s'est passé à peu près partout et toujours.

189. Prolongement des jetées. — On ne s'est pas laissé décourager par un premier insuccès. Puisque les premières jetées, d'une longueur modérée, avaient procuré, au moins temporairement, une amélioration de l'état antérieur, on a pensé qu'en les prolongeant, on arriverait peut-être à une amélioration durable. On s'est basé, pour en agir ainsi, sur les considérations suivantes.

En allongeant les jetées, et en les relevant au besoin, on augmente la capacité de l'espace où s'emmagasinent les alluvions avant d'atteindre les musoirs et de devenir gênantes devant l'entrée du chenal.

En avançant la tête de l'ouvrage vers le large, on fournit aux alluvions un champ plus vaste pour se répandre sur le fond de la plage sous-marine, ce qui doit tendre à diminuer la hauteur du banc qu'elles forment en avant du port.

En créant un cap plus saillant, les lames et les courants auront plus d'efficacité pour déblayer l'entrée du chenal.

On a donc prolongé les jetées une première fois, on n'a pas réussi davantage ; on les a prolongées une seconde fois, toujours même insuccès.

Enfin, il est généralement admis aujourd'hui que, dans la plupart des cas, l'allongement des jetées de chenaux ne

fait que repousser la barre vers le large, de toute la longueur des jetées, et cela sans lui faire perdre de sa hauteur
ni de ses inconvénients de mobilité et autres.

L'allongement successif des jetées avait d'ailleurs soulevé d'autres difficultés.

1° Le chenal, trop long pour sa largeur généralement
restreinte devient un passage mal aisé.

2° Si les navires franchissent la barre à haute mer, ils
n'arrivent dans le port que lorsque la mer a déjà commencé à baisser, et nous verrons plus loin les conséquences de ce retard pour l'établissement des écluses des bassins à flot.

3° Enfin, la vitesse des eaux sortant du port, vitesse
dont dépend leur efficacité sur la barre, est amortie par la
masse des eaux stagnantes dans le lit relativement profond du chenal endigué [1].

Il fallait donc trouver d'autres solutions. On en a imaginé plusieurs.

130. Jetée unique. — Voici une première combinai-
naison : On n'a fait qu'une jetée, et on l'a construite non
pas sur le côté du chenal d'où viennent les alluvions, mais
sur la rive opposée.

De cette façon, les alluvions tendent à venir s'appuyer
sur la jetée, et maintiennent par suite les courants de flot
et de jusant le long de cette jetée, où le chenal se trouve
ainsi fixé. Le courant de jusant entraîne les alluvions jusqu'au musoir, d'où les lames et les courants littoraux les

---

1. Cet inconvénient d'une trop grande longueur de jetées est devenu tel
dans certains ports, où l'on avait procédé à plusieurs prolongements successifs, qu'on a dû raccourcir ces jetées : à Dunkerque (plage de sable) on les a
rognées de 500ᵐ. Il y avait primitivement 2000ᵐ de longueur de chenal et
d'avant-port, pris ensemble.

A Dieppe (plage de galets) la longueur primitive de 1400ᵐ a été réduite à
1.000ᵐ.

emporteront dans le sens de leur marche normale. Cet effet est incontestable ; une partie du chenal de l'Adour est ainsi fixée ; on obtient la rectification des courants des Landes avec une seule jetée ; et certains ports, en Russie notamment, n'ont aussi qu'une seule jetée [1]. Mais, dans la plupart des cas, cette solution n'est pas satisfaisante pour la navigation, car les navires sont drossés contre la jetée par les vents, les courants et les lames les plus dangereuses.

De plus, la jetée produit nécessairement une accumulation d'alluvions, qui forme précisément la seconde rive du chenal, la première rive étant la jetée elle-même. Mais ce dépôt d'alluvions s'exhausse et s'allonge, et sa tête s'avance vers le large. Or, sauf dans des cas particuliers, tenant à quelques circonstances spéciales et locales, par exemple, au calme habituel de la mer, au faible mouvement des alluvions, etc., il arrive inévitablement un moment où la tête du banc atteint et dépasse le musoir de la jetée. Alors les alluvions s'étalent devant l'entrée du chenal, et forcent le courant à se dévier dans le sens de leur marche.

On est ainsi revenu à la situation première, à cette différence près que la barre a été reculée vers le large de toute la longueur de la jetée.

181. Jetées discontinues. — Voici une autre solution dont l'origine, très ancienne, est attribuée aux Romains.

Sur les rivages de la Méditerrannée, on a créé de tout temps des ports au moyen d'une enceinte artificielle qui abrite un certain espace d'eau de profondeur convenable.

Cette enceinte est formée, le plus souvent, par deux

---

1. Il n'y a également qu'une seule jetée à l'embouchure de la rivière de Bilbao.

jetées enracinées au rivage, convergeant l'une vers l'autre, et laissant entre elles une passe pour les navires.

Si, dans les parages du port, il existe sur le bord de la mer un transport de sable, ce sable s'accumule le long d'une des jetées, et il arrive le plus souvent qu'il en dépasse le musoir, et vient se cantonner dans l'enceinte abritée du port, dont il comble les profondeurs. En un mot, le port s'ensable.

Presque tous les anciens ports artificiels des Romains sont aujourd'hui ensablés, et on n'en voit plus que des vestiges.

Parmi ces vestiges, on en a remarqué qui offraient une disposition particulière. Les jetées n'étaient pas continues, mais formées par des espèces de piles séparées. On en a conclu que les Romains avaient dû être guidés dans le choix de cet arrangement par des considérations telles que les suivantes :

Puisque des jetées continues amenaient inévitablement l'ensablement du port, mieux valait les faire discontinues. De cette façon on aurait, il est vrai, moins de calme dans le port, mais le sable pourrait le traverser sans s'y arrêter, ou tout au moins sans le combler.

Cette disposition ne paraît pas avoir donné de résultats satisfaisants, en tout cas, les ports formés de cette façon se sont ensablés comme les autres.

Cependant, l'idée a été reprise à une époque récente par un ingénieur italien, dans un projet d'amélioration de l'embouchure d'un petit cours d'eau qui se jette dans la baie de Naples, et qu'on appelle « Regii Lagni [1] ».

139. Jetées de pilotis. — Il forma le chenal en mer au moyen de pieux battus de distance en distance. Les

---

1. *Annales des Ponts et Chaussées*; 1853, 1ᵉʳ semestre. — Colmatage, dessèchements et irrigations en Italie, par M. Baumgarten, ingénieur en chef des ponts et chaussées.

pieux étaient assez rapprochés pour maintenir la masse principale du courant dans le chenal, c'est-à-dire pour guider le courant perpendiculairement à la côte, et ils étaient assez écartés pour que les alluvions littorales pussent passer entre eux et continuer leur marche transversale le long du rivage. Entre deux pieux de 0m,30 de diamètre il y avait à peu près un intervalle de 0m,60, soit une proportion de 1 de plein pour 2 de vide, environ.

Les pieux ainsi battus produisaient encore un autre effet. Les lames, en rencontrant ces pieux, s'élevaient le long de la face frappée, et, en retombant à leur pied, déterminaient, par leur ressac, la formation d'une sorte de cône d'affouillement. Les alluvions ainsi mises en suspension étaient plus facilement entraînées par les courants.

Les premiers résultats furent, paraît-il, assez satisfaisants ; mais aujourd'hui ils ont complètement disparu, soit que les pieux, rongés par les tarets, n'aient pas été remplacés en temps utile, soit que l'expérience ait démontré l'insuffisance de cette solution.

Or, à l'époque des premiers succès de ce système de jetées, on se préoccupait en France d'améliorer la barre si dangereuse de l'Adour.

133. Jetées de l'Adour. — On avait essayé vainement de fixer la passe en dirigeant, à l'aide de jetées pleines, la masse du courant de jusant sur la barre. La barre avançait vers le large sans rien perdre de sa hauteur à mesure qu'on allongeait les jetées ; la passe conservait son instabilité. On essaya les jetées en pieux de bois, non jointifs, disposés comme ceux qui avaient réussi en Italie.

On constata que la barre n'avançait plus, malgré l'accroissement de saillie des jetées ; la passe se fixa et sembla même s'approfondir un peu.

Ce résultat était très encourageant, mais les pieux en bois furent rongés par les tarets, et les tempêtes les brisèrent pour la plupart.

Il fallut recourir à des colonnes métalliques. Les jetées sont en construction depuis quelques années, mais on n'a pas encore atteint la barre, et il est impossible de dire si, comme on le désirerait, on parviendra à augmenter notablement la profondeur de la passe. Celle-ci paraît désormais fixée dans une position convenable, ce qui est déjà un résultat d'une grande importance.

L'embouchure de l'Adour seule offre un exemple de ce genre de jetées [1].

L'expérience acquise dans ces travaux a fait reconnaître qu'ils ne laissent pas que de donner lieu à des observations critiques très sérieuses. Ainsi, tant que les jetées sont courtes par rapport à la largeur du chenal, la masse principale du courant continue bien à se maintenir entre les jetées, parce que la partie de ce courant qui peut s'échapper à travers les vides est peu considérable; mais, quand les jetées sont très longues, la plus grande partie du courant tend à passer par ces vides, au détriment de l'action qu'il devrait exercer sur la barre pour fixer et approfondir la passe.

Il faut donc se ménager la possibilité de diminuer ces vides. A l'Adour on avait prévu, dans ce but, l'emploi de vannes qu'on placerait au besoin entre les colonnes métalliques.

Mais de semblables appareils sont bien fragiles, dans une mer aussi violente que celle du golfe de Gascogne; on s'est alors décidé à diminuer la section des vides. non plus en réduisant leur largeur, mais en réduisant leur hauteur, et cela d'une manière définitive.

Dans ce but, on a établi au dessous de la basse mer un

---

1. *Portefeuille des élèves* ; VIe série, section B, Planche VII; Texte, 15e livraison.

cordon d'enrochements suivant la ligne des jetées entre les colonnes métalliques. On a réalisé ainsi deux jetées sous-marines.

Mais, par le fait même, on s'est écarté du principe du système, qui consiste à laisser un libre passage aux alluvions.

En outre le sable, comme cela était inévitable, s'est accumulé le long de ces jetées sous-marines, et, par les grandes tempêtes, il est rejeté dans le chenal, qu'il obstrue quelquefois.

Enfin les colonnes en fonte, remplies de béton, n'offrent pas une résistance suffisante, malgré la grandeur de leur diamètre, qui atteint deux mètres. Quelques-unes de ces colonnes ont été brisées par le choc des navires qui sont venus les aborder pendant les mauvais temps.

Ce système de jetées, tel qu'il est exécuté à l'embouchure de l'Adour, ne paraît donc pas susceptible d'une application générale, et il semble, en tout cas, comporter des modifications appropriées aux circonstances spéciales qu'on pourrait rencontrer dans les localités où on voudrait l'employer.

Nous étudierons, à l'occasion du maintien et de l'amélioration des profondeurs devant l'entrée des ports, les procédés auxquels on a eu recours pour résoudre la difficulté que la construction des jetées avait laissé subsister.

IIIᵉ SECTION

JETÉES EN EAU PROFONDE.

121. Observations préliminaires. — Les jetées que nous avons étudiées jusqu'à présent sont d'une exécution relativement facile, parce qu'elles sont construites sur l'estran qui assèche périodiquement, où l'on peut, par suite, faire toutes les études nécessaires pour reconnaître la forme, la nature du sol et du sous-sol, le mouvement des alluvions, etc., et aussi parce que les lames dont elles reçoivent le choc ont été plus ou moins affaiblies par leur déferlement sur une plage en pente douce.

Mais il y a un grand nombre de circonstances où les jetées doivent s'étendre jusque par des profondeurs considérables au dessous des plus basses mers ; elles sont alors exposées à l'action des lames dans toute leur puissance, et leur construction offre de ce fait des difficultés particulières, qui tiennent en outre à l'incertitude des données qu'on peut recueillir sur le fond de la mer et sur les phénomènes qui s'y passent.

Ces circonstances se présentent notamment dans les mers sans marée.

On les rencontre également dans les mers à marée quand on veut, par exemple, rendre un port accessible à toute heure, ou bien créer une rade.

135. Études hydrographiques. — Quand on doit exécuter de pareils ouvrages, le premier soin à prendre est d'étudier la disposition et la nature de la plage sous-marine. Il est arrivé trop souvent qu'on a eu de graves mécomptes, faute d'avoir donné à ces études si importantes toute l'attention nécessaire.

Ainsi, quand on fixa l'emplacement de la grande digue de Cherbourg, on ignorait l'existence d'une roche formant un haut fond dangereux, précisément dans la passe des navires, la roche Chavagnac, ainsi désignée du nom de l'officier de marine qui la découvrit.

Le levé du fond de la mer se fait par des procédés et avec des instruments spéciaux, dont l'examen détaillé ne saurait trouver place ici [1].

1. Voir le *traité d'hydrographie* de M. A. Germain, ingénieur hydrographe de la marine.

Nous nous bornerons à les rappeler sommairement.

Les profondeurs d'eau se mesurent à l'aide d'une corde graduée et lestée, appelée sonde ; les variations du niveau de la mer qui peuvent se produire pendant les sondages sont observées au rivage.

L'emplacement de chaque sondage est déterminé au moyen du cercle (ou sextant), par l'observation des angles sous lesquels on voit, du point de sondage, trois signaux, au moins, parfaitement repérés sur le rivage.

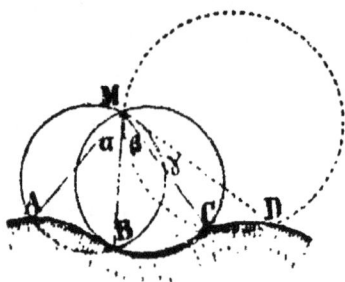

Les ingénieurs de travaux maritimes ne sauraient trop s'exercer et exercer leur personnel au maniement de ces deux instruments, dont l'usage est indispensable.

La sonde est lestée par une masse de plomb portant à sa surface inférieure une cavité remplie de suif ; on apprécie la nature du fond d'après les parcelles de matières qui adhèrent au suif, quand on relève la sonde.

En armant la sonde d'une barre de fer acéré on peut, dans une certaine limite, apprécier la nature du sous-sol.

Ces procédés sont loin de comporter la précision qu'on peut obtenir dans les levés à terre. Cependant, eu égard à l'échelle ordinaire des cartes marines, les positions en plan des sondages sont suffisamment exactes, et les erreurs sur les profondeurs d'eau ne dépassent pas de 0^m, 15 à 0^m, 30 en plus ou en moins ; jusque par des fonds de 20^m environ.

Le plan de comparaison des cartes hydrographiques françaises est celui des plus basses mers de vive eau. Ces

cartes sont en milles marins, l'échelles de longueurs est
sur le côté vertical du cadre, c'est-à-dire dans le sens des
latitudes.

136. Projets. — Quand on connaît la forme et la nature du fond de la mer et du sous-sol, le régime des
vents, des lames et des courants, la marche des alluvions,
etc., il reste à déterminer le tracé en plan des ouvrages.

Cette détermination ne comporte pour ainsi dire pas de
règles générales.

Les données auxquelles il faut avoir égard sont extrêmement complexes, souvent très incertaines ; elles varient,
d'ailleurs, d'un port à l'autre, et même d'une époque à
une autre [1].

Les questions à résoudre sont surtout d'ordre nautique ;
elles sont longuement discutées, quelquefois pendant des
années, par des commissions spéciales, et donnent lieu
souvent à des projets très divers. On peut citer comme
exemple les études du port d'Alger (Atlas ; Pl. XX, fig. 1
à 8).

Les Ministères des Travaux publics, de la Marine, de
la Guerre, les Chambres de commerce, etc., en un mot
tous les services et tous les particuliers intéressés sont
appelés à fournir leurs avis.

Malgré ces enquêtes et ces instructions, il arrive quelquefois que, pendant l'exécution des travaux, on reconnaît qu'on n'a pas adopté la meilleure solution, et alors
il faut la modifier, plus ou moins, après coup.

Une des causes des regrets qu'on éprouve le plus fréquemment est d'avoir trop restreint la surface abritée,
et de n'avoir pas assez ménagé l'avenir.

1. Voir, pour les dispositions des jetées de certains ports, l'ouvrage inti-
tulé : « Les Travaux publics de la France », publié sous la direction de L.
Reynaud, tome IV, Ports de mer, par M. Voisin-Bey, inspecteur général des
Ponts et chaussées. — Rothschild, éditeur, Paris, 1883.

On peut dire, en règle générale, que les meilleurs projets sont ceux qui font la plus large part aux extensions ultérieures possibles, et qui n'exigent pas des jetées d'une trop grande hauteur au dessus de la mer pour assurer un calme suffisant sous leur abri ; on verra bientôt ce qui justifie cette seconde considération.

Le tracé des ouvrages étant arrêté, on peut enfin procéder à l'exécution.

Nous prendrons d'abord comme exemple de ce genre travaux l'établissement d'une jetée dans la Méditerranée.

§ 1

JETÉES EN EAU PROFONDE DANS LES MERS SANS MARÉE.

Beaucoup de ports de la Méditerranée sont établis dans des baies largement ouvertes sur la mer, et par suite d'un accès facile.

Mais, par le fait même, ils manquent généralement de calme, et demandent à être abrités contre l'agitation du large.

Les parties naturellement calmes des baies sont celles qui sont abritées par des caps ou des saillies du rivage contre l'action des vents dominants.

Pour augmenter les surfaces abritées, on imite la nature et on fait des caps artificiels, qu'on appelle à peu près indifféremment jetées, digues, môles ou brise-lames.

Dans la Méditerranée, toutes les jetées sont construites en enrochements et maçonnerie. Le taret ne permet pas d'y faire des ouvrages définitifs en bois. Un appontement provisoire n'y dure quelquefois pas une année.

Mais dans d'autres mers, dans la Baltique par exemple, où le bois se conserve sous l'eau, son emploi rend de grands services.

Le principe général de la construction consiste à amoncer, dans l'emplacement de la jetée, des pierres en quantité assez grande pour qu'elles forment un massif saillant au dessus de l'eau.

127. Type des anciennes jetées. — Les premières jetées construites dans la Méditerranée ont été faites tout entières, depuis la base jusqu'au sommet, en enrochements de grosseur modérée, jetés à peu près pêle-mêle et tels qu'ils se présentaient en venant de la carrière.

Ce système donne de bons résultats dans des eaux relativement calmes; c'est-à-dire que les matériaux sont à peu près stables et que les jetées n'exigent pour ainsi dire pas d'entretien. Mais dans les mers ouvertes et exposées à une agitation notable, voici ce qu'on a invariablement constaté pendant la construction et après l'achèvement de l'ouvrage.

Le talus du large, au dessous de l'eau, présente des inclinaisons très douces, de 1 de hauteur sur 5, 6 et même 10 de base, depuis le niveau de la mer jusqu'à une profondeur variable suivant les localités. Cette profondeur, rarement inférieure à 5ᵐ peut, dans certaines circonstances, atteindre et même dépasser 10 mètres (Atlas; Pl. XXXII, fig. 1 et 2).

Au dessous de cette profondeur, le talus devient beaucoup plus raide; il n'a plus que de 1 à 1 1,2 ou 2 de base pour 1 de hauteur. Le passage du talus doux au talus raide inférieur a lieu presque brusquement, par une sorte de brisure. Quelquefois on observe deux de ces brisures à deux profondeurs différentes.

Au dessus du niveau de la mer, le talus extérieur continue à présenter des inclinaisons très faibles, comme celles qu'on trouve jusqu'à une certaine profondeur au dessous de l'eau.

Le talus intérieur de la jetée, du côté abrité, offre au

contraire, en général, une inclinaison régulière du sommet à la base de l'ouvrage, et cette inclinaison varie ordinairement de 1 à 1 1/2 de base pour 1 de hauteur.

Les enrochements à la surface de toute la partie en pente douce du talus extérieur sont constamment bouleversés par les lames de tempête, aussi bien au dessus qu'au dessous de l'eau. De sorte que, en fait, ce talus, quelque faible que soit son inclinaison, n'arrive jamais à un état d'équilibre stable. Les pierres, incessamment remuées, émoussent leurs angles, s'arrondissent, diminuent de volume, et finissent par être projetées par dessus la jetée par les lames directes, ou ramenées par les lames de retour sur le talus raide du bas, dans les grandes profondeurs, où elles sont désormais immobilisées ; ou bien enfin elles sont poussées par les lames, tantôt vers l'enracinement de la jetée, où elles forment un poulier de galets, tantôt vers le musoir, qu'elles finissent par franchir, pour venir former un banc de cailloux, sous son abri.

Dans ces conditions, la jetée serait menacée d'une ruine certaine si on ne défendait pas son talus extérieur.

Or, l'expérience indique dans quelle voie on doit chercher les moyens de réaliser cette défense ; on observe, en effet, que les gros blocs sont plus stables que les petits.

188. Importance de la grosseur et du poids des matériaux pour la stabilité du talus du large. — On comprend instinctivement, pour ainsi dire, que plus un bloc sera gros et lourd, mieux il résistera au choc de la mer.

Soient, en effet, deux blocs semblables et semblablement disposés sur le talus d'une jetée.

L'action des lames croît évidemment dans la proportion des surfaces frappées, c'est-à-dire dans la proportion du carré des côtés homologues. Mais, en même temps, le poids des blocs, poids d'où dépend leur stabilité, croît comme le cube des mêmes dimensions.

Les gros blocs doivent donc être plus stables que les petits.

Un calcul simple confirme cette première impression.

Soit a l'une des arêtes d'un des blocs,
d la densité du bloc, par rapport à l'eau.

Le poids du bloc, supposé immergé, sera $k(d-1) a^3$; k étant une constante qui dépend de la forme du bloc.

Si on admet que le bloc glisse sur le talus, la résistance du bloc au déplacement pourra être représentée par une expression de la forme $f k (d-1) a^3$, f étant un coefficient à déterminer qu'on appelle coefficient de frottement, bien qu'il ne s'agisse pas ici d'un frottement ordinaire, mais plutôt d'une résistance spéciale où l'enchevêtrement des blocs semble jouer un rôle prédominant.

La surface frappée normalement par les lames, dans le sens horizontal, sera $k'a^2$, k' étant un nouveau coefficient qui dépend de la forme du bloc et de sa position.

La force du choc sera $F k'a^2$, F représentant la force des lames par mètre carré de surface frappée.

Pour que le bloc ne glisse pas, il faut que l'on ait

$$F k' a^2 < f k (d-1) a^3 \text{ ou } (d-1) a > \frac{F k'}{f k}$$

Mais le bloc peut subir un mouvement de rotation autour d'une de ses arêtes.

En appelant θ un coefficient dépendant de la forme et de la position du bloc. θa représente le bras de levier du poids du bloc par rapport à l'arête de renversement, et le moment de stabilité du bloc sera $\theta a k (d-1) a^3$.

Le moment de renversement sera de la forme $\theta' a F k' a^2$, θ' est un nouveau coefficient analogue à θ.

Pour que le bloc ne soit pas culbuté, il faut que l'on ait $\theta a k (d-1) a^3 > \theta' a F k' a^2$ ou $(d-1) a > \frac{F k' \theta'}{k \theta}$

Donc, pour assurer la complète immobilité du bloc, il

suffira de satisfaire à celle des deux inégalités qui donne pour a la plus grande valeur.

On obtiendrait du reste une troisième équation analogue, si on voulait exprimer que le bloc ne doit pas pouvoir être soulevé par la pression que la lame exerce sous lui.

On représenterait cette sous-pression par un terme tel que βF, où β serait un coefficient tout aussi indéterminé que ceux qui ont été déjà introduits dans les autres formules.

On aurait ainsi une troisième condition de maximum à remplir pour la dimension a.

De pareilles formules sont bien propres à faire concevoir la possibilité de réaliser un bloc de dimensions suffisantes pour résister à des forces qui dérangeraient un bloc semblable et semblablement placé, mais plus petit. Par contre, elles sont absolument impuissantes à donner, *à priori*, les dimensions d'un bloc stable pour un ouvrage qu'on projette.

Toutefois, ces formules ont l'avantage de montrer qu'il y a grand intérêt à augmenter la densité des blocs, car la stabilité est proportionnelle à $(d-1)$ et augmente par suite plus rapidement que d.

Ainsi, un bloc de pierre d'une densité de 2,6 à l'air, sera deux fois plus stable, sur le talus immergé d'une jetée, qu'un bloc de béton semblable, semblablement placé, d'une densité de 1,8.

Une augmentation de moins de 50 0/0 sur la densité correspond à un accroissement de 100 0/0 dans la stabilité.

Par conséquent, pour défendre le talus extérieur du genre de jetées dont nous nous occupons ici, on devra le recharger au moyen des blocs les plus gros et les plus denses dont on disposera.

Encore faudra-t-il que l'épaisseur de ce rechargement

soit assez grande pour que l'agitation de la mer qui pénètre à travers les interstices des blocs de défense ne soit pas capable de déranger les matériaux plus petits du noyau de la jetée. Si les lames ne déplacent pas ces gros blocs, si ceux-ci forment une couche protectrice assez épaisse pour garantir la stabilité des enrochements qu'ils recouvrent, le problème de la défense de la jetée peut être considéré comme résolu.

Si la mer continue à déplacer les blocs de défense, mais ne les use que lentement, on pourra trouver quelquefois avantage, au point de vue économique, à se borner à des rechargements périodiques de la partie en pente douce du talus extérieur. Mais ces travaux d'entretien, sur la partie la plus exposée de la jetée, ne laissent pas que d'offrir d'assez sérieuses difficultés.

Enfin, quand les carrières ne fournissent pas de blocs naturels assez gros, on recourt à l'emploi de blocs artificiels en maçonnerie ou en béton, dont on recouvre la surface du talus doux extérieur.

Il est évidemment désirable de s'affranchir de pareilles sujétions d'entretien.

Or, aujourd'hui, grâce aux mortiers hydrauliques, cela est relativement facile pour la partie supérieure de la jetée, c'est-à-dire pour celle qui s'élève au-dessus de l'eau et qu'on appelle le *couronnement* ou la superstructure. On peut la former d'un massif de maçonnerie offrant toute la stabilité et toute la solidité désirables ; et c'est, en effet, la solution qui s'impose à peu près partout.

Pour la partie inférieure de la jetée, c'est-à-dire celle qui est constamment sous l'eau et qu'on appelle le *soubassement* ou l'infrastructure, le problème présente plus de difficultés.

Voici d'après quelles considérations on l'a résolu.

110. Emploi des enrochements par catégories. —
Puisque la force des lames décroit de la surface au fond
de la mer, il est rationnel de composer le talus extérieur
du soubassement de matériaux décroissant aussi de grosseur de la surface au fond. De plus, un talus stable, et
d'une épaisseur suffisante pour que l'agitation de la mer
se brise dans ses interstices, pourra protéger un noyau
de petits matériaux placés derrière lui.

Par conséquent, au lieu d'immerger les enrochements
pêle-même, on les classera par ordre croissant de grosseur, ou, comme on dit, par *catégories*; les plus petits
seront employés à la base et au centre du soubassement,
et recouverts successivement de matériaux de plus en
plus gros, en ayant soin de réserver les blocs des plus
grandes dimensions pour la partie supérieure du talus
extérieur, ou du large, qu'on défendra, au besoin, par
des blocs artificiels.

Cette méthode est absolument rationnelle, mais il ne
faudrait pas, en pratique, en exagérer l'application.

En effet, le triage des matériaux est une sujétion, et
par suite une dépense de plus dans l'exploitation des
carrières.

L'obligation d'immerger en des points et à des moments déterminés certaines catégories d'enrochements, et
non d'autres, entraine aussi des embarras sur les chantiers, des frais, des pertes de temps, des immobilisations
de matériel, etc.

En fait, l'expérience semble avoir fait admettre qu'il
est amplement suffisant d'avoir 3 ou 4 catégories d'enrochements.

**111. Profil en travers d'une jetée composée d'en-
rochements de diverses catégories.** — Pour donner
plus de précision aux indications qui vont suivre, on
supposera qu'on veuille construire une jetée analogue à

celle de Marseille, qui nous paraît être, encore aujour-
d'hui, le type le plus parfait de ce genre d'ouvrages (Atlas; Pl. XXXII, fig. 9 et 15).

Le but qu'on se propose est de réaliser le talus extérieur du soubassement avec des matériaux tels que,
une fois immergés, ils ne soient plus déplacés par la mer.

Dans ces conditions, le talus extérieur aura pendant
la construction, et conservera après l'achèvement de la
jetée, l'inclinaison d'éboulement des enrochements jetés,
en grande masse, les uns par dessus les autres. L'expérience a démontré que, quand les blocs sont assez gros
pour que la mer ne les remue pas, ce talus peut n'avoir
que 1 de base pour 1 de hauteur.

Mais, en général, les lames déplacent toujours plus ou
moins les enrochements; d'ailleurs, il est à peu près impossible de conduire, en pratique, l'immersion avec une
précision telle que les matériaux prennent exactement
la position qui leur est assignée dans le profil théorique
qu'on veut réaliser; de plus, il se produit dans le massif
du soubassement des tassements qui se continuent longtemps encore après la construction; enfin, l'exécution
d'une grande jetée durant toujours un certain nombre
d'années, les tempêtes d'hiver bouleversent les parties
qu'on n'a pas eu le temps de protéger suffisamment pendant la belle saison.

Pour ces divers motifs, le talus a, ordinairement, plus
de 1 de base pour 1 de hauteur; mais, si l'on dispose de
matériaux convenables, on est à peu près certain qu'il
n'aura généralement pas plus de 1 1/2 de base pour 1
de hauteur, ou au maximum 2 de base pour 1 de hauteur. Dans la Méditerranée, sur les côtes très exposées
de l'Algérie, on admet qu'on doit pouvoir réaliser des
talus extérieurs de 1 1/4 de base sur 1 de hauteur. A
plus forte raison, cette inclinaison est-elle admissible
pour le talus intérieur de la jetée, qui est abrité.

Nous adopterons donc, à titre d'exemple, cette inclinaison de 1 1/4 sur 1, tant pour le talus extérieur que pour le talus intérieur.

Le profil de la jetée sera ainsi un trapèze régulier dont la base supérieure aura la largeur du couronnement.

Nous verrons tout à l'heure par quelles considérations on détermine cette largeur; pour le moment, nous la supposerons connue.

Nous admettons qu'on soit obligé de recourir à l'emploi de blocs artificiels, mais il faut se rappeler que cela n'est pas partout ni toujours nécessaire, et que, si on dispose de très gros blocs naturels, on trouvera généralement avantage à s'en servir, au point de vue de l'économie et de la stabilité de la construction, c'est ce qu'on a fait à Trieste.

PROFIL DE LA JETÉE DE TRIESTE

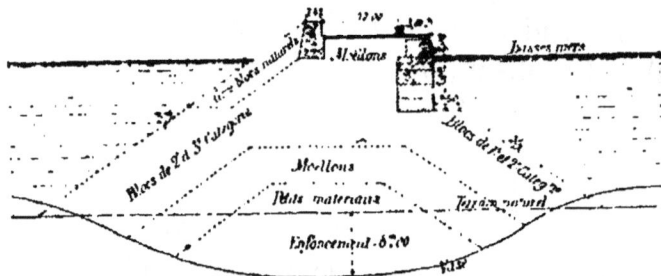

Dans l'hypothèse que nous avons admise, la défense en blocs artificiels devra protéger évidemment la partie supérieure du talus extérieur; elle occupe ordinairement, dans le trapèze du profil du soubassement, un parallélogramme tel que ABCD.

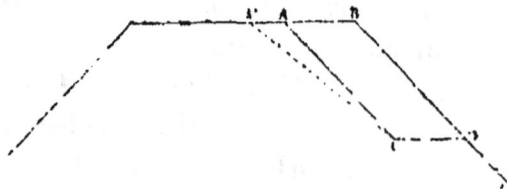

De cette façon, la défense a une largeur uniforme sur toute sa hauteur, mais on conçoit que cette disposition n'a rien d'absolu, et que, si les enrochements prennent un talus moins raide que les blocs, la défense aura plus de largeur à son sommet qu'à sa base, elle occuperait alors un trapèze tel que A'BCD. Cette nouvelle disposition exige un cube un peu plus grand de blocs, mais elle a l'avantage d'augmenter l'efficacité de la défense.

C'est, en effet, près du niveau de la mer que les lames sont le plus violentes, et que, par conséquent, la défense doit être plus forte (Atlas; Pl. XIX, Nice, Menton: Pl. XXI, Oran).

Nous conserverons toutefois ici la disposition, le plus généralement admise, du parallélogramme ABCD (Atlas; Pl. XXI, jetée Nord de Benisaf).

A quelle profondeur doit commencer la défense en blocs artificiels?

Cette profondeur dépend évidemment de la dimension des plus gros enrochements naturels qu'on peut employer sur le talus extérieur du soubassement; plus ces enrochements seront gros, plus on pourra remonter le niveau de l'assise inférieure CD de la défense en blocs artificiels; car la défense n'a besoin de commencer qu'à la profondeur où la mer commence à pouvoir déplacer les blocs naturels. On conçoit qu'on pourrait, à la rigueur, se rendre compte, par une expérience préalable, de la hauteur à laquelle les lames commencent à remuer les plus gros blocs naturels.

Il faudrait, pour cela, former en mer un îlot avec ces blocs et observer, au moyen de sondages, la profondeur à laquelle le talus du large de cet îlot offre la brisure caractéristique qui indique le passage de l'inclinaison raide du massif stable inférieur à l'inclinaison beaucoup plus douce de la partie supérieure remuée par les lames. Mais, outre que cette expérience ne laisserait pas que d'être difficile et coûteuse, elle ne fournirait que des données incertaines et discutables. En effet, quand une base d'enrochements, arasée à une certaine profondeur au-dessous de la mer, est arrivée à un état stable, si on établit sur cette base un ouvrage à parois accores, le ressac des lames au pied de l'ouvrage pourra déplacer les enrochements. Or, la présence de la défense en blocs artificiels produit, dans une certaine limite, des effets analogues sur l'assise d'enrochements qui la supporte.

Donc, quand bien même on connaîtrait la profondeur jusqu'à laquelle les plus gros enrochements restent stables quand ils ne sont pas surmontés de la défense en blocs artificiels, il y aurait encore lieu de se demander de combien il serait prudent d'abaisser l'assise inférieure de la défense au dessous de cette profondeur, pour ne pas compromettre la stabilité des enrochements qui doivent lui servir d'assiette.

Or, cette question ne comporte pas de réponse *a priori*: l'expérience, et l'expérience seule, peut conduire, dans chaque cas particulier, à la solution la plus convenable.

Toutefois, les observations qu'on peut faire sur la façon dont se comportent les ouvrages en enrochements dans la localité où l'on travaille fournissent d'utiles renseignements, au moins à titre de premières indications.

On pourra encore s'éclairer en comparant la jetée qu'on projette à des jetées analogues déjà exécutées, mais en ayant grand soin de tenir compte des différences qui peuvent exister entre elles au point de vue de la nature, de la densité, de la grosseur des matériaux, au point de vue de la puissance des lames, du degré d'obliquité plus ou moins grand suivant lequel elles frappent l'ouvrage, au point de vue de la nature du fond sous-marin, etc. En fait, nous le répétons, c'est l'observation incessante en cours d'exécution qui peut seule, dans chaque cas

particulier, amener à reconnaitre les meilleures dispositions à adopter.

Devant une pareille incertitude, la prudence commande de ne pas chercher à trop diminuer tout d'abord
la profondeur de la défense en blocs artificiels, car s'il
survenait, pour cette cause, une avarie à l'ouvrage, les
dépenses qu'entrainerait la réparation de l'accident dé-
passeraient le plus souvent l'économie qu'on aurait es-
péré réaliser dans les frais de construction.

Plus tard, instruit par l'expérience, on pourra progressivement réduire la hauteur de la défense, si on a reconnu qu'elle était d'abord excessive.

C'est ainsi que, à Marseille, où l'on avait adopté d'a-
bord la profondeur de 10ᵐ, on a recoanu plus tard qu'on
pouvait la réduire jusqu'à 6ᵐ.

En fait et en pratique, sur nos côtes de la Méditerranée, en France et en Algérie, une profondeur variant de
5ᵐ à 10ᵐ, suivant les localités, a été trouvée convenable,
quand les gros blocs d'enrochements naturels pèsent au
moins, en moyenne, de 4 à 6 tonnes chacun ; sauf dans
des cas particuliers dont nous parlerons plus loin.

Admettons donc que la hauteur du parallélogramme
de la défense soit déterminée ; il s'agit maintenant d'en
fixer la largeur.

Or, quand on emploie les blocs artificiels à la façon de
gros enrochements, en les immergeant sans ordre, à
pierres perdues, sur le talus du soubassement, on admet
qu'une seule épaisseur de blocs n'offrirait pas une défense suffisante. En effet ces blocs, jetés pêle-mêle, laissent entre eux de larges interstices, à travers lesquels
les lames viendraient frapper avec violence et déplacer
les enrochements sous-jacents. On met donc deux épaisseurs de blocs, de façon à briser la mer par un double
obstacle avant qu'elle n'atteigne les enrochements.

Dans nos ports de France et d'Algérie, deux épaisseurs

sont jugées suffisantes, mais il est clair que, pour certains cas, il pourrait être utile d'en mettre trois, surtout vers la partie supérieure de la défense, près du niveau de la mer. Nous verrons même des exemples où le sommet du soubassement a dû être formé sur toute sa largeur par une épaisse couche de blocs artificiels (Atlas ; Pl. XXI, Oran, Mostaganem, Benisaf).

Admettons que deux épaisseurs de blocs suffisent pour le projet que nous étudions ; la largeur du parallélogramme de la défense sera déterminée si nous connaissons la dimension moyenne des blocs ; or, la grosseur des blocs n'est pas connue *a priori*. On peut dire seulement qu'elle dépend à coup sûr du poids par mètre cube de la maçonnerie ou du béton qu'on emploie. Plus cette densité sera grande, moins le volume des blocs aura besoin d'être fort pour résister au même effort des lames ; et comme la maçonnerie ou le béton pèsent toujours moins que les pierres qui entrent dans leur composition, il y a là un argument en faveur de l'emploi des gros blocs naturels.

En général, l'estimation de la grosseur que doivent avoir au moins les blocs résulte de faits observés sur les lieux mêmes, dans les avaries causées à certains ouvrages par les grandes tempêtes.

Ainsi, à Alger, une tempête ayant démoli des constructions élevées sur la jetée dite de Cheredin, on remarqua que les massifs de ruines cubant au moins de 10 à 15 mètres cubes n'avaient pas été déplacés par la mer ; on en conclut qu'on ne devait pas employer des blocs de moins d'une quinzaine de mètres cubes, soit d'environ 30 tonnes, pour la construction de la nouvelle jetée qu'on projetait dans une situation plus exposée et par des profondeurs plus grandes qu'à Cheredin.

A Marseille, l'expérience a montré que des blocs de 10 mètres cubes sont suffisants. Toutefois il est arrivé, malheureusement trop souvent, qu'on avait adopté d'abord des blocs trop petits et qu'il a fallu, à la suite d'une série d'accidents, en employer de plus gros.

JETÉE DE PHILIPPEVILLE

I. La Jetée en 1878 au droit des brèches
ouvertes par la tempête des 26-27 Janvier 1878

II. Profil proposé par Mr Salva, Ingénieur en chef,
approuvé le 17 Décembre 1878

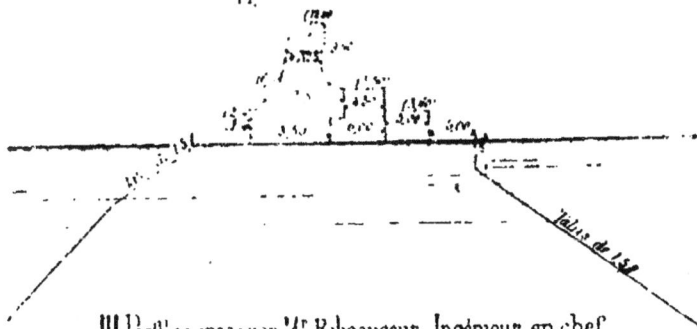

III. Profil proposé par Mr Ribeaucour, Ingénieur en chef
approuvé le 25 Janvier 1890

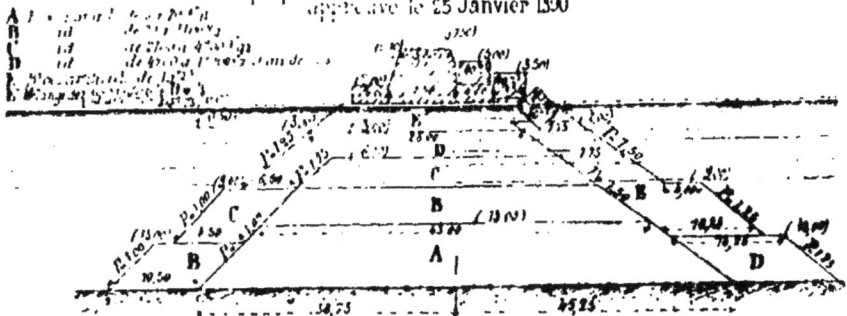

Ainsi, à Philippeville, on a employé successivement des blocs de 15 et 20 mètres cubes.

Donc, quand on prépare un projet de jetée, s'il y a doute sur le volume à donner aux blocs, il vaut mieux pécher par excès que par défaut. Il y a d'ailleurs d'autres motifs pour en agir ainsi. Et d'abord la tendance actuelle, et parfaitement justifiée d'ailleurs, est de tâcher d'employer des blocs naturels aussi gros que possible, ce qui conduit à exploiter et outiller les carrières en conséquence. Or, aujourd'hui, on manœuvre assez facilement des blocs de 3, 4 et 5 mètres cubes, et l'expérience a montré, à Gênes notamment, qu'on peut dépasser de beaucoup le volume de 5 mètres. Il ne faut donc faire des blocs artificiels qu'avec des dimensions très notablement supérieures à celles des gros blocs naturels ; aussi il ne semble pas que, en général, il y ait actuellement intérêt à fabriquer des blocs de moins de 10 mètres cubes.

D'un autre côté, l'emploi des blocs artificiels exige l'organisation de chantiers et d'apparaux spéciaux ; or, il est tout aussi facile d'aménager un chantier et des engins pour des blocs de 15 mètres cubes que pour des blocs de 10^m, et le prix d'emploi par mètre cube n'augmente le plus souvent que dans de faibles proportions, si tant est qu'il augmente.

Supposons donc que pour le projet qui nous occupe on ait déterminé le volume des blocs, et qu'on ait adopté celui de 10 mètres.

Les blocs ne sont pas des cubes mais des parallélipipèdes rectangles, dont les arêtes ont des dimensions inégales.

Il faut que la risberme d'enrochements ait une largeur assez grande pour recevoir deux blocs, quelle que soit la position qu'ils y viendront prendre lors de leur échouage à l'immersion.

Or, l'immersion faite du niveau de la mer dans des profondeurs considérables d'eau comporte un certain degré d'incertitude sur la position que prendront des blocs jetés à pierres perdues. Il convient donc de prévoir l'hypothèse qui exige pour la risberme la plus grande largeur. Cette hypothèse est celle où deux blocs viendraient se placer l'un à la suite de l'autre, à peu près perpendiculairement au talus de la jetée, dans le sens de leur plus grande dimension.

Dans le cas de deux épaisseurs de blocs de 10^{m3}, ayant, par exemple, pour dimensions 1^m,50, 2^m,00, et 3^m,25, la risberme ne devrait pas avoir moins de 6^m à 7^m de large.

Si l'on a quelque raison de craindre que la défense ne devienne insuffisante, si l'on prévoit qu'on pourra avoir à la recharger d'une épaisseur de blocs, et peut-être même de blocs plus gros que ceux qu'on a d'abord employés, il sera prudent d'augmenter en conséquence la largeur de la risberme.

Si, en effet, cette éventualité venait à se réaliser, il faudrait plus tard reformer une nouvelle banquette en immergeant une nouvelle couche d'enrochements sur le talus du large du soubassement ; or, on conçoit sans peine qu'un pareil travail serait beaucoup plus difficile et plus coûteux, après l'achèvement de la jetée, que pendant sa construction.

Cette observation s'applique à tous les cas où un talus de gros enrochements vient reposer sur une banquette de matériaux plus petits ; il sera prudent de laisser, au pied du talus supérieur, une risberme d'une certaine largeur, en prévision de rechargements possibles.

Toutefois, il ne faut pas perdre de vue que cette disposition peut entraîner une notable augmentation de dépense, car les grandes jetées sous-marines dans la Méditerranée sont souvent fondées par des profondeurs de 15^m, 20^m, et 30^m d'eau, de sorte que tout élargissement du profil amène un accroissement considérable du cube des enrochements. Il ne faut donc y recourir que lorsqu'elle est suffisamment motivée ; dans le cas, par exemple, où une succession d'avaries, survenues en cours d'exécution à une partie de la jetée, engagent à prévoir l'éventualité de rechargements ultérieurs des talus.

Supposons maintenant que la largeur de la risberme sur laquelle doit reposer la défense en blocs artificiels soit déterminée, on connait, par suite, la surface de la section du soubassement qui doit être occupée par les enrochements naturels, et il s'agit de répartir dans cette section les différentes catégories de matériaux.

Or, l'exploitation des carrières fait connaitre dans quelles proportions on peut obtenir ces diverses catégories que nous réduirons à trois, par exemple : on sait donc déjà les proportions des surfaces qu'elles occuperont dans le profil, mais la forme de ces surfaces reste encore indéterminée.

Cependant chaque couche doit remplir la condition de protéger suffisamment, contre tout déplacement par les lames, le massif qu'elle recouvre. On a vu que pour la défense en blocs artificiels, deux épaisseurs au moins étaient jugées nécessaires. On admet que la couche des plus gros blocs naturels doit contenir au moins trois ou quatre épaisseurs de ces blocs pour briser suffisamment l'action de la mer, qui se propage à travers leurs interstices. Si, par exemple, ces blocs ont de 2 à 3 mètres cubes, leur dimension moyenne, sous forme cubique, sera de $1^m.30$ à $1^m.50$ et la couche de ces blocs, que nous appellerons de 3ᵉ catégorie, devra avoir de 4 à 5 mètres d'épaisseur, mesurée horizontalement (Atlas ; Pl. XIX, XXI, XXII).

Des considérations du même genre font admettre comme désirable que les matériaux de 2ᵉ catégorie, enveloppés par ceux de 3ᵉ catégorie, forment aussi des couches ou des assises de 3 à 4^m au moins d'épaisseur, pour bien protéger les matériaux de 1ʳ catégorie, moëllons et pierrailles, qui constituent le noyau intérieur du soubassement de la jetée.

Mais ces indications sont encore insuffisantes pour déterminer la forme des sections que doivent présenter les couches des diverses catégories dans le profil, et il y a toujours, pour l'ingénieur, à chercher, dans chaque cas particulier, la disposition la plus convenable en vue d'un emploi rationnel des matériaux que fournit la carrière. Si l'exploitation donne, d'une part, une quantité suffisante de matériaux de 2ᵉ catégorie pour envelopper complètement le noyau central, et, d'autre part, assez de blocs de la 3ᵉ catégorie pour envelopper complètement ceux de la deuxième, on sera évidemment dans les meilleures conditions de sécurité ; on doit, par conséquent, s'efforcer de conduire l'exploitation des carrières de façon à atteindre ce but.

S'il y a insuffisance de pierres de 2ᵉ catégorie, on se bornera (Atlas ; Pl. XXII, fig. 8) à protéger le talus extérieur et la base supérieure du noyau central, car l'agitation est toujours moindre sous l'abri qu'au large de la jetée, surtout dans les grandes profondeurs.

S'il y a insuffisance de blocs de 3ᵉ catégorie, on réservera ceux qu'on aura pour couvrir le talus extérieur et le sommet du massif de 2ᵉ catégorie ; on pourra même ne faire descendre les blocs de 3ᵉ catégorie, du côté du large, que jusqu'à la profondeur où les lames cessent de remuer les pierres de 2ᵉ catégorie. (Atlas : Pl. XXI, fig. 5 ; Pl. XXII, fig. 7).

Ces indications n'ont pas d'autre but que d'expliquer, et doivent suffire à montrer, par quelles considérations l'ingénieur peut se guider pour trouver, dans chaque cas particulier, la solution la plus rationnelle du problème de la répartition, dans le corps du soubassement, des matériaux dont il dispose, en vue d'assurer à la jetée la plus grande stabilité possible.

L'établissement du soubassement d'une jetée comporte encore quelques recommandations spéciales, tenant à ce que la mer peut franchir le couronnement de l'ouvrage et

causer des avaries sur le talus intérieur; mains elles seront plus faciles à exposer après que nous aurons décrit
ce qui concerne le couronnement.

142. Couronnement de la jetée. — Les considérations
qui précèdent servent à arrêter la figure de la section
de la jetée pour la partie située au dessous de l'eau;
c'est-à-dire du soubassement, ou de l'infrastructure.

La partie supérieure qui couronne la jetée au dessus du
niveau de la mer se compose, le plus ordinairement,
comme nous l'avons expliqué, d'une plateforme en maçonnerie. Cette plateforme est surmontée, du côté du large, d'un parapet d'abri.

La plateforme présente habituellement une épaisseur de
2^m,00 à 3^m,00; cette hauteur est celle des quais au dessus
du niveau de l'eau dans les bassins ou darses; elle est
commode pour les navires qui peuvent être amenés, dans
certaines circonstances, à venir s'amarrer derrière la jetée. En tout cas, il ne faudrait pas donner à la plateforme
beaucoup moins de 2^m d'épaisseur, car elle ne formerait plus alors qu'une plaquette de maçonnerie trop mince
et sans aucune solidité; une épaisseur de 1^m,50 à 1^m,75
paraît être un minimum au dessous duquel il serait im-
prudent de descendre.

Le parapet a de 2^m,00 à 3^m,00 d'épaisseur sur une hauteur d'au moins 2^m,00 à 2^m,50, de sorte que sa crête s'é-
lève de 4^m,00 à 6^m,00 au dessus du niveau de la mer.

Avec cette disposition, on peut circuler en sécurité sur
la plateforme, quand la mer n'est pas trop agitée au
large.

**143. Position de la plateforme sur la jetée sous-
marine.** — Le sommet d'une jetée est bien loin d'offrir la
stabilité et la fixité d'une assise de roches.

Une jetée en enrochements tasse longtemps, on pour-

rait presque dire qu'elle tasse toujours, soit que les matériaux pénètrent dans le fond meuble de la mer, soit
qu'ils s'arriment sous l'action des lames et des surchar-
ges qu'ils supportent, soit même qu'ils se brisent et s'é-
crasent en frottant les uns contre les autres dans ces mouvements de tassement.

De cette dernière cause de tassement résulte la nécessité de n'employer, dans les jetées, que des pierres qui
ne s'altèrent pas dans l'eau de mer, et qui soient dures et
résistantes.

De plus, ces tassements sont inégaux dans les différents
points de la jetée.

Si donc on construit une plateforme maçonnée sur la
jetée, il faudra la placer là où les tassements ont chance
d'être le moins irréguliers possible.

Ainsi, on évitera de l'asseoir à la fois sur le noyau en
enrochements et sur la défense en blocs artificiels, car
les enrochements et les blocs ne tassent pas également.

On construit ordinairement la plateforme sur le noyau
d'enrochements, parce qu'il est mieux garanti contre l'action des lames que la défense en blocs qui le protège, et
parce que les tassement semblent devoir y être plus réguliers par le fait même de la moindre grosseur des matériaux. (Atlas; Pl. XXI, Benisaf; Pl. XXII, Bône, fig. 5,
6 et 7).

144. Largeur de la plateforme. — Il est difficile de
laisser moins de 2ᵐ,00 à 3ᵐ,00 de largeur à la partie de la
plateforme sur laquelle on peut avoir à circuler ; et comme,
d'un autre côté, le parapet a toujours au moins 2ᵐ,00 d'é-
paisseur, il en résulte que la plateforme n'a jamais moins
de 4ᵐ,00 à 5ᵐ,00 de large.

Mais, le plus souvent, cette largeur est notablement
dépassée et elle dépend, en tout cas, de l'affectation que
doit recevoir la plateforme. Si, par exemple, on doit y

installer des voies ferrées, y construire un phare, l'armer de canons, etc., on conçoit que l'ingénieur n'a qu'à se conformer aux indications qui lui sont données.

Admettons ici, par hypothèse, que cette largeur doive être de 7^m; il ne faudrait pas en conclure que la base supérieure, en enrochements, du soubassement de la jetée, puisse aussi n'avoir que 7 mètres de large, il faut au contraire que cette base ait notablement plus de 7^m pour que la plateforme en maçonnerie y soit solidement assise et ne soit pas exposée à avoir ses extrémités en porte à faux, par suite du dérangement de quelques-uns des blocs d'enrochements qui la supportent.

Il n'est pas exagéré de laisser une risberme de 1^m,00 à 2^m,00 au moins d'enrochements de chaque côté de la plateforme. De sorte que la jetée, dont nous esquissons le projet, aurait par exemple au niveau de la mer une largeur totale de 17^m,00 composée comme suit :

Risberme intérieure.	2^m	
Plateforme.	7^m	
Risberme, côté du large. . . .	2^m	17^m
Largeur de la défense en blocs artificiels	6^m	

En fait, nous ne connaissons pas de jetées de ce type qui aient moins de 8^m à 9^m., et la plupart ont de 14^m à 20^m. de largeur au niveau de la mer.

145. Défense extérieure (côté du large) du couronnement de la jetée. — Si on ne protégeait pas le couronnement de la jetée contre le choc direct des lames, il manquerait le plus souvent de stabilité ; et il est facile de s'en rendre compte. Soit, en effet, une plateforme de 2^m,00 de hauteur et de 7^m,00 de largeur, recevant la mer sur son parement extérieur ; le seul mouvement qu'elle puisse opérer est évidemment un glissement sur les enrochements.

Admettons que la maçonnerie pèse 2000 kilogrammes par mètre cube et que le coefficient de frottement soit de 0,75.

Si F représente la poussée des lames par mètre carré de surface frappée, pour que la plateforme résiste, on devra avoir, en considérant un mètre courant de sa longueur :

$$2F < 2 \times 7 \times 2000 \, kg \times 0,75$$
$$\text{ou } F < 10500 \, k.$$

Or, on sait que la force des lames peut atteindre le triple de cette valeur, près du niveau de la mer. Inutile d'ajouter que le parapet serait renversé bien avant que la plateforme ne bougeât.

Il faut donc défendre le couronnement du côté du large, et pour cela briser, au moyen de blocs, les lames avant qu'elles ne l'atteignent.

On est ainsi amené à prolonger hors de l'eau la défense en blocs artificiels qui garantit le sommet du talus extérieur du soubassement.

Cette disposition s'impose d'ailleurs à un autre point de vue encore.

En effet, les blocs supérieurs du soubassement, c'est-à-dire ceux qui sont immergés au niveau de la mer, seraient enlevés par les lames, s'ils n'étaient pas chargés d'un poids considérable placé au dessus d'eux. Soit, par exemple, un bloc immergé, de 3ᵐ de hauteur, fait avec de la maçonnerie pesant à l'air 2000 kg. par mètre cube, et par suite ne pesant plus que 1000 kg. dans l'eau ; il suffira qu'une lame exerce sous sa base une pression de plus de 3000 kg. par mètre carré pour le soulever. Du reste, on voit non rarement, près du niveau de la mer, des blocs enlevés par les lames, venir retomber sur le couronnement, et même le franchir complètement et retomber sur le talus intérieur de la jetée.

23

C'est là un des accidents qui peuvent servir d'indication sur la grosseur à adopter pour les blocs.

Il semble bien, en tout cas, que la stabilité des blocs situés près du niveau de la mer est assez incertaine, et que l'enchevêtrement de ces blocs entre eux doit contribuer pour une grande part à leur fixité.

Pour ces deux motifs, savoir : protection du couronnement et protection des blocs situés près du niveau de la mer, il convient d'élever la défense extérieure au dessus de l'eau.

Il est évident que plus ce massif supérieur sera haut, plus les blocs qui le composent seront gros et lourds, plus il sera large, mieux il devra remplir l'objet qu'on se propose.

Enfin, il y a intérêt à ce que ce massif supérieur présente le moins de vides possible, car la sous-pression des lames sera d'autant moins à craindre que les interstices qui séparent les blocs seront plus étroits, et s'opposeront par suite plus efficacement à la propagation du mouvement de l'eau.

Toutefois, l'expérience enseigne que la force des lames diminue assez rapidement à partir d'une certaine hauteur au dessus du niveau de la mer. On sait déjà, par l'observation de la brisure des talus extérieurs en enrochements, que la force des lames diminue de même rapidement à partir d'une certaine hauteur au dessous de ce niveau. De sorte que les lames n'ont toute leur violence que dans une zone limitée au dessus et au dessous du niveau de la mer.

Mais il y a ici une remarque importante à faire, c'est que l'amplitude de cette zone dépend de la hauteur du couronnement au dessus de la mer.

Plus cette hauteur est grande, plus les lames directes conservent de puissance pour élever à peu près verticalement la masse de leurs eaux, et, par conséquent, pour soulever les blocs qu'elles rencontrent, et plus aussi la chute des lames en retour, ou le ressac, a d'action pour arracher les matériaux du talus et les rejeter dans les grandes profondeurs.

Ce fait est particulièrement frappant quand le couronnement (Atlas; Pl. XXI, Benisaf) est une haute muraille à peu près verticale qui se dresse près du sommet d'un talus extérieur raide, de 1 à 1 1/4 de base pour 1 de hauteur par exemple.

Le type de jetée que nous étudions en ce moment, bien qu'atteignant de 4ᵐ à 6ᵐ au dessus de la mer, parapet compris, ne doit pas être considéré comme très élevé. Il l'est même assez peu pour que les lames puissent certainement le franchir pendant les tempêtes.

Or, par le fait même que les lames de tempête franchissent la jetée, la masse de leurs eaux n'est plus relevée aussi haut verticalement, et par conséquent elle a moins d'action pour soulever les blocs du talus; d'un autre côté, les lames de retour deviennent à peu près inoffensives, puisque la plus grande partie de l'eau a été projetée dans le port et ne revient plus vers le large.

Nous verrons tout à l'heure les inconvénients de la chute de ces paquets de mer derrière la jetée, et les moyens d'y remédier. Mais, au point de vue spécial de l'action des lames sur la jetée, on doit retenir qu'il y a intérêt à ne pas exagérer la hauteur de l'ouvrage au dessus de l'eau, et qu'il convient même de supprimer le parapet quand son abri n'est pas indispensable (Atlas: Pl. XXI, Port de Bénisaf, fig. 3 et 5).

Pour réaliser la défense extérieure du couronnement, dans le cas qui nous occupe, il y a plusieurs systèmes. L'un d'eux consiste à prolonger au dessus de l'eau la défense en blocs du soubassement, avec son talus extérieur de 1 1/4 sur 1, jusqu'à une hauteur de 3 à 4ᵐ, soit un peu au dessus de la plateforme en maçonnerie et un peu au dessous de l'arête supérieure du parapet. Eu égard aux données que nous avons admises, par hypothèse, on réaliserait le profil ci-joint, qui n'est indiqué ici que pour fixer les idées, et non comme une disposition à adopter dans tous les cas.

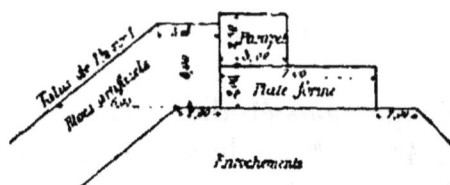

Un autre moyen est basé sur l'emploi de ce qu'on appelle des blocs de garde.

115. Des blocs de garde. — Puisque la défense du couronnement est au dessus de l'eau, on peut la faire avec des blocs maçonnés sur place. En construisant ces blocs sur place, on pourra leur donner des dimensions aussi grandes qu'on voudra, et, par conséquent, assurer leur stabilité quelle que soit la violence des lames (Atlas : Pl. XXI, Oran, Mostaganem ; Pl. XXII, Bône).

Il est vrai qu'on peut donner à ces blocs une grande section : on en fait de 4ᵐ à 5ᵐ de hauteur sur 4ᵐ à 5ᵐ de largeur, ce qui représente, par mètre courant de longueur, de 16 à 25 mètres cubes de maçonnerie, soit environ de 30 à 50 tonnes.

Mais l'expérience a montré qu'il ne convenait pas de dépasser certaines limites pour la longueur de ces blocs. Cela tient aux considérations suivantes : un bloc de garde très long s'appuie sur un grand nombre de blocs de la défense ; or, les blocs de la défense tassent et s'enfoncent inégalement : il peut donc arriver, et il arrive en effet que le bloc de garde ne repose plus sur la défense que par ses deux extrémités.

Dans ces conditions, de deux choses l'une : ou le bloc

de garde se brisera dans sa longueur, et alors il était inutile de le faire aussi long ; ou il résistera, et alors les lames, avec toute leur violence, se précipiteront dans le vide formé entre le dessous du bloc et le dessus de la défense, contre le parement extérieur de la plateforme qu'elles pousseront vers le port.

Ce ne sont pas là de simples images, c'est l'histoire réelle d'avaries et d'accidents malheureusement trop nombreux.

Pour que le bloc de garde remplisse bien son office, il faut qu'il suive, dans leur tassement, les blocs de la défense, de sorte que, théoriquement, il ne devrait pas s'appuyer sur plus de 2 ou 3 des blocs immergés qui le supportent.

Il faut, en outre, que les blocs de garde aient, vers leurs extrémités et le long de la plateforme, un espace libre assez large pour qu'ils ne soient pas exposés à se coincer par suite du dévers inévitable qu'ils prennent en tassant.

Il est impossible de dire *a priori* quelle longueur il convient de donner aux blocs de garde, et quel intervalle il faut ménager entre eux.

Seul, l'ingénieur qui dirige les travaux sur les lieux même peut arrêter ces dimensions, en les modifiant au besoin d'après ce qu'il aura observé pendant les grandes tempêtes, et en les faisant varier, s'il y a lieu, aux diverses sections de la jetée, d'après la façon dont elles se comportent.

A titre de simple indication, nous dirons qu'il est rare qu'on ait à donner à ces blocs moins de 5m à 6m de longueur, et, à l'intervalle qui les sépare des parements voisins, plus de 0m.25 à 0m.30. On remarquera que des blocs de 4m sur 5m de section et de 5m de long représentent un volume de 100cc et un poids d'environ 200 tonnes, ce qui est considérable.

Si la longueur ne doit pas dépasser certaines limites, une trop grande hauteur semble présenter aussi de sérieux inconvénients. En effet, le parement extérieur forme une paroi à pic non loin de l'arête supérieure du talus de la défense sous-marine, et, par conséquent, plus elle est haute, plus est violent le ressac qu'elle produit à son pied sur les blocs de la défense, dont la stabilité se trouve ainsi compromise.

Dans certains cas, on a cru prudent de réduire la hauteur des blocs de garde à 2m,50, et il semble qu'une hauteur de 3m soit un maximum qu'il ne convient pas, en général, de dépasser.

On observera que le bloc de garde doit s'appuyer sur une partie notable de la queue des blocs extérieurs de la défense sous-marine, pour les charger et empêcher leur soulèvement par les lames, ce qui conduit à placer le parement du bloc de garde (côté du large) assez près de l'arête extérieure du sommet du talus de la défense, condition défavorable, comme on vient de le voir, pour la stabilité de cette défense, surtout quand les blocs de garde sont très hauts.

Il résulte de cet exposé que si les blocs de garde ont certains avantages, ils présentent aussi quelques inconvénients.

On recourt donc souvent à l'emploi du premier système, c'est-à-dire à l'amoncellement de blocs artificiels de moyenne grosseur (de 10 à 20 mètres cubes) le long et en avant (côté du large) du parement extérieur du couronnement de la jetée.

Ces blocs jetés pêle-mêle sont d'admirables brise-lames, quand ils sont suffisamment gros et entassés sur une suffisante hauteur, et quand ils forment une large risberme en avant du couronnement.

Ils boivent la lame, pour ainsi dire, suivant l'expression pittoresque de Bernard, ingénieur connu par ses travaux de ports dans la Méditerranée.

L'eau qui se précipite avec violence dans les interstices des blocs est successivement amortie par son choc contre les obstacles qu'elle y rencontre ; elle en sort presque sans force.

Depuis une époque récente, on dispose quelquefois ces blocs avec une certaine régularité, et on constitue ainsi le troisième système de protection dont nous parlerons et qu'on appelle le système des blocs arrimés.

116. Des blocs arrimés. — Nous verrons plus loin, à l'occasion des jetées en eau profonde dans les mers à marée, comment on a été amené à faire, dans certains cas, ces ouvrages au moyen de blocs artificiels placés régulièrement les uns sur les autres.

Ce procédé est également applicable dans les mers sans marée.

Disons de suite que ce mode d'emploi exige des soins particuliers et des engins spéciaux qui se sont perfectionnés et se perfectionnent peu à peu avec les progrès de l'industrie.

A Gênes, on a arrimé les blocs de défense tant au dessous qu'au dessus de l'eau (Voir page 370).

Le succès y a été complet et on l'attribue à ce fait que les joints verticaux et horizontaux existant entre les blocs sont très étroits, et s'opposent, par suite, très efficacement à la pénétration de la lame dans ces petits interstices ; de sorte que l'eau y est pour ainsi dire sans mouvement, et y perd toute sa puissance vive, puisque sa masse et sa vitesse entre les blocs sont presque réduites à rien. Par conséquent, la sous-pression verticale étant à peu près annulée, les blocs n'ont plus qu'à résister au choc horizontal des lames, ce à quoi on arrive facilement en les plaçant de façon qu'ils reçoivent la mer dans le sens de leur plus grande longueur.

On conçoit du reste que les dispositions à adopter pour l'arrimage des blocs puissent varier avec les localités, les circonstances, les moyens d'exécution dont on dispose, etc.

147. Sectionnement de la longueur de la plateforme en maçonnerie du couronnement. — On a expliqué pourquoi les blocs de garde ne doivent pas avoir une trop grande longueur.

Des considérations analogues conduisent à sectionner la plateforme en tronçons de longueur modérée. Comme les enrochements sur lesquels repose la plateforme tassent inégalement, il tend à se former et il se forme réellement des vides sous cette plaque relativement mince de maçonnerie, qui alors arrive à se fendre (et c'est ce qui peut survenir de plus heureux), pour suivre les tassements des enrochements.

Mais, avant que la plateforme ne se fende, la mer passe par les vides formés sous la maçonnerie, et vient bouleverser le talus intérieur de la jetée.

Puisque la plateforme doit se briser, mieux vaut la faire par tronçons isolés assez courts pour que ceux-ci descendent avec la partie du soubassement qui les supporte. La longueur de chaque section et l'écartement à laisser entre elles ne peuvent être déterminés que par expérience. Toutefois, il ne paraît pas qu'une longueur d'une vingtaine de mètres soit exagérée dans la plupart des cas, et un écartement d'une trentaine de centimètres semble généralement suffisant.

Par suite du tassement incessant de la jetée, il n'y a jamais d'inconvénient à commencer la première assise de la plateforme à une hauteur notable au dessus de la mer; on augmente au contraire beaucoup les difficultés d'exécution de la maçonnerie en l'arasant trop bas, parce que l'eau n'est pour ainsi dire jamais absolument calme, délave les premières couches de mortier, et gêne le travail des ouvriers. Le dessous de la maçonnerie sera, par exemple, établi à 0m,30 environ au dessus du niveau le plus élevé que la mer calme puisse atteindre dans les parages où l'on construit la jetée.

La même recommandation s'applique *a fortiori* à l'établissement des premières assises des blocs de garde, toujours plus exposés que la plateforme : une hauteur de 1m au dessus de la mer ne paraît pas exagérée, dans ce cas, pour la base inférieure des blocs.

Du parapet. — Comme le talus extérieur tasse constamment, il faut le recharger de temps en temps.

On peut construire de nouveaux blocs sur place, au dessus de ceux qui sont descendus trop bas. On voit, en tout cas, par là, qu'il n'y a jamais d'inconvénient (toute question de dépense mise à part) à donner un grand relief au massif de blocs, jetés pêle-mêle, qui forme la défense du couronnement.

Mais il arrive, non rarement, qu'après une tempête il y a urgence à recharger une certaine longueur de la crête de la jetée.

Il faut alors avoir dans ce but un approvisionnement de blocs, ayant fait leur prise depuis 2 ou 3 mois au moins, qu'on puisse facilement amener et employer à l'endroit faible.

La solution généralement adoptée, dans ce cas, consiste à former le parapet avec des blocs égaux à ceux de la défense, blocs qu'on renverse sur le talus en leur donnant quartier, après les avoir bardés, au besoin, sur une faible distance. Puis on reconstruit à loisir, sur la plateforme, les blocs ainsi enlevés du parapet.

Quand la défense du couronnement est obtenue au moyen de blocs de garde, ces blocs peuvent former parapet s'ils sont suffisamment saillants au dessus de la plateforme.

Lorsque ces blocs descendent par l'effet des tassements, on exhausse leur sommet au moyen de nouvelles couches de maçonnerie bien reliées au massif du bloc, opération qui ne laisse pas que d'être assez délicate, parce que ces blocs se déversent plus ou moins irrégulièrement en opérant leur mouvement de descente.

158. Défense du talus intérieur de la jetée. — Quand les lames de tempête franchissent le couronnement d'une jetée, elles rejettent dans le port d'énormes masses d'eau, ou paquets de mer, qui retombent avec fracas de 4ᵐ, 5ᵐ ou 6ᵐ de hauteur, partie sur la plateforme, partie sur le talus intérieur.

Sous ce choc, le sommet du talus intérieur serait rapidement ébranlé, et s'éboulerait en formant des vides sous la plateforme, si on ne le défendait pas d'une façon spéciale.

Cette défense, quand elle n'a pas besoin d'être très forte, peut être obtenue facilement en prolongeant, au dessus de l'eau, le talus intérieur en enrochements, jusqu'au niveau du dessus de la plateforme.

A mesure que les paquets de mer font descendre ces enrochements, on les recharge de gros blocs naturels jusqu'à ce qu'on soit arrivé à un état d'équilibre à peu près stable.

Si les blocs naturels ne suffisent pas, on emploiera des blocs artificiels disposés comme ceux de la défense extérieure, mais sur une seule épaisseur et jusqu'à une profondeur de 3 ou 4 mètres seulement (Atlas : Pl. XXI, Mostaganem, fig. 3; Benisaf, fig. 2 et 3).

En effet, la puissance destructive des paquets de mer diminue très rapidement dans la profondeur de l'eau. Leur chute est plus effrayante à voir à la surface qu'elle n'est dangereuse au fond.

On sait que le moyen le plus simple d'amortir le choc d'une chute d'eau est de la faire tomber dans un bassin d'une profondeur suffisante ; c'est ce qu'on exprime en disant qu'un matelas d'eau amortit la chute de l'eau.

Il peut arriver qu'on ait intérêt à ménager aux navires la faculté de venir s'abriter derrière la jetée, ou même d'y accoster.

Dans ce cas, on réalisera immédiatement auprès de la jetée un matelas d'eau d'une profondeur suffisante en établissant, sous le parement intérieur de la plateforme, un quai à peu près vertical (Atlas ; Pl. XIX, fig. 2) qui sera constitué par la superposition de blocs artificiels convenablement arrimés, comme il sera expliqué dans le chapitre relatif à l'établissement des quais.

149. Des murs d'abri. — S'il est exact de dire que les paquets de mer s'amortissent rapidement dans les profondeurs de l'enceinte abritée par la jetée, il faut bien remarquer qu'ils ne perdent leur agitation qu'en la communiquant à l'eau de cette enceinte, où ils déterminent des ondulations plus ou moins fortes.

Quand l'espace abrité est très étendu, quand les profondeurs y sont modérées et ne permettent que la formation d'ondes de peu d'amplitude, quand le rivage se développe en pente douce sur de grandes longueurs et y forme des plages d'épanouissement, quand les navires peuvent rester loin de la jetée et trouvent un fond d'une bonne tenue pour leurs ancres, les paquets de mer sont sans danger. Il en est tout autrement si le port est petit, très profond, s'il a des rives accores, si sa largeur entre la jetée et la terre est restreinte, si le fond est d'une mauvaise tenue, etc. ; alors l'agitation due aux paquets de mer, s'ajoutant à celle qui pénètre par les passes pendant les tempêtes, peut mettre en péril les navires, aussi bien ceux qui sont au mouillage que ceux qui sont accostés à quai.

Dans ce cas, il faut empêcher les lames de franchir la jetée ; on y parvient au moyen de hauts massifs de maçonnerie, qu'on appelle des murs d'abri.

Un mur d'abri peut être motivé par d'autres considérations, lorsque, par exemple, on veut faire de la plateforme de la jetée le terre-plein d'un quai de débarquement, etc.

Un mur d'abri devant arrêter complètement les lames, et offrant une paroi presque verticale du côté de la mer, détermine nécessairement un violent ressac à son pied.

Le pied devra donc en être protégé par une risberme en gros blocs.

Cette risberme aura au moins deux épaisseurs de blocs pour les motifs indiqués à propos de la défense extérieure : d'ailleurs, plus elle sera épaisse au pied du mur, plus elle réduira la hauteur de ce mur exposé directement aux lames.

La risberme sera large de 10ᵐ à 15ᵐ, par exemple, pour éloigner du mur l'arête du talus raide extérieur sous-marin, car le ressac pourrait compromettre la stabilité de ce talus. Elle aura à la surface une pente relativement douce, pour que les lames de retour n'aient pas trop de tendance à y faire glisser et descendre les blocs. Cette pente ne sera pas, par exemple, de moins de 2 1,2 à 3 de base pour 1 de hauteur. La risberme sera, s'il y a lieu, couronnée, près du mur, par une plateforme maçonnée sur laquelle on entretiendra un approvisionnement de blocs qu'on pourra faire basculer pour recharger, au besoin, le sommet de la risberme.

La disposition que nous venons d'esquisser est celle qui a été adoptée à Marseille (Atlas : Pl. XXXII, fig. 9 et 10) et y a pleinement réussi ; mais elle est susceptible de

modifications suivant les circonstances spéciales à chaque
cas particulier (Voir Gènes, page 370).

Toutefois, il ne semblerait pas prudent de chercher à
trop réduire la largeur de la risberme et son épaisseur le
long du mur. Il est arrivé, en effet, qu'on a été quelquefois obligé d'augmenter la hauteur primitivement prévue
pour le mur de garde, et alors la défense de son pied
est devenue particulièrement difficile, par suite de l'étroitesse de la risberme sur laquelle on devait établir cette
défense.

Ces difficultés ont été telles à Philippeville, notamment, qu'on a dû renoncer provisoirement à donner au
mur d'abri toute la surélévation prévue d'abord.

Quand le mur d'abri est bien défendu à son pied, et
quand son parement extérieur est recouvert de gros blocs
sur une hauteur convenable, sa construction ne présente
pas de sujétions exceptionnelles.

A Marseille, son épaisseur atteint à peine le tiers de
sa hauteur et a été reconnue suffisante. Sa base est
établie directement sur les enrochements du soubassement.

Les enrochements doivent former à la base du mur
deux banquettes, *ab*, *cd*, assez larges pour assurer la stabilité du mur malgré les dérangements que peuvent subir ces enrochements aux sommets *a* et *d* des talus extérieur et intérieur du soubassement.

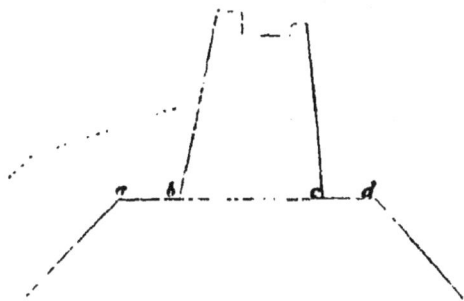

Il ne semble pas exagéré de donner à ces banquettes une largeur de 3 à 5 mètres.

En tout cas, on ne doit commencer la maçonnerie du mur qu'un assez long temps après l'achèvement du soubassement; en théorie, il conviendrait de ne la commencer qu'après que le soubassement a cessé de tasser; mais, comme les tassements durent très longtemps, sinon indéfiniment, on se borne, en pratique, à attendre que le soubassement ait subi l'épreuve des tempêtes de un, deux ou trois hivers après son achèvement.

Malgré cette précaution, on n'arrive pas toujours à éviter la formation de fissures dans le mur d'abri.

Quand la risberme en avant du mur est trop étroite pour qu'on puisse donner à sa surface une pente relativement douce et lui faire atteindre en même temps une hauteur suffisante le long du parement, la construction du mur d'abri et sa défense deviennent des problèmes extrêmement ardus.

Le massif de maçonnerie, exposé sur presque toute sa hauteur à la violence des lames que rien n'a pour ainsi dire brisées, doit pouvoir résister par sa masse.

Le mur d'abri prend alors des dimensions considérables qu'il est impossible de déterminer *a priori*, et auxquelles on n'arrive généralement qu'en augmentant successivement celles qu'on avait d'abord prévues et que l'expérience a prouvé être insuffisantes.

A Philippeville, on en est arrivé à donner à une partie du mur d'abri une base d'une largeur à peu près égale à sa hauteur, 9ᵐ environ, et au sommet une largeur égale à la moitié de cette hauteur. Le pied du mur est défendu par une double rangée de blocs de garde (page 345, fig. 11). De plus, on a donné au parement extérieur du mur une forme concave vers le large, dans l'espoir que les lames seraient rejetées du côté de la mer et auraient moins de tendance à franchir la jetée. Cette espérance ne s'est que très imparfaitement réalisée. On verra, à l'occasion des grandes jetées dans les mers à marée, les motifs qui expliquent l'inefficacité des parements courbes, dans la plupart des cas.

150. Observations générales. — Il ne faut pas perdre de vue que toutes les indications qui précèdent n'ont eu qu'un but, celui de préciser, par des exemples, les considérations qui peuvent servir de guide pour le choix des dispositions à adopter dans un certain nombre de cas particuliers.

Il faudrait se garder de croire que ce sont les seuls motifs auxquels il y a lieu d'avoir égard dans le projet d'une jetée déterminée, et que les dispositions esquissées ci-dessus sont des types qu'il n'y a plus qu'à imiter partout et dans toutes les circonstances.

L'établissement de chaque jetée nouvelle ou de chaque partie nouvelle d'une jetée est un problème nouveau à étudier et à résoudre.

Ainsi, le mode de construction adopté dans certains ports, et que nous avons admis comme exemple, suppose implicitement que, pendant la campagne de travail, c'est-à-dire pendant la belle saison, les massifs formés par les diverses catégories d'enrochements conservent leur talus raide d'éboulement, du côté du large, pendant un temps suffisant pour qu'on ait le loisir de les recouvrir des matériaux plus gros qui doivent les protéger pendant les mauvais temps d'hiver. Or si, même pendant l'été, la mer est habituellement trop forte pour que les enrochements conservent leur talus raide, il vaudra mieux leur donner dès le début un talus plus doux.

Alors les massifs intérieurs d'enrochements n'auront plus la forme de trapèzes, mais celle de triangles plus ou moins aplatis.

On voit, en tout cas, que la tête d'avancement de la

jetée n'est pas défendue en cours d'exécution, et qu'il y a lieu, par suite, de couler avec un talus très doux les

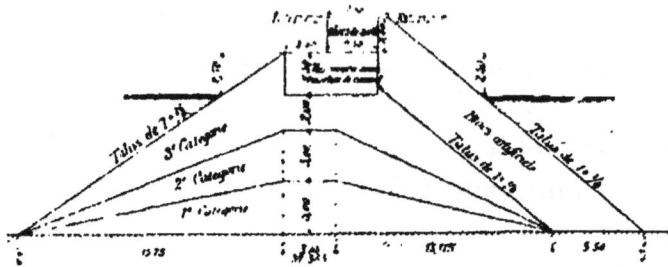

enrochements qui la prolongent sous l'eau, jusqu'à ce qu'on soit arrivé à terminer la jetée par un musoir définitif.

Quand la jetée est fondée sur un fond meuble, affouillable, d'une grande profondeur, si le ressac, dû à la présence de cette jetée, si les courants longeant le pied de l'ouvrage sont capables d'entraîner le sol de fondation, il faudra défendre la base du soubassement contre ces affouillements par une large risberme qu'on rechargera au besoin jusqu'à ce qu'on soit arrivé à un équilibre stable.

Dans le type de jetée en enrochements pris pour exemple, on a admis qu'on avait des blocs naturels assez gros et en quantité assez grande pour en former la partie supérieure du soubassement, jusqu'au niveau de la mer.

Mais toutes les carrières, quelques mesures qu'on prenne dans leur exploitation, ne donnent pas toujours cette catégorie de matériaux ; il faut alors les remplacer par des blocs artificiels.

Lorsque l'on entreprit la jetée d'Alger, on crut que les enrochements dont on disposait ne seraient pas capables de résister aux lames, même au fond de la mer, et on la

constitua d'abord par un massif entièrement composé de
blocs artificiels (Atlas : Pl. XX, fig. 17 et 18). Plus tard,
on reconnut que cette crainte était exagérée, on donna au
soubassement un noyau intérieur en enrochements, mais
qu'on recouvrit, tant au sommet que sur toute la hauteur du talus du large, par des blocs artificiels. C'est la
disposition généralement adoptée aujourd'hui pour toutes
les grandes jetées les plus exposées des côtes de l'Algérie (Atlas ; Pl. XX, fig. 11 et 12 ; Pl. XXI, Mostaganem.
jetées N. et N.-O.; Benisaf, jetée Ouest ; Pl. XXII, Bône).

Il peut même arriver qu'on ne puisse se procurer aucune espèce de pierres à des prix raisonnables, ou que
les moyens de transport ne permettent pas une organisation pratique des chantiers.

Le cas s'est présenté à Port-Saïd ; on a dû y faire, pour
divers motifs, les jetées en blocs artificiels de 10 mètres
cubes, bien que la mer n'y fut pas d'une telle violence
qu'elle nécessitât l'emploi de matériaux aussi gros dans
toute son épaisseur, et ces blocs sont tout en mortier,
c'est-à-dire en sable agglutiné par de la chaux du Teil,
sans trace de pierre. Mais, plus tard, après l'ouverture
du canal de Suez, les conditions ayant changé, on a
fait en maçonnerie les blocs destinés à l'entretien des
jetées.

Les blocs artificiels coûtant toujours assez cher, on
comprend l'intérêt qu'il y a à diminuer le cube qu'on en
emploie. Or, on peut diminuer ce cube en disposant les
blocs régulièrement les uns au dessus des autres, c'est-à-
dire en les arrimant, au lieu de les jeter pêle-mêle.

Les jetées en blocs arrimés, dont nous parlerons bientôt plus en détail, ont des parois presque verticales depuis leur base, près du fond de la mer, jusqu'à leur
sommet.

Par suite, elles déterminent de violents ressacs à leur

pied, qui doit être énergiquement défendu si le sol de fondation est affouillable.

Aujourd'hui, on arrime quelquefois les blocs, non seulement quand ils constituent tout le massif de la jetée, mais même quand ils ne jouent que le rôle d'un massif intérieur en enrochements. Exemp . On estime, comme nous l'avons dit, qu'ils brisent mieux la mer et qu'ils sont plus stables que les blocs jetés pêlemêle.

Toutefois, à Gênes, le cube des blocs arrimés est plus considérable qu'il ne l'eût été dans le cas du jet à pierres perdues, parce que les vides entre les blocs sont moindres; la mise en place coûte, d'ailleurs, un peu plus cher.

PORT DE GÊNES. — Profil de la jetée Ouest.

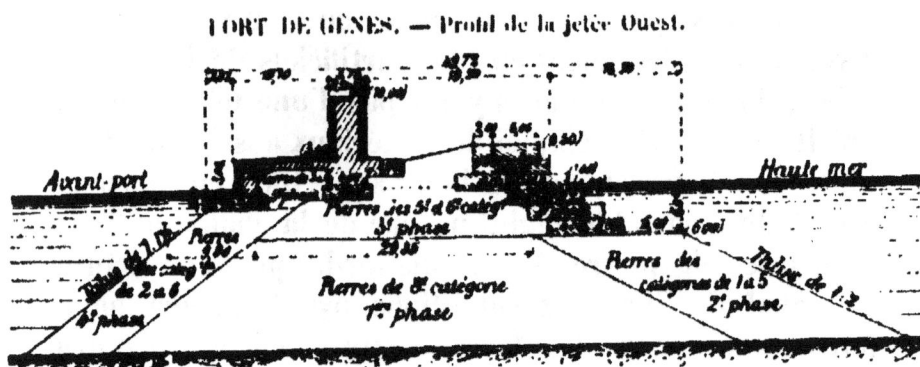

En résumé, ces observations doivent suffire à montrer qu'il n'y a qu'un très petit nombre de prescriptions générales applicables à la construction de la plupart des grandes jetées.

§ 2.

JETÉES EN EAU PROFONDE DANS LES MERS A MARÉE.

151. Division du sujet. — Sur nos côtes de l'Océan, le bois est trop rapidement rongé par les tarets pour qu'il puisse être employé, d'une manière définitive, dans la construction des grandes jetées.

La jetée de Cherbourg devait être formée primitivement, d'après les projets de de Cessart, d'énormes cônes en charpente remplis de pierres. Ces cônes ont été promptement détruits (Atlas : Pl. XXIII).

Les jetées à claire-voie de l'Adour, faites d'abord avec des pieux en bois, n'ont duré que 2 ou 3 ans à peine ; il a fallu remplacer ces pilotis par des colonnes en fonte.

Aujourd'hui, on construit les jetées en eau profonde dans nos mers à marée, en y employant à peu près exclusivement les enrochements, la maçonnerie ou le béton ; nous dirons ce qu'il faut penser des essais de brise-lames flottants, faits dans un but d'économie.

Les plus anciennes jetées ont été constituées entièrement, de la base au sommet, par des massifs d'enrochements.

Ce système est encore applicable à présent quand on peut se procurer à bon marché et en grande quantité, des blocs naturels assez gros pour résister à la force de la mer, dans les parages où l'on construit l'ouvrage.

Il a été appliqué, par exemple, à Brest, pour la jetée du port de commerce [1] ; et en Angleterre pour le port de Holyhead. etc. (Atlas; Pl. XXIX, fig. 2).

Mais, quand la mer est très violente, quand les carrières ne donnent pas en abondance de très gros blocs, les jetées en enrochements deviennent à peu près irréalisables.

Voici ce qu'on observe presque partout et toujours sur ces ouvrages.

Le talus extérieur présente depuis son sommet (Atlas;

1. *Portefeuille de l'École des Ponts et Chaussées* : Série VI. Section B, Pl. II.

Pl. XXIX. fig 5 et 6) au dessus des plus hautes mers, jusqu'à une profondeur plus ou moins grande au dessous des plus basses mers, une pente très douce.

Au dessous de cette pente douce le talus devient, assez brusquement, beaucoup plus raide.

C'est l'analogue de ce que l'on constate dans les jetées en enrochements des mers sans marée, mais avec cette différence que le talus doux est beaucoup plus long dans les mers à marée, puisqu'il règne dans toute la zône comprise entre la basse mer et la haute mer.

Le talus doux peut s'étendre depuis 5 et 6 mètres au dessus des plus hautes mers jusqu'à 5 et 6 mètres au dessous des plus basses mers.

Son inclinaison peut varier depuis 5 jusqu'à 10 de base pour 1 de hauteur. Le talus raide inférieur peut varier de 1 1/2 à 3 de base pour 1 de hauteur. Quelquefois, le talus extérieur présente deux brisures assez nettes à deux hauteurs différentes (Atlas : Pl. XXIX, fig. 1, 2, 3). et alors le talus raide offre lui-même deux pentes distinctes, l'une supérieure de 3 sur 1, par exemple : l'autre, au dessous, de 1 1/4 à 1 1/2 sur 1.

Les chiffres qui viennent d'être cités sont pris sur des ouvrages existants, mais ils n'ont d'autre but que de fixer les idées : il faudrait se garder de leur attribuer une valeur absolue, car ils dépendent évidemment des circonstances et des conditions spéciales à chaque cas particulier (grosseur des matériaux, force des lames, etc.).

Quoi qu'il en soit, les matériaux du talus en pente douce ne prennent jamais, pour ainsi dire, une position d'équilibre stable : ils sont remués par les lames, ils s'usent, et on est constamment obligé de défendre ce talus doux : travail ingrat, difficile et coûteux.

Le système des jetées tout en enrochements a donc, dans l'océan, mer à marée, les mêmes inconvénients que dans la Méditerranée, mer sans marée ; il les a même à un plus haut degré, car il entraine la nécessité d'une plus grande masse de matériaux et aussi celle de pierres plus grosses, parce que les lames sont généralement plus fortes dans l'Océan que dans la Méditerranée.

Si, dans la Méditerranée, on a été conduit à couronner les jetées par une maçonnerie, cette solution parait encore plus motivée dans l'Océan, car il semble rationnel de profiter de ce que la mer s'abaisse jusqu'à un certain niveau pour remplacer à partir de cette hauteur les enrochements par de la maçonnerie. C'est bien là, en effet, la solution qu'on adopte généralement, et à laquelle on a dû recourir, après coup, pour certaines jetées construites d'abord tout en enrochements et dont on ne parvenait pas à défendre, dans des conditions raisonnables et pratiques, le talus doux extérieur (Exemple : Cherbourg).

A. JETÉES EN ENROCHEMENTS, SURMONTÉES PAR UN COURONNEMENT EN MAÇONNERIE.

152. Du soubassement. — Le massif d'enrochements doit être arasé à une hauteur telle qu'on puisse maçonner au dessus sans trop de difficultés ; son sommet sera donc au moins au niveau des basses mers de vive eau.

Mais, pour profiter du plus grand nombre possible de marées et hâter l'exécution des assises inférieures de la maçonnerie, dans de bonnes conditions de travail, il est opportun d'arrêter le soubassement au niveau des basses mers de morte eau qui descendent le moins bas, et même à une certaine hauteur au dessus de ce niveau.

Les indications relatives à l'établissement du soubassement sont de tout point analogues à celles qui ont été déjà données à l'occasion des jetées de la Méditerranée surmontées d'un mur d'abri.

Le couronnement en maçonnerie d'une jetée dans une mer à marée a toujours, en effet, une assez grande hauteur (6 mètres, 8 mètres, 10 mètres, par exemple) et détermine par suite, à son pied, un ressac violent.

Soubassement en enrochements jetés pêle-mêle (Atlas ; Pl. XXIV, fig. 3, 4, 5 ; Pl. XXV, fig. 1, 2, etc.). Le soubassement peut être fait tout en enrochements jetés pêle-mêle. C'est le cas d'un grand nombre d'anciennes jetées, c'est celui de la digue de Cherbourg, notamment.

Dans ces conditions, on peut admettre que le talus doux extérieur, par suite de sa faible pente, forme une large risberme ; mais cette risberme devra être protégée par une épaisse couche de blocs qui garnira le pied du couronnement sur une assez grande hauteur.

La défense de la risberme peut être faite avec de gros blocs naturels (Atlas ; Pl. XXIX, fig. 2) ; c'est la solution adoptée à Holyhead et aussi à Cherbourg pour les parties droites de la digue. Cependant, à Cherbourg, les blocs naturels qu'on emploie ne sont pas assez gros pour que la mer ne les remue pas, aussi s'usent-ils peu à peu, et on est dans l'obligation de les recharger de temps en temps.

La défense peut être obtenue par une sorte de dallage cyclopéen en blocs artificiels, que l'on construit sur la partie en pente douce du talus qui découvre à mer basse.

Dans ce cas, on peut faire les blocs aussi gros qu'il est nécessaire pour que les lames ne les déplacent pas : on augmente au besoin leur volume d'après les résultats de l'expérience. C'est la solution adoptée à Cherbourg aux musoirs de la digue et au pied des batteries, parce que les lames déplaçaient trop facilement en ces points, formant saillie, les blocs naturels dont on disposait (Atlas ; Pl. XXVI, fig. 4). On voit que dans le même ouvrage on peut être conduit à deux solutions différentes pour pro-

téger efficacement et économiquement deux parties inégalement exposées.

Le dallage artificiel a été appliqué au fort Chavagnac
(Cherbourg), au fort Boyard (embouchure de la Charente),
etc. (Atlas ; Pl. XXVI, fig. 1, 2 ; Pl. XXVII, fig. 3, 4, 5, 6).

Mais quand on établit un soubassement avec des enrochements, nous avons vu qu'il est rationnel de les employer par catégories et non pêle-mêle, car on peut réaliser le talus extérieur avec une certaine raideur sur toute
sa hauteur, et économiser par suite une partie notable
des matériaux qu'exige la formation du talus supérieur
en pente douce.

Soubassement en enrochements employés par catégories. Les
considérations présentées à l'occasion des jetées dans les
mers sans marée sont encore applicables ici.

La grande jetée du nouveau port de Boulogne-sur-mer
offre un exemple de soubassement en enrochements naturels, employés par catégories et défendu, du côté du
large, par des blocs artificiels (Atlas ; Pl. XXXI, fig. 8,
9, 10).

A Boulogne, la risberme est formée par une couche
épaisse (3ᵐ environ) de maçonnerie, ayant à peu près
6 mètres de largeur dans la partie de la jetée où les profondeurs atteignent 8ᵐ au dessous de basse mer.

Mais on conçoit que, dans d'autres cas, la risberme
peut être défendue par une épaisseur suffisante de blocs
artificiels jetés pêle-mêle, si ces blocs sont assez gros pour
que les lames ne les déplacent pas, et pourvu que le
talus de la défense ait peu d'inclinaison, de façon que le
ressac ne puisse pas faire glisser les blocs sur ce talus.

On pourrait encore recouvrir la risberme de blocs de
garde, ou, ce qui revient au même, diviser en gros blocs
isolés la maçonnerie que l'on établirait, comme à Boulogne, au pied et en avant du couronnement. De cette ma-

nière, on éviterait l'éventualité de la formation de vides sous la maçonnerie par suite du tassement des enrochements sous-jacents, car les blocs de garde descendraient en même temps que les pierres sur lesquelles ils seraient établis. D'ailleurs, des plaques de maçonnerie, même quand elles ont 3 à 4 mètres d'épaisseur, se divisent inévitablement en fragments plus ou moins grands par des fissures, dès qu'elles ont une longueur considérable par rapport à leur épaisseur : il semble donc préférable de les sectionner dès leur construction.

Soubassement tout en blocs artificiels. — Il peut arriver que l'on manque de matériaux naturels de bonne qualité, ou d'enrochements assez gros pour résister aux lames, même près du fond de la mer ; dans ces circonstances, on peut constituer tout le soubassement à l'aide de blocs artificiels (Atlas : Pl. XXIX, fig. 7, 8 et 9). A Douvres, l'emploi de blocs artificiels a été motivé par l'impossibilité où l'on se trouvait de faire venir de loin, dans des conditions raisonnables de prix et d'approvisionnement, de bons enrochements naturels, qui faisaient d'ailleurs absolument défaut dans les parages du port.

A St-Jean-de-Luz, la mer est tellement violente, même en été, sur la roche Artha, où l'on voulait établir un brise-lames, qu'on a dû n'employer les enrochements naturels que dans les vides des blocs artificiels qui constituent toute la masse du soubassement (Atlas ; Pl. XXVIII. fig. 1 et 2).

Enfin, il faut observer que, dans un même ouvrage, le mode d'établissement du soubassement peut varier d'une section à l'autre, suivant la nature du fond sous-marin, la profondeur de l'eau au dessous de basse mer, l'exposition de chaque section aux lames les plus fortes, etc.

Nous allons admettre qu'on soit parvenu à faire le soubassement de la jetée, et à lui assurer une stabilité suffisante, et nous aborderons la construction du couronnement.

Toutefois, nous devons signaler, dès à présent, que les difficultés rencontrées dans certains cas, soit pour l'établissement du soubassement, soit pour sa défense, ont conduit à adopter, dans la construction des jetées, des dispositions spéciales que nous étudierons plus loin, et qui diffèrent de celles que nous avons déjà présentées.

153. Du couronnement. — Le couronnement est formé par un massif de maçonnerie, surmonté du côté du large par un parapet ; sa hauteur dépend du niveau des plus hautes mers et de la levée des lames qu'on ne veut pas laisser habituellement franchir la jetée.

Le plus ordinairement, le massif est arasé à 2 ou 3 mètres au dessus des plus hautes mers, et le parapet s'élève de 2^m à 3^m au dessus du massif.

Largeur du massif à son sommet. — La largeur du massif à son sommet peut dépendre, dans quelques circonstances, de considérations absolument étrangères aux conditions de stabilité de l'ouvrage. Ainsi, tantôt on voudra, par exemple, faire circuler un chemin de fer sur cette plateforme, tantôt on voudra l'armer de canons, etc. Cependant il y a, dans tous les cas, un minimum de largeur qui est imposé par la nécessité d'assurer la résistance du couronnement au choc des lames les plus violentes.

En effet, la forme du profil une fois adoptée, il faut que le massif ne puisse ni glisser sur sa base, ni tourner autour de son arête inférieure, ce qui entraine un minimum de largeur au sommet dépendant du cube que doit offrir la maçonnerie par mètre courant.

Largeur du parapet. — La largeur du parapet est, en

général, à peu près égale à sa hauteur, soit de 1m,50 à 3m,00.

Parements du couronnement. — 1° *Parement intérieur :* Le profil du parement intérieur est généralement une ligne droite très faiblement inclinée sur la verticale. Ce fruit varie le plus souvent de 6 à 10 de hauteur pour 1 de base, soit environ de $\frac{1}{7}$ à $\frac{1}{4}$ en moyenne. Quelquefois on a fait ce parement vertical, mais alors on a à craindre que quelques parties du couronnement ne prennent, dans leurs mouvements de tassement ou de renversement, un surplomb notable d'un aspect toujours désagréable, sinon inquiétant.

Il semble que la plus grande raideur qu'il convienne d'adopter pour le parement intérieur soit de $\frac{1}{10}$ à $\frac{1}{8}$.

Quelques ouvrages présentent un parement intérieur légèrement courbe, c'est-à-dire concave ; cette disposition, sur le côté abrité de la jetée, ne paraît motivée que par l'économie qu'on peut ainsi réaliser sur le cube de la maçonnerie du massif du couronnement ; mais cette économie, toujours faible, est le plus souvent compensée par l'augmentation de dépense qu'entraîne l'exécution d'un parement courbe.

2° *Parement extérieur :* Aujourd'hui, en France, le parement extérieur, côté du large, est généralement plan, et son fruit est à peu près le même que celui du parement intérieur, soit de $\frac{1}{7}$ à $\frac{1}{8}$, comme, par exemple, dans les nouvelles jetées de Boulogne-sur-mer (Atlas ; Pl. XXXI, fig. 8, 9, 10).

Mais autrefois, on attribuait certains avantages aux parements extérieurs courbes, qu'on a adoptés pour quelques ouvrages (Atlas ; Pl. XXVIII, fig. 5 et 6, brise-lames du Socoa à Saint-Jean-de-Luz).

Les parements courbes ont été adoptés aussi pour un assez grand nombre de jetées en Angleterre.

Parements courbes du côté du large. — En faveur des parements courbes, on présente les considérations suivantes.

Quand une jetée repose sur un soubassement d'enrochements, la lame, en rencontrant cet obstacle, tend à se relever, c'est-à-dire que la trajectoire de la masse d'eau qui aborde le pied du couronnement est inclinée sur l'horizon, et que son inclinaison doit être à peu près celle du talus extérieur du soubassement.

Il semble donc rationnel de donner aussi au pied du couronnement cette même inclinaison, car, de cette façon, la lame l'abordera pour ainsi dire sans choc.

Si, à partir du pied, le parement se redresse peu à peu par une courbure concave, la masse des eaux de la lame se relèvera aussi peu à peu le long du parement, mais sans choc violent, et n'y exercera guère qu'une sorte de pression due à la force centrifuge, par suite de la courbure imposée à la trajectoire de la masse liquide.

Et comme l'eau, en s'élevant, perd de sa vitesse, cette pression elle-même ira en diminuant vers le sommet du couronnement, dont la largeur pourra par conséquent être très réduite.

Si la tangente à la courbe du parement, vers son sommet est verticale, l'eau s'y élèvera aussi verticalement et redescendra enfin sous forme de lame de retour, en suivant d'abord le parement courbe du couronnement, puis le talus du soubassement, toujours sans choc violent.

Dans cet ordre d'idées on peut même aller plus loin, et donner au parement courbe une tangente verticale non plus à son sommet, mais en un certain point de sa hauteur, par exemple vers le milieu de sa hauteur, comme pour le mur de garde de la jetée de Philippeville (Page 345, fig. 2).

Dans ce cas, la lame sera rejetée vers le large par la force centrifuge, ne pourra pas franchir la jetée, et viendra retomber à une certaine distance en avant du pied du couronnement, qu'elle n'affouillera plus.

Il n'est même pas nécessaire, pour obtenir cet effet, que le parement soit courbe sur toute sa hauteur; il peut être plan, et il suffit que le parapet ait une courbure ou une inclinaison qui rejette la lame vers le large. C'est la disposition adoptée à la jetée de Douvres (Atlas ; Pl. XXXI, fig. 7, 8, 9).

L'expérience paraît justifier ces considérations dans un certain nombre de cas particuliers, et pour des ouvrages spéciaux exposés à des lames peu violentes qui ont été brisées par leur passage sur le plan incliné de longues plages sous-marines en pente douce. Ainsi on fait généralement en courbe le parement au sommet des talus de défense des plages meubles, dont nous parlerons plus loin.

Par contre, la pratique semble avoir montré que dans les grandes jetées, exposées à des mers violentes, la forme courbe du parement extérieur n'atténue pas le choc des lames, au moins tant que durent les tempêtes.

C'est que, en effet, pendant un coup de vent, les lames n'abordent pas une jetée dans les conditions hypothétiques sur lesquelles on a raisonné.

Ce n'est pas une couche d'eau qui glisse sur le talus du soubassement pour venir se relever le long du parement du couronnement, comme le fait sur une plage en pente douce, la lame directe qui s'étale sur l'estran : c'est une énorme masse d'eau animée d'une grande vitesse, une véritable colline liquide dont la croupe, saillante au dessus du niveau de la mer, vient s'abattre avec fracas sur l'ouvrage et frappe presque en même temps toute la hauteur du couronnement et le sommet du soubassement. Dans ces conditions, on conçoit qu'une courbure du parement, courbure toujours assez faible d'ailleurs, ne puisse avoir qu'une influence à peu près insignifiante sur la violence du choc des lames.

En fait, les jetées à parement courbe exigent, pour assurer la stabilité du couronnement, un cube de maçonnerie tout aussi considérable que les jetées à parement droit; et les lames franchissent aussi bien les premières que les secondes tant que dure la tempête; de sorte que les parements courbes ne paraissent avoir des avantages que par les temps maniables, c'est-à-dire quand on peut, sans inconvénient d'aucune sorte, se dispenser d'avoir recours à une disposition qui entraîne toujours des sujétions coûteuses en exécution.

Ainsi, pour réaliser un parement courbe, il faut installer des gabarits qu'il est souvent difficile et quelquefois impossible de maintenir à la mer. A Saint-Jean-de-Luz, on a remplacé la courbure primitive par deux plans légèrement inclinés l'un sur l'autre (Atlas; Pl. XXVIII, fig. 1 et 2). C'est la solution qu'on a adoptée également à Philippeville, mais avec trois plans.

La théorie des parements courbes exige un angle assez aigu à la base du couronnement pour que la lame l'aborde sans choc, et cette condition avait été observée d'abord à Saint-Jean-de-Luz; mais cette partie amincie, manquant de solidité, était constamment brisée et détruite; on a dû renoncer à commencer la courbure immédiatement au dessus des blocs du soubassement, et donner à la base du couronnement un parement vertical sur 2^m,00 de hauteur.

Les parapets saillants, qu'ils aient un parement extérieur courbe ou plan, sont dans de mauvaises conditions pour résister à l'effort vertical que les lames, en jaillissant, exercent sous leur face en encorbellement.

Le parapet de la jetée de Douvres a subi, pour cette cause, de nombreuses avaries pendant les tempêtes.

En résumé, et dans la limite où il est permis de formuler une opinion d'un caractère un peu général sur des questions aussi complexes, aussi controversées, et où d'ailleurs les circonstances locales et spéciales jouent un si grand rôle, on peut dire que la forme du parement extérieur du couronnement d'une jetée est indifférente au point de vue de la résistance de l'ouvrage pendant les tempêtes.

Il convient donc, dans la plupart des cas, d'adopter la forme la plus simple, la plus facile à réaliser, c'est-à-dire la forme plane.

Il en résulte que, en général, le profil du couronnement représente un trapèze dont les deux côtés, également inclinés, ont un fruit de $\frac{1}{7}$ à $\frac{1}{8}$.

Il est rare que l'épaisseur moyenne soit de moins de 5 à 6 mètres, et elle atteint souvent de 10 à 12 mètres.

Du reste, l'épaisseur moyenne d'abord adoptée est quelquefois reconnue insuffisante et doit être augmentée à la suite d'avaries causées par les tempêtes.

De plus, cette épaisseur peut varier d'un point à un autre de la même jetée, suivant la profondeur de la mer, l'exposition de l'ouvrage, etc.

Construction du couronnement. — Le soubassement subit toujours des tassements, même lorsqu'il n'est pas surmonté du couronnement; de nouveaux tassements se produisent encore après l'achèvement de la superstructure.

Il en résulte que la maçonnerie du couronnement repose sur une base instable, et se fissure de distance en distance.

Il semblerait logique de diviser le couronnement en tronçons séparés, de longueur modérée, pouvant tasser indépendamment les uns des autres; mais, en pratique, cette solution offrirait des inconvénients à d'autres égards et n'a été, croyons-nous, encore adoptée nulle part.

Pour que les tronçons pussent tasser à peu près librement, il faudrait ménager entre eux un intervalle d'une

certaine largeur, à travers lequel les lames pénétreraient
dans l'espace qu'on veut précisément abriter par la jetée.

D'un autre côté, la continuité du couronnement présente un avantage au point de vue de la résistance de
l'ouvrage contre le choc des lames. En effet, une jetée
d'une grande longueur est rarement frappée en même
temps, sur toute sa longueur, avec la même violence; de
sorte que la partie qui subit le plus grand effort est,
pour ainsi dire, soutenue par les deux parties voisines,
où la lame est moins forte.

En tout cas, on doit chercher à diminuer autant que
possible ces fissures à peu près inévitables ; et, dans ce
but, il convient de ne commencer la maçonnerie du couronnement qu'un certain temps après l'achèvement du
soubassement, de façon que celui-ci ait pu opérer ses
tassements les plus notables.

Lors donc que la conduite des chantiers le permettra
on laissera passer au moins un hiver, si ce n'est deux ou
trois, entre l'achèvement d'une partie du soubassement
et le commencement des travaux de maçonnerie qui doivent le surmonter.

De plus, comme l'exécution du couronnement d'une
grande jetée exige toujours plusieurs années, il faudra
que la portion achevée dans une campagne forme un ou
plusieurs massifs d'un volume assez grand pour que chacun d'eux soit capable de résister aux plus mauvaises
mers de l'hiver suivant.

*Couronnements fondés au dessous du niveau des plus bas-
ses mers.* — On a dit précédemment qu'il convient, pour
la facilité de l'exécution des assises inférieures du couronnement, d'araser le soubassement au niveau, si ce
n'est un peu au dessus, des basses mers de morte eau.
Mais cette disposition a un inconvénient quand la risberme qui doit défendre le pied du couronnement, du côté

du large, se trouve formée de matériaux susceptibles d'être déplacés par le ressac ; et, malheureusement, on ne peut pas toujours prévoir que les blocs naturels, par exemple, reconnus suffisamment stables sur une certaine partie de la risberme, seront remués sur une autre partie, ou qu'une tempête plus violente que celles qu'on a déjà éprouvées viendra bouleverser des enrochements qui jusqu'alors n'avaient pas bougé. De pareils accidents sont arrivés notamment à d'anciennes jetées construites en Angleterre sur un soubassement tout en enrochements, composé de pierres jetées pêle-mêle. On a vu, en une seule tempête, le pied du couronnement y être entièrement déchaussé sur certains points, où se formaient, sous la maçonnerie, des sortes de cavernes dans lesquelles la mer s'engouffrait avec fureur.

Mais, en même temps, on a observé que les parties les plus profondes de ces affouillements ne descendaient jamais qu'à un niveau assez faible au dessous des plus basses mers ; et on en a conclu que si le dessus des enrochements avait été arasé à ce niveau, et si la fondation du couronnement avait été abaissée jusqu'à cette profondeur, l'ouvrage n'eût pas subi d'avaries.

Il est certain toutefois que si l'on avait disposé d'enrochements d'une grosseur et d'un poids suffisants, on eût pu remédier à ces avaries au moyen d'un rechargement en gros blocs naturels déposés sur le sommet du talus extérieur du soubassement.

Malheureusement, les circonstances ne sont pas rares où l'on n'a pas cette ressource, et il faut alors s'ingénier pour trouver une autre solution.

Le fait que les affouillements constatés au pied du couronnement n'atteignent pas une grande profondeur, au dessous de basse mer, paraît trouver une explication plausible dans l'effet d'amortissement qu'exerce un matelas d'eau d'une épaisseur suffisante sur le ressac des lames.

On conçoit que si la base du mur du couronnement est descendue assez bas pour que le sommet de l'enrochement soit toujours couvert d'un matelas d'eau d'une hauteur convenable, on pourra réaliser deux avantages sérieux :

Le premier consiste en ce que le cube du soubassement sera notablement réduit, puisqu'il aura une moindre hauteur.

Le second en ce que la lame agissant avec moins de force dans les grandes profondeurs, et le ressac y étant amorti, on pourra employer des pierres moins grosses, ou donner au soubassement des talus plus raides, et par suite un moindre volume, tout en lui assurant une résistance suffisante contre le ressac.

Ces avantages deviennent considérables quand on ne peut se procurer qu'avec beaucoup de difficultés, et à des prix excessifs, des enrochements convenables.

Le cas s'est présenté notamment à l'occasion d'un ouvrage fameux dans l'histoire des travaux maritimes, la jetée de Douvres, immense mur, à fruit très raide, qui descend jusque par des fonds de 14^m au dessous des plus basses mers et de 21^m au dessous des plus hautes mers.

Les falaises voisines ne pouvaient donner que des blocs de craie sans consistance ; les enrochements de bonne qualité eussent coûté fort cher, car il eût fallu aller les chercher très loin, par mer. De plus, à l'époque où l'on projetait la jetée de Douvres, les transports eussent dû être faits surtout par des voiliers ; or, toute bonne et économique organisation de chantier devient impossible quand on est exposé aux risques d'interruption dans les transports.

Par contre, on avait du galet en abondance, et l'on disposait de bon ciment Portland.

Il était donc logique de faire des blocs artificiels, mais

il fallait réduire, autant que possible, par économie, le cube total à employer.

En outre, le fond sous-marin formé de craie offrait une base solide sur laquelle on pouvait fonder directement la jetée, sans avoir besoin de défendre par des enrochements le sol naturel contre les affouillements au pied de l'ouvrage.

Enfin, à cette époque, il régnait certaines idées théoriques au sujet du mouvement de l'eau dans les lames.

On pensait que, par les grandes profondeurs de la mer, l'eau n'a, dans les lames, qu'un mouvement d'oscillation presque exclusivement vertical.

Donc, une jetée aurait d'autant moins d'effort à supporter qu'elle modifierait moins le mouvement naturel des eaux. Par suite, il convenait que le parement de l'ouvrage fût aussi vertical que possible et s'étendît sous l'eau aussi bas que possible.

Avant d'entreprendre des travaux comme ceux projetés à Douvres et qui devaient coûter fort cher, le gouvernement anglais, suivant son habitude, se livra à de longues enquêtes parlementaires qui durèrent plusieurs années.

Tous les ingénieurs connus par leurs travaux maritimes, tous les savants qui s'étaient occupés de la question théorique des lames furent consultés[1]. Bref, il fut décidé qu'on ferait la grande muraille (dont un tronçon seulement a été exécuté) au moyen de gros blocs artificiels superposés.

On réussit, mais au prix de difficultés sans nombre et de dépenses considérables.

L'expérience de Douvres avait prouvé deux choses : la première, c'est que ce type de jetées était applicable dans

---

1. Report on the harbour of refuge to be constructed in Dover Bay (Presented to both Houses Parliament by Command of Her Majesty). London, William Clowes and sons, 1846.

un certain nombre de cas, et on leur a donné un nom spécial, on les appelle *des jetées en blocs arrimés*; la seconde, c'est que le système d'arrimage adopté à Douvres était beaucoup trop laborieux et trop coûteux.

A Douvres (Atlas ; Pl. XXXIX, fig. 9 et 10), les blocs étaient posés à l'aide de cloches à plongeur et de scaphandres, par assises horizontales. Or, rien n'est plus difficile à exécuter que ces travaux sous-marins, dans lesquels il faut recourir, en pleine mer, à l'emploi de scaphandres, de cloches à plongeur, de caissons à air, etc.

On s'est donc ingénié à chercher des procédés plus simples et plus économiques pour l'arrimage des blocs, et on y a réussi, mais non sans avoir éprouvé plus d'un accident.

Disons de suite que la plupart de ces accidents ont eu pour cause l'insuffisance de la base en enrochements destinée à protéger, du côté du large, le sol meuble de fondation.

Car si, d'une manière générale, on peut admettre que le ressac s'atténue dans une grande profondeur d'eau, il est évident qu'il conserve encore un certain degré de violence, et cela d'autant plus que le parement de l'ouvrage, presque vertical, a plus de hauteur.

Quand donc la jetée repose sur un sol de fondation

PORT DE LIBAU
Profil type du prolongement du Môle sud.

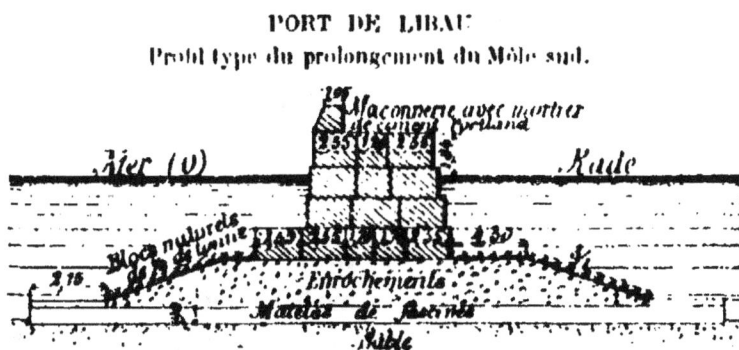

meuble, comme le sable, par exemple, il faut que ce sol

soit protégé, sur une largeur suffisante au-delà des parements, par une défense assez épaisse, composée de matériaux convenables (fascines, enrochements, ou blocs), et capable d'empêcher tout affouillement du fond trop près du massif en blocs de la jetée, que cet affouillement puisse être dû à l'action du ressac ou à celle des courants.

154. Emploi des blocs arrimés pour la construction des jetées. — Supposons qu'on se soit décidé à araser au dessous du niveau des plus basses mers le soubassement d'une jetée. Pour un motif quelconque, car de ces motifs il y en a de toute espèce et qui varient suivant les circonstances spéciales à chaque ouvrage, on veut faire en blocs arrimés la base sous-marine du mur de couronnement. Si la profondeur d'eau ne dépasse pas l'épaisseur des blocs employés le plus habituellement, soit 1ᵐ,50 à 2ᵐ, il suffira de déposer par un procédé quelconque, à l'aide d'une bigue ou grue flottante, par exemple, une assise de blocs, posés à mer haute aussi jointivement que possible, et ayant une hauteur suffisante pour que leur face supérieure découvre à mer basse et permette de maçonner à la marée, au dessus d'eux, le mur de couronnement de la jetée.

Ce système a été adopté pour fonder la jetée Sᵗ-Nicolas dans le port des Sables-d'Olonne[1].

Aux Sables, il n'y a pas, à proprement parler, de soubassement en enrochements, mais la jetée repose sur un fond rocheux sous-marin qui forme un plateau à peu près horizontal.

On conçoit que le même procédé soit applicable pour placer ainsi deux ou trois assises horizontales de blocs superposés. C'est ce qu'on a fait pour le nouveau brise-

---

1. *Atlas des ports maritimes de la France*, tome V, page 340

lames du port de Cette, dans la Méditerranée, mer sans
marée. On a recouvert le soubassement sous-marin en
enrochements de trois assises dont l'arasement supérieur,
émergeant au dessus de l'eau, est destiné à supporter
éventuellement un couronnement en maçonnerie.

BRISE-LAMES DE CETTE
Profil type.

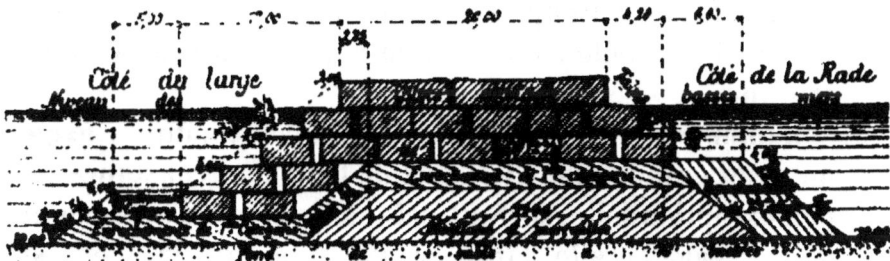

Mais les blocs ainsi posés, quelque soin qu'on mette
d'ailleurs à les immerger, présentent toujours entre eux
des joints ou intervalles vides assez larges, par lesquels
pénètre plus ou moins l'agitation de la mer dans l'espace
abrité par la jetée. Ce système n'est donc pas applicable
quand cette agitation peut être dangereuse ou simplement gênante, par exemple pour les bateaux qui doivent
faire leurs opérations immédiatement derrière et le long
de l'ouvrage.

Dans ce cas, on peut recourir au moyen qui a été surtout appliqué en Angleterre et qui consiste, non plus à
immerger des blocs ayant acquis au moment de leur emploi toute la dureté dont ils sont susceptibles, grâce à
une longue exposition à l'air sur les chantiers, après leur
fabrication, mais à couler de grandes masses de béton

n'ayant pas encore fait prise, et contenues dans des enveloppes en toile de dimensions appropriées[1].

Ces grands sacs de béton frais se moulent en tombant dans l'eau sur les aspérités du fond rocheux ou de l'enrochement du soubassement, se soudent entre eux et semblent former une masse à peu près pleine. Ce procédé a été employé notamment à Newhaven[2] (Atlas ; Pl. XLVI fig. 2, 3, 4).

Toutefois, beaucoup d'ingénieurs estiment que ce mode d'emploi du béton donne lieu à quelques observations critiques.

L'immersion des sacs, pour être bien conduite, exige un assez grand calme des eaux de la mer, circonstance un peu exceptionnelle, surtout près de la tête d'avancement de l'ouvrage vers le large, où l'agitation de la mer est toujours renforcée, comme près de tous les caps saillants.

Il en résulte que la marche des travaux ne peut pas avoir la continuité et la régularité désirables pour assurer la soudure des sacs qu'on vient immerger, avec ceux qui le sont déjà depuis un certain temps et qui ont fait leur prise.

Pour que les sacs puissent s'appliquer les uns sur les autres, il faut qu'ils ne soient pas tout à fait pleins, afin que le béton ait une certaine latitude de s'y déplacer ; or, dans ce déplacement, on a observé que le béton a une tendance à se porter vers l'extrémité des sacs qui se trouve sur les talus de l'ouvrage ; la toile des sacs subit en ce point des efforts anormaux qui tendent à la déchirer.

Enfin, on peut craindre que le béton ainsi employé

---

1. *Annales des ponts et chaussées*, 1838, 1er semestre. Jetées à la mer en blocs de béton, par M. Poirel, ingénieur des Ponts et chaussées à Alger.

2. Harbour improvements at Newhaven, Sussex, by A. E. Carey. *Proceedings of the Institution of civil engineers*, London, LXXXXVII, page 92.

n'acquière pas toute la compacité voulue à cause de la laitance qui se trouve emprisonnée dans sa masse, et qu'il ne soit dès lors plus exposé à l'attaque de l'eau de mer.

Quoi qu'il en soit de ces critiques, et tout en admettant que ce système puisse être appliqué avec avantage dans certains cas, il semble évident qu'on sera disposé, en général, à préférer au béton frais, coulé en sacs, des blocs de maçonnerie ou de béton exécutés à l'air avec les précautions et les soins nécessaires, et ayant acquis, avant leur immersion, toute la résistance qu'on peut leur donner; si, d'ailleurs, on dispose de moyens suffisamment rapides et économiques pour les placer presque jointivement les uns à côté des autres, et cela même par une mer assez agitée. Or ces moyens existent, et ils sont déduits d'une simple remarque pratique.

Cette remarque consiste en ce qu'il n'est pas nécessaire de placer les blocs par assises horizontales, et qu'on peut tout aussi bien faire ces assises inclinées ; or, en inclinant les assises, il est facile de poser les blocs presque absolument jointifs.

Qu'on suppose en effet réalisé un premier tronçon de jetée dont la tête d'avancement offre un plan incliné régulier; il suffira de déposer sur ce plan une couche de blocs ayant tous la même épaisseur pour allonger la jetée d'une quantité égale à l'épaisseur d'un bloc.

Il peut sembler, à première vue, que le plan d'avancement pourrait être tout aussi bien vertical qu'incliné, mais cette disposition aurait le plus souvent de graves inconvénients.

Les blocs, en descendant le long de cette surface verticale sur laquelle ils exerceraient un frottement négligeable, seraient exposés à l'agitation des lames qui les rejetteraient souvent avec violence sur les blocs voisins déjà posés.

D'un autre côté, les blocs superposés verticalement formeraient une sorte de pile dont, généralement, la base serait beaucoup plus petite que la hauteur, de sorte qu'elle aurait une stabilité précaire, que le choc des lames et les affouillements du soubassement en enrochements pourraient compromettre.

Il convient donc, sauf dans des cas spéciaux ou exceptionnels, que le plan d'avancement ait une inclinaison (Atlas; Pl. XLIII, fig. 6; Pl. XLIV, fig. 1). Cette inclinaison est déterminée par la condition que les blocs doivent pouvoir glisser doucement sur le talus; il en résulte que l'angle formé par le plan d'avancement avec un plan horizontal doit être à peu près l'angle du frottement de bloc sur bloc; on adopte, en général, de 60° à 70° pour cet angle.

Comme la plateforme supérieure du soubassement en enrochements est toujours arasée horizontalement, à l'endroit où vient poser une nouvelle rangée de blocs, il s'ensuit que la base inférieure du premier bloc posé sur l'enrochement doit former aussi un angle de 60° à 70° environ avec ses faces inclinées. Dans ces conditions, les rangées de blocs peuvent suivre, jusqu'à un certain point, les tassements du soubassement [1].

L'exécution d'une jetée en blocs arrimés exige qu'on puisse amener les blocs à la tête d'avancement et, là, les manœuvrer aisément pour les faire glisser et les disposer convenablement sur le talus.

On satisfait à la première condition en construisant le couronnement en maçonnerie, au-dessus de l'eau, au fur

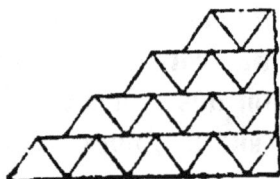

[1]. La première idée de jetées en blocs arrimés parait remonter à Bélidor, dont le traité d'architecture hydraulique date de la première moitié du XVIII° siècle.

Bélidor proposait de composer les jetées avec des blocs prismatiques à section triangulaire, isocèle et uniforme, posés jointivement.

et à mesure de la pose des rangées de blocs successives,
et en établissant sur la plateforme supérieure du couronnement des voies ferrées, où circulent les wagons chargés des blocs qu'on amène du chantier de fabrication.

Pour remplir la seconde condition, il a fallu inventer
des engins appropriés, énormes grues mobiles et pivotantes, auxquelles on a donné le nom caractéristique de
Titans. (*Voir Annexes 1re et 2e*).

L'emploi des Titans constitue un progrès considérable
dans les moyens d'exécution des grandes jetées à la mer.
On n'a pas eu jusqu'ici l'occasion de s'en servir en France,
mais on en a fait usage pour la construction des jetées du
port de la Pointe des Galets, dans l'île de la Réunion, une
de nos colonies (Atlas; Pl. XLIV).

Dans cet ouvrage, certains blocs atteignent le poids de
cent tonnes [1].

Parmi les ports où on a recouru à l'emploi des titans
pour l'exécution des jetées, on peut citer Kurrachee [2],
(dans l'Inde), Colombo [3] (dans l'île de Ceylan), Leixoës
(près de Porto en Portugal), Libau, en Russie, etc. (Atlas;
Pl. XLIII et XLV).

Cependant les titans ne sont pas toujours et partout
indispensables pour arrimer des blocs avec une certaine
précision. Ainsi les blocs de défense de la grande jetée
de Gênes ont été posés d'une façon remarquablement régulière à l'aide d'une simple bigue flottante [4].

Il convient de remarquer, à propos du port de Gênes,

---

1. *Mémoire sur le ports de la Pointe des Galets*, par MM. Fleury et Joubert.
Société des ingénieurs civils de France. année 1885.

2. *Proceedings of the Institution of Ciril Engineers*. London, XLIII. The
Manora Breakwater, Kurrachee, by William Henry.

3. *Proceedings*. LXXXVII. Colombo Harbour Works Ceylan, by Henri
Price.

4. *Etude sur les principaux ports de commerce européens de la Méditerranée*,
par M. Laroche, ingénieur en chef des Ponts et Chaussées. Imprimerie nationale, 1885.

que l'emploi des bloc arrimés peut être justifié, dans certains cas, par des motifs autres que ceux qui ont conduit à constituer tout le massif sous-marin de certaines jetées au moyen de blocs disposés à peu près jointivement. Ainsi, à Gênes, en arrimant les blocs de la défense, les ingénieurs semblent avoir eu en vue deux objets connexes : le premier est de placer les blocs de façon à ce qu'ils ne soient frappés par les lames que sur la plus petite surface possible, le second est d'atténuer la souspression de l'eau, en restreignant au minimum les interstices à travers lesquels l'agitation se propage.

B. JETÉES SOUS-MARINES MONOLITHES.

155. Jetées en béton. — Depuis quelques années, on a construit dans certains ports d'Angleterre la partie sous-marine des jetées fondées sur un sol résistant au moyen de béton coulé sous l'eau dans des coffrages appropriés (Atlas ; Pl. XXXIII)[1]. En agissant ainsi, on paraît avoir été préoccupé surtout de la question d'économie de temps et d'argent. Dans ces travaux, on croit avoir observé que le béton de ciment Portland, qui se délave si rapidement quand on l'immerge immédiatement après sa confection, acquiert un certain degré de plasticité si on ne l'immerge que quelque temps après sa trituration, et en observant d'ailleurs quelques conditions encore assez mal définies. C'est ce qu'on a appelé le béton plastique.

Mais ces ouvrages sont encore trop récents pour qu'on puisse savoir s'ils auront tout le succès qu'on s'en promet,

---

1. *Proceedings of the Institution of civil engineers.* London. LXXXVII :
Concrete-Work under Water, by W. R.-Kinipple.
Harbour improvements at Newhaven, by A.E. Carey.
Wicklow Harbour improvements, by. W. G. Strype.
The Fishing-Boat Harbours of Fraserburgh, Sandhaven, and Portsoy, by J. Willet.

et dans quelles circonstances particulières on pourrait être conduit à chercher à imiter ces exemples un peu exceptionnels.

C. Jetées sous marines en maçonnerie.

156. Cas du port de la Pallice. — Un cas tout spécial s'est présenté, en France, au nouveau port de La Pallice, près de La Rochelle [1].

On a été conduit à se servir des jetées pour former une partie de l'enceinte d'un vaste batardeau à l'abri duquel on devait épuiser toute l'étendue de l'avant-port qu'il fallait approfondir dans le rocher.

On s'est décidé à constituer la partie sous-marine des jetées au moyen de blocs isolés de maçonnerie, fondés sur le rocher, exécutés dans des caissons à air comprimé, et dont les intervalles étaient également maçonnés après coup au moyen de l'air comprimé et d'épuisements. On a pleinement réussi, mais avec quelques difficultés, et non sans un grave accident. Mais un pareil procédé ne paraît susceptible d'application que dans des eaux relativement très calmes, et quand le surcroît de dépense qu'entraîne ce mode de confection des jetées est compensé, par ailleurs, par d'autres économies dans l'exécution du reste des ouvrages.

D. Brise-lames flottants.

La construction d'une grande jetée en mer, quel que soit le système qu'on adopte, est toujours une entreprise si longue, si difficile et si coûteuse, que l'on a cherché à

1. *Exposition universelle de 1889.* Notice sur les modèles et dessins relatifs aux travaux des Ponts et Chaussées, page 486. Création du bassin de la Pallice.

Notice sur les travaux du port de la Pallice à la Rochelle, par MM. Thurninger, ingénieur en chef des Ponts et Chaussées, et Coustolle, ingénieur ordinaire. *Annales des Ponts et Chaussées*; 1889, 2° semestre.

remplacer ces ouvrages fixes et massifs par d'autres remplissant le même but, c'est-à-dire capables de briser la mer, mais d'une exécution plus rapide et plus économique. L'ingéniosité des inventeurs s'est exercée sur ce problème comme sur tant d'autres que l'on rencontre dans les travaux maritimes. Les idées les plus bizarres ont été émises à ce sujet.(Voir page 169). On a imaginé des brise-lames métalliques en persiennes,etc.(Atlas : Pl. XXXIV, fig. 6 à 10).

157. Essais. — Aucune de ces suggestions n'a reçu même un commencement d'application ; mais il n'en est pas de même d'un autre genre d'appareils, les brise-lames flottants, dont nous croyons devoir dire quelques mots parce qu'ils ont été essayés dans un de nos ports, sans succès d'ailleurs.

On sait, d'une part, que les lames ont leur maximum de violence vers le niveau de la mer, et, d'autre part, qu'il y a un calme relatif sous le vent d'un navire mouillé en rade.

On a donc pensé qu'on pourrait réaliser dans une baie un calme suffisant si on la protégeait par une ceinture de corps flottants, analogues à des carcasses de bateaux. Cette idée, préconisée autrefois en Angleterre par son inventeur, a été appliquée à la Ciotat, dans la Méditerranée. Le brise-lames se composait de grands corps morts. en charpente de bois, à claire-voie, mouillés en mer au moyen d'ancres et de chaines (Atlas : Pl. XXXIV, fig. 1 à 5).

Le résultat a été déplorable. Les lames n'étaient pour ainsi dire pas amorties, les ancres chassaient, les chaines cassaient, les tarets dévoraient le bois, les corps morts dégagés de leurs amarres menaçaient de s'affaler sur les navires en rade et devenaient ainsi une cause de danger au lieu d'être un moyen de protection. Bref, on a bientôt renoncé d'une manière définitive à ce système de brise-

lames, qui n'avait pourtant été exécuté qu'à grands frais
et après de sérieuses discussions.

OBSERVATIONS FINALES.

Par ce qui précède, on peut voir que le problème de la
construction d'une grande jetée exige une étude spéciale
pour chaque cas particulier, et que la solution à laquelle
on s'est arrêté dans un port déterminé, à une certaine
époque, n'est pas toujours à adopter, ni même à imiter
à une autre époque, dans un autre port offrant cependant quelques analogies avec le premier.

C'est ce qu'on a exprimé sous cette forme : il n'y a
pas de formule générale pour la construction des grandes
jetées.

**158. Effets des grandes jetées au point de vue de
la profondeur à l'entrée des ports.** — Les jetées s'avançant en mer par les grands fonds fournissent une solution du problème qui consiste à assurer à un port
une hauteur suffisante d'eau à son entrée, si les profondeurs qu'atteignent les musoirs se conservent à peu près
indéfiniment. C'est le cas qui se présente le plus souvent
dans nos ports de la Méditerranée, établis sur un fond
rocheux où ne circule qu'une petite quantité d'alluvions.

Il est vrai que, dans ces ports, en général, les musoirs
s'avancent jusque par des fonds de 10, 15, 20 et 30ᵐ,
beaucoup plus grands que ne l'exige la navigation, de
sorte qu'on perdrait un peu sur ces profondeurs, par
suite d'un apport d'alluvions, que l'inconvénient ne serait pas appréciable.

A Trieste [1], dans l'Adriatique, le sol sous-marin de la

---

1. Association française pour l'avancement des sciences, 10ᵉ session,
1881. *Mémoire sur le port de Trieste*, par M. Frédéric Bömches, directeur
des travaux de Trieste.

baie est constitué par une vase de profondeur indéfinie; cependant, là encore, la hauteur de l'eau dans les passes se maintient aux deux extrémités de la grande jetée parallèle au rivage, formant brise-lames d'abri pour les darses ou bassins du port. Mais, à Trieste, la mer n'est jamais très forte. Toutefois, il faut observer que, les jetées donnant toujours un calme relatif dans les darses d'un port, celles-ci tendent à s'envaser, bien que les passes se conservent. Il en résulte, à peu près partout et toujours, la nécessité de faire des dragages intérieurs d'entretien, d'une importance plus ou moins grande suivant les localités; mais l'expérience a montré que, en général, ils ne sont pas très difficiles à exécuter, et que les frais qu'ils entraînent ne sont pas hors de proportion avec les sacrifices que la navigation peut s'imposer.

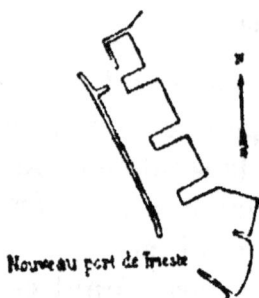

Nouveau port de Trieste

Cependant, même dans la Méditerranée, les entrées ne se conservent pas toujours naturellement; ainsi, à Port-Saïd, le débouché en mer du canal de Suez s'ensablerait si l'on n'opérait pas, chaque année, des dragages assez considérables à l'extrémité de la grande jetée qui abrite, du côté de l'ouest, le chenal d'accès.

Les grandes jetées ont permis de donner aussi à des ports à marée des entrées profondes qui se maintiennent.

A Cherbourg, où le fond est rocheux, les deux passes, situées aux extrémités de la grande digue, ont conservé leurs profondeurs; mais des sables se sont déposés dans la rade sous l'abri de la digue.

Le port de Kingstown, près de Dublin, en Irlande, est fameux, dans les annales des travaux maritimes, par la constance remarquable des profondeurs de son entrée, bien qu'elle soit établie sur un sol meuble, et que les musoirs de ses deux jetées convergentes ne s'avancent que jusqu'à des fonds modérés (de 8 à 9ᵐ.) au dessous de basse mer.

Ce fait a donné lieu à de nombreuses discussions ; on a voulu en tirer des conséquences plus ou moins plausibles, on en a donné des explications diverses, encore controversées[1], mais il n'en subsiste pas moins comme une preuve que, dans certains cas, on peut, dans une mer à marée, sur un fond meuble, obtenir à l'aide de grandes jetées une entrée profonde qui se conserve naturellement. A Kingstown, les dragages intérieurs s'appliquent surtout à l'enlèvement de bancs de sable, peu importants d'ailleurs, qui se forment sous l'abri des musoirs.

Mais l'exemple le plus remarquable, peut-être, d'un port à marée dont l'entrée conserve sa profondeur, est fourni par la bouche, dite de Malamocco, des lagunes de Venise.

Le chenal est endigué par deux jetées parallèles dont les musoirs atteignent les fonds de 9ᵐ environ, au dessous de basse mer. Le sol est formé d'alluvions, sable et vase, d'une profondeur indéfinie ; la marée n'a qu'une faible amplitude (1ᵐ environ), la bouche est située sous le vent de l'embouchure du Pô, mais le bassin de chasse formé par la lagune est très vaste.

Or, la bouche de Malamocco conserve naturellement, et sans aucune espèce de dragage, depuis l'achèvement déjà très ancien des jetées, sa profondeur de 9ᵐ, et il n'existe devant l'entrée aucune barre au dessus de ce niveau.

Il est vrai que les sables du Lido, ou cordon littoral, se sont accumulés le long d'une des jetées, mais ils ne se

---

1. *Des ports maritimes considérés au point de vue des conditions de leur établissement et de l'entretien de leurs profondeurs*, par MM. Stœcklin et Laroche, ingénieurs en chef des ponts et chaussées (Simonnaire et Cⁱᵉ, Boulogne-sur-Mer, 1878).

sont avancés que jusqu'à la ligne des fonds primitifs de 4ᵐ, et, depuis fort longtemps, la laisse de basse mer n'a pas gagné vers le large.

Quelle que soit l'explication de ce fait, il semble qu'on peut admettre que si les jetées avaient été poussées par les fonds de 4ᵐ seulement, il se serait reformé une nouvelle barre devant l'entrée, et que la grande longueur des jetées actuelles doit contribuer pour une part importante, sinon exclusive, au maintien des profondeurs de la bouche.

Malheureusement, il y a des exemples où la grande longueur des jetées n'a pas empêché les alluvions de gagner l'extrémité des musoirs et de reformer une nouvelle barre devant l'entrée (Hoek van holland, embouchure de la Meuse; Ymuiden, débouché du canal d'Amsterdam à la mer).

Il a fallu alors recourir aux dragages extérieurs, et sur une grande échelle, pour maintenir artificiellement les profondeurs devant l'entrée.

Toutefois, les grandes jetées, même quand elles n'assurent pas la conservation des profondeurs à l'entrée, paraissent souvent nécessaires et rendent, en tout cas, certains services.

Ainsi l'on doit douter, encore aujourd'hui, qu'il eût été possible de se dispenser de faire de longues jetées à Port-Saïd, à Ymuiden, etc., et d'assurer cependant, rien que par des dragages, une profondeur de 7ᵐ à 8ᵐ au chenal d'accès de ces ports. Les longues jetées atteignent les grands fonds où l'agitation, relativement faible, ne détermine pas un mouvement très actif des alluvions; on peut donc espérer que les dragages extérieurs d'entretien y seront moins importants que plus près du rivage.

En tout cas, les dragages y seront plus faciles, car la houle de beau temps est moindre sur les fonds de 8ᵐ à

10ᵐ que sur ceux de 2ᵐ à 3ᵐ, et il suffit que la houle dépasse 0ᵐ,60 environ pour que les engins dont on dispose aujourd'hui soient obligés de cesser de travailler. On pourra donc draguer plus longtemps et plus souvent, et, par suite, plus économiquement. On pourra employer un matériel flottant à formes marines, et d'un tirant d'eau qui en augmentera la stabilité. En cas de mauvais temps, les extrémités des jetées offrent à ce matériel un abri où il peut rapidement se réfugier, etc.

De plus, les grandes jetées peuvent, dans quelques cas, modifier jusqu'à un certain point le régime local des plages meubles, comme le font des caps rocheux naturels ou des éboulements accidentels de falaises.

Ainsi, la partie exécutée de la jetée de Douvres forme un long épi sur une plage de galets ; l'enracinement de la jetée a arrêté la marche du galet, qui s'est accumulé sur une de ses faces, mais cet avancement des alluvions vers le large, le long de l'ouvrage, s'est promptement arrêté : on peut dire qu'il est pratiquement nul à présent et depuis un grand nombre d'années.

On a vu que le même fait s'est produit à Malamocco, et on pourrait citer nombre d'exemples semblables.

Voici comment on l'explique :

Soit AC le rivage primitif sur lequel on a construit la jetée CD. Le vent régnant a la direction UV. Les alluvions littorales viennent de gauche à droite, s'accumulent le long de la jetée et forment un nouveau rivage EFG, concave vers le vent. Soit F le point où la direction de la côte nouvelle est normale à celle du vent.

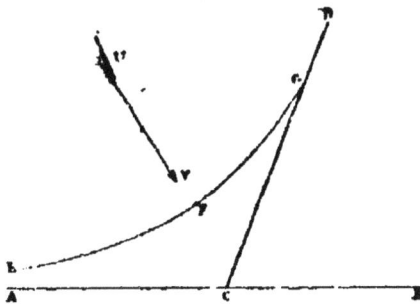

On voit que les lames du vent régnant ramèneront vers

F les alluvions de la pointe G, et ce cheminement de droite à gauche des alluvions sera favorisé par tous les vents soufflant entre les orientations UV et DC.

Par contre, les alluvions seront poussées de E vers G par tous les vents compris entre UV et AC.

Donc, suivant la prédominance des lames d'un côté ou de l'autre, il pourra s'établir un nouvel équilibre local de la plage sur la courbe EFG, qui tantôt avancera un peu vers le large et tantôt reculera vers la terre, mais restera en somme dans une position moyenne à peu près fixe.

Ceci suppose, bien entendu, que la plage primitive était arrivée elle-même à un état à peu près stable, c'est-à-dire que les lames d'un côté n'y amenaient pas plus d'alluvions que les lames de l'autre côté n'en emmenaient. Si, cependant, la plage continue à recevoir d'un côté des alluvions nouvelles, mais en petite quantité, par exemple du galet provenant de falaises voisines qui se corrodent lentement, peu à peu, le rivage EFG pourra n'en être que médiocrement affecté, parce que le galet, sous l'action des lames directes, sera rejeté sur la plage, où il s'accumulera jusqu'à une hauteur plus ou moins grande. De plus, le galet, broyé par son agitation incessante, se réduira en parcelles de plus en plus petites, qui seront ramenées dans les grands fonds par les lames de retour, dont nous avons déjà signalé l'action énergique dans les concavités des rivages exposés en plein au vent régnant.

Si les apports sont de sable, mais toujours peu importants, le sable viendra, en partie, former des dunes dans le rentrant C, et le reste sera ramené dans les grands fonds par les lames de retour.

Si cette explication, très plausible, est réellement exacte, on voit que les alluvions entraînées par les lames de retour dans les grandes profondeurs doivent, en général, exhausser le fond sous-marin dans tout l'espace UEFGD au vent de la jetée, jusque vers les parages où est situé le musoir de la jetée au vent, et tendre, par suite, à former une barre devant l'entrée, qu'elles envahissent.

Nous disons en général, car il peut arriver que ces alluvions soient balayées par des courants.

On comprend aussi que l'envahissement de la passe dépend de l'orientation de la jetée par rapport au vent régnant (orientation qui modifie la forme du nouveau rivage EFG), du régime des vents et par conséquent de celui des lames, du plus ou moins d'abondance des apports nouveaux, etc. On s'expliquerait ainsi les ensablements constatés à Port-Saïd, Ymuiden, etc. qu'il faut enlever chaque année.

Enfin, les grandes jetées peuvent permettre de reporter l'entrée dans des parages où les courants littoraux sont assez forts pour balayer les alluvions, tandis que ces mêmes courants, près du rivage, sont trop faibles pour les enlever.

C'est sur ce principe qu'est basée la disposition du nouveau port de Boulogne-sur-Mer. Là, près de terre, les courants de marée sont sans action efficace pour déblayer l'entrée, mais à un mille environ du rivage, vers le large, le flot et le jusant sont directement alternatifs, et ils ont une vitesse telle qu'ils ont creusé, dans la direction où ils agissent constamment, une fosse où l'on trouve des profondeurs de plus de 15ᵐ au dessous de basse mer, et où la sonde révèle, en certains points, le fond rocheux.

On a pensé qu'en plaçant l'entrée de l'avant-port au sommet du talus accore de cette fosse, par les fonds de 8ᵐ les courants balaieraient les alluvions qui tendraient à se déposer en avant de la passe pour y former une barre. On n'aurait plus ainsi qu'à assurer, au moyen de dragages intérieurs, le maintien des profondeurs en dedans de l'entrée, entretien qui semble devoir être de peu d'importance, autant qu'on peut le prévoir d'après les faits constatés, dans l'état actuel d'avancement des ouvrages, qui ne sont pas encore terminés en ce moment (1890).

§ 3.

EXÉCUTION DES GRANDES JETÉES.

159. Moyens d'exécution. — Jusqu'ici nous ne nous sommes pas préoccupé des moyens d'exécution. On a indiqué ce qu'il fallait faire sans s'inquiéter de savoir comment on pourrait le faire.

Or, l'invention ou l'application des moyens d'exécution des grandes jetées constitue, le plus souvent, à elle seule, une difficulté de premier ordre.

On doit admirer l'ingéniosité et la hardiesse dont les ingénieurs ont fait preuve autrefois dans leurs travaux, eu égard aux ressources dont ils disposaient.

Ainsi, en 1781, de Cessart fit approuver, pour la construction de la digue de Cherbourg (Atlas; Pl. XXIII), l'emploi de caissons en charpente remplis d'enrochements; à cette époque on ne soupçonnait pas la puissance de destruction des tarets.

Ces caissons en forme de troncs de cône avaient 45ᵐ,50 de diamètre en bas, 19ᵐ,50 de diamètre en haut et 19ᵐ,50 de hauteur.

Ce sont là des masses énormes, et si, aujourd'hui, un ingénieur avait à les construire, à les lancer, à les faire flotter, à les conduire en place, à les immerger et à les remplir d'enrochements, il considérerait certainement cette entreprise comme étant d'une grande difficulté, même avec les moyens mécaniques, les engins perfectionnés et puissants dont il dispose aujourd'hui, et que n'avait pas de Cessart.

De plus, quand on coula le premier cône (1783), on reconnut que, dans l'emplacement où on l'échoua, le fond était de trois mètres plus haut qu'on ne l'avait cru, sur la foi de sondages insuffisants.

C'est que, il y a un siècle, les cartes marines n'avaient pas la précision qu'elles offrent à présent. Cependant, même aujourd'hui, il est toujours prudent de vérifier fréquemment les sondages des fonds sur lesquels on travaille, surtout quand ces fonds sont meubles. Il est important surtout d'étudier attentivement, par des forages multipliés, la nature du terrain sur lequel repose l'ouvrage. Il n'y a pas bien longtemps que, en France, on a dû renoncer à la construction d'une jetée, qui avait déjà reçu un commencement d'exécution, parce que la profondeur des vases, sur lesquelles elle était assise, fut reconnue tellement grande, que la dépense eût été hors de proportion avec les intérêts à desservir.

Il serait intéressant de passer en revue tous les moyens d'exécution employés jusqu'ici et tous les engins dont on s'est servi. Cette étude serait certainement très profitable, mais elle ne saurait trouver ici toute la place qui lui convient.

D'ailleurs, nous disposons actuellement de ressources que n'avaient pas nos devanciers.

La science de la mécanique est très avancée ; l'emploi de la vapeur fournit à bon marché, et simplement, toute la force dont on a besoin. Il s'est créé tout une classe d'Ingénieurs mécaniciens à l'esprit inventif et pratique.

Des entrepreneurs de la plus haute valeur, disposant de capitaux considérables, sachant l'art difficile de bien organiser les chantiers, ont acquis la pratique des travaux à la mer.

La tâche de l'ingénieur maritime est donc aujourd'hui simplifiée.

Toutefois, il doit se préoccuper de combiner les dispositions des ouvrages de façon à les rendre aussi solides que possible, tout en cherchant la plus grande économie et la plus grande facilité dans l'exécution.

Les travaux à la mer étant toujours, pour ainsi dire, le champ d'expériences nouvelles, l'ingénieur doit se tenir au courant de ce qui se fait dans les autres ports nationaux et étrangers, afin d'utiliser les résultats obtenus dans des circonstances analogues à celles où il se trouve.

D'ailleurs, en envisageant tous les ports de tous les pays, le nombre de ceux où s'exécutent, à chaque époque, de nouveaux ouvrages de grande importance, n'est jamais considérable.

Nous nous bornerons à quelques détails succincts sur les moyens d'exécution spéciaux que comportent les grandes jetées.

160. Des enrochements. — *Qualité des pierres.* La pierre ne doit pas s'altérer dans l'eau; elle doit être dense, car le poids de chaque bloc contribue à sa stabilité.

Elle doit être dure pour ne pas s'écraser sous le poids des charges qu'elle supporte, ni se briser dans les tassements qui tendent à déplacer les matériaux et déterminent des frottements considérables.

Exploitation des carrières. L'exécution d'une jetée comporte presque toujours l'emploi d'une très grande quantité d'enrochements.

Comme on ne peut généralement faire l'immersion que durant la belle saison, l'exploitation des carrières doit être conduite d'une façon exceptionnellement active pendant la campagne de travail. Dans ces conditions, l'ex-

ploitation des carrières devient tout un art, et il est bon
que l'entrepreneur chargé des travaux en ait déjà acquis
l'expérience.

Le choix du front d'attaque, la disposition des voies
de service, les engins de chargement, le matériel de
transport, doivent être étudiés attentivement. Une partie
des enrochements doit quelquefois être transportée par
eau, de carrières assez éloignées, ce qui exige la création
de véritables petits ports accessoires,[1] d'un matériel flottant spécial, de moyens d'embarquement, etc.

L'établissement de grands fourneaux de mine où l'on
emploie jusqu'à 20000 et 25000 kgs. d'explosif à la fois,
exige l'étude préalable de la disposition des strates du
rocher et de leur nature géologique (Atlas; Pl. XXXVI,
Cherbourg, Brest).

Ces grandes mines sont seulement destinées à ébranler,
à disloquer, à faire ébouler tout un pan de rocher d'un
seul coup, et sur toute la hauteur du front d'attaque.

L'expérience seule peut indiquer la masse qu'ébranlera
une mine disposée d'une certaine façon, et la quantité de
poudre ou de dynamite qu'il faudra y employer.

L'explosion détermine quelquefois un véritable petit
tremblement de terre, et il est bon de s'assurer qu'il ne
pourra pas compromettre la solidité de constructions
voisines.

En un mot, il y a là, comme nous le disions, tout un
art qu'on n'acquiert que par l'expérience de ce genre de
travaux.

Les grandes mines ne sont pas particulièrement économiques. Ainsi, le rendement par kilogramme de poudre
n'est souvent pas de plus de 3 ou 4ᵐᶜ de roche éboulée, et le
forage des galeries et des puits revient souvent fort cher.
Quelquefois il faut les assécher, boucher les fissures qu'on

1. Exemple : le port des carrières du Frioul, près de Marseille (Atlas ; Pl.
XXXVII, fig. 1).

rencontre, et il arrive que certains fourneaux ne font pas explosion, ce qui représente une perte sérieuse d'argent.

De petites mines donnent souvent des rendements aussi grands, et à plus bas prix.

Mais, ici, c'est la grande quantité de matériaux à obtenir dans un temps relativement court qu'il faut considérer.

Les éboulements des grandes mines produisent souvent des blocs énormes qu'on ne peut manœuvrer avec les engins dont on dispose sur le chantier.

Il faut alors les faire éclater en plusieurs morceaux à l'aide de pétards.

Les grandes mines qu'on emploie le plus habituellement sont celles à puits et galeries; mais, dans les rochers calcaires, on s'y sert aussi, et concurremment, des mines acidées, ou de Courbebaisse. [1] (Atlas; Pl. XXXV, fig. 4 et suivantes).

Les carrières du port de Gênes offrent un type intéressant d'exploitation (Atlas: Pl. XXXV). Là, les strates du rocher sont relevées presque verticalement; on en affouille le pied au moyen de galeries horizontales séparées par des piliers; on détruit tous ces piliers en même temps par des coups de mine simultanés, et toute la masse du front de carrière s'écroule sur une épaisseur égale à la profondeur des galeries. Le transport des gros blocs naturels sur le plancher de la carrière se fait aussi par un procédé qui vaut la peine d'être signalé, et qui rappelle ceux qu'employaient les anciens Égyptiens pour la translation de leurs énormes monolithes.

Le sol de la carrière est disposé en pente douce du front d'attaque vers le rivage; on y installe des glissières formées de poutres presque jointives, transversales, dont la

---

1. *Annales des Ponts et Chaussées*; 1861, 1er Semestre: Mines acidées de M. Courbebaisse (chronique). — Voir aussi *Routes et Chemins vicinaux*, par MM. Marx et Durand-Claye.

face supérieure est convenablement dressée et suiffée ; sur
ces voies glissent des cadres, dont les longrines inférieures
sont également suiffées ; on amène le cadre près d'un bloc
qu'on y fait basculer ; un attelage composé d'un nombre
suffisant de bœufs traîne le cadre jusqu'à la rampe d'embarquement ; là, un treuil puissant le saisit et l'amène
sur le pont d'un ponton, où il repose sur des rouleaux.

Le ponton est conduit au lieu d'immersion ; on introduit, dans un des flancs de sa cale, de l'eau qui lui fait
prendre bientôt une bande suffisante pour que tout son
chargement soit précipité dans la mer (blocs, cadres et
rouleaux). On repêche ensuite les bois flottants que le
ponton ramène à la cale d'embarquement.

Catégories d'enrochements. Le nombre des catégories doit
être, ainsi que nous l'avons déjà dit, assez restreint pour
ne pas compliquer l'exploitation de la carrière, et pour
éviter des pertes de temps qui se traduisent par des pertes
d'argent.

Trois ou quatre catégories suffisent en général ; il ne
saurait y avoir de règle pour fixer les limites de volume
correspondant à chacune d'elles.

On peut classer comme moellons (1ʳᵉ catégorie), les
pierres dont le volume est inférieur à un quart de mètre
cube.

La dernière catégorie comprend ordinairement les
blocs naturels de deux mètres cubes et au dessus.

Rappelons, comme un point important déjà signalé,
qu'il y a tout intérêt à organiser les chantiers de façon à
pouvoir manœuvrer de très gros blocs naturels, car ils
ont plus de masse, sous le même volume, que les blocs
artificiels en maçonnerie, et, par suite, plus de résistance
à la lame, tout en coûtant moins cher.

A Gênes, on a pu employer des blocs naturels de plus
de 60 tonnes : l'un deux atteignait jusqu'à 120 tonnes.

Dans la pratique, les catégories se rapportent aux poids et non aux volumes.

On ne peut songer, en effet, à cuber d'aussi grandes quantités de pierres, et il serait pratiquement impossible de mesurer de gros blocs à formes tout à fait irrégulières.

On les pèse donc, ce qui oblige à établir des bascules sur lesquelles passent les wagons.

Dans le cas où les enrochements sont embarqués directement, les bateaux qui les reçoivent doivent porter des échelles de jaugeage.

Chargement et embarquement. Dans les carrières, les moellons, c'est-à-dire les pierres les plus petites, doivent être nécessairement maniés à la main ; mais, pour économiser le travail de l'homme et activer le chargement, condition essentielle, on peut les mettre sur des cadres à ras du sol, des grues ou des bigues déposent ces cadres sur les trucs des wagons.

Les grues et bigues doivent être faciles à déplacer (Atlas : Pl. XXXVII, fig. 2 et 3); les engins les plus simples, les plus rustiques, les plus faciles à établir et à entretenir sont les meilleurs.

Les blocs sont enlevés aussi par des grues, des bigues, ou soulevés par des leviers, des crics, des vérins, jusqu'au niveau des plateformes qu'on amène au dessous d'eux. Pendant leur soulèvement quand on procède par ce moyen, ils reposent sur des pièces de bois, sur des coins et des cales, qu'on exhausse successivement, et qu'on dispose de façon à permettre l'introduction de la plateforme du wagon sous le bloc convenablement soulevé.

On conçoit du reste que ces opérations puissent se faire de bien des façons différentes, et, en réalité, chaque chantier offre des particularités appropriées aux circonstances locales, et que la pratique a conduit à adopter.

L'embarquement des moellons, quand ils ne sont pas de trop grandes dimensions, peut se faire dans des chalands à puits, analogues aux porteurs qui desservent les dragues.

L'immersion se fait alors en ouvrant les portes des puits, comme pour la vidange d'un porteur (Atlas ; Pl. XXXVII, fig. 4 ; Pl. XXXVIII, fig. 2).

On peut encore les mettre sur le pont d'un chaland ponté. Dans ce cas, l'immersion a lieu en donnant au chaland une bande suffisante.

Cette bande s'obtient en remplissant d'eau des caisses convenablement disposées dans la cale (eau qu'on épuise ensuite).

Un autre procédé très pratique et très rustique consiste à placer les moellons de façon à donner une inclinaison transversale au pont, dont on rétablit l'horizontalité en chargeant un de ses bords avec quelques gros blocs placés en porte à faux (Atlas ; Pl. XXXVII, fig. 7). On fait tomber tous ces blocs en même temps au moyen d'anspects (ou leviers), de crics, etc. ; le chaland s'incline brusquement sur l'autre bord, et les moellons sont jetés à la mer.

Dans certains cas on a établi sur le pont du chaland des caisses à bascule, comme celles des wagons de terrassements[1], etc.

Mais, de toutes façons, il faut que le chargement des moellons soit rapide. Quand les dispositions locales le permettent (Atlas ; Pl. XXXVII, fig. 2 et 4), on atteint ce but en amenant les wagons de la carrière sur des estacades dressées au lieu d'embarquement, et où on les fait basculer pour verser leur chargement dans le matériel flottant. L'embarquement des blocs se fait généralement au moyen de treuils à bras ou à vapeur, susceptibles de se mouvoir dans deux sens perpendiculaires au sommet de la char-

---

1. Ponton pour le coulage des blocs artificiels, à St-Jean-de-Luz. *Annales des ponts et chaussées*, 1881, 1ᵉʳ semestre.

pente qui les supporte, le matériel flottant vient alors se placer entre les montant de cette charpente. On peut se servir aussi de grues et de bigues pour embarquer les blocs.

Immersion. — Les emplacements où les enrochements doivent être immergés, d'après leur catégorie, sont délimités par des bouées ou des balises.

Ces repères sont déplacés de temps en temps, au fur et à mesure que le soubassement s'élève au dessus du fond de la mer.

Quand le sol sous-marin est affouillable, on répand les matériaux de 1re catégorie sur toute la largeur qu'ils doivent occuper. Si on les amoncelait sur une petite largeur et sur une grande hauteur en laissant à la mer le soin de les étaler, il se produirait, au pied extérieur du massif saillant ainsi formé, des affouillements qui absorberaient inutilement une grande quantité de pierres.

Cette précaution est particulièrement utile dans un fond de vase, comme à Trieste, car, en pareil cas, la consolidation de la base de la jetée ne s'obtient qu'en y enfouissant un cube considérable de matériaux, qui peuvent d'ailleurs n'être alors que des déchets de carrière.

Il est à peu près impossible de savoir d'avance de combien les enrochements descendront dans un fond meuble ou affouillable, et quelles réductions les tassements feront subir aux vides entre les pierres. Dans l'ignorance où l'on est à ce sujet, on a l'habitude de calculer les devis d'avant-projets en supposant plein le massif en enrochements.

Quand le fond n'est ni meuble ni affouillable, ou, du moins, ne l'est que dans des proportions négligeables, l'expérience conduit à admettre que les vides sont d'environ 30 % pour les enrochements, et d'environ 20 % pour les blocs artificiels.

Les pierres amenées par les bateaux sont précipitées directement dans la mer tant que la jetée est assez basse pour que le matériel flottant puisse circuler au-dessus sans danger.

Quand la hauteur de la jetée ne permet plus cette manœuvre (Atlas; Pl. XXXVII), il faut recourir à l'emploi de bigues flottantes pour jeter les blocs dans l'eau ou pour les poser au-dessus de l'eau.

L'exécution du talus extérieur doit être conduite de façon que les enrochements ne soient pas exposés à des mers qui les empêcheraient de prendre la pente prévue de 1 à 1 1/2 de base pour 1 de hauteur. Ainsi, la défense en blocs artificiels suivra l'élévation du talus extérieur des enrochements les plus gros qu'elle doit protéger.

De cette façon, la tête d'avancement du soubassement, c'est-à-dire la partie qu'on allonge progressivement, sera seule exposée à être dérangée par la mer; mais cet effet n'a jamais de conséquences graves, si le travail est bien conduit, et il contribue, du reste, à donner aux enrochements la position qui correspond à leur maximum de stabilité.

Il permet, en outre, de reconnaître à quelles profondeurs les pierres des diverses catégories sont remuées par la mer, et, par suite, jusqu'à quelle hauteur on peut les employer sur le talus extérieur.

On peut, dans certains cas, amener directement de la carrière sur la jetée une assez grande quantité d'enrochements.

Ainsi, dans la Méditerranée, quand la jetée est enracinée au rivage, et quand l'enracinement peut être relié économiquement, par des voies ferrées, aux carrières, on transporte directement une partie des enrochements par wagons.

Il faut alors que les voies établies sur la jetée soient au moins à 2^m au dessus de l'eau.

Cependant, même dans ce cas, on transporte presque toujours par bateaux les matériaux qui doivent être immergés par une profondeur d'eau suffisante; on y a souvent économie et, en tout cas, on y trouve l'avantage d'une plus grande rapidité dans la marche des travaux.

Le transport direct des pierres, par wagons, de la carrière à la jetée (Atlas; Pl. XXXVII, fig. 7), est également employée dans les mers à marée, comme à Boulogne, par exemple, quand le soubassement en enrochements est arasé à une hauteur suffisante au dessus de la basse mer; mais ce mode de transport est forcément interrompu quand la mer monte au dessus d'un certain niveau.

On a appliqué en Angleterre un procédé qui permet de le continuer, même à haute mer.

On établit sur l'emplacement de la jetée des appontements en charpente, très élevés, du haut desquels on précipite les enrochements dans la mer (Atlas; Pl. XXXIX, Holyhead).

Ce système a l'avantage de permettre de travailler pendant la plus grande partie de l'année, si les voies ferrées sont posées au dessus du niveau qu'atteignent les lames des tempêtes ordinaires.

Son application est surtout motivée quand on veut faire rapidement une jetée tout en enrochements versés pêle-mêle, sans triage. La construction des appontements est presque toujours extrêmement difficile.

L'expérience a appris que les poteaux montants doivent être très espacés, pour laisser passer entre eux les lames aussi librement que possible. Si le mouvement de l'eau est entravé par la présence d'un grand nombre d'obstacles, il se produit des chocs violents qui brisent les pièces contre lesquelles la mer vient heurter, et des jaillissements d'eau qui démolissent la plateforme supportant les voies.

Cependant les poteaux montants doivent avoir une grande hauteur. Pour leur donner la force nécessaire, on les forme de poutres jumelées et on les raidit dans le sens de leur longueur en les armant de tendeurs (Atlas; Pl. XLVI, fig. 2).

On les pose successivement, au fur et à mesure de l'avancement du pied de l'enrochement sur le fond de la mer. On se sert, dans ce but, d'une bigue posée à l'extrémité de la partie déjà construite de la plateforme (Atlas; Pl. XXXIX, fig. 3).

Si le fond sous-marin est rocheux, le pied des poteaux doit être armé d'une tige en fer qu'on puisse faire pénétrer dans le sol (Atlas: Pl. XXXIX, fig. 9 et 10).

On obtient souvent une fixité suffisante du montant (en attendant qu'il soit noyé dans l'enrochement), par un lest de pierres contenues dans une caisse qui enveloppe le pied du poteau.

Aujourd'hui, les Titans permettent non seulement d'arrimer de gros blocs artificiels, mais encore d'immerger les enrochements et de disposer les blocs naturels au dessus de l'eau à la hauteur et suivant le profil qu'on veut réaliser.

Le Titan employé à Leixoès, près de O'Porto (Portugal), a une volée de 44 mètres de longueur (Atlas; Pl. XLV). Pour placer les blocs artificiels, on n'utilise de cette volée que la partie voisine de l'axe de rotation, sur **29** mètres, tandis que, pour immerger les petits enrochements, on amène les wagons jusqu'à son extrémité.

JETÉE DE LEIXOÈS

Profil type applicable aux profondeurs supérieures à 5 mètres

161. Des blocs artificiels. — Les trois dimensions d'un bloc, hauteur, largeur, longueur, sont, assez ordinairement, à peu près dans les proportions des nombres 4, 5 et 8. Ainsi, un bloc de 10^{mc} aura environ $1^m,60 \times 2^m \times 3^m,20$; un bloc de 20^{mc} aura $2^m \times 2^m,50 \times 4^m$.

Il faut qu'un bloc ne soit pas trop haut, car, s'il est en béton, plus il sera haut, plus les parois de la caisse dans laquelle on le moule devront être résistantes pour ne pas céder sous la pression intérieure; or, pour les blocs arrimés surtout, il importe que leurs faces soient aussi planes que possible; plus les caisses devront être résistantes, plus elles seront lourdes, et, par suite, difficiles à manœuvrer. Si le bloc est en maçonnerie, il importe de réduire au minimum la hauteur de l'échafaudage volant sur lequel se tiennent les ouvriers pour achever la partie supérieure du bloc.

Il faut qu'un bloc ne soit pas trop long, car plus il sera long, plus il sera exposé à se briser. Cependant, la longueur d'un bloc arrimé est une condition de stabilité contre le choc des lames qui le frappent sur la face la plus petite.

On a expliqué précédemment pourquoi il importe à la cohésion d'un bloc que sa fabrication soit aussi rapide que possible, et, en tout cas, soit achevée en une seule journée au maximum.

Les blocs doivent rester aussi longtemps que possible sur l'aire du chantier, depuis le moment de leur fabrication jusqu'à celui de leur emploi, de façon à y acquérir toute la dureté et toute la résistance désirables. Ordinairement, on ne les enlève que trois mois environ après leur achèvement.

On peut s'assurer de la résistance d'un bloc en le soulevant d'un mètre environ au dessus de l'aire et en l'y laissant retomber librement ; il ne doit pas se rompre dans sa chute.

Pour soulever les blocs, il faut se ménager la possibilité de passer des chaines sous leur face inférieure, ou de les saisir à leur partie supérieure.

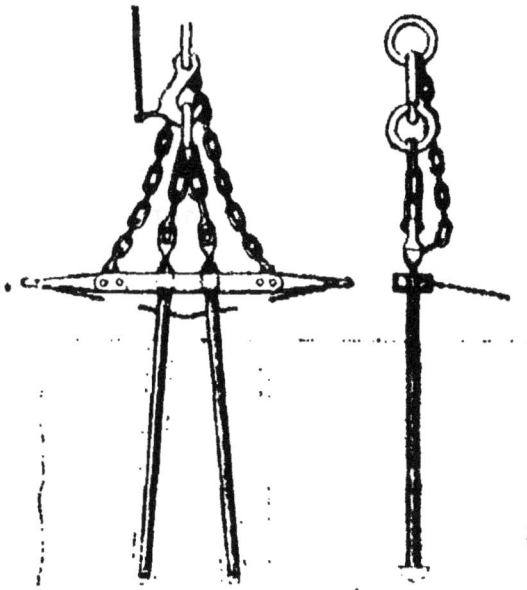

Dans le premier cas, on réserve des rainures pendant la fabrication du bloc; ces rainures existent également sur les faces verticales si les blocs doivent être posés jointivement (Atlas; Pl. XXXVIII, fig. 3, 4 et 7; Pl. XL, fig. 5, 6, 7, 9 et 10; Pl. XLI, fig. 3, 5, 7, 9 et 10; Pl. XLV, fig. 1).

Dans le second cas, un ou plusieurs tirants en fer traversent verticalement le bloc dans de petits puits ménagés *ad hoc* (Atlas; Pl. XL, fig. 12; Pl. XLII, fig. 1, 2, 3, 6, 7, 9, 10 et 13; Pl. XLIII, fig. 8; Pl. XLIV, fig. 1), et saisissent des traverses ou des boucliers disposés sous le bloc; ces tirants peuvent être amovibles.

Organisation d'un chantier pour la fabrication des blocs artificiels. — L'organisation d'un chantier de blocs artificiels dépend de tant de circonstances locales qu'il est impossible de formuler des règles générales un peu précises.

Toutefois, il est nécessaire que les voies d'enlèvement des blocs soient absolument indépendantes des voies d'amenée des matériaux de fabrication, afin que la continuité du travail ne soit jamais entravée (Atlas; Pl. XXXVIII, fig. 1).

Ordinairement, l'aire du chantier a la forme d'un rectangle allongé, où les blocs sont disposés en échiquier; sur un des longs côtés règne la voie principale d'amenée des matériaux; sur l'autre, la voie principale d'enlèvement des blocs.

De chacune de ces deux voies principales, longitudinales, partent des voies secondaires transversales, parallèles aux petits côtés du rectangle. Les unes conduisent les matériaux nécessaires pour la fabrication d'une rangée de blocs en cours d'exécution dans la partie vide de l'aire; les autres servent à la circulation des trucs qui enlèvent les blocs dans la partie de l'aire où ils ont l'âge requis pour pouvoir être employés.

Les voies principales d'amenée et d'enlèvement sont fixes, les voies secondaires se placent et se déplacent d'après la marche du travail. Les voies principales et secondaires d'amenée, ainsi que le matériel roulant qui y circule, peuvent être d'assez faible échantillon.

Les voies d'enlèvement, au contraire, et leur matériel, doivent être exceptionnellement solides, à cause des poids considérables qu'ils supportent. Ainsi, les rails seront du plus fort modèle que fournit l'industrie ; les traverses, larges et épaisses, seront très rapprochées les unes des autres ; les voies transversales d'enlèvement seront sur longrines (Atlas ; Pl. XL, fig. 5 et 6) ; ces longrines auront un grand équarrissage (0ᵐ,40 sur 0ᵐ,30 par exemple) et reposeront à des distances aussi petites que possible sur des bouts de madriers placés transversalement et ayant environ 1ᵐ de long, pour bien répartir la pression sur le sol, etc. ; les roues des trucs seront pleines et en acier, etc.

Le soulèvement des blocs a lieu au moyen de treuils puissants, mobiles sur un échafaudage roulant. Cet échafaudage roule sur les voies transversales d'enlèvement, entre les rangées de blocs [1].

Quand on doit fabriquer une grande quantité de blocs par jour (par exemple de 200 à 400 mètres cubes de béton ou de maçonnerie), l'emploi des machines à vapeur devient indispensable pour la confection du mortier, le cassage des pierres, le soulèvement des blocs, le halage des trucs chargés de blocs sur la voie principale et sur les voies secondaires d'enlèvement, etc.,

[1] *Latour et Gassend.* Construction du bassin Napoléon à Marseille (Marseille, *Barile*, 1860). Pl. XXI à XLVII. Fabrication et bardage des blocs artificiels.

L. Monteil. Percement de l'Isthme de Suez ; Annales industrielles, 18, rue Lafayette, 1ʳᵉ série, Pl. 73 à 80. Fabrication de blocs artificiels à Port-Saïd ; Pl. 83 et 84 ; détails de la grue roulante.

On ne saurait trop répéter, à cette occasion, que l'on regrette presque toujours de n'avoir pas donné assez de force et de rusticité aux machines et engins, et de ne s'être pas ménagé moyennant un supplément relativement petit de dépense de premier établissement, une marge relativement grande de puissance disponible.

Transport et immersion des blocs artificiels. — Si les blocs doivent être transportés par eau au lieu d'immersion, plusieurs moyens peuvent être employés dans ce but.

Nous en citerons deux à titre d'exemples :

1° A l'aide de flotteurs (Atlas ; Pl. XXXVIII, fig. 5, 6 ; Pl. XLI, fig. 3 à 10 ; Pl. XLII, fig. 5) :

Supposons qu'un bloc ait été construit au bord d'un bassin sur une cale, c'est-à-dire sur un plan incliné descendant au dessous de l'eau.

On soulève le bloc ; on introduit au dessous de lui deux glissières en bois qui s'étendent sur toute la longueur de la cale (dans le sens de la pente) : ces glissières sont suiffées à leur partie supérieure ; on dispose sur chaque glissière deux sommiers en bois suiffés à leur face inférieure, en contact avec la glissière ; on fait descendre le bloc sur les sommiers. Si la pente de la cale a été convenablement établie, il est toujours facile de faire glisser le bloc, de le lancer, comme on dit en marine.

Il arrive même, le plus souvent, que le bloc descendrait trop bas sous l'eau, si on n'amortissait pas sa vitesse. Un des moyens de retenue qu'on peut employer consiste à munir la face avant du bloc d'un large écran ou bouclier mobile en charpente, dont le choc contre l'eau arrête rapidement le mouvement de descente.

Le bloc étant arrivé au bas de la cale est saisi par un flotteur et remorqué au point où il doit être immergé.

Quand le bloc a dû être construit à une certaine distance de la cale, on l'y amène par wagon et, dans ce cas, on fait descendre le wagon tout chargé : un câble de retenue modère le mouvement. Si ce câble soulève un poids, on pourra se servir de la descente de ce poids pour faire remonter le wagon vide, comme à St-Jean-de-Luz.

L'immersion s'obtient en lâchant, à l'aide d'un déclic, les chaines qui soutenaient le bloc.

Ce procédé s'applique surtout quand l'immersion doit avoir lieu par une profondeur d'eau suffisante ; cependant, on conçoit qu'on puisse saisir, avec une bigue flottante, le bloc amené au bas de la cale, le soulever, et le poser au dessus de l'eau (Atlas ; Pl. XLII). Ce moyen a été employé aux *Sables d'Olonne*.

Autrefois on a constitué le flotteur à l'aide de deux énormes barriques en bois, reliées par une charpente, sur laquelle on installait, au besoin, des moyens de levage, des treuils, par exemple. Aujourd'hui on les fait habituellement en fer, et leur forme varie à l'infini. Quelquefois le flotteur est formé par un ponton au milieu duquel on a ménagé un puits où passe le bloc, etc.

2° A l'aide de pontons à plan incliné.

Sur le pont d'un bateau porteur, on établit une ou plusieurs cales de lancement. Quand il y en a plusieurs, le nombre en est généralement réduit à trois.

Chaque cale, en charpente, est formée de deux glissières suiffées à leur face supérieure, sur lesquelles on pose des blocs de bois, suiffés à leur partie inférieure, en contact avec la glissière.

Un bloc est déposé sur ces pièces de bois, et dans une position telle que le pont du bateau reste toujours horizontal.

Dans ces conditions, et comme la cale a toujours une assez forte inclinaison (20° à 30° environ), le bloc glisserait sur la cale ; on l'y maintient au moyen de deux taquets d'arrêt qui le butent à son pied.

Le porteur, à formes marines, est remorqué au lieu d'immersion ; là on abat en même temps tous les taquets d'arrêt, au moyen d'un déclic, et les blocs se trouvent instantanément lancés dans la mer.

Les bateaux porteurs doivent être lestés de façon à offrir une très grande stabilité, car, au moment du lancement des blocs, ils sont soumis à un roulis énorme et très brusque.

Pose des blocs au-dessus de l'eau. — Pour mettre en place, au dessus de l'eau, les blocs amenés par les porteurs, on se sert de puissantes bigues flottantes à vapeur.

Cette sorte d'engins est d'un usage courant, dans les ports, pour mater et démater les navires, pour enlever ou installer les chaudières des bateaux à vapeur, etc.

Dans les travaux de jetées où les blocs artificiels sont surtout employés sur le talus extérieur, c'est-à-dire dans la partie la plus exposée de l'ouvrage, les bigues ou mâtures flottantes doivent être portées par des coques à formes marines, et offrir une très grande stabilité au roulis et au tangage, quand l'extrémité de leur volée est chargée d'un poids aussi considérable que celui d'un bloc artificiel.

On voit, en tout cas, que la pose des blocs ne peut se faire avec la bigue que lorsque la mer est suffisamment calme ; ce qui réduit nécessairement le nombre des jours et des heures pendant lesquels on peut travailler ainsi, condition évidemment défavorable ; et on conçoit qu'on s'ingénie à protéger les jetées au moyen de dispositions telles que l'exécution en soit réalisable d'une façon aussi continue que possible, au moins au dessus de l'eau et même jusqu'à une certaine profondeur au dessous, à l'aide d'engins tels que les Titans, par exemple.

163. Des Titans. — L'emploi des titans est particulièrement justifié quand la mer est presque toujours houleuse, même en temps calme, et quand, d'ailleurs, la jetée étant enracinée au rivage, on peut y amener les blocs par voies ferrées (Atlas; Pl. XLIII, XLIV et XLV).

Un titan se compose essentiellement d'une plateforme pouvant se déplacer le long de la jetée; cette plateforme supporte une plaque tournante; sur cette plaque tourne la volée convenablement équilibrée par rapport à l'axe de rotation. Un titan est généralement très lourd, de 250 à 450 tonnes, par exemple; un pareil poids doit être réparti sur un grand nombre de roues supportant la plateforme. Il en résulte que celle-ci ne peut suivre, sans trop de difficulté, que des alignements droits ou des courbes de très grand rayon.

Par le fait de son grand poids et des nombreux organes mécaniques qu'il comporte, un titan coûte toujours assez cher, disons, par exemple, de 150.000 fr. à 250.000 fr.; et, si on admet qu'il doit être à peu près complètement amorti pendant l'exécution des travaux, cet amortissement grèvera d'une certaine somme le prix du mètre cube de bloc mis en place.

Lors donc que l'emploi du titan ne sera pas imposé par quelque circonstance spéciale, telle que l'état habituel de la mer, la nécessité d'une exécution très rapide, le manque d'enrochements naturels à bas prix, etc., il y aura lieu, dans chaque cas, d'examiner le côté économique de la question, et de voir si, en modifiant au besoin certaines dispositions des ouvrages, on ne pourrait pas les exécuter à meilleur marché sans recourir à l'usage des titans.

Ainsi les blocs de la défense extérieure de la jetée de Gênes ont été arrimés, et cela d'une façon remarquablement satisfaisante et à un prix modéré, rien qu'à l'aide d'une mâture flottante.

163. — Exécution des maçonneries du couronnement des grandes jetées dans les mers à marée. — L'exécution des massifs considérables de maçonnerie qui couronnent les grandes jetées dans les mers à marée présente des difficultés spéciales, surtout pour les assises inférieures.

Quand l'ouvrage n'est pas enraciné à terre (Atlas ; Pl. XXIV, fig. 3 et 5), il faut recourir à des chantiers flottants (Atlas ; Pl. XXV, fig. 1 à 5). Des bateaux amènent, à mer basse, les hommes, les matériaux, les engins de fabrication pour les mortiers, etc. L'exécution de ces premières assises est presque toujours un tour de force, car la moindre agitation de la mer gêne le chantier, quand elle ne l'entrave pas.

Ainsi il vaut mieux, en général, commencer la maçonnerie au niveau et même un peu au dessus du niveau des basses mers de morte eau qu'à celui des basses mers de vive eau, pour avoir plus de temps à soi à chaque marée, et pour éviter les embruns.

En tout cas il n'y a jamais d'inconvénient à relever le sommet des enrochements de $0^m,70$ à 1^m au dessus des plus basses mers, quand le soubassement a une grande hauteur, de 8^m à 10^m par exemple, car l'infrastructure subit toujours un tassement de cette importance au moins après l'achèvement du couronnement. On peut dans certains cas, comme on l'a déjà dit, remplacer les premières assises de maçonnerie par une couche de blocs artificiels posés aussi jointivement et aussi horizontalement que possible.

Quel que soit le moyen employé, la vitesse dans l'exécution des maçonneries est un grand élément de succès, car, généralement, on ne peut travailler que pendant la belle saison, c'est-à-dire 6 ou 7 mois par an, et il importe que le massif exécuté pendant l'été ait acquis une dureté suffisante et offre un poids assez considérable pour résister aux grosses mers pendant l'hiver.

On s'efforce donc d'exécuter pendant chaque campagne un tronçon complet, c'est-à-dire s'élevant à la hauteur définitive de l'ouvrage, sur une certaine longueur.

Si une partie n'a pu être complètement achevée pendant la belle saison, on la couvre d'un pavage bombé, maçonné avec le plus grand soin, et en se servant de mortiers riches en ciment (Atlas; Pl. XXIV, fig. 5).

On doit se rappeler que l'état d'équilibre pris par les enrochements de l'infrastructure avant la construction du couronnement se trouve modifié par la surchage de la maçonnerie et par le ressac qu'elle détermine (Atlas; Pl. XXIV, fig. 4).

Il est arrivé, à Cherbourg notamment, que le talus des enrochements ayant chassé sous la charge de la superstructure, la maçonnerie du couronnement a été entraînée en partie par ce glissement de la base, et s'est fendue dans le sens de la longueur de la jetée. Il en résulte qu'avant de commencer la superstructure il faut laisser à l'infrastructure le temps de prendre un état d'équilibre aussi stable que possible, ce qu'on obtient généralement en laissant les enrochements subir les assauts des lames de tempête pendant un hiver au moins, et autant que possible pendant deux ou trois hivers. Il faut de plus donner, en exécution, une inclinaison suffisante aux talus, même au talus intérieur, c'est-à-dire du côté abrité, pour que ce talus n'ait pas une tendance à s'ébouler sous la surcharge du couronnement.

Si, par exemple, les enrochements du talus intérieur prennent naturellement, pendant l'immersion, une inclinaison de 1 de base sur un de hauteur, il conviendra d'exécuter ce talus avec une inclinaison plus douce, soit de 1 1/4 à 1 1/2 de base pour 1 de hauteur.

Certains accidents, d'un caractère exceptionnel, survenus à des jetées, semblent pouvoir s'expliquer d'une façon tout aussi plausible par un tassement, par un glissement.

ou par une déformation du soubassement, que par la violence des lames qui ont pu frapper le parement de la superstructure.

Ainsi à St-Jean-de-Luz, pendant l'exécution de la jetée
du Socoa, dans l'hiver de 1873-74, les derniers 40 mètres
du couronnement avaient
été séparés du reste de la
muraille par deux lézar-
des verticales, la première,
a, peu apparente, la seconde, *b*, de la largeur du doigt,
placée à 10ᵐ environ de l'extrémité ; de plus, ces derniers 10 mètres de muraille, *c*, avaient légèrement pivoté
vers la rade.

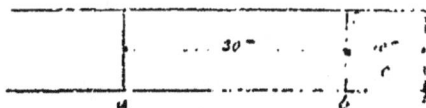

On se décida à augmenter de 2ᵐ la largeur de la muraille ; mais avant que ce renforcement ne fût exécuté
survint, le 9 décembre 1874, une furieuse tempête.

La lézarde *a* ne fut pas augmentée, mais la seconde *b*
devint une brèche de 0ᵐ,50, et la dernière partie de la
muraille qui constituait un énorme bloc, de 600 mètres
cubes environ, fut chassée d'un mètre à peu près vers la
rade. On peut se demander, dans ce cas, si la force des
lames, quelque violentes qu'elles soient à St-Jean-de-Luz,
a pu suffire à elle seule pour opérer translation d'une
semblable masse, ou si un dérangement du soubassement
n'a pas dû y contribuer pour une large part.

PIÈCES ANNEXES

1° TITAN DE LEIXOÈS
2° JETÉE DE LEIXOÈS
3° BIBLIOGRAPHIE

TITAN DE LEIXOÈS

Note descriptive et calculs justificatifs de la compagnie de Fives-Lille.

Cet appareil est destiné à effectuer le levage et l'immersion des blocs composant les jetées à construire.

Les plus gros blocs, d'un poids de 50 tonnes, devront être amenés à une distance horizontale de 29 mètres du centre de rotation de l'appareil, et les blocs de 15 tonnes, chargés en wagons ayant le même poids, à une distance de 44 mètres à partir du même point.

La stabilité de l'appareil sera assurée, dans les deux cas, par un contrepoids en maçonnerie logé entre les poutres à l'extrémité de la culasse.

L'appareil se compose principalement :

1° D'une partie tournante en tôlerie recevant à sa partie supérieure le chemin de roulement du chariot de translation de la charge ;

2° D'un pivot central autour duquel s'opère le mouvement de giration de l'appareil ;

3° D'un chevalet en tôlerie supportant la partie tournante ;

4° De 4 groupes de galets de roulement montés sur balanciers et supportant la partie tournante ;

5° De 8 groupes de galets de roulement montés sur balanciers et supportant le chevalet ;

6° D'une machine motrice à deux cylindres, à détente fixe,

d'une puissance de 25 à 30 chevaux, actionnant les divers
mécanismes de l'appareil ;

7° De deux chaudières tubulaires à foyer intérieur et retour
de flammes, chacune de 26^{mq} de surface de chauffe ;

8° D'un chariot portant la charge et roulant sur les poutres
de la partie tournante, d'un crochet de suspension et de
chaînes d'élinguage disposées pour être facilement attelées
aux wagons :

9° D'un cabestan à vapeur pour le halage des wagons, disposé contre l'une des palées du chevalet.

Partie tournante.

La partie tournante de l'appareil a une longueur totale de
68^m,75, dont 46^m pour la volée et 22^m,75 pour la culasse. Les
deux poutres qui la composent sont à double paroi et de hau-
teur variable, elles ont 5^m,50 au milieu, 0^m,80 à l'extrémité de
la volée, et 3^m,10 à l'extrémité de la culasse ; leur distance
d'axe en axe est de 2^m.

Du côté de la volée, les tables, qui ont 750^{mm} de largeur, reçoivent à leur partie supérieure les rails formant le chemin
de roulement du chariot portant la charge.

Sur une longueur de 30^m, à partir du centre de rotation,
les poutres sont constituées pour supporter, en outre de leur
propre poids, le chariot chargé d'un bloc de 50 tonnes : la
partie complémentaire présente des dimensions plus faibles
et en rapport avec la charge à supporter, qui ne dépassera
pas 15 tonnes.

Les deux poutres sont reliées entre elles, à leurs extrémités et en divers points de leur longueur, au moyen d'entre-
toisements.

Du côté de la volée, l'entretoise en tôle pleine extrême sert,
en même temps, de point fixe à la chaîne de levage et de support aux axes des pignons de renvoi des chaînes Galle de
translation du chariot.

Sur le parcours du chariot, les poutres sont seulement reliées à leur partie supérieure, au moyen de deux entretoises
en arc laissant entre elles et le dessus des tables une hauteur
suffisante pour le passage des galets de roulement ; l'une
d'elles est placée au point correspondant à la portée extrême

des blocs de 50 tonnes, et l'autre à la naissance du contreventement horizontal de la membrure supérieure.

Enfin, dans la partie médiane, les poutres sont très solidement reliées au droit du pivot et des deux arcades en tôlerie supportant les quatre groupes de galets de giration.

Le contrepoids en maçonnerie, équilibrant la volée, est placé à l'extrémité des poutres de la culasse ; il repose sur un fond en tôle pleine renforcé par une série de traverses de 300ᵐᵐ de hauteur, rivées sur les membrures inférieures ; il est maintenu latéralement contre les montants verticaux et les barres de treillis.

Pivot central.

La partie tournante est centrée sur le chevalet dans un pivot autour duquel s'opère le mouvement de giration. La partie mâle de ce pivot est fixée sur l'entretoise du milieu des poutres, et l'autre sur le chevalet. Ces deux pièces sont creuses pour donner passage à l'arbre vertical commandant les organes de translation de l'ensemble de l'appareil, et au tuyau amenant la vapeur à la machine motrice spéciale actionnant le cabestan.

Chevalet.

Le chevalet, supportant la partie tournante, porte à sa partie supérieure le chemin de roulement à double voie circulaire sur lequel s'opère le mouvement de giration.

Ce chemin circulaire, de 9ᵐ,20 de diamètre moyen, repose sur 4 poutres à double paroi de 1ᵐ,40 de hauteur, dans lesquelles sont engagées les palées du chevalet ; les deux voies de roulement sont à une distance de 0ᵐ,70 d'axe en axe ; leurs rails, de forme trapézoïdale, ont 50ᵐᵐ d'épaisseur moyenne et 160ᵐᵐ de largeur ; ils sont fixés sur deux poutres circulaires à parois pleines.

Ces deux poutres sont entretoisées à la partie supérieure et à la partie inférieure, pour les mettre à même de résister aux moments de torsion déterminés par les poussées horizontales des galets coniques et par les charges verticales agissant sur un plan différent de celui passant par les appuis.

Galets de roulement de la partie tournante.

La partie tournante de l'appareil repose sur le chemin circulaire par l'intermédiaire de 4 groupes de galets, comportant chacun 4 galets en acier coulé montés sur des balanciers en acier forgé.

Ces galets. d'un diamètre moyen de 800^{mm} et de 180^{mm} de largeur de jante, roulent sur la double voie circulaire établie sur le chevalet. et reportent sur ce dernier les réactions dues à l'action de la charge et à celle du contrepoids et du poids propre de l'appareil.

Le but de cette disposition spéciale de galets montés sur balancier est d'assurer la répartition parfaite de la charge sur un grand nombre de points sans recourir à l'emploi de ressorts, dont l'application présenterait des difficultés, en raison des efforts considérables qu'ils auraient à supporter.

Les galets sont accouplés deux à deux sur un même balancier. et les deux balanciers d'un même groupe sont, à leur tour. montés sur un balancier unique, dont l'axe d'articulation est fixé sur un support en fonte solidement relié à la tôlerie des poutres de la partie tournante.

Les galets sont fous sur leurs axes, et leurs moyeux, garnis de douilles en bronze, sont munis de vases graisseurs permettant d'assurer un bon graissage. condition essentielle à remplir, étant données les pressions relativement considérables qui se reportent sur les surfaces frottantes.

Galets de translation de l'ensemble de l'appareil.

La disposition de galets montés sur balanciers qu'on vient de décrire s'applique également, et avec les mêmes avantages, à la translation de l'ensemble de l'appareil ; seulement, dans ce dernier cas, il a été prévu 8 groupes de 4 galets de 0^m,850 de diamètre et 0^m,135 de largeur de jante.

Ces galets sont munis de bandages en acier embatus sur des centres en fonte, dont les moyeux sont garnis de douilles en bronze et de trous de graissage.

Le mouvement est transmis aux galets au moyen de chaînes Galle actionnées par des mécanismes commandés par la machine motrice établie sur les poutres de la partie tournante.

Ce mode d'action, qui est une conséquence de l'emploi des balanciers, présente, sur les engrenages employés ordinairement, l'avantage de se prêter aux légers déplacements que les galets pourront éprouver dans leurs positions respectives, par suite des dénivellations possibles de la voie.

Machine motrice et mécanismes.

La machine motrice et les mécanismes qui actionnent les divers mouvements de l'appareil sont établis à la partie supérieure des poutres.

La machine est à deux cylindres, à détente fixe, d'une puissance de 25 à 30 chevaux : les cylindres à vapeur ont 280ᵐᵐ de diamètre et les pistons 500ᵐᵐ de course.

Les mécanismes auxquels elle donne le mouvement sont les suivants :

Levage et descente de la charge ;

Giration de la partie tournante ;

Translation de la charge ;

Translation de l'ensemble de l'appareil.

Tous ces mouvements sont actionnés par l'intermédiaire d'embrayages coniques à friction et à changement de marche, dont les leviers de manœuvre sont renvoyés sur un même point, et de telle sorte que le conducteur puisse, sans changer de place, faire effectuer à l'appareil toutes les opérations nécessaires au levage et à l'immersion des blocs.

Ces divers mouvements peuvent d'ailleurs être actionnés simultanément ou isolément dans un sens ou dans l'autre, et sans qu'il soit nécessaire d'arrêter la machine motrice.

Le tambour de la chaîne de levage est directement attaqué par une vis sans fin engrenant avec une couronne à dents hélicoïdales calée sur le tambour, les conditions d'établissement de ces organes sont telles que le travail du frottement de la vis et de son palier sera toujours un peu supérieur à celui de l'élévation ; de cette manière, la vis sans fin constituera un arrêt permanent et assuré de la charge pendant les mouvements de translation ou de giration.

La descente du fardeau devra donc se faire avec la machine, et elle sera beaucoup plus lente qu'avec l'emploi d'un frein, mais on y gagnera en sécurité ; il faut d'ailleurs observer que seuls les gros blocs de 50 tonnes doivent être descendus au dessous du niveau de la jetée, les wagons chargés de petits blocs étant simplement levés à quelques centimètres, puis amenés à l'extrémité des poutres et basculés.

Le mouvement de translation de la charge est obtenu au moyen de deux chaînes Galle attelées par leurs deux extrémités sur la tôlerie du chariot de translation, et passant chacune sur deux pignons de renvoi, dont l'un disposé près du mécanisme moteur et l'autre à l'extrémité de la volée.

L'embrayage de ce mouvement, ainsi que celui du levage de la charge, sont disposés sur un arbre intermédiaire actionné par l'arbre moteur des machines, et susceptible d'être animé de deux vitesses dans le rapport de 1 à 2 1/2, l'une pour la manœuvre des blocs de 50 tonnes, et l'autre pour les charges de 15 tonnes et les manœuvres à vide.

Ce changement de vitesse s'obtient au moyen d'un manchon à dents, calé à frottement doux sur l'arbre moteur, et qu'on peut embrayer avec l'un ou l'autre des pignons fous placés à droite et à gauche du manchon. La manœuvre de ce dernier est ramenée à la main du conducteur, comme celle des embrayages à friction.

L'arbre moteur porte, comme l'arbre intermédiaire, 2 embrayages à friction qui sont destinés : l'un à la commande de la giration, l'autre à celle de la translation de l'appareil.

Une grande couronne dentée, fixée sur la partie intérieure formant le chemin circulaire, sert de point d'appui aux mécanismes intermédiaires aboutissant à l'embrayage du mouvement de giration.

Quant au mouvement de translation de l'appareil, il est transmis aux galets par l'intermédiaire d'un arbre vertical passant par l'axe du pivot et actionnant les mécanismes intermédiaires.

Chariot de translation de la charge.

Le chariot, portant la charge et roulant sur les poutres de la partie tournante de l'appareil, se compose d'un châssis en tôlerie supportant à la partie inférieure, les deux poulies de renvoi de la chaîne de levage et recevant, à la partie supérieure, les supports des essieux en acier forgé portant les galets de roulement.

Les galets ont 850ᵐᵐ de diamètre ; ils sont calés sur les essieux ; ces derniers tournent dans des supports en fer munis de douilles en bronze et fixés sur les longrines en tôle au moyen de boulons en acier forgé.

Les poulies de renvoi de la chaîne de levage ont 1ᵐ,250 de diamètre ; ces poulies sont également calées sur leur axes en acier, dont les extrémités sont appuyées sur des douilles en fonte garnies de bronze et fixées sur les flasques du chariot.

L'appareil de suspension de la charge comprend : le crochet en fer forgé, la poulie de renvoi de 1ᵐ,250 de diamètre, semblable à celles du chariot, et les chaînes d'élinguage disposées pour être facilement attelées aux wagons et aux blocs.

Chaudières.

Les deux chaudières tubulaires fournissant la vapeur à la machine motrice sont à foyer intérieur amovible et à retour de flammes, et timbrées à 6 kilos, chacune d'elles présente une surface de chauffe de 26 mètres carrés.

En marche normale, les deux chaudières seront en service, mais l'une d'elles suffira, en cas de besoin, pour fournir la vapeur nécessaire à la machine actionnant les divers mouvements de l'appareil et à celle du cabestan, étant donné toutefois que les deux moteurs n'auront pas à fonctionner simultanément.

Cabestan.

Les manœuvres des wagons, avant et après l'immersion des blocs, s'effectueront au moyen d'un cabestan à vapeur, actionné par une petite machine spéciale ; cet appareil sera installé sur la palée du chevalet, du côté opposé au mur protégeant la jetée.

Ce cabestan sera à double puissance, et capable d'exercer

sur le garant un effort de 2.000 kilogs à une vitesse de 0ᵐ,40 par seconde et un effort de 500 kilogs à une vitesse de 1ᵐ,20.

Des poulies de renvoi convenablement placées sur le corps de l'appareil et sur la jetée faciliteront les opérations de halage.

Stabilité de l'appareil.

Les conditions d'équilibre de la partie tournante sur son chemin de roulement doivent être examinées pour le cas où la volée est chargée d'un bloc de 50 tonnes à 29 mètres de l'axe de rotation, et soumise, en outre, au poids propre des poutres ; il est aussi nécessaire de s'assurer que, lorsque l'appareil est à vide, le moment du contrepoids et des poutres de culasse est inférieur à celui du poids propre de la volée.

Le croquis suivant permet d'établir les conditions d'équilibre dans les deux cas :

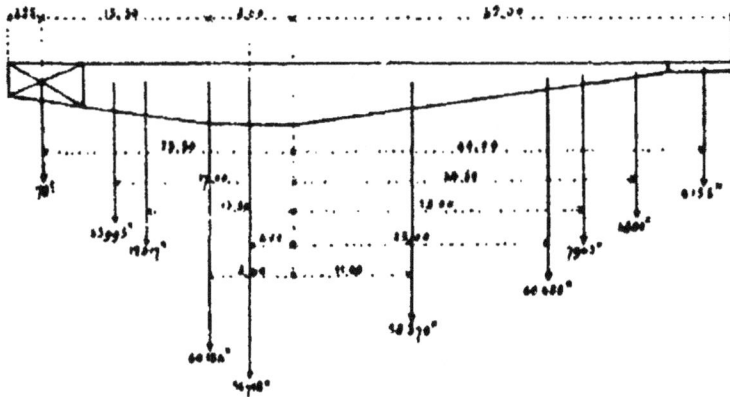

Stabilité sous charge.

Moments, côté du contrepoids.

Contrepoids en maçonnerie	78.000 × 23,50 =	1.833.000
Poids propre de la volée........	45.995 × 17,00 =	781.915
Chaudières et leurs accessoires.	12.017 × 13,80 =	165.835
Mécanismes.................	60.184 × 8,00 =	481.472
Partie centrale	56.718 × 4,00 =	226.872
252.914		3.489.094

Moments, côté de la charge.

Poids d'un tronçon........	$6.155 \times 40.00 =$	246.200
id............•.....	$4.880 \times 33,50 =$	163.480
id..............	$7.965 \times 28,00 =$	223.020
Charge du chariot........	$60.688 \times 25,00 =$	1.517.200
Poids d'un tronçon........	$58.370 \times 11,60 =$	677..092

138.058   2.826.992

Différence des moments.................... 662.102ᵏ

La résultante passera donc à une distance X des appuis
d'avant :

$$X = \frac{662.102}{252.914 + 138.058} = 1^m,69$$

et des appuis d'arrière :

$$8^m,00 - 1^m,69 = 6^m,31.$$

La réaction sur les appuis d'avant sera :

$$\frac{390972 \times 6.31}{8.00} = 308379 \text{ soit } 308400 \text{ en chiffres ronds.}$$

Stabilité à vide.

Le moment des charges du côté du contrepoids est le même
que dans le cas précédent, soit   3.489.094

Du côté de la volée on a :

$$6.155 \times 40.00 = 246.200$$
$$4.880 \times 33,50 = 163.480$$
$$7.965 \times 28,00 = 223.020$$
$$58.370 \times 11,60 = 677.092$$

77.370   1.309.792

Différence   2.179.302

on a, par suite :

$$X_1 = \frac{2.179.302}{252914 + 77370} = 6^m,598.$$

La réaction sur les appuis d'arrière sera :

$$\frac{330284 \times 6,598}{8.00} = 272.000.$$

Il y a lieu de remarquer que la stabilité s'augmente dans les deux cas de tout le poids du chevalet agissant avec un bras de levier de 4m,00, cette partie de la construction étant reliée à la partie tournante par l'intermédiaire du pivot central,

Le poids du chevalet étant d'environ 120.000k, c'est un moment de stabilité de 120.000 × 4,00 = 480.000 qui viendrait s'ajouter, en cas d'accident, à celui qui résulte des conditions d'équilibre de la partie tournante considérée comme isolée.

On voit que la sécurité sera absolument complète.

CALCULS JUSTIFICATIFS

Poutres.

Nous déterminerons les conditions de résistance des poutres : 1° Pour la section *ab*, située près de l'entretoise en arc et au point extrême de la course du chariot pour l'immersion des blocs de 50 tonnes.

2° Pour la section *cd* au droit des points d'appui d'avant.

3° Pour la section *ef* au droit des points d'appui d'arrière

Section *ab.*

La section *ab* des poutres est soumise:

aux moments des poids propre de la poutre.

Poids d'un tronçon .. $6.155 \times 14,00 = 86.170$
     id. . . . . $4.880 \times 7,50 = 36.600$
     id. . . . . $7.965 \times 2,00 = 15.930$

                        138.700   138.700

et au moment de la charge y compris le
poids du chariot $(15,000 + 7067) \times 14,00 = 308.938$

                               447.638

dont la moitié pour chaque poutre est de : $\dfrac{447.638}{2} = 223.819.$

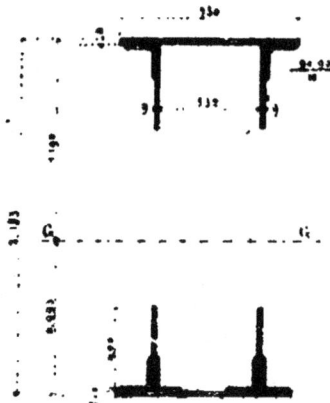

La section est figurée ci-dessus, son moment d'inertie est de:

1° pour la partie supérieure, $I = \dfrac{1}{3} [0,750 \times \overline{1,190}^3 -$

$- (0,552 \times \overline{1,182}^3 + 0,16 \times \overline{1,172}^3 + 0,02 \times \overline{1,092}^3 + 0,018 \times \overline{0,782}^3)]$

2° pour la partie inférieure, $\dfrac{1}{3} 0,750 \times \overline{0,993}^3 -$

$- (0,372 \times \overline{0,985}^3 + 0.32 \times \overline{0,975}^3 + 0,04 \times \overline{0,895}^3 + 0,018 \times \overline{0,585}^3)]$

               d'où $I = 0,036998443.$

$\dfrac{I}{v_1} = 0,0310914$ pour la partie tendue,

$\dfrac{I}{v_2} = 0,037259$ —   comprimée,

d'où :

$$R_1 = \frac{223819}{0.0310914} = 7^k,18 \quad \text{pour la partie tendue,}$$

$$R_2 = \frac{223819}{0.037259} = 6^k,00 \quad - \quad \text{comprimée.}$$

Section cd.

On a pour les moments :

Poids d'un tronçon..	$6.155 \times 40,00 =$	246.200
id.	$4.880 \times 33,50 =$	163.480
id.	$7.965 \times 28,00 =$	223.020
Charge du chariot . .	$60.688 \times 25,00 =$	1.517.200
Poids d'un tronçon..	$58.370 \times 11,60 =$	677.092
		2.826.992

dont la moitié pour chaque poutre est de :

$$\frac{2.826.992}{2} = 1.413.496.$$

La section ci-dessous a pour moment d'inertie :

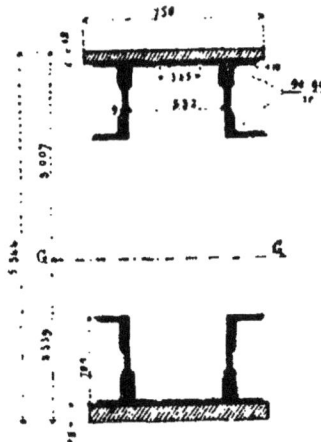

Moment d'inertie de la partie supérieure

$$\frac{1}{3}[0,75 \times \overline{3,007}^3 - (0,027 \times \overline{2,989}^3 + 0.665 \times \overline{2,970}^3 + 0,04 \times \overline{2,899}^3$$

$$+ 0,018 \times \overline{2,289}^3)] + \frac{1}{3}[0,16 \times (\overline{2,299}^3 - \overline{2,289}^3) + 0,020(\overline{2,379}^3 - \overline{2,289}^3).]$$

Moment d'inertie de la partie inférieure.

$$+\frac{1}{3}[0,75 \times \overline{2,539}^3 - (0.027 \times \overline{2,511}^3 + 0,665 \times \overline{2,501}^3 + 0,04 \times \overline{2,421}^3$$

$$+0,18 \times \overline{1,811}^3)! + \frac{1}{3} \cdot 0,16(\overline{1,821}^3 - \overline{1,811}^3) + 0.02(\overline{1,901}^3 - \overline{1,811}^3).]$$

$$I = 0,5865538$$

$$\frac{I}{V_1} = 0,195 \quad \text{pour la partie tendue.}$$

$$\frac{I}{V_2} = 0.231 \qquad - \qquad \text{comprimée.}$$

d'où :

$$R_1 = \frac{1.413.896}{0.195} = 7^k.24 \quad \text{pour la partie tendue.}$$

$$R_2 = \frac{1.413.896}{0.231} = 6^k.10 \qquad - \qquad \text{comprimée.}$$

Section cf.

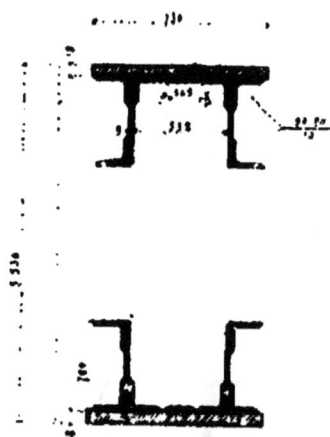

Les moments sollicitant cette section sont :

Contrepoids en maçonnerie. . .	78000 × 15,50 =	1209000
Poids propre de la volée	45905 × 9,00 =	413955
Chaudières et leurs accessoires .	12017 × 5,80 =	69699
		1692654

la moitié pour chaque poutre est de : $\dfrac{1.692.654}{2} = 846327$.

La section a les dimensions ci-dessus et son moment d'inertie est :

$$\frac{I}{V} = \frac{0,750 \times \overline{5,536}^3 - (0,027 \times \overline{5,500}^3 + 0,665 \times \overline{5,480}^3 + 0,73 \times \overline{5,320}^3}{12 \times 2,768}$$

$$\frac{+0,018 \times \overline{1,100}^3) + 0,160 \overline{1,120}^3 - \overline{1,100}^3, + 0,020 \overline{1,280}^3 - \overline{1,100}^3,}{12 \times 2,768} = 0,19288$$

d'où $R = \dfrac{846.327}{0,19288}$ $4^k,4$.

Barres de treillis.

Les efforts tranchants sont transmis par des barres de treillis en fer plat dont les sections vont en croissant de l'extrémité des poutres jusqu'au milieu et proportionnellement aux efforts qu'elles ont à supporter.

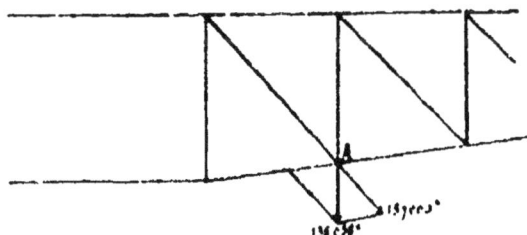

Ces barres qui sont toujours tendues ne travaillent pas au delà de 6 k. 55 par m/m² de leur section transversale.

Nous nous contenterons d'établir les calculs pour les diagonales les plus chargées, qui sont celles reliant la partie inclinée de la membrure inférieure de la volée au montant extrême de la partie médiane de la poutre.

Les charges se reportant au point A sont :

Poids propre de la volée : 6155 + 4880 + 7965 + 5370 = 77.370 k.
charge et chariot   60.688

            Total :   138.058 k.

donnant lieu sur les diagonales à une composante de 157.000 k. soit

$$\frac{157000}{4} = 39250^k.$$

par diagonale.

La section de la barre est de : $300 \times 20 = 6.000$
et la charge par m/m² de :

$$\frac{39250}{6000} = 6^k,55.$$

Consoles supportant les galets de giration.

Lorsque l'appareil est chargé d'un bloc de 50 tonnes agissant à la distance maximum de 29 m. de l'axe du pivot, chaque groupe de galets de giration supporte un effort de :

$$\frac{308400}{2} = 154200^k.$$

dirigé verticalement de bas en haut et donnant lieu à 2 composantes, l'une de 160.000 k. dirigée dans le sens de l'axe de la pièce inclinée *ab* et l'autre de 42.600 k. suivant l'axe de la traverse horizontale inférieure.

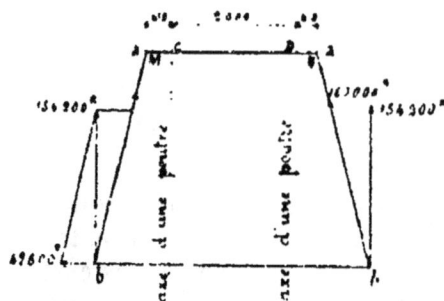

La section transversale de la pièce *ab* se compose de :

8 cornières de 90 × 90 × 13 =	17.280 m/m²
2 parois de 450 × 10 =	9.000
4 renforts sous les cornières 90 × 10 =	3.600
	29.880 m/m²

La charge par m/m³ sera donc :

$$\frac{160000}{29880} = 5^k,36$$

La poutre horizontale présente une section de :

4 cornières de $90 \times 90 \times 10 =$ 6800 m/m²
2 parois de 450 $\times$ 10   =   9000
                    Total :   15.800 m/m²

Charge correspondante par m/m²

$$\frac{42600}{15800} = 2^k,70$$

L'effort de 154.200 est transmis sur la console par les poutres principales en C et D et sur les montants inclinés *ab* par l'intermédiaire de la traverse supérieure MN. — Les sections C et D de cette dernière sont donc soumises à un moment fléchissant dont l'intensité est de :

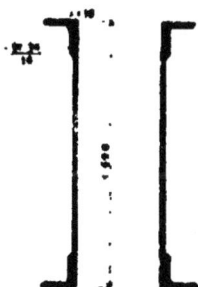

$$154200 \times 0,410 = 63222$$

on a pour le moment d'inertie :

$$I = \frac{0,200 \times \overline{1,600}^3 - (0,160 \times \overline{1,580}^3 + 0,020 \times \overline{1,420}^3)}{12} = 0,0109903693933$$

et

$$\frac{I}{V} = 0.013629616$$

on a par suite : R = $4^k,65$.

Les 2 parois pleines de la traverse présentent ensemble une section de $1600 \times 2 \times 10 = 32.000$ m/m² ; elles transmettent 154.200 kilogs soit par m/m² :

$$\frac{154200}{32000} = 5^k,82.$$

Chevalet.

En se reportant sur le dessin d'ensemble de l'appareil, on voit que les charges qui agissent sur les godets de giration de la partie tournante se reportent sur les 2 palées du chevalet par l'intermédiaire des poutres tubulaires à parois pleines de 8ᵐ,00 de portée.

Le travail maximum de ces poutres a lieu lorsque l'appareil, chargé d'un bloc de 50 tonnes, occupe une position parallèle à la jetée, ou perpendiculaire à cette dernière; dans ces deux cas, les 2 groupes de galets d'avant, portant ensemble 308.400 k., occupent une position symétrique par rapport à l'axe de la poutre, comme le montre le croquis ci-dessous.

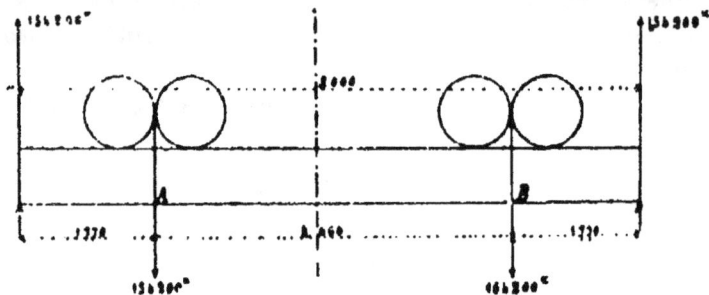

Chaque groupe de galet porte donc 154.200 k. agissant à 1ᵐ.770 des appuis; en négligeant le poids propre de la poutre qui est relativement peu important, le moment par rapport à l'une des sections A ou B est:

$$154200 \times 1.770 = 272934$$

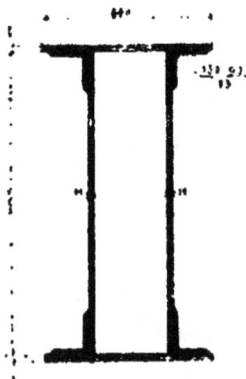

La poutre a la section ci-dessus et son moment d'inertie a pour valeur :

$$I = \frac{0,600 \times \overline{1,472}^3 - 0,398 \times \overline{1,400}^3 + 0,154 \times \overline{1,374}^3 + 0,026 \times \overline{1,100}^3}{12}$$

$$\cdot 0,032293218225$$

$$\frac{I}{V} = \frac{0,032293218225}{0.736} = 0,043876655$$

$$R = \frac{272054000}{43876655} = 6^k,2.$$

Les deux parois présentant ensemble une section de

$$1400 \times 11 \times 2 = 30800 \text{ m/m}^2$$

comme elles doivent transmettre un effort de 154.200 k. la charge qu'elles supporteront par m/m² sera de :

$$\frac{154200}{30800} = 5^k.$$

Dans toutes les autres positions occupées par l'appareil, la poutre que nous venons de considérer est soumise à une moins grande fatigue.

Palées du chevalet.

La charge maximum agissant sur les palées du chevalet a lieu quand l'appareil, chargé d'un bloc de 50 tonnes à 20^m.00

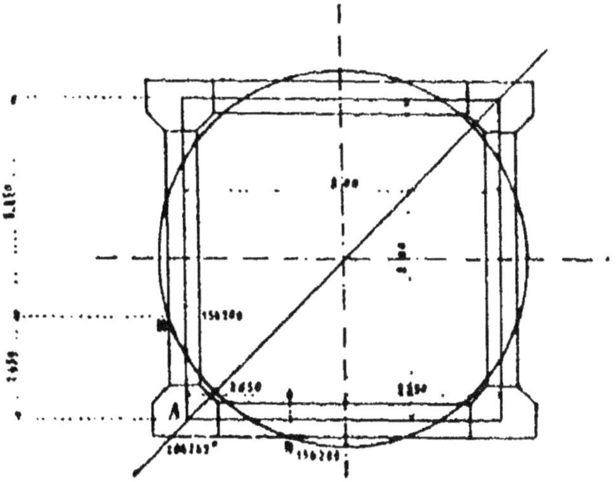

de l'axe du pivot de rotation, est dirigé suivant la diagonale du carré formé par les 4 poutres supérieures du chevalet.

Dans cette position, les charges de 154.200 k. M N agissant sur chaque groupe de galets de giration se reportent en grande partie sur le sommet A de la palée (voir le croquis ci-dessous).

Chacune d'elles donne lieu en ce point à une réaction verticale de 103.121^k. soit pour les deux : 103.121 × 2 = 206.242 à laquelle il faut ajouter le 1/4 du poids de la tôlerie du chevalet et du chemin de roulement, soit environ   29.758
                                                                                          ─────────
Ce qui donne sur l'appui A une charge totale de   236.000
se répartissant également sur les 4 montants de la palée.

Sur la partie inclinée, l'effort vertical de 59.000 k. donne lieu à 2 composantes :

L'une de 61.000 k. dirigée suivant l'axe du montant ;

L'autre de 15.600 k. agissant suivant l'axe des poutrelles.

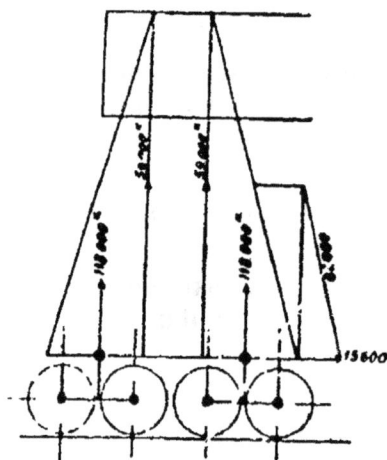

La section transversale des montants inclinés se compose de :

4 cornières de 90 ×90 × 13 = 8.640$^{m/m2}$
2 parois de 274 × 12 =   3.288
                                         ─────────
Total. . . . .   11.928$^{m/m2}$

La charge par $^m/^{m2}$ sera :

$$\frac{61000}{11928} = 5^k,12$$

La section transversale des montants verticaux est la même que pour ceux ci-dessus et la charge correspondante par $^m/^{m^2}$ sera :

$$\frac{59000}{11928} = 4^k.95.$$

Charge sur les galets de giration.

On a vu que les deux groupes de galets de giration avaient à supporter ensemble 308.400 k., soit 154.200 k. pour chaque groupe, ce qui donne par galet :

$$\frac{154200}{4} = 38550^k.$$

Ces galets, dont le diamètre moyen est de 0,800, portent sur des rails en acier de 160^{mm} de largeur ; la surface de contact correspondant à 1° de la circonférence sera donc :

$$\frac{800 \times 3,1416 \times 160}{360} = 1120 \ ^m/^{m^2}$$

et chaque $^m/^{m^2}$ aura à supporter :

$$\frac{38550}{1120} = 34^k,4$$

charge qui est souvent notablement dépassée dans la pratique.

Charge sur les galets de translation.

Pour déplacer l'appareil, on amènera préalablement à l'extrémité de la volée, le chariot de translation chargé d'un wagon de 10 à 12 tonnes. Dans ces conditions, le centre de gravité de l'ensemble de la construction passera très sensiblement par le milieu du chevalet, et tous les galets seront également chargés.

Dans ce cas, le poids total de l'appareil, y compris le contrepoids de 78 tonnes et le wagon chargé, sera d'environ

454.000 k., et comme il y a 32 galets formant 8 groupes, chaque galet supportera :

$$\frac{454.000}{32} = 14.188^k.$$

Si nous cherchons comme pour les galets de giration la charge par $^m/_{m^2}$ correspondant au contact de 1° de la circonférence, nous aurons en admettant une portée de 40$^m/_m$ sur le rail et en comptant sur un diamètre de 850^{mm}, une surface de contact de :

$$\frac{850 \times 3.1416 \times 40}{360} = 297^{m}/_{m^2}$$

et une charge par $^m/_{m^2}$ de $\quad \frac{14188}{297} = 47^k.5.$

Cette charge est notablement supérieure à celle que nous avons trouvée pour les galets de giration, elle ne dépasse pas cependant les limites admises dans la pratique pour des cas analogues. La compagnie de Fives-Lille a en effet construit pour le port de la Réunion un appareil pour l'immersion des blocs de 120 tonnes et dont les galets de translation de 0,850 de diamètre, roulant sur des rails en acier du même type que ceux employés pour la voie des appareils de Porto, ont été chargés chacun à 23 tonnes, sans qu'il en soit résulté le moindre inconvénient.

Charge sur les galets du chariot de translation.

La charge maximum suspendue au chariot est de 50 tonnes, mais il faut y ajouter environ 10 tonnes pour tenir compte du poids propre du chariot, de la chaîne de levage et des accessoires de la suspension.

Les quatre galets de roulement de 0,850 de diamètre porteront donc ensemble 60.000 k., soit 15.000 k. sur chacun d'eux, c'est sensiblement celle que nous avons trouvée pour les galets de translation de l'ensemble de l'appareil. Les charges par $^m/_{m^2}$ de contact seront donc les mêmes que pour ces derniers.

Chaîne de levage.

La chaîne de levage a 56$^{m/m}$ de diamètre et présente, pour la double section des maillons, 4930$^{m/m^2}$. La charge maximum à lever se compose :

De la charge utile. . . . . 50.000 k.
Du poids du crochet de suspen-
   sion avec sa charge et sa poulie de renvoi. . . . . 1.400 k.
Du poids de la chaîne. . . . . . . 2.600 k.
                Total. . . . . 54.000 k.

soit sur chaque brin :

$$\frac{54000}{2} = 27.000^k.$$

La charge par $^{m/m^2}$ sera donc de :

$$\frac{27000}{4930} = 5^k,50.$$

Le tambour et les poulies de renvoi sur lesquels s'enroulent la chaîne ont 1^m.250 de diamètre, c'est-à-dire plus de 22 fois le diamètre du fer de la chaîne.

Durée des manœuvres.

Les mécanismes de levage et de translation de la charge sont pourvus de deux vitesses, l'une correspondant à la charge maximum de 50 tonnes, l'autre pour les wagons chargés de 10 tonnes.

La translation de l'appareil et la giration de la partie tournante s'effectueront toujours à la même vitesse, les efforts à transmettre pour ces deux mouvements étant sensiblement les mêmes pour l'appareil en charge ou à vide.

Pour toutes les manœuvres sous charge, soit avec la petite vitesse, soit avec la grande, l'allure de la machine motrice sera d'environ 50 tours par minute, mais cette vitesse pourra être, sans inconvénient, portée à 80 tours par minute pour les manœuvres à vide.

Les vitesses déterminées d'après les considérations qui précédent seront, pour les divers mouvements de l'appareil :

	Petite vitesse.	Grande vitesse.
Levage de la charge.	0,0083	0,020
Descente de la charge.	0,015	0,032
Translation de la charge. . . .	0,150	0,360
Giration.	0,100	
Translation de l'ensemble de l'appareil	0,100	
Levage du crochet à vide. . . .		0,032
Translation du chariot à vide. .		0,580

En se basant sur les vitesses indiquées ci-dessus, on peut estimer comme suit la durée des manœuvres :

Blocs de 50 tonnes.

Levage de la charge à 0m,200 de hauteur au dessus du sol	30 secondes.
Descente du bloc à une profondeur moyenne de 8m.	550
Relevage du crochet à vide.	250
Accrochage et décrochage.	150
Total.	980 secondes.

soit 16 minutes 20 secondes.

La translation de la charge, aller et retour, et les mouvements de giration pourront s'effectuer en même temps que la descente du fardeau et le relevage à vide du crochet, il n'y a donc pas lieu de faire entrer en ligne de compte la durée de ces opérations pour déterminer celle de l'ensemble de la manœuvre.

Wagons chargés de 10 tonnes.

Levage à 0m,200 de hauteur au dessus du sol.	10 secondes.
Transport horizontal à une distance moyenne de 30m du point de départ. . . .	95
Déchargement par basculement.	5
Retour du chariot à vide.	50
Descente du wagon sur la jetée.	40
Accrochage et décrochage, environ. . . .	40
Total.	240 secondes.

soit 4 minutes.

Pendant la manœuvre des wagons, la partie tournante de l'appareil restera fixe, un grand nombre de déchargements pouvant être effectués sur le même point, c'est pourquoi on n'a pas fait entrer en ligne de compte la durée du mouvement de giration.dans l'évaluation du temps nécessaire à l'ensemble d'une manœuvre.

Paris, le 5 décembre 1885.

NOTE SUR LE TYPE DE LA JETÉE DU PORT DE LEIXOÈS

Par le Directeur des Travaux.

MM. DUPARCHY et BARTISSOL, Entrepreneurs.

Port de Leixoès

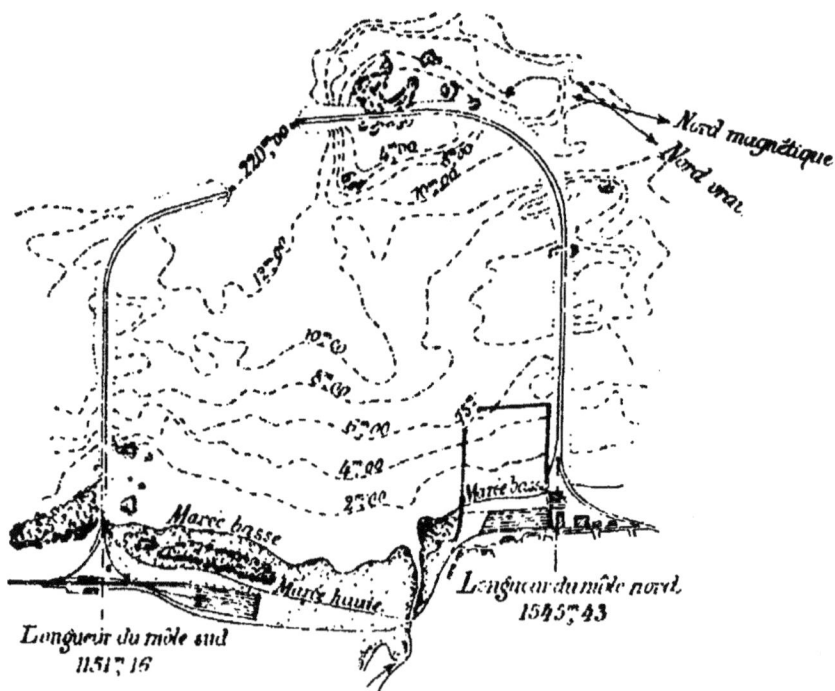

Le système adopté pour la construction des jetées consiste en une infrastructure en enrochements et une superstructure en maçonneries présentant les dispositions indiquées aux trois types de profils reproduits ci-joint.

Profil type n° 1. — Ce profil est appliqué sur les plages et en général sur les rochers découverts à marée basse ou qui présentent une très petite profondeur. La superstructure ou mur d'abri repose directement sur le rocher. Le niveau de la partie supérieure se trouve à 9^m,80 au dessus du zéro hydrographique. L'épaisseur au zéro est de 5^m,40 et de 4^m,50 à la partie supérieure. avec fruit de 1/10 sur le parement extérieur. Le parapet placé sur le haut du mur a 1^m,40 de hauteur, 1^m,50 d'épaisseur en bas et 0^c,90 au sommet.

Profil type n° 1.

Contre cette muraille, du côté du port, il est établi une plateforme en enrochements de 1re catégorie, régularisés par une chaussée maçonnée de 10^m,00 de large, 0^m.70 d'épaisseur et à la hauteur de 6^m,00 au dessus du zéro.

Le talus du côté du port est revêtu avec des enrochements de 2e catégorie et mesure 1.33 de base pour 1 de hauteur.

Profil type n° 2. — Le type n° 2 s'applique aux profondeurs variant de 0 à 5^m,00. L'enrochement sur lequel est fondé le mur d'abri est constitué en pierres de 2e catégorie et présente la forme d'un trapèze mesurant 8^m,40 de largeur au zéro hydrographique avec talus de 1,33 pour 1.

Profil type n° 2.

Cet enrochement est défendu du côté de la mer, en premier lieu par un autre enrochement de 3ᵉ catégorie, et ensuite par des blocs artificiels disposés de manière qu'au niveau du zéro ils présentent une épaisseur d'environ 10ᵐ, 80 et un talus de 1/1 au dessous, et de 3/1 au dessus, protégeant ainsi la muraille en maçonnerie sur une hauteur d'environ 5ᵐ,00 au dessus du zéro hydrographique.

Du côté du port, la plateforme a la même disposition qu'au profil n° 1.

Profil type n° 3. — Ce profil est appliqué dans les profondeurs supérieures à 5ᵐ.00. L'infrastructure de l'enrochement présente à la partie supérieure d'un plan passant à 5ᵐ,00 au dessus du zéro, une disposition et des dimensions égales à celles indiquées au profil n° 2. (Voir le croquis, page 416).

Au dessous dudit plan, la base est formée par un enrochement de 1ʳᵉ catégorie. Les revêtements en pierres de 3ᵉ catégorie et en blocs artificiels descendent avec les mêmes talus jusqu'au fond naturel pour les cotes inférieures à 7ᵐ.00 et au moins jusqu'à cette cote quand la profondeur est supérieure. Les blocs artificiels reposent à la base sur des enrochements de 3ᵉ catégorie.

La superstructure et la plateforme-chaussée ont la même disposition qu'aux profils nᵒˢ 1 et 2.

Dimensions des enrochements naturels et artificiels. — Les enrochements naturels sont tous en granit blanc dont la densité est de 2.57.

Ils sont divisés en 3 catégories suivant leurs poids :

1ʳᵉ catégorie, poids maximum 2.000 k., moyenne 800 k. par pierre ;

2ᵉ catégorie, poids maximum 8.000 k., moyenne 3.000 k. par pierre ;

3ᵉ catégorie, poids minimum 8.000 k., moyenne 13.000 k. par pierre.

Les blocs artificiels ont la forme d'un parallélipipède rectangle d'un volume de 20 mètres cubes. Les dimensions sont 4ᵐ.00 de longueur, 2ᵐ.50 de largeur et 2ᵐ.00 de hauteur.

Ils sont construits en maçonnerie de moellons avec mortier de ciment au dosage de 555 k. par mètre cube de sable, soit

2 1 2 de sable pour 1 de ciment en volume. La proportion de
mortier employé a été d'environ 40 0/0.

La densité de ces blocs est sensiblement de 2,20.

Mode d'exécution. — L'agitation très violente de la mer à
Leixoès, le manque absolu d'abri sur la plage et les nombreux rochers que devait traverser la jetée nord ont fait *à
priori* renoncer l'entreprise, d'une façon presque complète,
à l'emploi du matériel flottant.

Les jetées ont été construites presque entièrement par
avancement à l'aide de deux appareils roulants et pivotants.

Ces appareils déchargent les enrochements naturels dans
leurs positions respectives, par wagons complets chargés d'un
poids de 15 à 20 tonnes. La grande portée des appareils permet de décharger assez loin en avant pour former toujours un
talus très adouci.

Les blocs artificiels pesant 45 tonnes environ étaient posés
presque à profil complet au fur et à mesure de l'avancement,
et défendaient immédiatement les enrochements naturels.

Ce mode d'exécution absolument rationnel a permis d'a-
vancer régulièrement les deux jetées et surtout d'éviter les
graves avaries qui ont lieu si souvent dans ce genre de
travaux.

Modifications. — L'emploi d'appareils aussi puissants et
aussi lourds (près de 500 tonnes en charge) exigeait une voie
extrêmement solide. C'est pour cela que l'épaisseur de 0^m.70
de la chaussée pavée, prévue primitivement, a été modifiée
conformément au tracé indiqué sur le dessin.

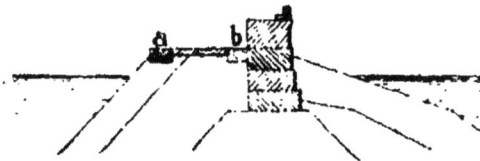

Les massifs *a* et *b* sont construits en petits blocs artificiels
avec mortier de ciment au dosage de 3.1.

La mise en place des blocs étant facile avec les appareils, et
le mur d'abri devant être construit très rapidement jusqu'à
la cote 6 pour permettre le prolongement des voies, on a
trouvé avantageux et surtout très expéditif d'employer dans

cette partie trois assises de blocs artificiels juxtaposés et de dimensions correspondantes à celles du mur.

Les lits et les joints sont remplis avec du mortier de ciment au dosage de 2 pour 1.

Aujourd'hui les deux jetées sont à peu près terminées à l'exception des musoirs que l'entreprise espère construire dans le courant de l'année, et l'on peut assurer que jusqu'à ce jour les types adoptés aussi bien que le mode d'exécution employé ont donné toute satisfaction.

Mattosinho, le 5 avril 1890.

O Director dos trabalhos.

PIÈCE ANNEXE No 3

BIBLIOGRAPHIE

PAR

M. SCHWEBELÉ

Bibliothécaire de l'École des Ponts et Chaussées.

---

28 Février 1890

TRAITÉS GÉNÉRAUX. — COLLECTIONS. — OUVRAGES PÉRIODIQUES.

Duleau (A.-J.-C.). — Cours de ports de mer. — Leçons sur la défense des côtes et sur les ponts mobiles, faites à l'École des ponts et chaussées, 2 vol. in-folio, autographes. — 1827-1828.

Minard (Ch.-J.). — Notes prises par les élèves au cours de construction : Ports de mer, professé à l'École des ponts et chaussées, 1841-1842 ; 1 vol. in-folio lithographié.

Minard (Ch.-J.). — Cours de construction des ouvrages hydrauliques des ports de mer, professé à l'École des ponts et chaussées : Paris, Dalmont. 1846 ; 2 vol. in-4.

Bernard. — Notes prises par les élèves de l'École des ponts et chaussées au cours de travaux maritimes. — Paris, 1843 ; 1 vol. in-4 lithographié.

Frissard. — Notes prises par les élèves de l'École des ponts et chaussées au cours de travaux maritimes : 1re édition, 1844-45, 1 vol. in-4° lithographié ; 2e édition, 1848-49, 1 vol. in-4 lithographié.

Chevallier (V.). — Notes prises par les élèves de l'École des ponts et chaussées au cours de constructions maritimes. — 1re édition 1863-1864 ; 1 vol. in-fo lithographié. — 2e édition 1866-1868 ; 1 vol. in-4 lithographié.

Voisin Bey. — Notes prises par les élèves de l'École des ponts et chaussées au cours de travaux maritimes. 1873-1874 ; Chapitres 1 et 8 ; 2 fascicules in-4 lithographiés.

Bélidor. — Architecture hydraulique. Paris, 1810 ; 4 vol. in-4.

de Cessart. — Descriptions des travaux hydrauliques. 1806-1808 ; 2 vol. in-4.

Fazio. — Del migliore sistema di costruzione de' porti. Naples, 1 vol. in-8, 1831.

Sganzin et Reibell. — Cours de construction avec des applications à l'art de l'ingénieur. Paris, 1839-1841 ; 3 vol. in-4° texte. — 1 vol. in-folio. — Planches.

Rennie (J.). — The theory formation and construction of british and foreign harbours. London 1854 ; 2 vol. in-folio.

Lieussou (A.). — Étude sur les ports de l'Algérie. Paris, P. Dupont, 1857 ; 1 vol. in-8.

Roffiaen (E.). Traité descriptif et raisonné des constructions hydrauliques à la mer. — Parties 1 et 2. — 2 vol. in-8. — Bruxelles, 1861-1870.

Becker (M.). Allgemeine Baukunde des ingenieurs. — Stuttgard 1865
1875 ; Partie 4, texte et atlas, in-8 et in-4.

Hagen (G.). — Handbuch der Wasserbaukunde. 3e partie. — Seeufer
und Hafen-Bau. — Texte, 2 vol. in-8, et atlas in-folio. — Berlin, 1866.

Saloff (B.). — Etude générale sur l'établissement des ports maritimes.
— St-Pétersbourg, 1868 ; 1 vol. in-8.

Barret. — Notes sur la construction et l'aménagement des ports de
commerce. — Paris, Lacroix, 1875 ; 1 fort vol. in-8.

Debauve. — Manuel de l'ingénieur des ponts et chaussées. — Partie
10 : travaux maritimes. — Paris, Dunod, 1878 ; 2 vol. in-8.

Sala (Don Pedro Perez de la). — Tratado de las construcciones en
el mar. — Madrid, 1881-1884 ; 3 vol. in-8 et atlas.

Vernon-Harcourt. — Harbours and docks. — London, 1885 ; 2 vol.
in-8.

Cordemoy (de). — Etudes sur les constructions maritimes. — Paris,
Bernard, 1887 ; 2 vol. in-4.

Laureiro. (A.). — Estudos sobre portos commerciaes. — Coimbra,
1885 ; Texte : 2 vol. in-8, et atlas, 1 vol. in-folio.

Annales des ponts et chaussées. — Mémoires et documents relatifs
à l'art de l'ingénieur. — Paris, Dunod, 1831 à 1890 ; in-8.

**Collection de dessins distribués aux élèves de l'Ecole des ponts
et chaussées,** 1857 à 1870 ; 3 vol. in-4, texte, et 3 vol. in-folio, atlas.
— Publiée en 23 livraisons.

Atlas des ports maritimes de France. — Paris, 1874 à 1889 ; 6 vol.
in-4 et atlas.

Atlas des ports étrangers publié par le ministère des travaux publics
de France. — Fascicules 1 à 4 in-4.

Dépôts des cartes et plans de la marine. — Recherches hydrographiques sur le régime des côtes par les ingénieurs hydrographes, de 1838
à 1890 ; 12 parties, texte et atlas. — Paris, Imprimerie Nationale.

Mémorial des travaux hydrauliques de la marine. — Paris, 1860 à
1869 ; 5 vol. in-folio. — Ce mémorial renferme tous les mémoires de
M. l'inspecteur général Chevallier (V) sur les ports de l'Angleterre.

Exposition de 1889. — Congrès des travaux maritimes. — 1 dossier
in-4 de brochures sur diverses questions relatives aux ports de mer, 1889 ;
in-4.

Comptes-rendus de la société des ingénieurs civils de France.
1844 à 1890 ; in-8. Paris.

Oppermann (C.). — Nouvelles annales de la construction. — 1855 à
1890 ; 1 vol. in-folio par an.

**Génie civil, ou revue générale des industries françaises et étran-
gères.** — Paris, 1880 à 1890 ; 2 vol. in-4 par an.

Forster-allgemeine Bauzeitung. — Wien 1838 à 1890.

Erbkam-Zeitschrift für Bauwesen. — Berlin.

Handbuch des ingenieurs Wissenschaften. — 3e partie. — Was-
serbau. — Leipzig, 1887-1888 ; Texte et atlas, 2 vol. in-5.

Verhandelingen der koninklijke Akademie van Wetenschappen. — Amsterdam. 1854 à 1861 ; 9 vol. in-4.

Institution of civil Engineers. — Minutes of Proceedings. — London, 1843 à 1890 ; in-8.

Wealés (John). — Quarterly papers on Engineering. — London, 1845 à 1860 ; 12 vol. in-4.

Annales des travaux publics de Belgique. — 1843 à 1890 ; 1 vol. in-8 par an. — Bruxelles.

Ministerio dei lavori pubblici ; album dei porti. — 1870 à 1875 ; Rome. — 1 vol. in-folio.

Journal des voies de communication publié par le Ministère des travaux publics de Russie. — St-Pétersbourg, 1854 à 1890 ; 2 vol. in-8 par an.

Atti della reale accademia dei Lincei. — Roma.

Atti dell' accademia pontificia de' nuovi Lincei. — Roma.

PREMIÉRE PARTIE

EFFETS DE LA MER

CHAPITRE PREMIER

MOUVEMENTS DE LA MER

Marées. — Ondes. — Courants. — Rivières à marée. — Embouchures des fleuves. — Deltas. — Barres. — Estuaires. — Vents. — Lames. — Vagues.

Elie de Beaumont. — Leçons de géologie pratique. — Paris, 1846 à 1878 ; 2 vol. in-8.

Maury. — Géographie physique de la mer. — Paris, 1861 ; 2 vol. in-8.

Maury. — Investigations of the winds and currents of the sea. — Washington, 1851 ; in-4.

Vaneechout (Ed.) — Instructions nautiques destinées à accompagner les cartes des vents et des courants de Maury. — Paris, 1859 ; in-4 (voir Maury).

Cialdi (A.). Sul moto ondoso del mare e sulle correnti di esso, etc... — Rome, 1856 ; 1 vol. in-4.

Reclus (E.). — Description des phénomènes de la vie du globe. — Tome. 2 ; l'océan, l'atmosphère. — Paris, Hachette, 1868-1869 ; 1 vol. in-4.

Berghaus (I.-D.). — Physikalischer atlas oder Sammlung von Karten, seconde édition, 1890 ; 8 parties in-folio. Gotha, Justus Perthes.

Papin (N.). — Raisonnements philosophiques touchant la salure, le flux et le reflux de la mer, l'origine des sources tant des fleuves que des fontaines. — Blois, Saugère, 1647 ; 1 vol. in-12.

Bernouilli (Daniel). — Traité du flux et du reflux de la mer. — 1740 ; in-4.

Newtoni (Is.). — Philosophiæ naturalis principia mathematica, 1739 ; 3 vol. in-4.

Laplace. — Œuvres complètes. — Système du monde. — Mécanique céleste. — Livre IV. Des oscillations de la mer et de l'atmosphère. — Paris, Gauthier-Villars, 1878.

Sade (Chevalier). — De la cydologie ou science des marées, mémoire en forme d'instruction. — Londres, 1810 ; 2 vol. in-8.

Whewell. — Philosophical transactions, 1833 ; in-4.

Chazallon et Gaussen. — Annuaire des marées, 1839 à 1890 ; 1 vol. in-18 par année. — On trouvera dans les années 1842 et 1844 une théorie élémentaire des marées. — Voir aussi le mémoire de Chazallon dans les annales hydrographiques, 1852.

Daussy. — Étude sur les marées de la mer d'Irlande ; annales hydrographiques, 1848-1849.

Thomson. — The tide gauge, tidal harmonic analyser, and tide predicter. — Ing. civils de Londres, tome 65.

Heraud. — Mémoire sur les marées de la Basse-Cochinchine. — 1873 ; Paris, Challamel.

Gaussin. — Annuaire des courants de marées de la Manche pour 1879. — Paris, Impr. nationale, 1879 ; 1 vol in-18.

Stevenson. — Tides and coast works. London, 1884-1885 , (Mémoires des ingénieurs civils de Londres).

Dubois. — Théorie des marées. — Paris, Beaudouin, 1885 ; in-8.

Hatt. — Notions sur les phénomènes des marées ; théorie d'après Laplace. — Paris, Challamel, 1885 ; broch. in-8.

Minary. — Nouvelle interprétation de la théorie des marées. — Besançon, 1887 ; in-8.

Coudraye (de la). — Théorie des vents et des ondes. — Paris, an X, in-4.

Brémontier. — Recherches sur le mouvement des ondes. — Paris, Didot, 1809 ; 1 vol in-8.

Poisson. — Mémoire sur la théorie des ondes. — Paris ; 1815 ; in-4.

Cauchy. — Mémoire sur la propagation des ondes. — Tome 1 de ses œuvres.

Bidone. — Expériences sur les remous et la propagation des ondes, 1820 ; in-4. — Mémoires de l'académie de Turin, tome 25.

Emy (A.-R.). — Du mouvement des ondes, et des travaux hydrauliques maritimes. — Paris 1831 ; 2 vol. in-4, texte et atlas.

Virla. — Notes sur le mouvement des ondes, 1835 et 1838 ; 2 broch. in-8.

Bazin. — Mémoire sur les remous et la propagation des ondes. — Paris, 1863 ; 1 broch. in-4. — Voir aussi le tome 2 de ses recherches sur l'hydraulique. - Paris, Dunod, 1865).

Boussinesq. — Théorie des ondes liquides. — Académie des sciences. - Savants étrangers, tome 20. — 1872.

Cornaglia. - Sur la propagation verticale des ondes. — Journal de mathématiques. — septembre 1881.

Pollard. — Etude sur les ondes ; cours de la théorie du navire de l'École du génie maritime, 1887 ; in-4.

Flamant. - Ondes liquides non périodiques et solitaires. Annales des ponts et chaussées, 1889, juillet. - Voir les travaux de M. de Saint-Venant.

Zendrini (A.). Sull'alzamento del livello del mare. — Memoria, 1802 ; 1 vol. in-8.

Zendrini (A. - Nuove ricerche sull'alzamento del livello del mare. — Milano, 1821 ; 1 broch. in-4.

Lapparent (de). Le niveau des mers et ses variations. — Paris, Gervais, 1886 ; in-8.

Recherches sur la déformation de la surface du niveau des mers dans le voisinage des continents — Académie des sciences, 1886 ; tome II, page 1377.

Lallemand. — Etude sur la détermination du niveau moyen de la mer : 1° Comptes-rendus de l'académie des sciences, 1888 ; 2° Catalogue de l'exposition du ministère des travaux publics, 1889 ; tome II.

Rossel (de). — Etude sur les courants. Annales maritimes et coloniales, 1826.

Rennell J.). — An investigation of the currents of the atlantic ocean. — London 1832 ; in-8.

Monnier. - Mémoire sur les courants de la Manche, de la mer d'Allemagne et du canal St-Georges. - Paris, 1830 ; 1 vol in-8.

Keller. — Essai sur les courants de marée et sur les ondes liquides ; comptes rendus de l'académie des sciences, 1847 ; tome 24.

Paoli (D.). — Considerazioni sulla corrente littorale, Pesaro, 1849 ; in-8.

Valsh. Recherches sur les courants sous marins. Annales hydrographiques). 1850.

Brighenti (M.). - Sulla corrente littorale dell'Adriatico. Memoria Bologna, 1859 ; in-4.

Brighenti. — Sulla corrente littorale dell'Adriatico. — 1862 ; 1 broch. in-4.

Paleocapa. — Sulla corrente littorale dell'Adriatico ; esame di una memoria del Prof. cav. M. Brighenti, 1860 ; 1 broch. in-4.

Julien. — Courants et révolutions de l'atmosphère et de la mer. — Paris, 1860 ; 1 vol in 8.

Ploix (Carlo). — Vents et courants, routes nautiques. — Travaux récents ; Paris, 1863 et 1875 ; in-8 ; imprimerie nationale.

Flocq (A.). — Etude sur les courants et la marche des alluvions dans la Manche. — Dunod, 1863 ; 1 vol. in-8.

Keller (F.-A.-E.). Courants observés depuis le XVI° siècle dans la Manche et la mer d'Allemagne. — Paris, 1865 ; 1 vol. in-8.

Legras (A.). — Vents et courants de la Méditerrannée : Paris, Bossange, 1867 ; in-8.

Lartigue. — Etude sur l'origine des principaux courants d'air ; Revue maritime et coloniale, 1871.

Estignard. — Détermination de la vitesse et de la direction des courants. — Revue maritime et coloniale, juillet 1873.

Appareil pour mesurer la vitesse des courants. — Revue maritime et coloniale, mars, 1878.

Proust. — Carte des courants maritimes du globe, 1885. Voir son traité d'hygiène. — Paris, Masson.

Mémoire sur la détermination des courants sous-marins. — Revue maritime et coloniale, 1886, novembre.

Prince de Monaco. — Les courants de l'Atlantique nord, 1885, 1886,1887, 1888 et 1889. — Comptes rendus de l'Académie des sciences.

Prince de Monaco. — Etude sur le Gulf Stream. — Paris,Gauthier-Villars, 1886 ; in-8.

Bouniceau. — Etude sur les rivières à marée. — Paris, 1865 ; 1 vol. in 8.

Le Picard et Rondeau. — Rapport à la chambre de commerce de Rouen sur l'amélioration des rivières et ports à marée de l'Angleterre. — Rouen, 1846 ; 1 broch. in-8.

Rapport fait au ministère de la guerre sur les diverses rivières à marée de la France. — Paris, Lacroix, 1846 ; 1 vol. in-8.

Ollivier. — De la vitesse et du débit des rivières pendant le flux et le reflux. — Comptes-rendus de l'académie des sciences, 1860 ; tome 2.

Partiot. — Etude sur le mouvement des marées dans la partie maritime des fleuves. — 1861 ; 1 vol. in-8 et atlas.

Caland. — Etude sur les effets des marées dans la partie maritime des fleuves. — Paris, Faure, 1862 ; 1 broch. in-8.

Quinette de Rochemont. — Amélioration de la Clyde. — Annales des ponts et chaussées, 1869 ; tome I.

Comoy. — Etude pratique sur les marées fluviales et notamment sur le mascaret. — Paris, Gauthier-Villars, 1881 ; 2 vol. in-8. — Texte et atlas.

Etude sur les rivières à marée avec application à l'Escaut maritime. — Annales des travaux publics de Belgique, tomes 21 et 23.

Stevenson (D.). — Remarks on the improvement of tidal rivers. — London, 1849 ; 1 vol. in-8.

Stevenson (D.). — Tides and coast Works. — Ingénieurs civils de Londres, 1884-1885.

Calver. — The conservation and improvement of tidal rivers. — London, 1853; 1 vol. in-8.

Wheeler. — Etude et considérations sur les rivières à marée. — River Witham. — Ingénieurs civils de Londres, tome 28.

Brooks. — On the river Tyne. — Ingénieurs civils de Londres, tome 26.

Deas. — The river Clyde. — Ingénieurs civils de Londres, tome 36.

Quinette de Rochemont. — Régime du courant et des marées à l'embouchure de la Seine. — Paris, 1874 ; 1 vol. in-8.

Rapport de la commission chargée d'examiner les projets relatifs à l'amélioration de la Seine maritime entre Rouen et le Hâvre. — Paris, 1889 : 2 cahiers in-4.

Vernon-Harcourt. — Some Canals, Rivers, and other Works, in France, Belgium and Germany. Ingénieurs civils de Londres, tome 96.

Navigation et canalisation des fleuves. — Congrès de Francfort. Génie civil, 3 nov. 1888.

Quinette de Rochemont. — Escaut maritime et port d'Anvers. Annales des Ponts et Chaussées, 1878 : tome I.

Sergueeff. — Mémoire sur le Canal maritime entre St-Pétersbourg et Cronstadt. Paris, Capiomont, 1883 : 1 br. in-8.

Etude sur le canal maritime de St-Pétersbourg. — 1º Annales des Ponts et Chaussées ; 1885, tome 2 : 1887, tome 1. — 2º Annales industrielles, 6 mai 1883.

Cialdi. — Les ports chenaux et Port-Said. Paris, Baudry, 1878 ; 1 vol. in-8.

Description du canal St-Louis par Marseille. — Ensemble des travaux, écluse. Livre 15 du portefeuille de l'Ecole des Ponts et Chaussées.

Minard. — Des embouchures des rivières navigables. Paris, 1864; 1 br. in-folio.

Bouquet de la Grye. — Note sur l'amélioration des embouchures des fleuves. Bayonne, 1866 ; 1 vol. in-4.

La Roche-Poncié. — Rapport sur l'état de l'embouchure de la Seine, en 1863. Paris, 1863 : 1 vol. in-4.

Vauthier. — Rapport sur l'amélioration dont sont encore susceptibles la Seine maritime et son estuaire. Rouen, 1884 ; 1 vol in-4.

Coene. — Etude sur la Seine, considérée comme voie de communication maritime fluviale, et notice sur les travaux exécutés et les projets à entreprendre pour l'amélioration de la Seine, de son estuaire et du port du Havre. Rouen, 1884 ; 3 broch. in-4.

Lennier. — L'estuaire de la Seine. Mémoire, notes et documents. Le Havre, 1885; 2 vol. in-4, un atlas in-4.

Cotard. — La Seine et son estuaire. Génie civil. 19 juin 1885.

Lavoinne. — La Seine maritime et son estuaire. Paris. Baudry, 1885 ; 1 vol. in-8.

Partiot. — Projet des travaux à faire à l'embouchure de la Seine. Paris, Baudry, 1886 ; texte et atlas ; 2 brochures in-4.

Discussion à la Société des ingénieurs civils sur la baie de Seine et le port du Havre. — Mémoires des ingénieurs civils de France ; avril, mai 1888.

Lehman. — Etude sur la question de redressement de la Seine maritime et de son approfondissement du Havre à Rouen. Pont-Audemer, 1888 ; 1 vol. in-8.

Belleville. — Régime hydraulique de la Basse-Seine. Congrès de navigation, 1889.

Carlier. — Etude historique sur les travaux de la Loire maritime. Annales 1878 ; tome 2.

Bouquet de la Grye. — Rapport sur le régime de la Loire maritime. Paris, 1885 ; 1 vol. in-4. (Voir la collection des mémoires publiés par le service hydrographique de la marine).

Bouquet de la Grye. — Etude sur le régime de la Loire maritime. Annales, 1882 ; tome 2.

Rapport au Conseil général de la Loire-Inférieure sur les travaux d'amélioration de la Loire maritime. — Nantes. 1888 ; 1 volume in-8.

Pairier. — Mémoire à l'appui de l'avant-projet pour l'amélioration des passes de la basse Garonne et la partie supérieure de la Gironde. Bordeaux, 1851 ; 1 vol. in-4.

Houtreux. — La rivière de Bordeaux. Etude sur les passes. Bordeaux, 1889 ; 1 vol. in-8.

Crahay de Franchimont. — Garonne maritime et supérieure. Gironde. Congrès des travaux maritimes, 1889.

Desjardins (Er.). — Aperçu historique sur les embouchures du Rhône : fosses Mariennes. canal du Bas-Rhône. Paris, Lahure, 1866 ; 1 vol. in-4.

Lenthéric. — Le régime du bas Rhône et le canal de Beaucaire à la mer. Revue maritime et coloniale. 15 février 1881.

Etude sur la barre et l'embouchure du Rhône. — Revue des Deux-Mondes. 1er mai 1881 ; 15 juillet 1881.

Guérard. — Etude sur la navigation et l'embouchure du Rhône. Marseille, 1889 ; 1 cahier in-4. lith. Voir aussi le génie civil, 24 août 1889.

Martin (F.). — Travaux de l'embouchure du Danube, 1857 à 1871. Annales des Ponts et Chaussées, 1872, tome 2.

Cadart (G.). — Amélioration de l'embouchure du Missisipi. Annales des Ponts et Chaussées, 1879, tome 2.

Vionnois. — Etude sur la barre de Bayonne et sur St-Jean-de-Luz. Annales des Ponts et Chaussées. 1858 ; tome 2.

Considérations sur le delta du Var. — Nice, 1876 ; 1 vol. in-8.

Partiot. — Mémoire sur le mascaret. Paris, Dunod, 1861 ; 1 broch. in-8.

Thibault (L.-A.). — Recherches expérimentales sur la résistance de l'air et particulièrement sur l'impulsion du vent. Brest, 1826 ; in-8.

Toynbee. — Etude sur les vents de l'Atlantique septentrionale. Revue maritime et coloniale, août 1873.

Fines (Docteur).— Etude générale sur la vitesse du vent. Divers travaux. Perpignan, 1873 à 1888.

Ansart. — Essai sur la mécanique des vents et des courants. — Paris, Gauthier-Villars, 1874 ; in-8

Brault (L.). — Cartes de la direction et de l'intensité probables des vents. Paris, Challamel, 1877 ; 8 cartes.

Wind pressure and velocity. — Engineering News ; 29 octobre 1887.

Sorel. — Etude sur la pression des vents. Perpignan, 1889 ; broch. in-4.

Weber. — Wellenlehre auf experimente gegründet, oder über die wellen, Leipzig, 1825 ; in-8.

Scott Russel. — Report of the committee on waves ; London, 1838 ; 1 broch. in-8.

Siau. — De l'action des vagues à de grandes profondeurs. Annales de Physique et de Chimie, 1841.

Aimé. Etude sur le mouvement des vagues. Annales de Physique et de Chimie, 1842.

Washington. — Sur la force des vagues. Annales maritimes et coloniales. 1846.

Stevenson (E.). — Account of experiments upon the force of the waves of the Atlantic and German Oceans ; London, 1846 ; in-4.

Moorsom. — (W. S.). Wave-Gauge. London 1850 ; in-8.

Robertson (A. J.). — On the theorie of waves, London, 1854 ; in-4.

Murchison. — Movement of waves. London, 1858 ; in-8 (Royal geographical society of London).

Rankine (Macquorn). — On the exact form of the waves. (Vol. 153. Philosophical transactions of the royal society, London, 1863 ; 1 broch. in-4).

Résumé d'un mémoire sur la théorie de la lame marine oscillante. — Revue maritime et coloniale, juillet 1874.

Paris. — Trace-vagues, roulis ou lames. Juin 1887. Revue maritime et coloniale.

Antoine. — Tableau des lames de haute mer. 1o Revue maritime et coloniale, avril 1879 ; — 2o Mémorial du Génie maritime, 1876, no 12.

Antoine. — Etude sur les lames de haute mer. Paris, 1879 ; in-8.

Gerstner. — Théorie des vagues et des profils de digues. Traduit par Barré de St-Venant. Annales des Ponts et Chaussées, 1887, tome 1.

Bertin. — Note sur la théorie et l'observation de la houle et du roulis. Mémorial du génie maritime, 1873, no 6 (Voir aussi divers mémoires dans la revue maritime et coloniale, années 1872, 1874, 1877 et les documents sur le congrès de travaux maritimes.

Pollard. — Etude sur la construction du navire : cours de l'école du Génie maritime. 1887 ; 1 vol. in-4. Notions sur la houle.

Saint-Venant et Flamant. — Théorie de la houle et du clapotis Annales des Ponts et Chaussées, 1888 ; tome I.

Van-Lelyveld (F.). — Essai sur les moyens de diminuer les dangers de la mer par l'effusion de l'huile, du goudron, ou de quelque autre matière flottante. Amsterdam, 1776 ; in-8.

Van-Beek. — Mémoire sur la propriété des huiles de calmer les flots et de rendre la surface de l'eau transparente (Annales de Physique et de Chimie, 1842).

Bourgois. — Etude sur les effets de l'huile pour calmer les agitations de la mer. Comptes-rendus de l'Académie des sciences. 1882 ; tome II.

Cloué (vice-amiral). — Le filage de l'huile, son action sur les brisants de la mer. Paris, Gauthier-Villars, 1888, in-18. Voir aussi : Annales hydrographiques, 1887 : tome II.

Expériences sur les effets de l'huile dans les brisants. — Revue maritime et coloniale, juillet 1888.

Règles à suivre dans l'emploi de l'huile pour calmer la mer. — Revue générale de la Marine marchande, juin 1889.

Scott. — Cartes du temps et avertissement des tempêtes. Paris, Gauthier-Villars, 1887 ; 1 vol. in-12 et planches.

Mohn. — Traité de météorologie pratique. Paris, Rothschild, 1884 ; 1 vol. in-8.

Faye et Mascart. — Discussion sur la question des tempêtes. Résumé de la discussion. Paris, Gauthier-Villars, 1887 ; 1 vol. in-8 et Annuaire du bureau des longitudes, 1875 et 1884.

CHAPITRE II

RÉGIME DES PLAGES.

*Alluvions. — Vases. — Galets. — Barres et passes. —
Sables. — Dunes.*

Belpaire (Ant. et Alph.). — De la plaine maritime depuis Boulogne jusqu'au Danemark. 2 parties, Anvers 1855 ; 1 vol. in-8.

Regy. — Mémoire sur l'amélioration du littoral de la Méditerranée. Paris, Dunod, 1863 ; in-8.

Regy. — Amélioration du littoral de l'Hérault. Annales, 1863, 1er semestre.

Vigan. — Etude sur la Méditerranée. Marées. Courants. Annales des Ponts et Chaussées, 1881 ; 1 vol. in-8.

Burat (A.). — Voyages sur les côtes de France. Paris, Baudry, 1860 ; 1 vol. in-8.

Girard. — Les côtes de la France aujourd'hui et autrefois. Paris, Delagrave, 1885 ; in-8.

Bouquet de la Grye — Recherches hydrographiques sur le régime des côtes. Paris, Challamel, 1889 ; 1 vol. in-4. (Voir la collection des recherches hydrographiques sur les côtes de France, collection publiée par le Ministère de la marine).

Sartorio. — Delle alluvioni, 1783 ; in-4.

Bottini (G.). — Saggio sul moto rotatorio del Mediterraneo, dimostrato teoricamente, e comprovato colle corrosioni ed alluvioni delle spiagge, dall' architetto ingegnere Bottini. Genova, G. Ferrando, 1834 ; 1 vol. in-8.

Marchal. — Etude sur les alluvions des fleuves de la Manche, Annales 1854, 1er semestre.

Plocq. — Courants et alluvions du Pas-de-Calais. Annales, 1863, 1er semestre.

Texier. — Mémoire sur les alluvions des fleuves dans le bassin de la Méditerranée, atterrissements du Rhône (Comptes-rendus de l'Académie des sciences, 1875 ; tome I.

Lieussou. — Choix du dépôt de vases dans la rade de Lorient. Annales 1855, 2e semestre.

Bouquet de la Grye. — Détermination de la quantité de vase contenue dans les eaux courantes. Comptes-rendus de l'Académie des sciences, 1877 ; tome 2.

Lamblardie (J. E.). — Mémoire sur les côtes de la Haute Normandie, comprises entre l'embouchure de la Seine et de la Somme, considérées relativement au galet qui remplit les ports situés dans cette partie de la Manche. Le Havre, Faure, 1789 ; 1 volume in-4.

Robert (E.). — Action remarquable des vents sur les galets et la direction de l'embouchure des rivières dans la Haute-Normandie, 1843-1844. 2 brochures in-8. (Extrait du bulletin de la Société de Géologie).

Daubrée. — Etude sur la formation des galets, broch. in-4.

Bouquet de la Grye. — Etude sur la barre du Sénégal. Revue maritime et coloniale, 1886 ; juin.

Bicailho et Bianchi. — Etude sur la barre du Rio Grande. 1e Mémoires des Ingénieurs civils, 1846. 2e Bulletin n° 5 de l'Association des Externes de l'Ecole des Ponts et Chaussées.

Manen. — Reconnaissance des embouchures de la Gironde, Passes. Tome 9 des recherches hydrographiques.

Mercadier. — Recherches sur les ensablements des ports de mer. Montpellier, 1788 ; 1 vol. in-4.

Morin (P. E.). — Mémoires sur les mouvements et les encombrements des ports de mer. Paris, 1835-1837 ; 3 brochures in-8.

Monnier (P.). — Considérations sur la formation des atterrissements dans les ports. Annales maritimes et coloniales, 1837 ; tome 2.

Le Bourguignon-Duperré. — Mémoire sur les ensablements du port de Cette. Annales maritimes, 1859; tome 1.

Paleocapa. — Considerazioni sul protendimento delle spiagge e sull' insabbiamento dei porti dell' Adriatico, applicate allo stabilimento di un porto nella rada di Peluzia. Torino, 1856; 1 broch. in-8, altra edizione Milano, 1857; 1 broch. in-8.

Mougel-bey. — Mémoire sur l'ensablement des côtes et en particulier de la côte de Bayonne. Paris, 1860; 1 vol in-8.

Calver. — Etude sur l'envasement des ports. Mémorial des travaux hydrauliques. 1861; 1 vol. in-4.

Etude sur les ensablements et sur les moyens de les arrêter. — Journal des constructeurs de Berlin, 1861.

Leferme. — Envasement et dévasement du port de St-Nazaire. Annales 1869, tome 2.

Partiot. — Mémoire sur les sables de la Loire. Paris, Dunod, 1871; 1 broch. in-8.

Laveleye. — Envasement des fleuves dans les temps historiques. Paris, Lacroix Baudry 1859; brochure in-18.

Etude sur l'ensablement des ports et des estuaires. — Revue industrielle, 17 janvier 1883.

Vauthier (L. L.). — Mémoire sur l'entraînement et le transport par les eaux courantes des vases, sables et graviers. Compte rendu par M. Durand-claye (A.). Annales, 1885; tome 2.

Houtreux. — Etude sur les sables et vases de la Gironde. Bordeaux, 1887; 1 vol. in-8.

Vernon-Harcourt. — Harbours and estuaries on sandy coast. Instit. of Civil Engineers of London, tome 70.

Lefort. — Fixation des dunes. Annales 1831; tome 2.

Brémontier. — Etude sur les dunes entre Bayonne et la pointe de Grave. Annales, 1833; tome 1.

Laval. — Fixation des dunes. Annales, 1847; tome 2.

Gras (Scipion). — Formation des dunes, ensablement et envasement du côté de la France. 1866; 1 brochure in-18.

Delesse. — Lithologie du fond des mers de France et du globe. Paris, Lacroix, 1872; texte in-8 et atlas.

CHAPITRE III

ACTION DE L'EAU DE LA MER SUR LES MATÉRIAUX DE CONSTRUCTION

Généralités. Chimie appliquée. Pierres. Métaux. Fers. Bois. Mortiers. Chaux. Ciments. Béton.

Durand-Claye (L.). — Chimie appliquée à l'art de l'ingénieur. Paris, Baudry, 1885; 1 vol. in-8. Encyclopédie Lechalas.

Durand-claye (L.) **et Debray.** — Catalogue général des matériaux de la France. Paris, Baudry, 1890; 1 vol. in-8.

Exposition universelle de 1889. — Congrès international des procédés généraux de construction, 1890; 1 dossier in-4.

Bouniceau. — Dilatation des maçonneries; Annales, 1853; tome I.

Pelletreau. — Résistance des murs à la pression de l'eau. Annales 1876 et 1877.

Vicat. — Série de mémoires sur la résistance des matériaux employés dans la construction. Voir la collection des Annales des Ponts et Chaussées et le catalogue de la bibliothèque de l'École.

Considère. — Emploi du fer et de l'acier dans les constructions. Annales; 1885, tome I; 1886, tome I.

Krafft. — Conservation du fer. Annales 1878, tome 2.

Bresson. — Fabrication du fer et de la fonte. Paris, Dunod, 1889; 1 vol. in-8. Encyclopédie Frémy.

Bresson. — Les aciers, leurs propriétés, fabrication, emplois. Paris 1887; 1 vol. in-8.

La Rivière et Arnoux. — Créosotage des charpentes du port de Trouville. Annales des Ponts et Chaussées, 1871; tome I.

Mary et Boucherie. — Procédé pour la conservation des bois. Annales; 1843, tome II; 1842, tome II; 1850, tome I.

Payen. — Chimie industrielle. Paris, Hachette, 1877; 2 vol. in-8, tome 2. Étude complète sur la conservation des bois.

Crépin. — Expériences faites à Ostende sur les bois de sapin créosotés. Annales des travaux publics de Belgique, tomes 19, 20, et 21.

Paulet. — Traité de la conservation des bois. Paris, Baudry, 1874; 1 vol. in-8.

Reibell. — Conservation des bois. Doublage contre les tarets. Annales 1836; tome I.

Lagrené (de). Les bois en Amérique. Annales des ponts et chaussées, 1879; tome I.

Forestier. — Etude générale sur la conservation des bois, Tarets. Annales des Ponts et Chaussées, 1868 ; tome I.

Voisin-bey. — Etude sur les bois de la Guyane française. Annales des Ponts et Chaussées, 1870 ; tome II.

Dupont et Bouquet de la Grye. — Les bois indigènes e. étrangers. Paris, Rothschild, 1875 ; 1 vol. in-8.

Rivot et Chatoney. — Considérations générales sur les matériaux employés à la mer. Paris, Dalmont, 1856 ; 1 vol. in-8.

Boursy. — Journal du céramiste et du chaufournier. Mortier, chaux, ciments, béton, briques. Paris, Dejey, 1880-1880 ; 10 vol. in-4.

Duquesnay. — Calcaires, chaux, ciments, mortiers, Paris, Dunod, 1883 ; 1 vol. in-8. Encyclopédie Frémy.

Alexandre. — Résistance des mortiers et ciments. Dosage de l'eau. Annales 1888 ; tome I.

Rapport sur les expériences faites à Lorient et à Cherbourg sur les mortiers hydrauliques. — Mémorial des travaux hydrauliques. 1869.

Préaudeau (de). — Dosage des mortiers et du béton. Annales, 1881 ; tome II.

Le Chatelier (H.). Recherches expérimentales sur la constitution des mortiers hydrauliques. Paris, Dunod, 1887 ; 1 broch. in-8.

Etude générale sur les mortiers employés à la mer. — Tome 87 des mémoires de la société des Ingénieurs Civils de Londres.

Durand-Claye (L.). Classification des chaux hydrauliques. Annales des Ponts et Chaussées, 1871 ; tome I.

Gobin. — Etude sur la fabrication des chaux hydrauliques dans le bassin du Rhône. Paris, Dunod, 1887 ; 1 brochure in-8. Extrait des Annales des Ponts et Chaussées.

Bonnami. Fabrication et contrôle des chaux hydrauliques et des ciments. Paris, Gauthier-Villars, 1888 ; 1 vol in-8.

Leblanc S.). — Ciments de Portland. Annales, 1865 ; tome 2.

Lipowitz (A.). Traité pratique de la fabrication du ciment de Portland. Paris, Lacroix, 1880 ; 1 vol in-8.

Le Chatelier (H.). — Constitution des ciments. Théories de leur prise. Annales des Ponts et Chaussées, 1882 ; tome I.

Barreau. — Etude sur les ciments de Portland. Annales, 1882 ; tome 2.

Etude sur les travaux du port de Newhaven. — Applications du ciment à la construction des ports. Génie civil, 13 octobre 1888.

Durand-claye (L.). et Debray. — Ciments magnésiens, ciments de Portland. Phénomènes de la dilatation des pâtes. Annales des Ponts et Chaussées 1886, tome I ; 1888, tome I.

Durand-claye (L.). et Debray. — Rapport à la commission des ciments. Documents. Paris, 1889 ; 2 cahiers in-4, lithographiés.

Candlot. — Etude pratique sur le ciment de Portland. Paris, Baudry, 1887 ; 1 vol. in-8.

Gobin. — Etude sur la fabrication et les propriétés des ciments de l'Isère. Paris, Dunod, 1889; 1 vol. in-8.

Etude sur l'application du béton aux constructions hydrauliques sous-marines. — Nouvelles Annales : décembre 1887. — Génie civil, 29 septembre 1888.

Coignet. — Etude sur le béton appliqué à la mer, avec notice historique. 1° Annales industrielles, 23 décembre 1888 ; 2° Ingénieurs civils de France, 1er mars 1889 ; 3° Génie civil, 25 janvier 1889.

Le béton appliqué à la construction des ports. — Ingénieurs civils de Londres, tome 87.

DEUXIÈME PARTIE

PORTS ET TRAVAUX MARITIMES

CHAPITRE PREMIER

NAVIGATIONS, RADES ET PORTS

*Reconnaissance des côtes. Hydrographie. Ports en général. Navires.
Atterrages.*

Ministère de la marine. — Revue maritime et coloniale. Paris, imprimerie nationale. 1 vol. in-8 par an.

Dictionnaire de la marine à voiles et à vapeur par Paris et Bonnefoux. — Paris, Arthus Bertrand, 1849 ; 2 vol. in-4.

Exposition de 1889. — Congrès des travaux maritimes. 1890 ; 1 dossier in-4. Série de mémoires sur les ports en général.

Beautemps-Beaupré. — Méthodes pour le levé et la construction des cartes et plans hydrographiques. Paris, imprimerie nationale, 1841 ; 1 vol. in-4.

Germain. — Cours d'hydrographie. Levé des cartes maritimes. Reconnaissance des côtes. Paris, imprimerie nationale, 1882 ; 2 vol. in-8.

Chambeyron. — Notions d'hydrographie. Exposé des méthodes pratiques de levé et de construction employées en Nouvelle Calédonie. Paris, Berger-Levrault, 1881 ; in-8.

Fournie (V.). Étude sur les travaux nécessaires au développement du port de Pernambuco. Paris, Dunod, 1874 ; 1 broch. in-4.

Cambrelin. — Étude sur les ports de mer belges. Bruxelles, 1876-1877 ; 2 vol. in-8.

Laroche (F.). — Chambre de commerce de Boulogne-sur-Mer. Projet de création d'un port en eau profonde à Boulogne-sur-Mer, au sud-est du port actuel. Boulogne-sur-mer, Berr, 1877, 1 broch. in-8.

Stœcklin. — Port de Boulogne. Création d'un port en eau profonde. Rapports et avis. Boulogne-sur-mer, Berr, 1877 ; 1 broch. in-8.

Stœcklin et Laroche. De ports maritimes considérés au point de vue des conditions de leur établissement et de l'entretien de leur profondeur. Rapport fait à la suite d'une mission en Belgique, en Hollande et en Angleterre. Boulogne, Simonnaire et Cie. 1878; 1 broch. in-8. Nouvelle édition, 1880; 1 broch. in-8.

Vernon-Harcourt. — On the means of improving Harbours established on low and sandy coasts. Londres, 1880 ; in-4.

Keller. — Etude sur la construction des ports à fonds de sable. Conditions générales à remplir. Berlin, 1881 ; 1 vol. in-4.

Guerreiro (Mendes). Documents divers et projet du port de Lisbonne. 1873 à 1889 ; texte et atlas.

Gougeard. — Les arsenaux de la marine. Paris, Berger-Levrault, 1882 ; 2 vol. in-8.

Etude sur les ports marchands de l'Angleterre. — Revue maritime et coloniale, octobre 1886.

Etude générale sur les ports du nord de la France avec bibliographie. — Journal des ingénieurs de Vienne, 1887, n° 3.

Demey. — Etude sur le régime de la côte de Belgique et sur les moyens d'améliorer les ports de ce littoral. Bruxelles 1887 ; 2 vol. in-8 texte et atlas; ouvrage qui a obtenu le prix du concours international de 1881, à Bruxelles.

Exposition de 1889. — Catalogue de l'exposition du Ministère des Travaux publics. Paris, 1889; 1 vol. in-8. Etude sur divers ports de France.

Le port de Holyhead. — Travaux divers. Ingénieurs civils de Londres, tome 18.

Wicklow. — Harcours improvement ; Civil Engineers of London, tome 87.

Etude sur l'établissement des ports sur les côtes à sable. — Conditions à remplir. Annales des Travaux publics de Belgique, tome 44.

Mémorial du génie maritime publié par le Ministère de la Marine. — Paris, 1847 à 1890 ; 1 vol. in-4 et atlas.

Fréminville (de). — Traité pratique des constructions navales. Paris, Arthus Bertrand, 1864 ; texte in-8 et atlas in-folio.

Fenoux. — Etude sur les navires transatlantiques. Annales, 1869, tome 2.

Paris (vice-amiral). — Collection de plans et dessins de navires anciens et modernes. Paris, Gauthier-Villars, 1885 ; 3 vol. in-folio.

Pollard. — Cours de construction des navires. 1887 ; 1 vol. in-4. École du Génie maritime.

Tableaux des dimensions des vaisseaux et paquebots transatlantiques construits dans ces dernières années. — Ingénieurs civils de France, 1887, novembre.

Hauser. — Cours de construction navale professé à l'école du Génie maritime. Paris, Bernard, 1888 ; texte in-4 et atlas.

CHAPITRE II.

OUVRAGES A L'ENTRÉE DES PORTS.

Jetées. Digues. Brise-lames. Enrochements. Murs d'abri. Travaux de l'Adour. Fondations par blocs artificiels. Fabrication. Grues. Titans.

Types divers de jetées en fer des ports de l'Angleterre. — Annales des Travaux publics, décembre 1884 et juillet 1886.

Description de la nouvelle jetée de Dieppe. Génie civil, 4 octobre 1884.

Rapport sur diverses jetées à claire-voie avec pieux à vis des ports d'Angleterre. — Ingénieurs civils de Londres, tome 7.

Cialdi (Ob). — Les jetées de Port-Saïd et leur ensablement. Mémoire, Rome, 1869 ; 1 vol. grand in-8°.

Description de la jetée de Port-Saïd. Portefeuille des conducteurs. Série 11.

Description de la jetée ouest de Gênes. — Génie civil, 21 novembre 1885.

Note sur les jetées de St-Léonard-sur-Mer. Annales des Travaux publics, octobre 1888.

Jetée d'Eston fondée sur pieux à vis. — Engineering, 20 janvier 1888.

Étude sur la jetée en fer de Bilbaô. — Génie civil, 2 mars 1889.

Guérard. — Étude sur la construction des jetées à la mer. Congrès des travaux maritimes, 1889.

Jetée en pierre du port de la Pallice, fondations au large. — Portefeuille de l'école centrale, 1886.

Constelle. — Fondation à l'air comprimé des jetées du port de la Pallice. — 1° Annales 1889 ; tome 2. 2° Exposition de 1889 du Ministère des Travaux publics, catalogue.

Noël (M.). — Recherches sur la construction et la meilleure disposition des digues pour les rendre capable de résister aux efforts de la mer. Caen. 1784 ; 1 vol. in-18.

Digues du Mississipi. — Annales des travaux publics, 10 avril 1880. Les jetées d'Aberdeen et de Kustendjie. Ingénieurs civils de Londres, tome 39.

Étude générale sur les digues à la mer et sur celles de Boulogne. — Annales des travaux publics, septembre 1882 et octobre 1884.

Description de la digue de Glascow. — Bulletin de la société d'encouragement, février 1864.

Bretonnière (de la). — Mémoires sur la digue, la rade et la position de Cherbourg, rédigés en 1778, 1780 et 1780; 1 broch. in-4.

Cachin J. M. F.). — Mémoire sur la digue de Cherbourg, comparée au breakwater ou jetée de Plymouth. Paris 1820 : in-4.

Batailler. — Description générale des travaux exécutés à Cherbourg pendant le consulat et l'empire, sous la direction de feu Cachin. — Paris, Carilian Gœury, 1848 : 1 vol. in-fol.

Bonnin. — Travaux d'achèvement de la digue de Cherbourg, de 1830 à 1853, précédés d'une introduction historique sur les travaux exécutés depuis l'origine jusqu'en 1830, par Antoine Elie Lamblardie. Paris, Dalmont, 1857 ; 2 vol. in-4, texte et atlas.

Bresson (L. L.). — Rapport au Ministre de la Marine sur la visite et le projet de réparation des musoirs de la passe d'entrée de l'avant port militaire de Cherbourg. Cherbourg, mars 1896 ; 1 broch. in-8.

Bellinger. Revêtement des digues. Digues de St-Malo. Annales, 1880, tome I.

Cialdi (Ol). — Notes sur les môles à piles en arceaux dans les ports à bassin et sur l'usage qu'en ont fait les Romains. Paris, 1879 : 1 broch. in-8.

Pascal. (H.). — Digues de Marseille. Fabrication et transport des blocs artificiels. — Marseille, 1862 ; 1 atlas in-fol.

Scott. — On breakwaters, Part 2 ; London 1862 ; 1 broch. in-8.

Rennie (J.). — An historical, practical and theoretical account of the breakwater in Plymouth sound. London, 1848 ; 1 vol. petit in-folio.

Etude sur la construction des brise-lames avec de gros blocs de béton. — Ingénieurs civils de Londres, tome 37.

Price. — The Manora breakwater, Kurrachee. Ingénieurs civils de Londres, tome 63.

Scott (M.). — Description of a Breakwater at the port of Blyth, and of improvements in breakwaters, applicable to harbours of refuge. London 1859 ; in-4, tome 18 des Ingénieurs civils de Londres.

Moisant. — Description du brise-lames métallique de Dieppe. Nouvelles annales de la construction, septembre 1885.

Voisin bey. — Rapport sur un système de brise-lames de M. Nielly. Bulletin de la Société d'encouragement, décembre 1889.

Description de l'estacade en fer de Dieppe. — Livr. 21 du Portefeuille de l'École des Ponts et Chaussées.

Port de Cadix. — Estacades et travaux divers. Génie civil, 21 mai 1887.

Dessin de la jetée de l'Adour. — Voir le portefeuille annexé à l'Atlas des ports maritimes de France.

Port de Bayonne. — Barre de l'Adour, plans, détails. Portefeuille de l'École centrale, 1880.

Travaux exécutés et projetés dans l'avant-port de Bayonne. — Bayonne, 1889 : in-8, portefeuille de l'École centrale.

Description de la digue de Socoa. — Portefeuille de l'École centrale, 1880.

Etude générale sur le port de Bayonne. — Engineering, 6 décembre 1889.

Stœcklin. — Etude sur les jetées à claire-voie de l'Adour. Congrès des Travaux maritimes, 1889 (Voir aussi la description des jetées à claire-voie métalliques de l'embouchure de l'Adour). Livre 15 du portefeuille de l'Ecole des Ponts et Chaussées.

Poirel. — Mémoire sur les travaux à la mer, comprenant l'historique des ouvrages exécutés au port d'Alger et l'exposé complet et détaillé d'un système de fondations à la mer, au moyen de blocs de béton. Paris, Carilian-Gœury et Dalmont, 1841 ; texte et planches, 2 vol. in-4.

Latour et Gassend. — Travaux hydrauliques maritimes. — Ouvrage descriptif de l'installation des chantiers pour l'exploitation des blocs naturels, la confection des blocs artificiels et l'immersion de ces deux espèces de blocs. Installation ayant servi à la jetée du bassin Napoléon, à Marseille. Marseille, Imp. Barile, 1869 ; texte, 1 vol. in-4 ; atlas, 1 vol. in-fol.

Emploi des blocs artificiels au port de la Réunion — Ingénieurs civils de France, novembre 1884.

Etude générale sur l'emploi et la manœuvre des blocs artificiels pour les fondations à la mer. — Génie civil, 1886 ; 16 et 23 octobre.

Etude générale sur les fondations au moyen de blocs artificiels. — Nouvelles annales de la construction, juin 1889.

Port de la Pallice. — Fondation au moyen de blocs. Nouvelles annales de la construction, avril 1890.

Port Napoléon à Brest. — Fabrication et échouage des blocs artificiels. Livr. 12 du portefeuille de l'Ecole des Ponts et Chaussées.

Grue pour la manœuvre des blocs de 15 tonnes. — Revue industrielle, Février 1889.

Armengaud. — Publications industrielles. Description de diverses grues pour l'enlèvement des blocs artificiels. Paris, 1880-1890 ; 10 vol. in-8 et Atlas.

Vernon-Harcourt. — Etude sur le port d'Alderney. Ingénieurs civils de Londres ; tome 37.

Bömches. — Notice sur le nouveau port de Trieste. Trieste, 1878 ; 1 vol. in-folio.

Riou-Kerhalet. — Note sur les grands travaux des mines du Bocage, à Brest. Mémorial des Travaux hydrauliques de la Marine, 1861, n° 3.

Pech. — Description d'un procédé pour former les chambres de mines dans le roc. 1° Revue industrielle, 5 novembre 1884 ; 2° Annales des mines, 1884, n° 3.

Harlé. — Emploi de la nitro-glycérine pour l'explosion des grandes carrières de St-Lô. Annales des mines, 1871 ; tome I.

Châlon. — Les explosifs modernes. Bernard, 1886 ; 1 vol. in-8.

Etude générale sur l'application de l'électricité à l'inflammation des mines. — Mémorial de l'officier du génie, n°s 17, 19, 20.

Instruction et manuel pratique pour la transmission du feu aux fournaux de mines. au moyen de l'électricité. — Paris, Quantin, 1879 et 1880 ; 2 vol. in-12.

Scola. — Nouveaux procédés pour l'inflammation des mines. Rapport Sebert. Bulletin de la Société d'encouragement, 1887, décembre.

Chalon. — Etude sur le tirage des mines par l'électricité. Paris, Baudry, 1888 ; 1 vol. in-18.

Etude sur l'inflammation des mines par l'électricité. — 1° La lumière électrique, 7 décembre 1889 et 25 janvier 1890. 2° Revue universelle des mines, août 1889.

Courbebaisse. — Mines acidées. Annales des Ponts et Chaussées, 1855 ; tome I.

Hugon. — Procédé pour désagréger les roches. Documents divers. Rapport de Payen. 1° Bulletin de la Société d'encouragement, 1868, avril, octobre. — 2° Annales des conservateurs. 1865 ; tome 6.

Bellinger. — Cale de Dinard. Annales 1850 ; tome I.

Dehargue. — Cale embarcadère du port de Brest. Mémorial des Travaux hydrauliques de la Marine, 1861, n° 4.

Bresson. - Avant-port de Cherbourg. Musoirs de la passe d'entrée. Annales des Ponts et Chaussées. 1857 ; tome I.

Arnoux. — Chenal de Honfleur. Annales des Ponts et Chaussées, 1873 ; tome I.

Eyriand-Desvergnes. — Etablissement et entretien des ports et plages de sable. Annales des Ponts et Chaussées. 1889 ; tome I.

Monteil et Cassagne. — Travaux de l'isthme de Suez. Description des travaux et ouvrages d'art. Machines à draguer. Paris, 1875 à 1878 ; 2 vol. in-fol.

Kummer. — Essai sur les travaux de fascinages et la construction des digues. Endiguements des Polders. Notice historique. Bruxelles, 1850 ; 1 vol. in-4 texte, 1 atlas in-folio.

Etude sur les endiguements à la mer. — Epis. Ingénieurs civils de France. 1867 ; 22 mars.

Laval. — Imprimerie et stéréotype E. Jamin.

ENCYCLOPÉDIE DES TRAVAUX PUBLICS

Directeur : M.-C. LECHALAS, 12, rue Alph. de Neuville, Paris.

Premières connaissances de l'ingénieur.

Analyse infinitésimale, par M. Eug. Rouché, examinateur de sortie à l'École polytechnique, professeur au Conservatoire des Arts et Métiers.

Traité de Physique, par M. Gariel, ingénieur en chef, professeur à la faculté de médecine de Paris et à l'école des ponts et chaussées, 2 vol. grand in-8 avec 448 figures dans le texte... 20 fr.

Éléments de statique graphique, par M. Eug. Rouché, 1 vol. avec 107 figures dans le texte.............. 12 fr. 50

Mécanique générale, par M. Flamant, 1 vol. avec 203 figures dans le texte. 20 fr.

Levé des plans et nivellement, par M. L. Durand-Claye, ing. en chef des ponts et chaussées, et MM. Pelletan et Lallemand, ing. des min s. 1 vol. de plus de 700 p., avec 281 fig. dans le texte. 25 fr.

Procédés généraux
et mécanique appliquée.

Coupe des pierres, par MM. Eug. Rouché et Buisse, ancien professeur et professeur de géométrie descriptive à l'École centrale.

Applications de la statique graphique, par M. Kœchlin, ingénieur de la maison Eiffel. 1 volume de texte avec 270 figures et un atlas de même format (30 planches doubles). 30 fr.

Procédés généraux de construction, par M. Pontzen, ingénieur civil, membre du comité de l'exploitation technique des chemins de fer.

Stabilité des constructions. Résistance des matériaux, par M. Flamant, 1 vol. av. 264 fig. dans le texte. 25 fr.

Hydraulique. Moteurs hydrauliques et Machines élévatoires.

Machines à vapeur.

Chaudières, par M. Walckenaër, ingénieur des mines.

Machines, par M. Despouits, ingénieur de la marine nationale, en service détaché aux chemins de fer de l'État (matériel roulant et traction).

Chimie et géologie appliquées. Salubrité.

Chimie appliquée à l'art de l'ingénieur, par M. L. Durand-Claye, directeur du laboratoire de l'École des ponts et chaussées, avec 71 fig...... 10 fr.

Hydraulique agricole, par M. Charpentier de Cossigny, lauréat de la Société des Agriculteurs de France, avec 160 fig. dans le texte, 2ᵉ édit., revue et augmentée................. 15 fr.

Géologie appliquée à l'art de l'ingénieur, par M. Nivoit, ingénieur en chef des mines, professeur à l'École des ponts et chaussées, 2 vol. avec 555 fig. dans le texte et une planche en couleur................... 40 fr.

Distributions d'eau. Assainissement, par M. Bechmann, ingénieur en chef de la ville de Paris, 1 vol. avec 624 figures dans le texte........... 30 fr.

Routes et ponts.

Routes et chemins vicinaux, par MM. L. Marx, inspecteur général des ponts et chaussées, membre du comité consultatif de la vicinalité, et L. Durand-Claye, 1 vol. avec 233 fig..... 25 fr.

Ponts métalliques, par M. J. Résal, ingénieur des ponts et chaussées, 2 vol. avec 530 fig. dans le texte..... 45 fr.

Ponts en maçonnerie, par MM. Degrand, inspecteur général honoraire des ponts et chaussées, et J. Résal, avec une introduction par M.-C. Lechalas, 2 vol. avec plus de 600 fig. dans le texte.. 40 fr.

Chemins de fer.

Infrastructure, par M. Leygue, Ingénieur civil.

Superstructure, 1 vol. avec figures et 1 atlas, par M. Deharme, ingénieur du service central de la compagnie du Midi, profes. à l'École centrale...... 50 fr.

Matériel roulant Traction, 1 vol. et 1 atlas, par MM. Deharme et Despouits.

Exploitation technique et exploitation commerciale, 2 vol., par M. Cossmann, ingénieur du service technique de l'exploitation des chemins de fer du Nord.

Chemins de fer de montagnes, par M. Lévy-Lambert, ingénieur civil.

Navigation intérieure. Inondations.

Rivières et canaux, par M. Guillemain, inspecteur général, directeur de l'École des ponts et chaussées, avec des Annexes par MM. Lechalas, Baumgarten, Flamant, Edwin Clark, Gruson et Cadart, 2 vol. (200 fig.).... 40 fr.

Hydraulique fluviale. Inondations, par M. M.-C. Lechalas, 1 vol. avec 78 figures dans le texte....... 17 fr. 50

La Seine de Paris à Rouen, par M. Caméré, ingénieur en ch. f des ponts et chaussées.

Travaux maritimes. Ports.

Travaux maritimes. *Phénomènes marins, accès des ports*, par M. Laroche, ingénieur en chef, professeur à l'École des ponts et chaussées, 1 vol. avec fig. dans le texte et 1 atlas. 40 fr.

Les Ports des îles britanniques, par M. Guillain, ingénieur en chef des ponts et chaussées.

Les Ports de la mer du Nord et du Pas-de-Calais, par le même.

La Seine maritime et son Estuaire, par M. Lavoinne, ingénieur en chef des ponts et chaussées, avec une introduction par M. M.-C. Lechalas... 10 fr.

Législation et jurisprudence.
Ouvrages divers.

Architecture. Constructions civiles, par M. Denfer, prof. à l'Éc. centr.

Électricité industrielle. Production et applications, par M. Monnier, profes. à l'École centrale, 390 fig. 20 fr.

Législation des mines, française et étrangère, par M. Aguillon, ingénieur en chef, professeur à l'École nationale supérieure des mines, 3 vol... 40 fr.

Manuel de droit administratif, par M. G. Lechalas, ingénieur des ponts et chaussées, tome I........... 20 fr.

Législation des appareils à vapeur, des établissements insalubres et des eaux minérales, par M. Aguillon.

Notices biographiques, par M. Tarbé de St-Hardouin, inspect. général. 5 fr.

www.ingramcontent.com/pod-product-compliance
Lightning Source LLC
Chambersburg PA
CBHW031614210326
41599CB00021B/3185